Database Fundamentals and Application of Access

Access数据库基础与应用项目式教程

Access 2019 | 微课版

赖利君 ◉ 主编

赵守利 刘磊 黄学军 郑雪梅 ◉ 副主编

人民邮电出版社

北京

图书在版编目（CIP）数据

Access 数据库基础与应用项目式教程 : Access 2019 : 微课版 / 赖利君主编. -- 北京 : 人民邮电出版社, 2025. -- (名校名师精品系列教材). -- ISBN 978-7-115-65545-5

Ⅰ. TP311.138

中国国家版本馆 CIP 数据核字第 2024WM5483 号

内 容 提 要

本书根据科源信息技术有限公司 3 个不同发展阶段的商品销售管理案例，将 Access 2019 数据库的创建和管理、数据表的创建和管理、查询的设计和创建、窗体的设计和制作、报表的设计和制作、用户界面的设计和制作等知识及技能融入 3 个循序渐进的学习情境中。本书将学习目标和工作应用有机地结合在一起，充分体现“学习的内容是工作需要的内容”“通过工作来学习”的新职业教育理念，学习的过程能为未来的工作起到良好的引领和示范作用。

本书适合作为高等院校、职业院校计算机相关专业和非计算机相关专业的数据库基础教材，也适合作为全国计算机等级考试二级 Access 数据库程序设计的考试用书，还可供计算机爱好者自学使用。

◆ 主　　编　赖利君
　副 主 编　赵守利　刘　磊　黄学军　郑雪梅
　责任编辑　马小霞
　责任印制　王　郁　焦志炜

◆ 人民邮电出版社出版发行　　北京市丰台区成寿寺路 11 号
　邮编　100164　　电子邮件　315@ptpress.com.cn
　网址　https://www.ptpress.com.cn
　北京市艺辉印刷有限公司印刷

◆ 开本：787×1092　1/16
　印张：15.25　　2025 年 2 月第 1 版
　字数：409 千字　　2025 年 2 月北京第 1 次印刷

定价：59.80 元

读者服务热线：(010)81055256　印装质量热线：(010)81055316
反盗版热线：(010)81055315

前　言

数据库应用技术是计算机应用技术的重要组成部分，也是信息社会的重要支撑技术。本书针对高等教育、职业教育的特点、社会的用人需求及数据库应用技术课程的教学要求，详细介绍 Access 数据库应用技术的基础知识和基本操作，以及使用 Access 数据库系统进行开发的方法和过程，重点培养学生应用 Access 数据库管理系统处理数据的能力。

本书是“十四五”职业教育国家规划教材《Access 2016 数据库基础与应用项目式教程（第 4 版）（微课版）》的修订版。我们邀请行业、企业专家和一线课程负责人一起，从人才培养目标、专业方案等顶层设计出发，明确 Access 数据库课程标准；强化教材的贯通与衔接平滑过渡；根据岗位技能要求，引入企业真实案例，力求提高 Access 数据库课程的教学质量。

1. 本书内容

本书采用工作任务的形式，以 Access 2019 为蓝本，从科源信息技术有限公司的 3 个不同发展阶段的商品销售管理案例入手，将 Access 数据库应用与开发的知识及技能融入以下 3 个循序渐进的学习情境中。

（1）学习情境“商品管理系统”。本书从简单的数据库操作入手，通过创建和管理“商品管理系统”数据库，创建“类别”表、“商品”表和“供应商”表，对商品、供应商信息进行简单查询，使读者学习并掌握数据库的创建、数据表的创建和简单查询的设计；带领读者步入数据库的世界，了解数据库的相关知识，并且使读者能正确使用计算机进行数据存储和管理。

（2）学习情境“商店管理系统”。本书从数据库的应用入手，通过创建和管理“商店管理系统”数据库，创建“类别”表、“商品”表、“供应商”表、“客户”表和“订单”表等数据表，设计条件查询、参数查询和操作查询等，以进行数据查询及分析，制作窗体实现人机交互等，使读者学习并掌握利用数据库进行数据输入、浏览、编辑、统计、查询和分析等信息管理技能。

（3）学习情境“商贸管理系统”。本书从数据库的开发入手，通过创建和管理“商贸管理系统”数据库，创建“类别”表、“商品”表、“供应商”表、“客户”表、“订单”表、“进货”及“库存”表，设计条件查询、参数查询、操作查询、交叉表查询和 SQL 查询等多种查询，设计和制作各类报表，创建系统主控界面和数据操作界面等，使读者学习并掌握数据库信息管理、数据查询、系统操作和控制、报表统计和分析等基本技能，并且能独立开发一个小型数据库应用系统，解决实际问题。

2. 体例结构

本书将 3 个学习情境按工作过程分成多个工作任务（子学习情境），每个工作任务按认知规律分成以下 8 个环节。

（1）任务描述：介绍工作任务，对工作任务的要求进行说明。

（2）任务目标：提出工作任务的职业能力目标和要求。

（3）知识储备：根据工作任务对任务实施中涉及的知识进行铺垫。

（4）任务实施：根据工作流程对任务的具体实施过程进行讲解。

（5）任务拓展：对任务实施环节涉及的知识和技能进行拓展或提升。

（6）任务检测：对任务实施结果进行检查和测试。

（7）任务总结：对工作任务涉及的知识和技能进行归纳、总结。

（8）巩固练习：通过独立思考，读者能够巩固和强化工作过程中学到的知识和技能。

3. 本书特色

（1）立德树人：本书全面贯彻党的二十大精神，以社会主义核心价值观为引领，以“价值塑造、能力培养和知识传授”为课程建设目标，通过工作项目和工作内容的设计与运用，将社会责任和职业素养等元素以润物无声的方式有效地传递给读者。本书有助于传承中华优秀传统文化，坚定文化自信，引导读者建立正确的理想信念、价值取向并承担社会责任。本书内容更好地体现时代性、把握规律性、富于创造性，为建设社会主义文化强国添砖加瓦。根据具体的学习情境和工作任务，在课堂教学中，教师可结合下表中的内容对学生进行引导。

学习情境	素养要点
商品管理系统	强调科技是第一生产力，激发学生的自信心，培养学生的技术强国责任担当和工匠精神； 培养学生解决实际问题的能力和创新能力； 理解事物间的联系是普遍存在的，培养学生团结协作的能力，努力实现合作共赢
商店管理系统	培养学生主动学习的意识和兴趣，以及对终身学习的认同感； 根据用户需求，培养学生灵活使用多种方法解决问题的能力； 培养学生树立以人为本的设计理念； 培养学生吃苦耐劳的精神，养成规范、严谨、精确的工作态度
商贸管理系统	增强学生的责任感，培养学生的大局意识、核心意识和团结协作的精神； 树立学生的信息安全意识，引导学生遵守正确的职业道德和职业操守； 培养学生认真负责的工作态度、一丝不苟的工匠精神和求真务实的科学精神； 培养学生的专业自信、职业理想，以及坚韧执着、刻苦钻研的品质

（2）能力导向：本书内容源于真实的工作情境，有利于培养读者“理实”一体的实践意识，增强读者对知识及技能的应用能力。

（3）工作导向：本书将学习内容融入系统化的工作过程中，有利于培养读者“工学”一体的职业意识，增强读者的职业素质及专业能力。

（4）行动导向：本书案例采用过程化的组织结构，有利于培养读者“学做”一体的学习意识，增强读者终身学习的能力。

为方便读者，本书还提供微课视频、电子课件及案例素材，读者可扫描书中的二维码观看微课视频，登录人邮教育社区（www.ryjiaoyu.com）下载本书的电子课件和案例素材等教学资源。

本书及教学资源使用的数据均为虚构数据，如有雷同，纯属巧合。

本书由赖利君任主编，由赵守利、刘磊、黄学军、郑雪梅任副主编。本书微课视频的制作得到了赵亦悦的大力支持和帮助，在此深表谢意！

由于编者水平有限，书中难免有疏漏之处，恳请广大读者提出宝贵意见。

编者

2024 年 5 月

目　　录

学习情境 2 商店管理系统

工作任务4

工作任务5

工作任务6

工作任务7

学习情境 3 商贸管理系统

工作任务8

工作任务9

工作任务10

工作任务11

学习情境 1 商品管理系统

科源信息技术公司是一家小型的以 IT（Information Technology，信息技术）服务和 IT 商品营销为主营业务的公司，公司经营规模不大，但商品类别、型号、规格较齐全。为了实现对公司商品信息的有序、规范管理，现需设计和开发一个简单实用的商品管理系统，以实现对商品、供应商等信息的录入和修改，以及简单、快捷的查询等管理及维护功能。

【学习目标】

📖 知识点

- 理解数据库的基本概念。
- 熟悉 Access 2019 的工作界面和基本操作。
- 掌握创建数据库的方法。
- 理解表的基本概念和创建表的方法。
- 掌握表结构及数据的修改方法。
- 掌握表中记录的编辑、筛选和排序方法。
- 掌握建立表间关系的方法。
- 了解查询的基本概念、基本功能以及查询的类型。
- 掌握利用查询设计器和简单查询向导创建查询的方法。
- 掌握使用选择查询、参数查询的方法，并能灵活运用。

📖 技能点

- 熟练利用多种方法创建数据库。
- 熟练进行数据库的打开、关闭、重命名等操作。
- 熟练、正确创建“商品管理系统”数据库中的各个表。
- 熟悉数据表记录的添加、修改、筛选和排序等操作。
- 通过关联字段创建表间关系。
- 熟练创建选择查询和参数查询。

📖 素养点

- 强调科技是第一生产力，激发学生的自信心，培养学生的技术强国责任担当和工匠精神。
- 培养学生解决实际问题的能力和创新能力。
- 理解事物间的联系是普遍存在的，培养学生团结协作的能力，努力实现合作共赢。

【拓展阅读】

中国数据库的 40 年

拓展阅读 1

工作任务1 创建和管理数据库

01

1.1 任务描述

为了实现对商品类别、商品基本信息和供应商信息的管理及维护，现需创建一个“商品管理系统”数据库来有效管理和维护相关数据。

1.2 任务目标

- 了解数据库技术，理解数据库的基本概念。
- 熟悉 Access 2019 的工作界面和基本操作。
- 熟练创建数据库。
- 熟练打开和关闭数据库。

1.3 知识储备

1.3.1 数据库技术简介

1. 数据库技术

数据库技术是信息系统的核心技术，是计算机辅助管理数据的一种方法，它不仅研究如何组织和存储数据、如何高效地获取和处理数据，还研究数据库的结构、存储、设计、管理，以及应用的基本理论和实现方法，并利用这些理论和方法来处理、分析和理解数据库中的数据。

因为数据库技术研究和管理的对象是数据，所以数据库技术涉及的主要内容包括：通过对数据的统一组织和管理，按照指定的结构建立相应的数据库；利用数据库管理系统对数据库中的数据进行添加、修改、删除、处理、分析、理解和输出报表等多种操作；利用应用管理系统最终实现对数据的处理、分析和理解。

2. 数据管理技术的发展

数据管理技术是对数据进行分类、组织、编码、输入、存储、检索、维护和输出的技术。它的发展大致经过了以下 3 个阶段：人工管理阶段、文件系统阶段和数据库系统阶段。

（1）人工管理阶段

20 世纪 50 年代以前，计算机主要用于数值计算，数据处理都是通过手动方式进行的。从当时的硬件看，外存只有纸带、卡片、磁带，没有直接存取设备；从当时的软件（实际上，当时还未形成软件的整体概念）看，没有操作系统以及管理数据的软件；从当时的数据看，数据量小、无结构、由用户直接管理，且数据间缺乏逻辑组织，数据依赖于特定的应用程序，缺乏独立性。

（2）文件系统阶段

20世纪50年代后期到20世纪60年代中期，出现了磁鼓、磁盘等数据存储设备，新的数据处理系统迅速发展起来。这种数据处理系统把计算机中的数据组织成相互独立的数据文件，系统可以按照文件的名称访问数据文件、存取文件中的记录，并可以修改、插入和删除文件，这就是文件系统。文件系统实现了记录内的结构化，即给出了记录内各种数据间的关系。但是，文件从整体来看是无结构的，其数据面向特定的应用程序，因此数据的共享性和独立性差，且冗余度高，管理和维护的代价也很大。

（3）数据库系统阶段

20世纪60年代后期，出现了数据库这样的数据管理技术。数据库的特点是数据不再只面向某一特定应用，而是面向全组织，且数据整体的结构性强、共享性高、冗余度低，具有一定的程序与数据间的独立性，并且数据库可以对数据进行统一控制。

3. 数据库的基本概念

（1）数据和信息

数据（Data）是用于描述现实世界中各种具体事物或抽象概念的可存储的、具有明确意义的符号，包括数字、文字、图形和声音等。数据处理是指对各种形式的数据进行收集、存储、加工和传输的一系列活动的总和。其目的之一是从大量的、原始的数据中抽取、推导出对人们有价值的信息作为行动和决策的依据；目的之二是借助计算机技术科学地保存和管理复杂的、大量的数据。信息（Information）是经过数据处理之后，人们能够方便、充分地利用的数据资源。数据和信息既有区别，又有联系。

（2）数据库

数据库（Database，DB）是存储在计算机辅助存储器中的、有组织的、可共享的相关数据集合。数据库具有如下特性。

① 数据库是具有逻辑关系和确定意义的数据集合。

② 数据库是针对明确的应用目标而设计、建立和加载的。每个数据库都有一组用户。数据库就是为这些用户的应用需求服务的。

③ 数据库反映了客观事物的某些方面，而且数据库的状态需要与客观事物的状态始终保持一致。

（3）数据库管理系统

数据库管理系统（Database Management System，DBMS）是对数据库进行管理的系统软件，它的职能是有效地组织和存储数据、获取和管理数据、接收和完成用户提出的各种数据访问请求。DBMS是数据库系统的核心，其基本功能包括以下4个方面。

① 数据定义功能。DBMS提供了数据定义语言（Data Definition Language，DDL），利用DDL可以方便地定义数据库中的相关内容。例如，对数据库、表、字段和索引进行定义、创建和修改。

② 数据操纵功能。DBMS提供了数据操纵语言（Data Manipulation Language，DML），利用DML可以实现在数据库中插入、修改和删除数据等基本功能。

③ 数据查询功能。DBMS提供了数据查询语言（Data Query Language，DQL），利用DQL可以查询数据库的数据。

④ 数据控制功能。DBMS提供了数据控制语言（Data Control Language，DCL），利用DCL可以实现数据库运行控制功能，包括并发控制（即处理多个用户同时使用某些数据时可能产生的问

题）、安全性检查、完整性约束条件的检查和执行、数据库的内部维护（如索引的自动维护）等。

（4）数据库系统

数据库系统（Database System，DBS）是指拥有数据库技术支持的计算机系统。它可以实现有组织地、动态地存储大量相关数据，提供数据处理和信息资源共享服务的功能。

数据库系统由计算机硬件、软件、数据库和相关人员组成。其中软件主要包括操作系统、DBMS、应用开发工具以及应用系统；相关人员包括系统和数据库设计人员、应用程序员、数据库管理员以及用户，如图 1.1 所示。

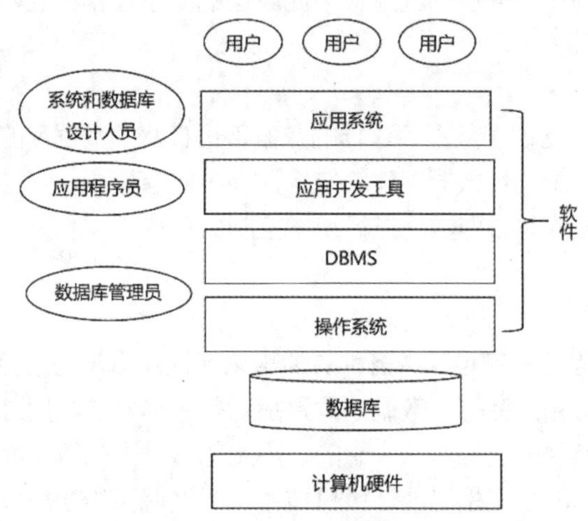

图 1.1　数据库系统的组成

1.3.2　Access 2019 简介

Access 2019 是一种关系型的桌面数据库管理系统，是 Microsoft Office 系列办公软件的重要组成部分。Access 2019 不仅继承和发扬了以前版本的功能强大、界面友好、易学易用的优点，而且增加了新的功能，包括使用新图表将数据可视化、提供大数（Bigint）支持、对 dBASE 的支持已恢复、支持属性表排序、支持控件的新标签名称属性、支持 ODBC（Open Data Database Connectivity，开放式数据库互连）连接重试逻辑、辅助功能改进、编辑新值列表项更简单、设计窗口中的对象更易于调整大小、导航窗格滚动改进等方面。这些增加的功能使得数据库管理、应用和开发工作变得更简单、轻松、方便。

1.3.3　Access 2019 的基本操作

使用 Access 之前需要启动 Access，使用完后需要及时退出 Access，以释放它占用的系统资源。启动和退出 Access 的操作非常简单，但是非常重要。

1. 启动 Access

Access 是 Windows 环境中的应用程序，可以使用在 Windows 环境中启动应用程序的一般方法启动它。常用的方法如下。

（1）单击【开始】按钮，从打开的“开始”菜单中选择【Access】命令，可以启动 Access，并打开图 1.2 所示的启动界面。

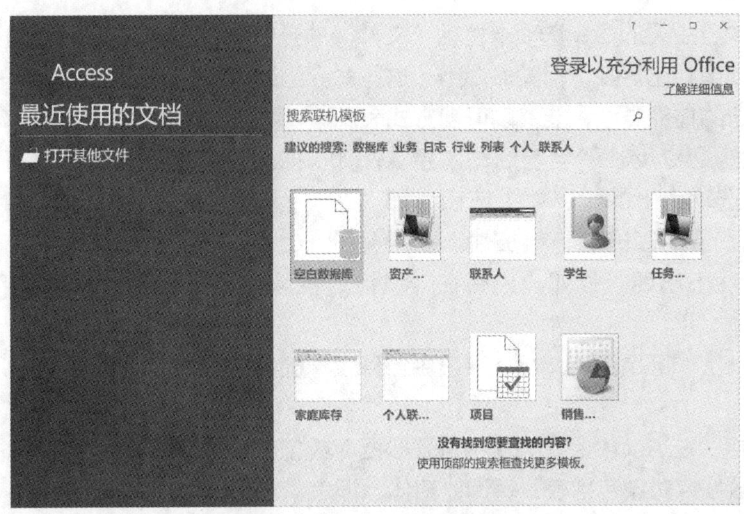

图 1.2　Access 2019 启动界面

（2）如果在 Windows 桌面上创建了 Access 快捷方式图标，双击该图标也可以启动 Access。

（3）在 Windows 环境中使用打开文件的一般方法打开 Access 创建的数据库文件，也可以启动 Access，同时打开该数据库文件。

2. Access 的工作界面

当打开一个数据库文件时，屏幕上将出现图 1.3 所示的工作界面。该工作界面主要包括标题栏、快速访问工具栏、功能区、工作区、导航窗格和状态栏等。

（1）标题栏。标题栏位于工作界面的最上方，包含文档标题、应用程序名称、“登录”按钮、【最小化】按钮、【最大化】按钮和【关闭】按钮。

（2）快速访问工具栏。使用 Access 快速访问工具栏可以快速访问常用的命令，如【保存】、【撤销】、【恢复】等。如果想在快速访问工具栏中添加其他常用命令按钮，可单击快速访问工具栏右侧的【自定义快速访问工具栏】按钮，打开图 1.4 所示的“自定义快速访问工具栏”列表，选择需要的命令即可。

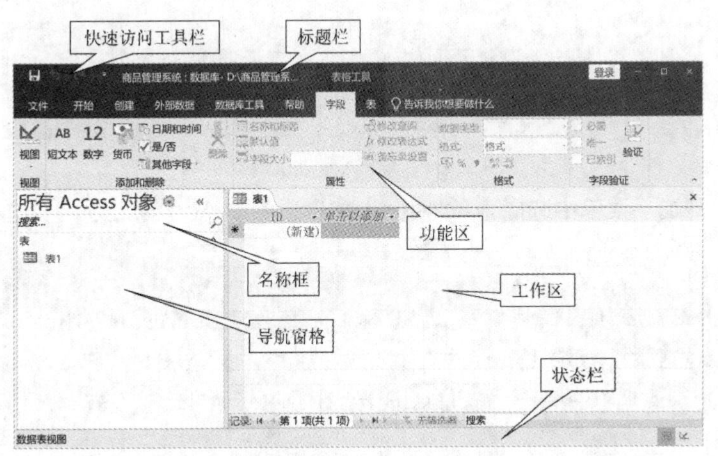

图 1.3　Access 2019 的工作界面

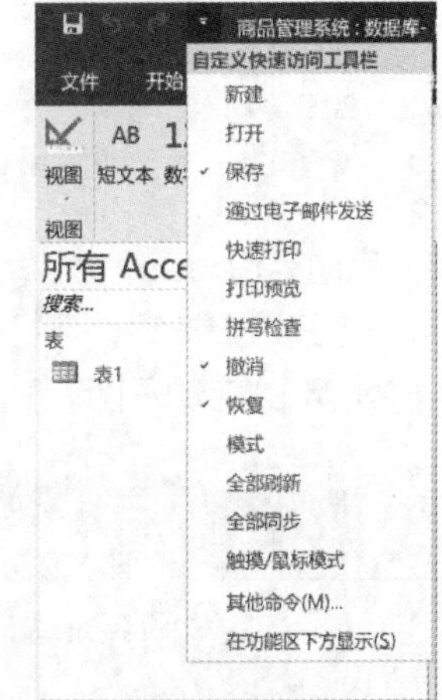

图 1.4　“自定义快速访问工具栏”列表

（3）功能区。功能区位于标题栏的下方。功能区由一系列包含命令的命令选项卡组成。在

Access 2019 中，主要的命令选项卡包括“文件”、“开始”、“创建”、“外部数据”和“数据库工具”等。每个选项卡都包含多个相关命令组，这些命令组展现了其他一些新的用户界面元素（如样式库，它是一种新的控件类型，能够以可视方式表示选择）。

功能区提供的命令反映了当前活动对象。例如，如果已在数据表视图中打开了一个表，并单击了“创建”选项卡上的【窗体】按钮，那么在“窗体”组中，Access 将根据活动表创建窗体。也就是说，活动表的名称将被输入新窗体的 RecordSource 属性中。功能区的某些选项卡只在某些情况下出现，例如，只有在“设计”视图中已打开对象的情况下，“设计”选项卡才会出现。

（4）工作区。工作区是指 Access 系统中各种工作窗口打开的区域，图 1.3 所示的工作区打开的是数据表窗口。

（5）导航窗格。在 Access 2019 中打开数据库或创建新数据库时，数据库对象的名称将显示在导航窗格中。数据库对象包括表、查询、窗体、报表、宏和模块。

（6）状态栏。状态栏位于工作界面最底部，用于显示某一时刻 DBMS 进行数据库管理时的工作状态和可用于更改视图的按钮。

3. 退出 Access

使用在 Windows 环境中退出应用程序的一般方法，即可方便地退出 Access。常用的方法如下。

（1）单击 Access 工作界面中的【关闭】按钮，可以关闭工作界面，同时退出 Access。

（2）按【Alt】+【F4】组合键，可以退出 Access。

退出 Access 时，如果还有没有保存的数据，那么系统将显示一个对话框，询问是否保存对应的数据。

1.4 任务实施

1.4.1 创建“商品管理系统”数据库

提示 创建数据库的方法有直接创建空数据库与使用模板创建数据库。下面采用直接创建空数据库的方法创建数据库。

1. 启动 Access

单击【开始】按钮，从打开的“开始”菜单中选择【Access】命令，启动 Access 2019，进入图 1.2 所示的启动界面。

提示 单击启动界面左侧的【打开其他文件】命令，可打开图 1.5 所示的 Microsoft Office Backstage 视图。Backstage 视图位于功能区上的“文件”选项卡中，包含很多以前出现在 Access 早期版本的“文件”菜单中的命令。Backstage 视图还包含适用于整个数据库文件的其他命令。

在 Backstage 视图中，用户可以创建新数据库、打开现有数据库，以及执行很多文件和数据库维护任务。

微课 1-1 创建“商品管理系统”数据库

图 1.5 Microsoft Office Backstage 视图

2. 新建数据库文件

（1）单击图 1.2 所示的启动界面右侧列表中的“空白数据库”选项，打开图 1.6 所示的“空白数据库”对话框。

（2）在“文件名”文本框中输入新建数据库名称“商品管理系统”。

（3）单击“文件名”文本框右侧的【浏览到某个位置来存放数据库】按钮，打开“文件新建数据库”对话框。

（4）设置数据库文件的保存位置为“D:\数据库”。

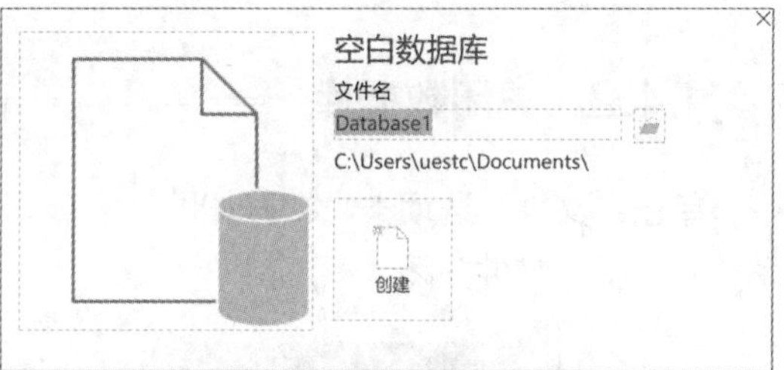

图 1.6 “空白数据库”对话框

（5）设置保存类型。在“保存类型”下拉列表中选择“Microsoft Access 2007 - 2016 数据库”类型，即扩展名为“.accdb”，如图 1.7 所示。

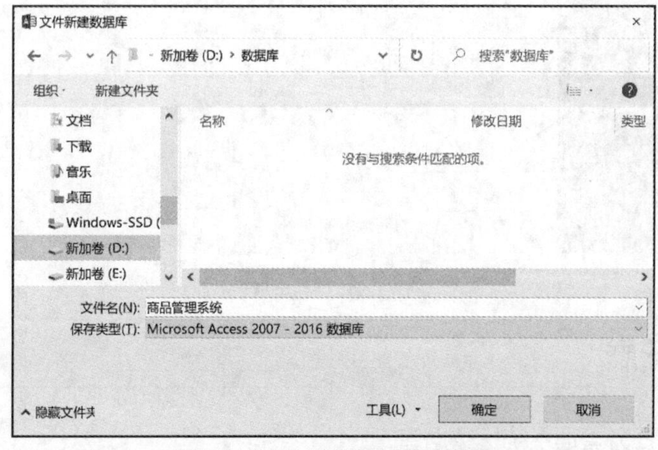

图 1.7 “文件新建数据库”对话框

提示 如果事先没有创建保存文件的文件夹，则可以先确定保存的盘符，如 D 盘，再单击图 1.7 中的【新建文件夹】按钮新建文件夹，输入文件夹名称后按【Enter】键，即可创建所需的文件夹。

（6）单击【确定】按钮，返回“空白数据库”对话框。

（7）单击【创建】按钮，屏幕显示图 1.8 所示的“商品管理系统”数据库窗口。

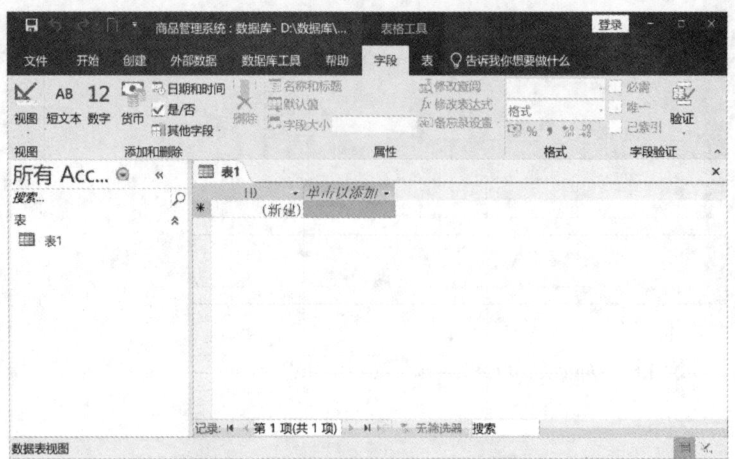

图 1.8 “商品管理系统”数据库窗口

1.4.2 关闭数据库

单击“文件”选项卡，打开如图 1.9 所示的“文件”菜单。选择“关闭”命令，将“商品管理系统”数据库文件关闭。

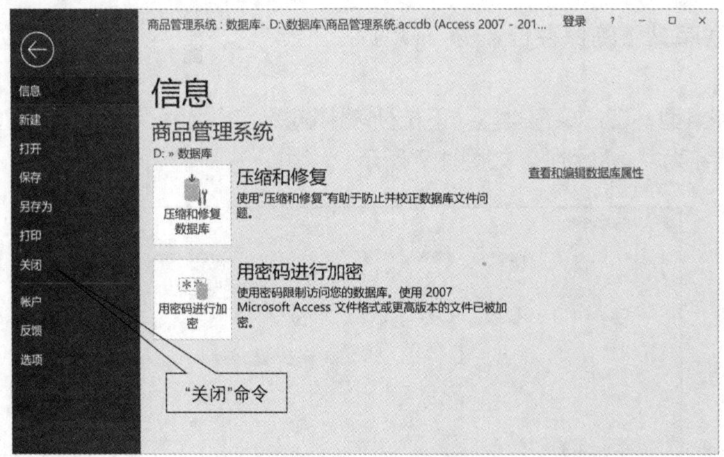

图 1.9 “文件”菜单

1.5 任务拓展

利用模板创建“任务管理系统”数据库。

（1）在 Access 工作界面中选择【文件】→【新建】命令，打开 Microsoft Office Backstage 视图。

（2）在右侧的模板列表中单击图 1.10 所示的【任务管理】选项，打开图 1.11 所示的“任务管理”对话框。其中包含对该模板的功能介绍。

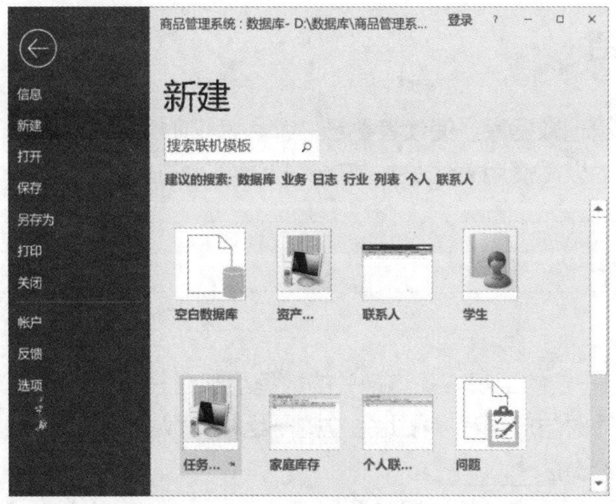

图 1.10　模板列表

图 1.11　“任务管理”对话框

（3）在“文件名”文本框中输入新建数据库名称“任务管理系统”。

（4）设置数据库文件的保存位置为“D:\数据库”。

（5）设置保存类型。在“保存类型”下拉列表中选择“Microsoft Access 2007 - 2016 数据库”类型，单击【确定】按钮返回“任务管理”对话框。

（6）单击【创建】按钮，系统可自动完成创建数据库的工作。

提示　利用数据库模板创建数据库时，Access 可以为新建的数据库创建必需的表、查询、窗体和报表等对象。

1.6 任务检测

打开“计算机”窗口，查看“D:\数据库”文件夹中是否已创建好“商品管理系统”和“任务管理系统”数据库。

1.7 任务总结

本任务通过创建和管理数据库，使读者熟悉 Access 2019 的基本操作，掌握 Access 数据库的创建和关闭等操作，为以后使用 Access 数据库打下坚实的基础。

1.8 巩固练习

一、填空题

1. ________是指以一定的组织方式将相关的数据组织在一起并存放在计算机存储器上形成的，能为多个用户所共享，同时与应用程序彼此独立的一组相关数据的集合。

2. 数据库系统的核心是________。

3. Access 2019 数据库文件的扩展名是________。

4. 数据库管理系统主要实现________、________、________和数据控制功能。

二、选择题

1. 下列对数据的解释错误的是（　　）。

A. 数据是信息的载体　　B. 数据是信息的表现形式
C. 数据是由 0～9 组成的符号序列　　D. 数据与信息在概念上是有区别的

2. 从本质上说，Access 是（　　）。

A. 分布式数据库系统　　B. 面向对象的数据库系统
C. 关系数据库系统　　D. 文件系统

3. 下列 4 种说法中，不正确的是（　　）。

A. 数据库减少了数据冗余　　B. 数据库中的数据可以共享
C. 数据库避免了一切冗余　　D. 数据库具有较高的数据独立性

4. Access 2019 默认的数据库文件夹是 C:\（　　）。

A. Access　　B. DOC　　C. My Documents　　D. Temp

5. 能够对数据库中的数据进行操作的软件是（　　）。

A. 操作系统　　B. 解释系统　　C. 编译系统　　D. DBMS

6. 数据管理技术的发展阶段不包括（　　）。

A. 操作系统管理阶段　　B. 人工管理阶段
C. 文件系统阶段　　D. 数据库系统阶段

7. 数据库系统的组成，除了计算机硬件、软件、数据库，还包括（　　）。

A. 操作系统　　B. CPU　　C. 相关人员　　D. 物理数据库

8. 数据库、数据库系统和 DBMS 三者之间的关系是（　　）。

A. 数据库系统包括数据库和 DBMS
B. DBMS 包括数据库和数据库系统
C. 数据库包括数据库系统和 DBMS
D. 数据库系统就是数据库，也就是 DBMS

9. 在数据管理技术的各个发展阶段中，数据独立性最高的是（　　）阶段。

A. 数据库系统　　B. 文件系统　　C. 人工管理　　D. 信息处理

10. 下列各选项中，属于数据库系统特点的是（　　）。

A. 存储量大　　B. 存取速度快　　C. 数据共享　　D. 操作方便

三、思考题

1. 数据管理技术各个发展阶段的特点是什么？

2. 数据库系统的含义是什么？

工作任务2 创建和管理数据表

02

2.1 任务描述

表是数据库中的对象之一，Access 允许一个数据库包含多个表。本任务将在“商品管理系统”中创建“商品”、“类别”和“供应商”3 个数据表，实现对商品类别信息的建立与维护、对商品基本信息和供应商信息的管理。本任务还包括数据表的输入、删除、修改、筛选等操作。

2.2 任务目标

- 了解 Access 数据库的对象，理解表的基本概念。
- 熟练运用多种方法创建数据表。
- 熟练进行表结构的修改。
- 掌握表记录的编辑、筛选和排序等操作。
- 能通过关联字段创建表间关系。

2.3 知识储备

2.3.1 Access 2019 数据库对象

Access 2019 数据库中有表、查询、窗体、报表、宏和模块 6 种对象，用户可通过这 6 种对象对数据进行管理。用户可以在数据库中创建所需的对象，每一种数据库对象将实现不同的数据库功能。

1. 表

表是数据库中用来存储数据的对象。它是整个数据库系统的数据源，也是数据库中其他对象的基础。

2. 查询

查询也是一个“表”。它是以表为基础数据源的“虚表”。查询可以作为表加工处理后的结果，也可以作为数据库中其他对象的数据源。

3. 窗体

窗体是 Access 的工作窗口。在操作数据库的过程中，窗体是无时不在的数据库对象。窗体可以用来控制数据库应用系统的流程，可以接收用户信息，也可以完成数据表或查询中数据的输入、编辑、删除等操作。

4. 报表

报表是数据库中数据输出的一种形式。它不仅可以将数据库中数据分析和处理后的结果通过输出机输出，还可以对要输出的数据进行分类小计和分组汇总等操作。在 DBMS 中，使用报表会使数据处理的结果多样化。

5. 宏

宏是一个或多个操作命令的集合，其中每个命令都可以实现特定的功能。通过将这些命令组合起来，数据库可以自动完成某些经常重复的操作。

6. 模块

模块是用 Visual Basic（简称 VB）程序设计语言编写的程序集合或一个函数过程。它通过嵌入 Access 中的 VB 程序设计语言编辑器和编译器实现与 Access 的结合。

2.3.2 表的概念

1. 表

表（Table）是用于存储有关特定主题（如商品或供应商）的数据的数据库对象。

表是以行和列的形式组织起来的数据的集合。一个数据库包括一个或多个表，每个表都与一个特定主题有关。例如，可以有一个有关商品信息的名为“商品”的表，用来存储所有商品的相关特征。

利用表对象来存储各种数据是数据库的基础用途。在 Access 中，表对象是数据库的 6 种对象之首，是整个数据库系统的基础，其他数据库对象（如查询、窗体、报表等）是表的不同形式的“视图”。因此，在创建其他数据库对象之前，必须先创建表。

2. 数据在表中的组织形式

表将数据组织成列和行的形式，一行可以包含一列或多列，每列都有其数据类型与所存储的值，该值为字段值，如图 1.12 所示。

表中的一行称为一条记录，每条记录包含有关表主题的一个实体（如特定商品）的数据。记录通常也称为元组。

表中的一列称为一个字段，每个字段包含有关表主题的一个特征（如商品名称或规格型号）的数据。字段通常也称为属性。

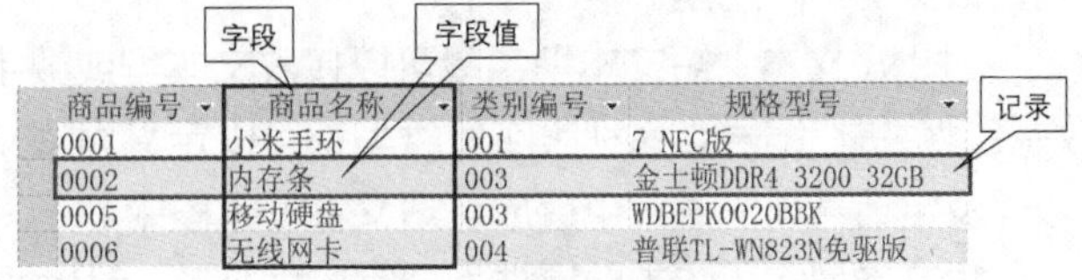

图 1.12 表的组织形式

记录包含字段值，如内存条或移动硬盘等。字段值也称为属性值。

通常将表理解成由多条记录（行）且每条记录具有多个字段（列）的数据组成的二维表。

3. 表的约定

每个表都有一个表名。表名可以是字母、汉字、数字和除句号以外的特殊字符（如叹号、重音符号和方括号）的任何组合。例如，XSDA、XJGL_班级、XJGL_班级 2 等都是合法的表名。

Access 规定，一个数据库中不能有重名的表，表名的最大长度为 64 个字符。

一个二维表可以由多列组成，每一列有一个名称，且每列存放的数据的类型相同。在 Access 中，列的名称称为字段名称，每列存放的数据的类型称为字段的数据类型。

Access 规定，一个表中不能有重名的字段。

一个二维表由多行组成，每一行都包含完全相同的列，列中的字段值可能不同。在 Access 中，每条记录包含完全相同的字段。表的记录可以根据需要增加、删除和修改。

一个表由两部分组成，即表的结构和表的数据。表的结构由字段的定义确定，表的数据按表的结构的规定有序地存放在由字段搭建好的表中。

2.3.3 表的结构

要创建一个表，一般需要先定义表的结构，再输入记录。只有定义了合理的表的结构，才能在表中存储合适的数据。表中各字段的定义决定了表的结构。

字段的定义主要包括以下内容。

1. 字段名称

字段是表的基本存储单元，为字段命名可以方便用户识别和使用字段。字段名称在表中应是唯一的，最好使用便于理解的字段名称。

字段名称应遵循以下命名规则。

（1）字段名称的长度不能超过 64 个字符（包含空格）。

（2）字段名称可以是字母、汉字、数字、空格和特殊字符（除句号、叹号和方括号以外）的任意组合。

（3）字段名称不能以空格开头。

（4）字段名称不能包含控制字符 [即 0～31 的 ASCII（American Standard Code for Information Interchange，美国信息交换标准代码字符）]。

2. 数据类型

数据类型指定了在字段中存储的数据的类型，不同类型能容纳的默认值和允许值是不同的。Access 2019 提供了短文本、长文本、数字、大数、日期/时间、货币、自动编号、是/否、OLE（Object Link and Embedding，对象链接与嵌入）对象、超链接、附件、计算、查阅向导等数据类型，以满足数据的不同用途。

（1）短文本。短文本型字段可以接收文本型或数字型数据的组合，包括分隔项目列表。例如，姓名、籍贯、编号、名称等字段类型都可以定义为短文本型。另外，不需要计算的数字（如身份证号码及电话号码）通常也存放在短文本型字段中。

短文本型字段的主要属性为“字段大小”，字段大小的范围为 0～255 个字符，默认为 255 个字符。在 Access 中，一个汉字、一个英文字母都称为一个字符（这是因为 Access 采用了 Unicode 字符集），例如，字段大小为 4，最多只能输入 4 个汉字或英文字母。

（2）长文本。长文本型字段用于存储长度超过 255 个字符且为格式文本的文本块。此外，如果数据库设计者将字段设置为支持 RTF（Rich Text Format，富文本格式）格式，则可以应用字处理程序（如 Word）中常用的格式类型，例如，可以对文本中的特定字符应用不同的字体和字号、将它们加粗或倾斜等，还可以给数据添加超文本标记语言（HyperText Markup Language，HTML）标记。

长文本型字段最多可存储 65 536 个字符。长文本型字段常用来存放较长的文本，如简历、奖惩情况、说明信息、注释等。

（3）数字。数字型字段主要用于存放需要进行数学计算的数值数据，如长度、重量、人数、分数等。

数字型字段的主要属性是“字段大小”，Access 为了提高存储效率和运行速度，把数字型字段按字段大小进行了细分，数字型字段按字段大小分为字节、整型、长整型、单精度型、双精度型等类型，如表 1.1 所示，默认类型为长整型。在实际使用时，应根据数据的取值范围确定其字段大小。

表 1.1　数字型字段的主要类型及相关属性

类　型	说　明	小数位数	存储量
字节	0～225（无小数位）的数字	无	1B
整型	−32 768～32 767（无小数位）的整数	无	2B
长整型	−2 147 483 648～2 147 483 647 的整数（无小数位）	无	4B
单精度型	−3.402823E308～−1.401298E45 的负数， 1.401298E45～3.402823E38 的正数	7	4B
双精度型	−1.79769313486231E308～4.94065645841247E−324 的负数， 1.79769313486231E308～4.94065645841247E−324 的正数	15	8B
同步复制 ID	全局唯一标识符（Globally Unique Identifier，GUID）	不适用	16B
小数	-10^{28-1}～10^{28-1} 的数字	28	12B

（4）大数。大数型字段的取值范围为-2^{63}～$2^{63}-1$。Access 增加该类型的主要目的是与其他数据库兼容，特别是 SQL Server。Access 2019 之前的版本不支持这种数据类型，如果要使用此数据类型的数据库或从其中导入数据，需要在 Access“选项”的“当前数据库”选项卡中勾选“支持导入表的大型数字（Bigint）数据类型”复选框。

（5）日期/时间。日期/时间型字段用于存放日期和时间，可以表示从 100 年到 9999 年的日期和时间。Access 的日期/时间型字段的存储空间默认为 8B，用户可以通过“格式”和“输入掩码”属性来设置日期和时间的显示形式。

（6）货币。货币型字段用于存放货币值。Access 的货币型字段的存储空间默认为 8B，精确到小数点左边 15 位和小数点右边 4 位。此外，无须手动输入货币符号。默认情况下，Access 会应用在 Windows 区域设置中指定的货币符号（¥、£、$等）。金额类数据（如单价、工资等）应当采用货币型，而不采用数字型。

（7）自动编号。若将表中某一字段的数据类型设为自动编号型，则当向表中添加一条新记录时，Access 将自动产生一个唯一的顺序号并存入该字段，用户在任何时候都无法在此类型字段中输入或更改数据。这个顺序号的产生方式有两种，一种是递增，每次加 1，第一条记录的自动编号型字段的值为 1；另一种是随机，每增加一条记录产生一个随机长整型数。

自动编号型字段的存储空间为 4B，一个表只能有一个自动编号型字段。自动编号型字段的主要属性是“新值”，其取值有“递增”和“随机”两种，默认为“递增”。

（8）是/否。该类型字段用于只可能是两个值（如“是/否”“真/假”“开/关”）中的一个的数据。是/否型字段不允许为 Null 值，存储空间默认为 1bit。

对于是/否型数据，Access 一般用复选框显示，其主要的字段属性是显示控件，用“√”表示“是”，用空白表示“否”。

（9）OLE 对象。链接或嵌入 Access 数据库中的对象可以是 Microsoft Word 文档、Microsoft Excel 电子表格、图片、声音或其他二进制数据。

对于照片、图形等数据，Access 使用 OLE 对象数据类型进行处理，甚至一个 Access 数据库也可以放入 OLE 对象型字段中。OLE 对象型字段数据的大小仅受磁盘可用空间的限制，最多存储 1 GB。

（10）超链接。该类型字段用于以文本形式存储超链接地址。超链接地址是指向对象、文档或 Web 页面等目标的一个路径。超链接地址可以是 URL（Uniform Resource Locator，统一资源定位符，Internet 或 Intranet 站点的地址）或 UNC（Universal Naming Conversion，通用命名标准）网络路径（局域网中的文件的地址），也可以是更具体的地址信息（如 Access 数据库对象、Word 书签或地址所指的 Excel 单元格范围）。当单击超链接时，Web 浏览器或 Access 就使用该超链接地址跳转到指定的目的地。

用户可以在超链接型字段中直接输入文本或数字，Access 会把输入的内容作为超链接地址存储。该类型字段最多存储 2 048 个字符。

（11）附件。该类型字段用于存储附加到数据库中记录的图像、电子表格文件、文档、图表以及支持的其他类型文件，类似于将文件附加到电子邮件。附件数据类型仅适用于 .accdb 文件格式数据库。

与 OLE 对象型字段相比，附件型字段有更大的灵活性，而且可以更高效地使用存储空间，这是因为附件型字段不用创建原始文件的位图图像。

（12）计算。该类型字段用于存储计算的公式。计算时必须引用同一个表中的其他字段，可以使用表达式生成器创建计算。

（13）查阅向导。通过该类型字段，用户可以使用列表框或组合框从另一个表或值列表中选择值。例如，“性别”字段只能从“男”“女”两个值中选择一个，或者输入“商品”表中的“类别编号”字段时，可由“类别”表中的“类别编号”字段作为来源。选择此类型，将启动“查阅向导”，在设置查阅向导完成之后，Access 将基于在向导中选择的值来设置数据类型。

3. 说明

用户可以将设计某字段时要注意或强调的说明文字放于“说明”中，起到提醒、解释和强调的作用。

4. 字段常规属性

每种类型的字段都具有多种属性，如字段大小、格式、输入掩码、标题、默认值、验证规则、索引等。

（1）字段大小。对于文本型、数字型或自动编号型字段中存储的最大数据，不同数据类型的字段大小不一样。如短文本型字段的默认值不超过 255 个字符。

（2）格式。使用“格式”属性可自定义数字、日期、时间和文本的显示和输出方式。例如，将日期/时间型字段的“格式”属性设置为“中日期”格式，所有输入的日期都将以“99-12-01”的格式显示。如果以“01/12/99”的格式（或任何其他有效的日期格式）输入日期，那么在保存记录时，Access 将把显示格式转换为“中日期”格式。

日期/时间型、货币型和数字型数据特别注重格式。用户可以在设计时观察这些类型的“格式”下拉列表来理解其含义，在以后的使用中应注意这些设置。

（3）输入掩码。

① 使用“输入掩码”属性可以创建输入掩码（有时也称为“字段模板”）。输入掩码使用字面字符来控制字段或控件（控件是允许用户控制程序的图形用户界面对象，如文本框、复选框、滚动条和按钮等。用户可使用控件显示数据或选项、执行操作或使用户界面更易阅读）的数据输入。

例如，在图 1.13 中，输入掩码要求所有的电话号码输入项必须包含足够的数字，以表示某国的区号和电话号码，并且只能输入数字。用户向表中输入“电话”字段的数据时，输入数字即可。

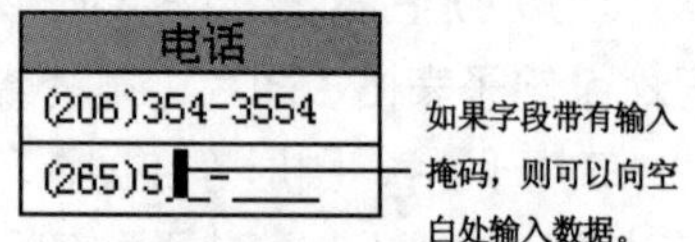

图 1.13　电话号码的掩码设置

输入掩码用于设置字段（在表和查询中）、文本框以及组合框（在窗体中）中的数据格式，并可以控制允许输入的数据类型。“输入掩码”属性集由字面字符（如空格、点、点画线和括号）和决定数据类型的特殊字符组成。输入掩码主要用于文本型、日期/时间型、货币型和数字型字段。

② 有效的输入掩码字符。Access 按照表 1.2 所示的字符转译“输入掩码”属性定义的字符。若要定义字面字符，则输入该表以外的其他字符，包括空格和符号；若要将表 1.2 中的字符定义为字面字符，则在字符前面加反斜线“\”。

表 1.2　输入掩码字符

字　符	说　明
0	数字（0～9，必须输入，不允许使用加号“+”与减号“-”）
9	数字或空格（非必须输入，不允许使用加号和减号）
#	数字或空格（非必须输入；在“编辑”模式下空格显示为空白，但是在保存数据时空白将删除；允许使用加号和减号）
L	字母（A～Z，必须输入）
?	字母（A～Z，可选输入）
A	字母或数字（必须输入）
a	字母或数字（可选输入）
&	任一字符或空格（必须输入）
C	任一字符或空格（可选输入）
.、,、:、;、-、/	小数点占位符及千位、日期与时间的分隔符、分隔符字符（分隔符是用来分隔文本或数字单元的字符，实际使用的字符将由 Windows 区域设置而定）
<	将所有字母转换为小写
>	将所有字母转换为大写
!	使输入掩码从右向左显示，而不是从左向右显示。输入掩码中的字符始终都是从左向右输入。可以在输入掩码中的任何地方包括该字符
\	使接下来的字符以字面字符显示（例如，\A 只显示为 A）
密码	将“输入掩码”属性设置为“密码”，以创建密码项文本框。文本框中键入的任何字符都按字面字符保存，但显示为星号（*）

（4）标题。在定义表结构的过程中，并不要求表中的字段必须为汉字，也可以使用简单的符号（如英文字母等），以便于以后编写程序（使用简单）。但为了在表的显示过程中识读方便，显示时通常需要用汉字，这时可以使用“标题”属性来为英文字段指定汉字别名。如果未输入标题，则将字段名称作为列标签。

（5）默认值。默认值是指向表中插入新记录时，即使不输入，字段也会自动产生的默认取值。设置默认值的目的是减少数据的输入量。例如，在本任务的“商品”表中，将商品的“数量”字段的默认值设置为 0，这样当新建一条记录时，该字段的值将自动显示为“0”。再如，在“商品”表中添加“通过认证”字段，如果知道大部分商品均获得认证，就可以将“商品”中的“通过认证”字段的默认值设置为“Yes”。这样当新建一条记录时，该字段的值将自动显示为“Yes”。增加商品记录时，大部分记录都可以不用输入该字段的值，系统自动产生需要的值。

（6）验证规则和验证文本。验证规则用于限定输入当前字段中的数据必须满足一定的简单条件，以保证数据的正确性。验证文本是当输入的数据不满足该验证规则时，系统出现的提示。

例如，设置商品的“单价”字段为：“验证规则”为“>0”，“验证文本”为“您必须输入一个正数”。在输入数据时，若输入了符合规则的正数，可以继续进行下面的输入，若输入了不符合规则的数，则会弹出图 1.14 所示的提示框，显示“您必须输入一个正数”的提示信息。

（7）必需和允许空字符串。在输入数据时，这两个属性控制字段是否必须输入内容、是否能为空值，以及是否允许空字符串作为内容输入。例如，将“商品编号”字段设置成必填字段，在输入内容时，如果没有输入该字段的值就想进入下一条记录，则弹出图 1.15 所示的提示框，要求在此字段中输入一个值。

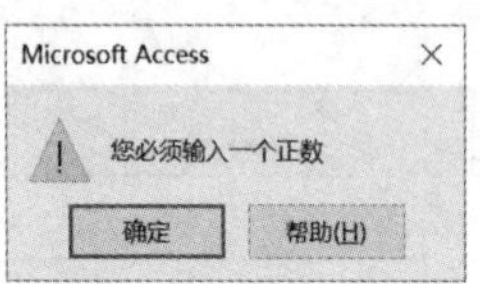

图 1.14　输入不符合规则的数时的提示框

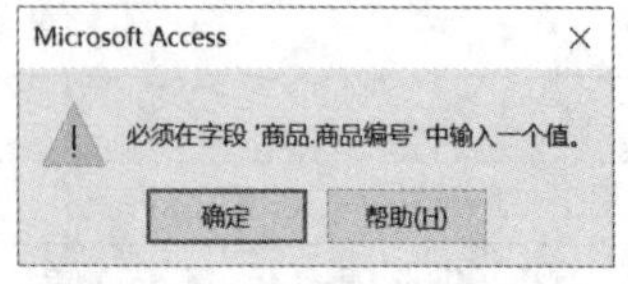

图 1.15　必填字段的出错提示

（8）索引。使用索引可以加速根据键值在表中进行的搜索和排序，提高查找记录的效率。利用“索引”属性可以设置单一字段的索引，如在本任务的操作中将“商品名称”字段设置成“有（有重复）”的索引。

5. 主键

用来唯一标识表中所存储的每一条记录的字段称作表的主键。指定表的主键之后，Access 将阻止用户在主键字段中输入重复值或 Null 值。主键是表中的一个字段或多个字段的组合。主键的作用主要包括以下 3 点。

（1）Access 可以根据主键执行索引，以提高查询和其他操作的速度。

（2）当用户打开一个表时，该表将以主键顺序显示记录。

（3）指定主键可以为表与表之间的联系提供可靠的保证。

在 Access 中可以定义 3 种主键，分别为自动编号主键、单字段主键和多字段主键。

2.4 任务实施

2.4.1 打开数据库

（1）启动 Access，在启动界面中单击【打开其他文件】，在弹出的菜单中选择【打开】命令，再单击【浏览】按钮，如图 1.16 所示，打开“打开”对话框。

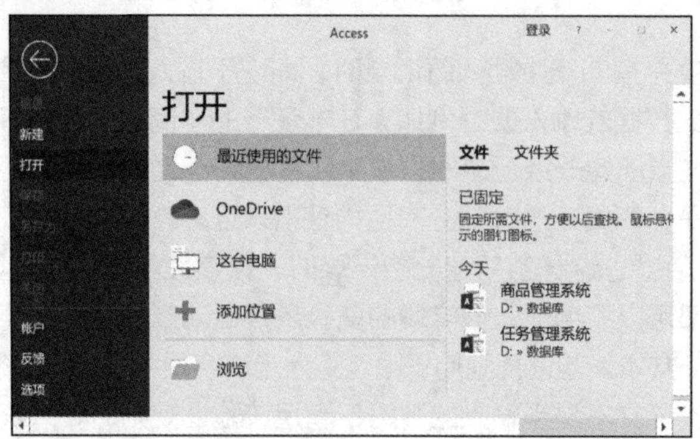

图 1.16　选择【打开】命令

提示 打开 Access 数据库文件时可直接双击盘符上的“.accdb”文件。若要打开最近使用过的数据库，则可在“最近使用的文件”列表中找到该数据库文件并单击。

（2）在“打开”对话框的左侧导航窗格中选择“D:\数据库”文件夹，然后在右侧窗格中选择要打开的数据库文件“商品管理系统”。

（3）单击【打开】按钮，出现图 1.17 所示的“安全警告”提示框。单击【启用内容】按钮后，将打开创建的“商品管理系统”数据库。

图 1.17 “安全警告”提示框

提示 单击“打开”对话框的 打开(O) 按钮右侧的下拉按钮，将打开图 1.18 所示的下拉列表。该下拉列表提供了 4 种打开数据库文件的方式。

选择“打开”选项，被打开的数据库文件可与网上其他用户共享。

选择“以只读方式打开”选项，只能使用、浏览数据库的对象，不能对其进行修改。

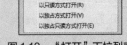

选择“以独占方式打开”选项，网上的其他用户不可以使用该数据库。

选择“以独占只读方式打开”选项，只能使用、浏览数据库的对象，不能对其进行修改，网上的其他用户也不能使用该数据库。

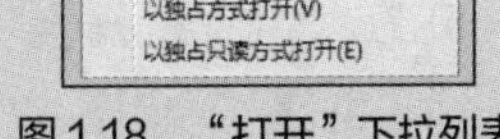

图 1.18 “打开”下拉列表

2.4.2 创建“供应商”表

Access 提供了多种创建数据表的方法，包括使用表设计器、通过数据表、导入表、链接表，以及使用 SharePoint 列表等方法。本小节采用通过数据表的方法来创建“供应商”表，该表的结构如表 1.3 所示。

微课 1-2 创建“供应商”表

（1）在 Access 窗口中单击【创建】→【表格】→【表】按钮，将创建默认名为“表 1”的新表，图 1.19 所示为数据表视图。

表 1.3 “供应商”表的结构

字段名称	数据类型	字段大小
供应商编号	短文本	4
公司名称	短文本	10
地址	短文本	30
城市	短文本	5
电话	短文本	15
银行账号	短文本	18

（2）创建“供应商编号”字段。

① 选中“ID”列，单击【表格工具】→【字段】→【属性】→【名称和标题】按钮，打开图 1.20 所示的“输入字段属性”对话框。

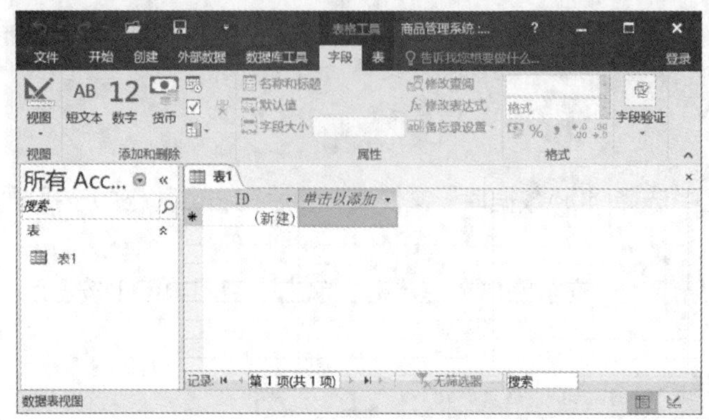

图 1.19　数据表视图

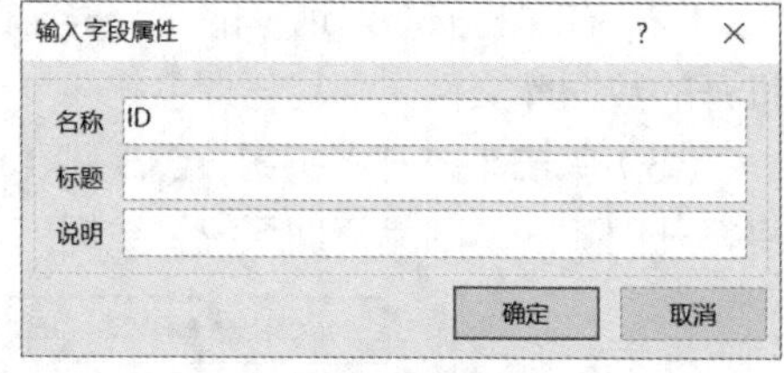

图 1.20　“输入字段属性”对话框

② 在“名称”文本框中将“ID”修改为“供应商编号”，单击【确定】按钮。

③ 选中“供应商编号”列，单击【表格工具】→【字段】→【格式】→【数据类型】下拉按钮，将数据类型由“自动编号”修改为“短文本”。

④ 在【表格工具】→【字段】→【属性】→【字段大小】文本框中设置字段大小为“4”。

⑤ 在“供应商编号”字段名称下方的单元格中输入“1001”作为供应商编号。

（3）创建“公司名称”字段。

① 在“单击以添加”下面的单元格中输入“天宇数码”。此时，Access 自动将新字段命名为“字段 1”。

② 选中“字段 1”列，单击【表格工具】→【字段】→【属性】→【名称和标题】按钮，在打开的“输入字段属性”对话框中将“名称”文本框中的“字段 1”修改为“公司名称”。

③ 在【表格工具】→【字段】→【属性】→【字段大小】文本框中设置字段大小为“10”。

提示　当输入字段值“天宇数码”后，系统根据输入的数据内容自动为该字段设置“短文本”数据类型，若需要修改该数据类型，可按修改“供应商编号”字段数据类型的方式修改。默认情况下，短文本型字段的字段大小为 255，将字段大小减小时，系统将弹出图 1.21 所示的提示框。

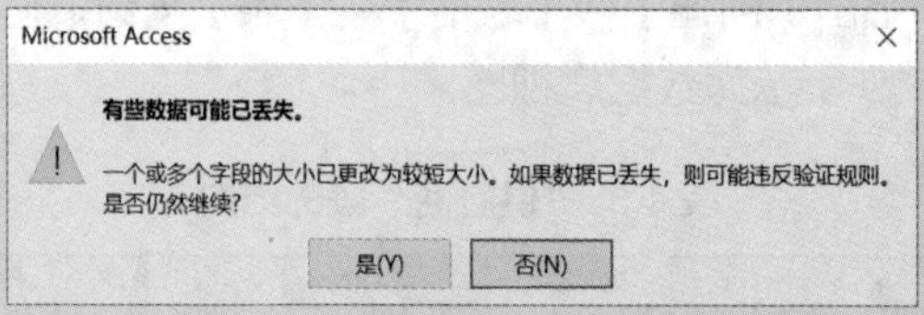

Microsoft Access

有些数据可能已丢失。

一个或多个字段的大小已更改为较短大小。如果数据已丢失，则可能违反验证规则。
是否仍然继续?

是(Y)　否(N)

图 1.21　“数据可能丢失”的提示框

创建两个字段后的“表 1”效果如图 1.22 所示。

（4）创建“地址”字段。

① 单击“单击以添加”字段名称，显示图 1.23 所示的“数据类型”列表。

② 从“数据类型”列表中选择“短文本”类型，光标跳转到新创建的字段名称“字段 1”处，且该字段名称处于编辑状态，输入新的字段名称“地址”，并按【Enter】键确认。

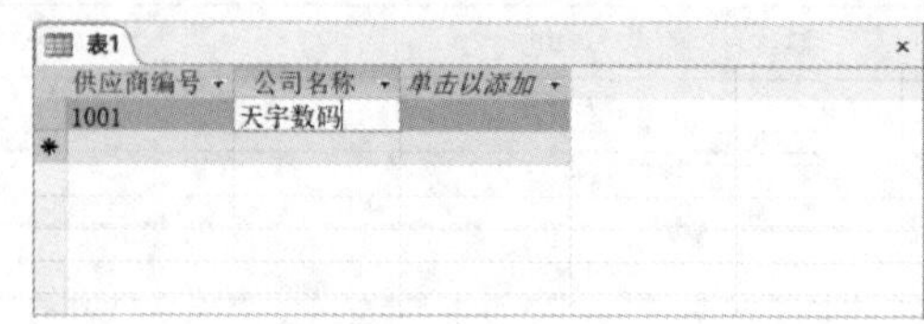

图 1.22　创建两个字段后的“表 1”效果

③ 将字段大小修改为“30”。

（5）用类似的方式，按照表 1.3 所示的结构，继续创建“城市”、“电话”和“银行账号”字段。

（6）保存“供应商”表。单击快速访问工具栏中的【保存】按钮，显示图 1.24 所示的“另存为”对话框，输入表名称“供应商”，单击【确定】按钮。

（7）按图 1.25 所示的信息完善“供应商”表中的记录。

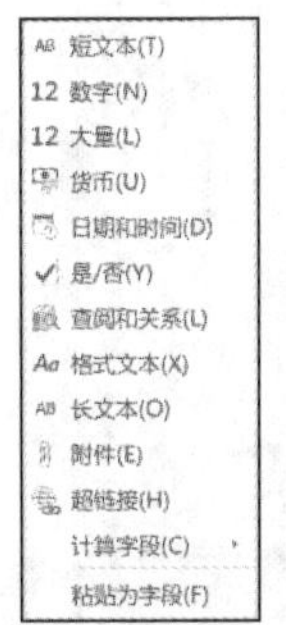

图 1.23 “数据类型”列表

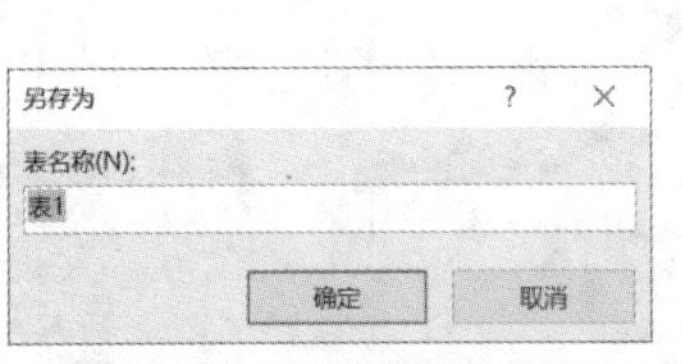

图 1.24 “另存为”对话框

供应商编号	公司名称	地址	城市	电话	银行账号
1001	天宇数码	玉泉路xx号	上海	(021)65****40	3123465****5
1006	威尔达科技	北辰路xxx号	广州	(020)87****95	2353647****1566767
1008	科达电子	东直门大街xxx号	北京	(010)82****10	3453215****3
1009	力锦科技	北新桥xx号	深圳	(0755)85****31	6521327****5675321
1011	网众信息	机场路xxx号	广州	(020)81****67	7865653****6
1015	顺成通讯	阜成路xxx号	重庆	(023)61****58	8345678****2965443
1018	拓达科技	正定路xxx号	济南	(0531)85****07	6225641****8
1020	天科电子	新华路xx号	天津	(022)99****03	6574562****7562863
1021	宏仁电子	东直门大街xxx号	北京	(010)65****54	2789321****1
1028	涵合科技	前门大街xxx号	北京	(010)65****14	7258753****3
1103	义美数码	石景山路xx号	北京	(010)89****56	7657792****5
1105	长城科技	前进路xxx号	福州	(0591)85****37	2134569****2
1205	百达信息	金陵路xxx号	南京	(025)55****55	5745789****2

图 1.25 “供应商”表

（8）单击数据表视图右上角的【关闭】按钮 ×，表中的记录将自动保存。

微课 1-3 创建“类别”表

2.4.3 创建“类别”表

使用导入表的方法，可以将一个已有的外部表导入本数据库中来快速创建新表。外部数据源可以是 Access 数据库和其他格式的数据库中的数据，如 XML（eXtensible Markup Language，可扩展标记语言）数据、HTML 数据等。该方法常用于将已有表转换为 Access 数据库中的表对象。

下面将已有的 Excel 数据表“类别”导入“商品管理系统”Access 数据库中，从而创建“类别”表。

1. 查看已有的 Excel 数据表“类别”

打开“D:\数据库”中已建好的 Excel“类别.xlsx”工作簿中的“类别”数据表，如图 1.26 所示，查看内容无误后，关闭该表。

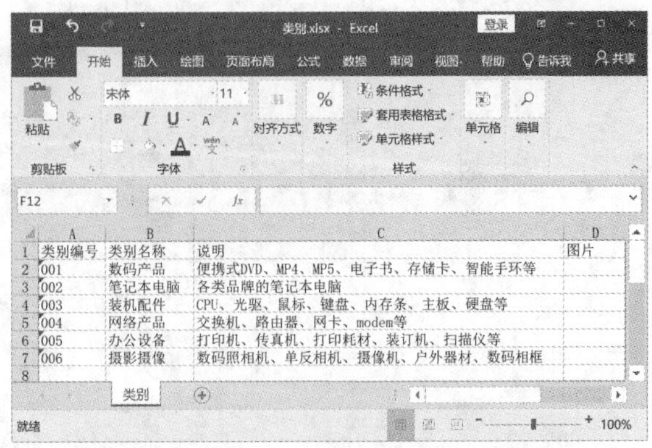

图 1.26 “类别”工作簿中的“类别”数据表

提示 确认 Excel 表无误后，应该将其关闭，然后进行后续操作。因为一般数据库中的表都是以独占方式打开的，如果不将其关闭，则后续无法打开该表进行其他操作。

2. 打开数据库

打开“D:\数据库”中需要导入表的数据库“商品管理系统”。

3. 导入数据

（1）单击【外部数据】→【导入并链接】→【新数据源】按钮，打开“新数据源”菜单，再选择“从文件”级联菜单中的“Excel”选项，如图 1.27 所示，弹出“获取外部数据-Excel 电子表格”对话框。

（2）选择数据源和目标。单击【浏览】按钮，选择要导入的文件“D:\数据库\类别.xlsx”，如图 1.28 所示。在“指定数据在当前数据库中的存储方式和存储位置”选项区中选择【将源数据导入当前数据库的新表中】单选按钮。

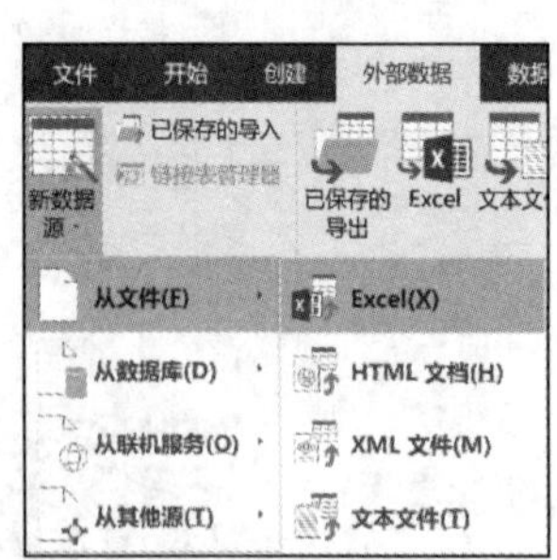

图 1.27 “新数据源”菜单

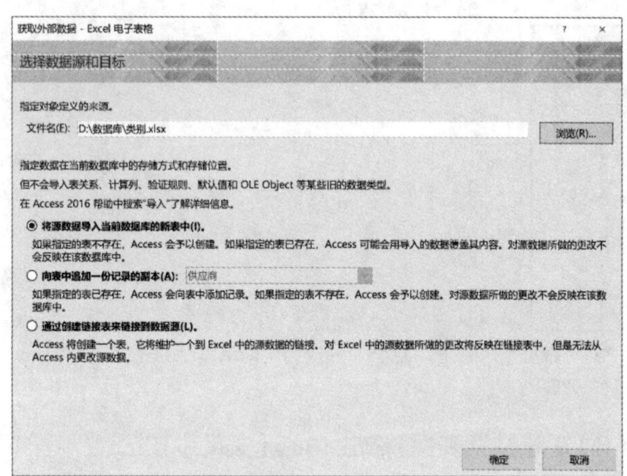

图 1.28 “获取外部数据-Excel 电子表格”对话框

（3）单击【确定】按钮，弹出图 1.29 所示的“导入数据表向导”对话框。

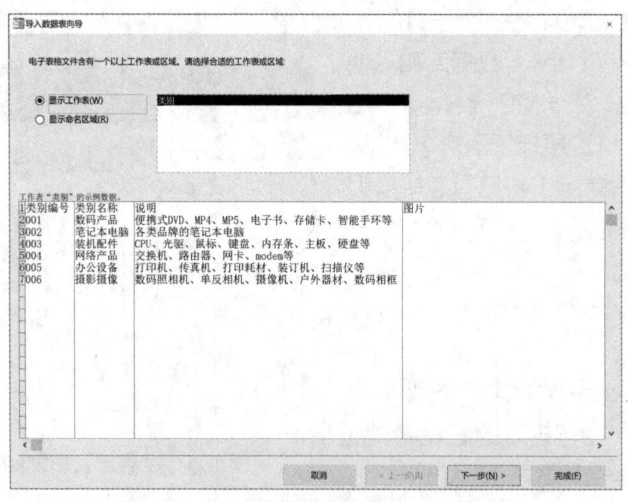

图 1.29 “导入数据表向导”第 1 步对话框

（4）先选择“显示工作表”单选按钮，再选择“类别”工作表，单击【下一步】按钮，弹出图 1.30 所示的对话框。

（5）勾选【第一行包含列标题】复选框，使 Excel 表中的列标题成为导入表的字段名称，而不是字段值。

（6）单击【下一步】按钮，弹出图 1.31 所示的对话框，确定表中需要导入的字段，若不需要导入字段，则勾选【不导入字段(跳过)】复选框；同时可以设置字段的索引。这里为“类别编号”字段设置“有（无重复）”索引。

（7）单击【下一步】按钮，设置导入表的主键，这里选择【我自己选择主键】单选按钮，然后从右侧的下拉列表中选择“类别编号”字段，如图 1.32 所示。

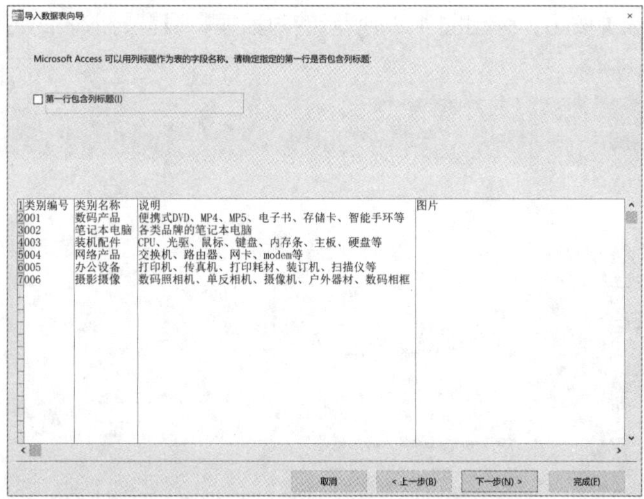

图 1.30 “导入数据表向导”第 2 步对话框

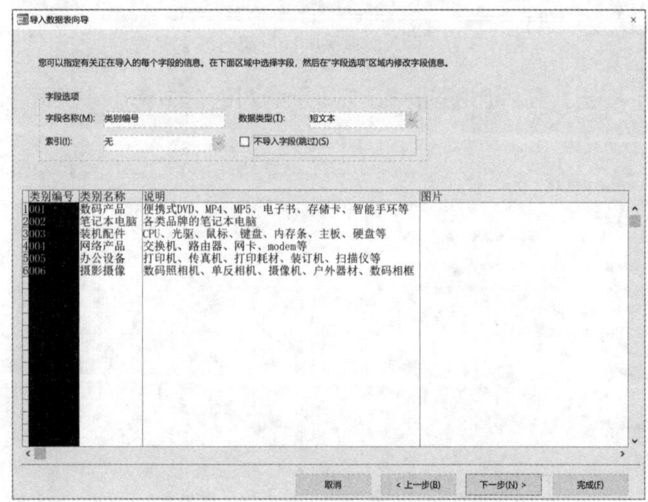

图 1.31 “导入数据表向导”第 3 步对话框

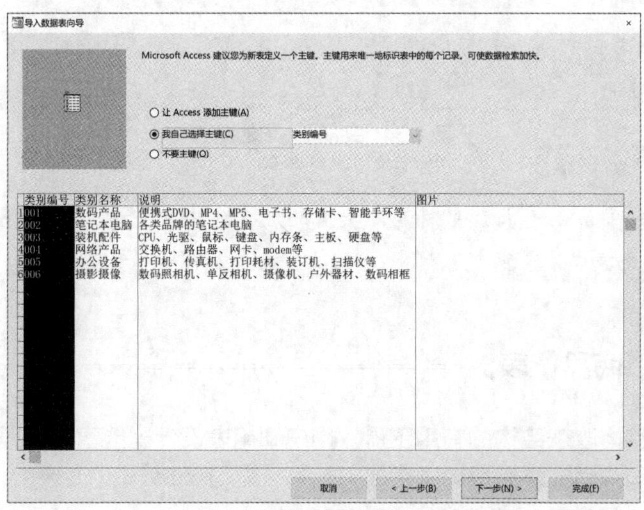

图 1.32 “导入数据表向导”第 4 步对话框

（8）单击【下一步】按钮，弹出图 1.33 所示的对话框，设置导入表的名称为“类别”。

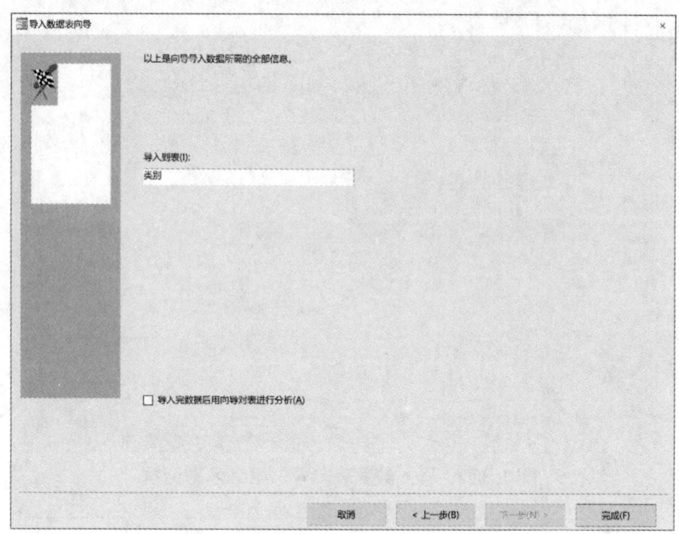

图 1.33 “导入数据表向导”第 5 步对话框

（9）单击【完成】按钮，在弹出的图 1.34 所示的对话框中单击【关闭】按钮，完成“类别”表的导入。

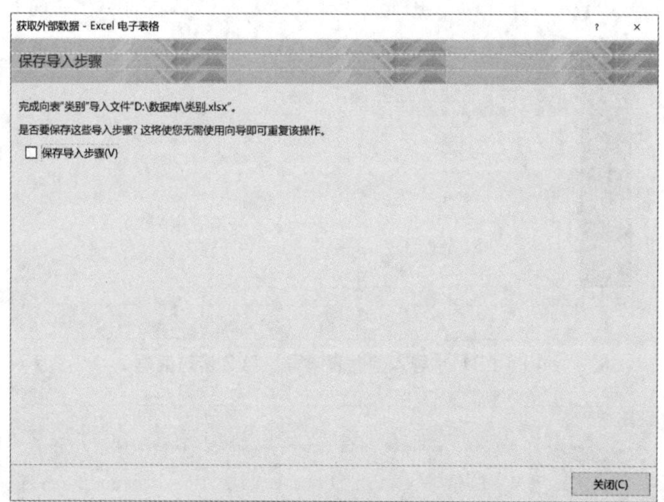

图 1.34 完成导入表的提示

提示 利用导入表的方法创建表，可将其他类型的数据库文件中的表或者 Excel 中的表直接导入 Access 中生成新表。

2.4.4 创建“商品”表

表设计器是创建和修改表结构的有用工具。用户利用表设计器能直接按照设计需求，逐一创建和修改表结构。建议用户熟练掌握这种方法。

下面使用表设计器创建图 1.35 所示的“商品”表。

商品编号	商品名称	类别编号	规格型号	供应商编号	单价	数量
0001	小米手环	001	7 NFC版	1103	249.00	15
0002	内存条	003	金士顿DDR4 3200 32GB	1006	589.00	26
0005	移动硬盘	003	WDBEPK0020BBK	1020	460.00	9
0006	无线网卡	004	普联TL-WN823N免驱版	1011	59.00	16
0007	惠普打印机	005	HP OfficeJet 100	1205	4,399.00	5
0008	宏碁笔记本电脑	002	SF314-512 14英寸	1018	5,460.00	3
0009	电子书阅读器	001	Kindle Paperwhite 5	1008	1,060.00	5
0010	Intel酷睿处理器	003	i7-13700F 13代	1006	3,099.00	10
0011	佳能数码相机	006	EOS 200D Ⅱ	1001	5,200.00	6
0012	戴尔笔记本电脑	002	Ins 15-3520-R1828S	1028	6,200.00	7
0015	索尼数码摄像机	006	HDR-CX450	1001	3,700.00	4
0016	随行WiFi	004	华为e5576	1028	259.00	4
0017	U盘	001	SanDisk CZ73	1020	150.00	30
0018	佳能打印机	005	Canon G3812	1015	1,050.00	2
0021	联想笔记本电脑	002	YOGA Pro 14s	1009	8,700.00	5
0022	存储卡	001	SanDisk 256GB TF	1015	155.00	8
0025	固态硬盘	003	SL700 SATA3 1TB	1021	480.00	15
0026	移动电源	001	小米 30000mAh	1011	178.00	8
0030	无线路由器	004	华为 B311B-853	1011	330.00	18

图1.35 “商品”表

微课 1-4 创建“商品”表

1. 根据表内容分析表结构

“商品”表用于记录在编商品基本信息。分析“商品”表的记录中各字段的数据特点，结合实际工作和生活常识、规律及特殊要求，确定表中各字段的数据类型和字段属性，如表 1.4 所示。

表 1.4 “商品”表的结构

字段名称	数据类型	字段大小	字段属性	说明
商品编号	短文本	4	主键、必填字段、有（无重复）索引	4 位文本型数字的商品编号
商品名称	短文本	10	必填字段、有（有重复）索引	
类别编号	查阅向导	默认	有（有重复）索引	引用“类别”表中的“类别编号”
规格型号	短文本	30		
供应商编号	查阅向导	默认	有（有重复）索引	引用“供应商”表中的“供应商编号”
单价	货币		必须输入大于 0 的数字，输入无效数据时提示“单价应为正数！”	
数量	数字	整型	常规数字，小数位数为 0，默认值为 0，必须输入小于等于 0 的数字，输入无效数据时提示“数量应为正整数！”	

2. 使用表设计器创建“商品”表的结构

（1）打开“商品管理系统”数据库。

（2）单击【创建】→【表格】→【表设计】按钮，打开图 1.36 所示的表设计器。

提示 表设计器分为两部分，上半部分是字段编辑区，用于输入各字段的名称、数据类型和关于字段的说明文字；下半部分是“字段属性”设置区，在“常规”选项卡中可以详细地设置上半部分字段的属性，“字段属性”右侧的文字是关于各个详细设置的说明，在“查阅”选项卡中可设置或查阅字段参数。

（3）设置“商品编号”字段。

① 输入字段名称“商品编号”。

② 设置数据类型为“短文本”。

③ 在字段说明中输入“4 位文本型数字的商品编号”。

④ 单击【表格工具】→【设计】→【工具】→【主键】按钮，将该字段设置为本表的主键。

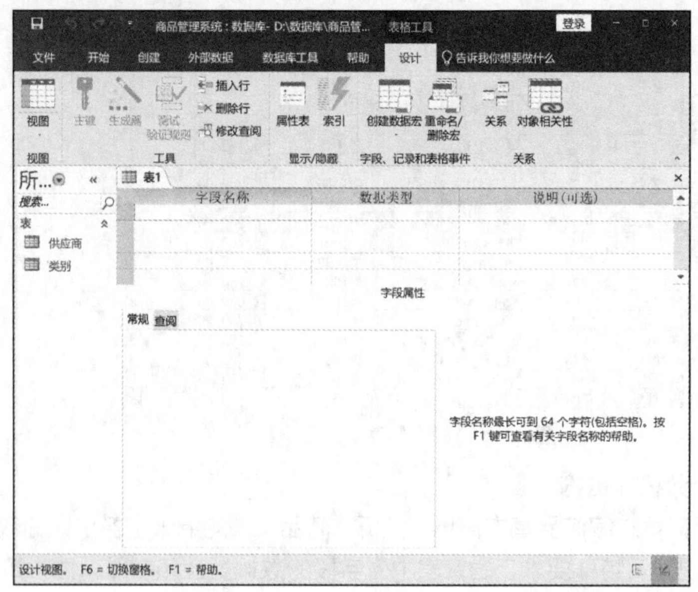

图 1.36　表设计器

⑤ 在“字段属性”设置区设置字段属性，设置结果如图 1.37 所示。

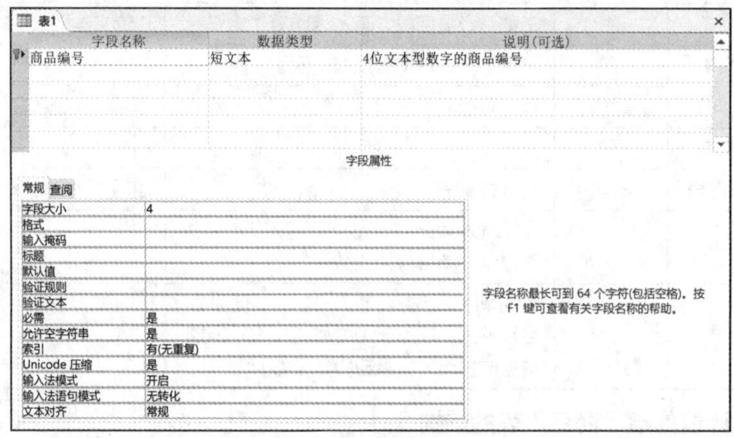

图 1.37　设置“商品编号”字段

（4）按表 1.4 所示的结构设置“商品名称”字段。

（5）设置“类别编号”字段。

① 输入字段名称“类别编号”。

② 设置数据类型为“查阅向导”，弹出图 1.38 所示的“查阅向导”对话框。

a．选择查阅列的数据源。这里选择【使用查阅字段获取其他表或查询中的值】单选按钮，然后单击【下一步】按钮。

提示

若查阅列的下拉列表中需要的值没有出现在已有表的字段值中，那么可以选择【自行键入所需的值】单选按钮，然后构造值列表。

b．选择已有的表或查询作为提取字段的数据源。这里先选择“视图”中的“表”选项，再选择已有的“类别”表，如图 1.39 所示，然后单击【下一步】按钮。

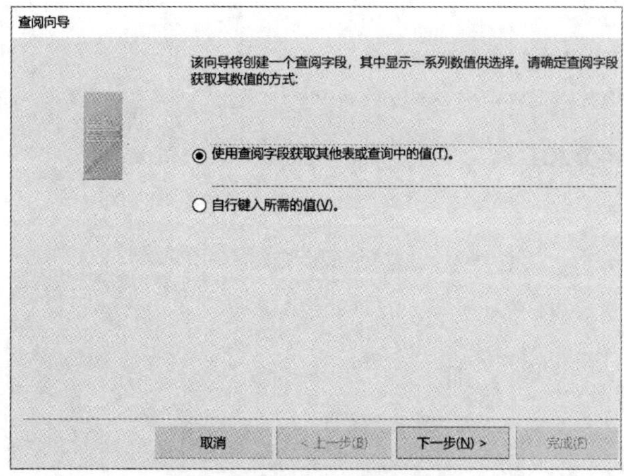

图 1.38 “查阅向导”对话框

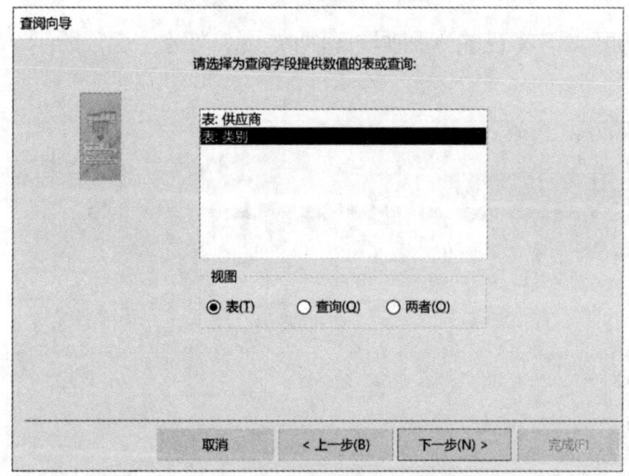

图 1.39 选择“类别”表作为提取字段的数据源

c. 在“可用字段”列表框中选择“类别编号”作为查阅字段的数据源，双击选中的字段或单击 > 按钮，将其加入“选定字段”列表框中，如图 1.40 所示。设置完成后单击【下一步】按钮。

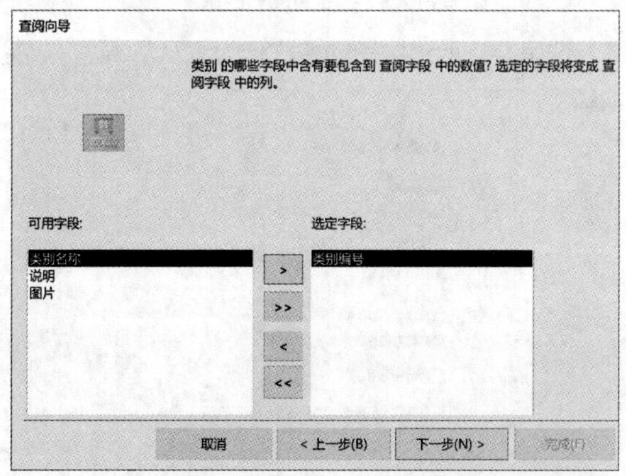

图 1.40 选择“类别编号”作为查阅字段的数据源

d. 选择作为排序依据的字段，排序可以是升序或降序，以便在输入时，下拉列表按一定的顺序排列值，如图 1.41 所示。设置完成后单击【下一步】按钮。

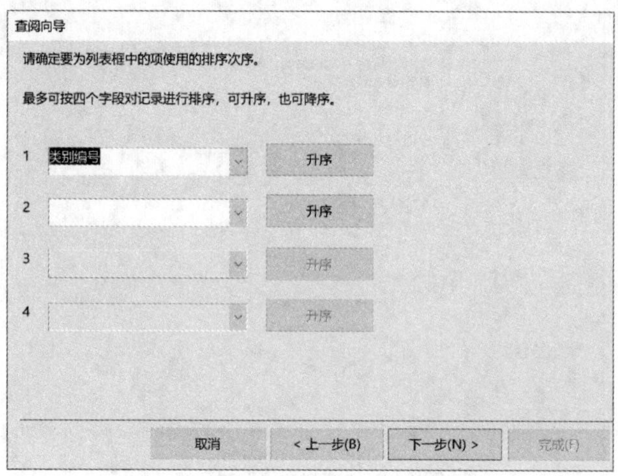

图 1.41　选择“类别编号”作为排序依据

e. 指定查阅列的宽度，这将在输入数据时有所体现，如图 1.42 所示。设置完成后单击【下一步】按钮。

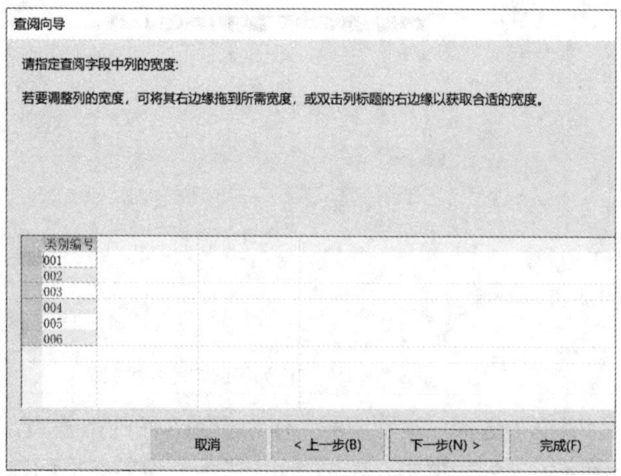

图 1.42　指定查阅列的宽度

f. 为查阅列指定标签，这里会提取该字段的名称作为默认的标签，如图 1.43 所示。

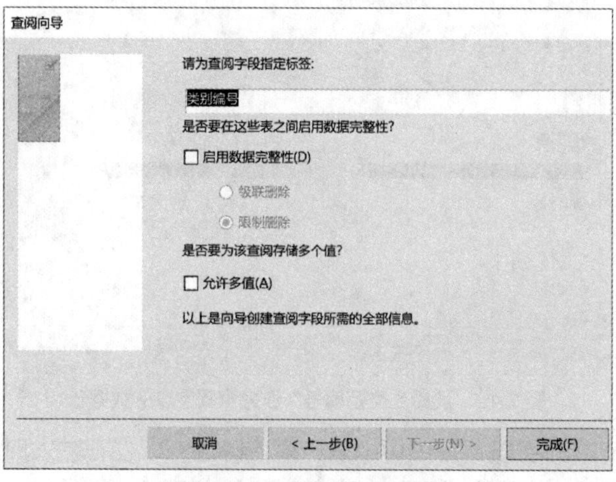

图 1.43　为查阅列指定标签

g. 单击【完成】按钮，弹出图 1.44 所示的提示框，因为表间数据的引用会自动创建两个表的关系。单击【是】按钮，弹出“另存为”对话框，以“商品”为名保存数据表，如图 1.45 所示。

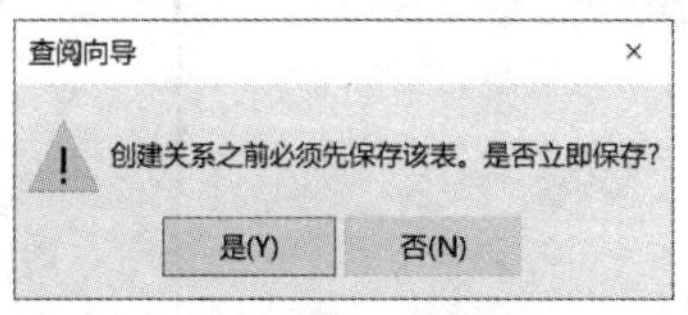

图 1.44　保存表的提示框

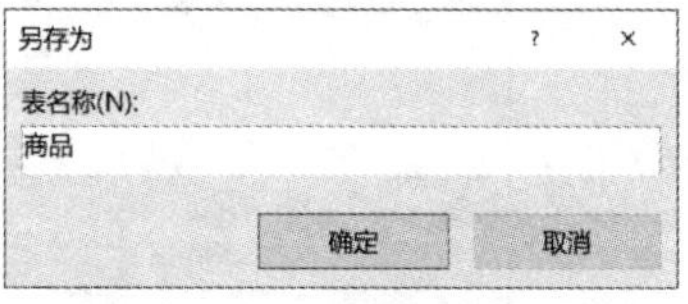

图 1.45　“另存为”对话框

提示　完成查阅向导设置后，字段属性中的“查阅”选项卡的效果如图 1.46 所示。

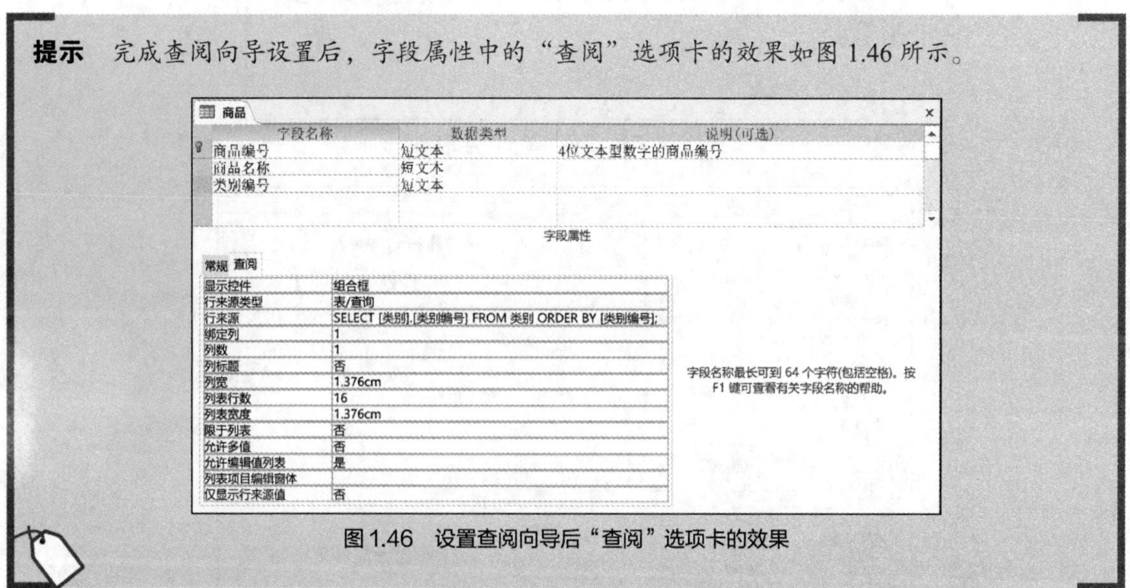

图 1.46　设置查阅向导后“查阅”选项卡的效果

③ 在字段说明中输入“引用‘类别’表中的‘类别编号’”。

④ 设置字段索引为“有(有重复)”。

(6) 按表 1.4 所示的结构设置“规格型号”字段。

(7) 按表 1.4 所示的结构设置“供应商编号”字段。查阅字段引用“供应商”表中的“供应商编号”，设置方法同“类别编号”的设置方法。

(8) 设置“单价”字段。

① 输入字段名称“单价”。

② 设置数据类型为“货币”。

③ 设置字段属性。设置格式为“货币”，小数位数为“自动”，验证规则为“>0”，验证文本为“单价应为正数!”，其余属性为默认值，如图 1.47 所示。

(9) 设置“数量”字段，方法类似“单价”字段的设置，效果如图 1.48 所示。

(10) 单击快速访问工具栏中的【保存】按钮，保存“商品”表的结构。单击【关闭】按钮☒，关闭表设计器。

提示　这里暂时不输入数据，“商品”表的数据输入将在 2.4.7 小节中完成。

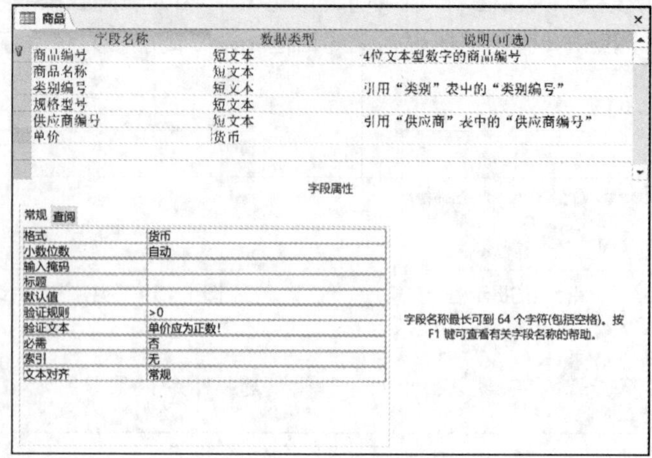

图 1.47　设置“单价”字段

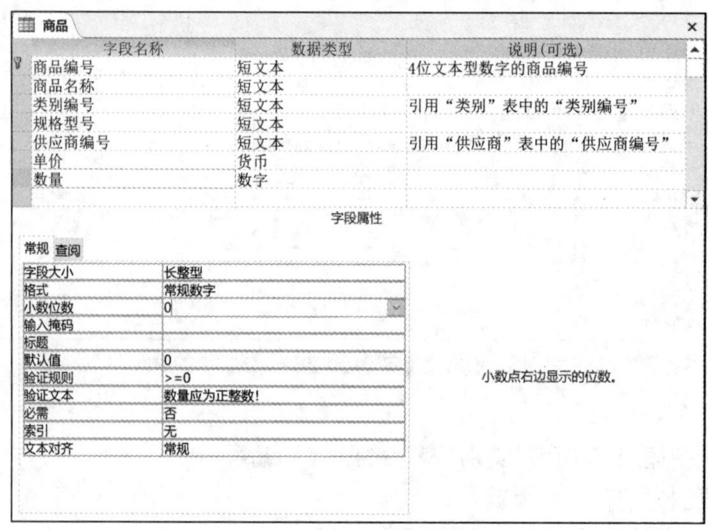

图 1.48　设置“数量”字段

2.4.5　修改“供应商”表

对于通过数据表的方法创建的表，如果需要进一步修改表结构，需要通过表设计器按照实际需要对表进行一定的修改。“供应商”表结构需要修改的其他属性如表 1.5 所示。

表 1.5　“供应商”表结构需要修改的其他属性

字段名称	字段属性
供应商编号	主键、必填字段、有（无重复）索引
公司名称	必填字段、有（有重复）索引

（1）打开“商品管理系统”数据库。

（2）在左侧的导航窗格中用鼠标右键单击“供应商”表，在弹出的图 1.49 所示的快捷菜单中选择【设计视图】命令，打开“供应商”表的设计视图，如图 1.50 所示。

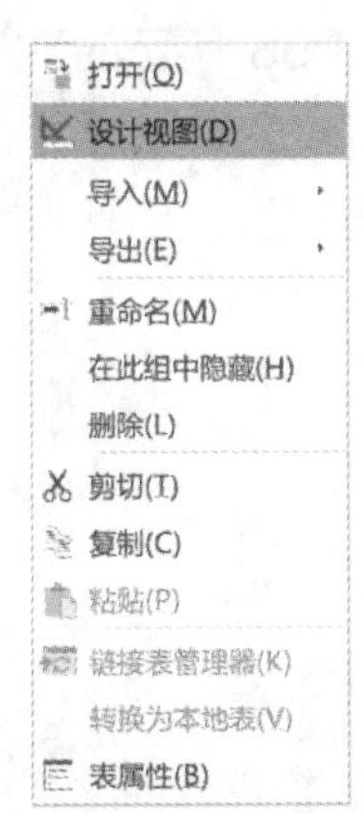

图 1.49 “表”的快捷菜单

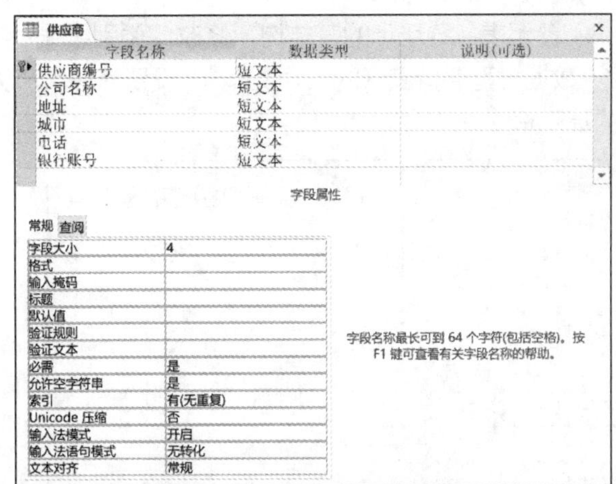

图 1.50 “供应商”表的设计视图

提示 从图 1.50 所示的“供应商”表的设计视图可见，“供应商编号”字段已被设置为主键。这是因为使用数据表视图创建新表时，如果保存表时没有为表指定主键，Access 将自动为表添加主键。且由于主键字段的值为唯一、无重复的值，该字段的索引将自动变为“有(无重复)索引”，因此该字段的主键、必需、索引属性无须再设置。

（3）参考表 1.5 所示的表结构，修改“公司名称”字段的属性。

（4）修改完毕，单击快速访问工具栏中的【保存】按钮保存表结构，此时，弹出图 1.51 所示的数据完整性规则已经更改的提示框。单击【是】按钮，完成对“供应商”表结构的修改。

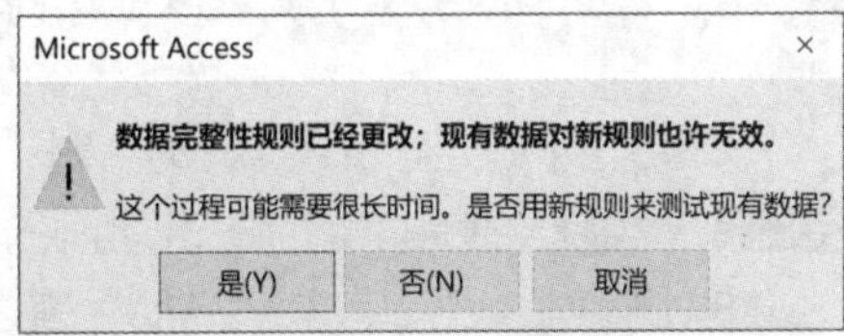

图 1.51 数据完整性规则已经更改的提示框

（5）单击表设计器的【关闭】按钮，关闭“供应商”表。

2.4.6 修改“类别”表

微课 1-5 修改“类别”表

由于“类别”表是采用导入表的方法创建的，所有字段的数据类型和字段属性均为默认，因此必须适当修改该表，才能满足数据存储的需要。“类别”表的结构如表 1.6 所示。

表 1.6 “类别”表的结构

字段名称	数据类型	字段大小	字段属性	说明
类别编号	短文本	3	主键、必填字段、有（无重复）索引	
类别名称	短文本	15	必填字段、有（有重复）索引	商品类别名称
说明	长文本			
图片	OLE 对象			描绘商品类别的图片

（1）打开“商品管理系统”数据库。

（2）打开“类别”表的设计视图，如图 1.52 所示。可以发现，表中有 4 个字段，主键设置是合理的。但是，所有字段的数据类型均是“短文本”，且字段大小均是 255 个字符。

（3）参照表 1.6 所示的表结构，修改“类别编号”字段。

① 数据类型保持默认的“短文本”，设置字段大小为“3”，弹出图 1.53 所示的不能修改字段大小的提示框。

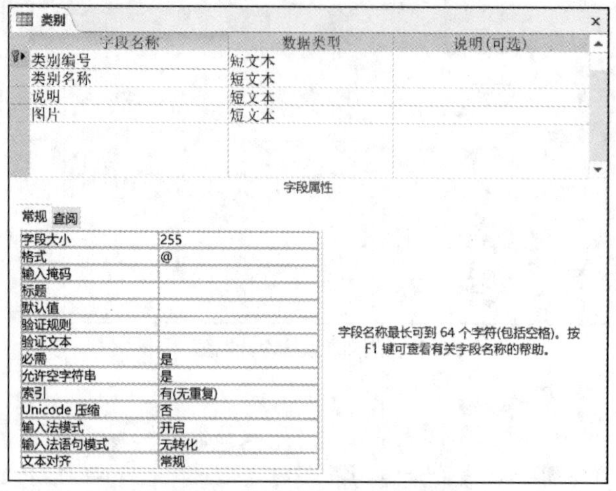

图 1.52 “类别”表的设计视图

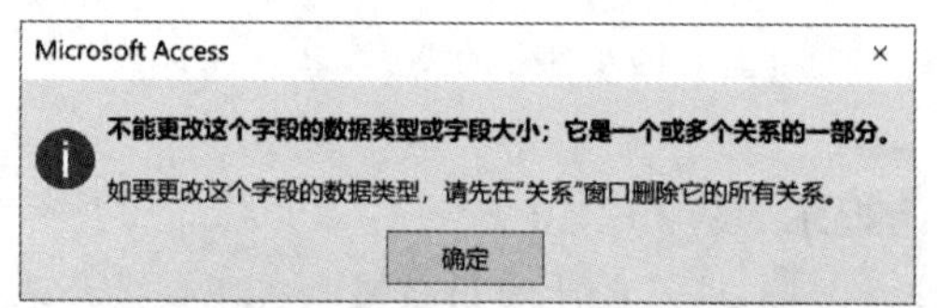

图 1.53 不能修改字段大小的提示框

提示 由于创建“商品”表时，在为“类别编号”字段设置查阅向导的过程中引用了“类别”表的相应字段，因此建立了两个表之间的关系。

② 单击【确定】按钮。此时，对“类别编号”字段的修改未成功。先关闭“类别”表，不保存，待删除“类别”表和“商品”表之间的关系后再修改。

③ 删除“类别”表和“商品”表之间的关系。

a. 单击【数据库工具】→【关系】→【关系】按钮，打开图 1.54 所示的“关系”窗口。

b. 用鼠标右键单击“类别”表和“商品”表之间的连线，从弹出的快捷菜单中选择【删除】命令，出现图 1.55 所示的删除关系提示框。

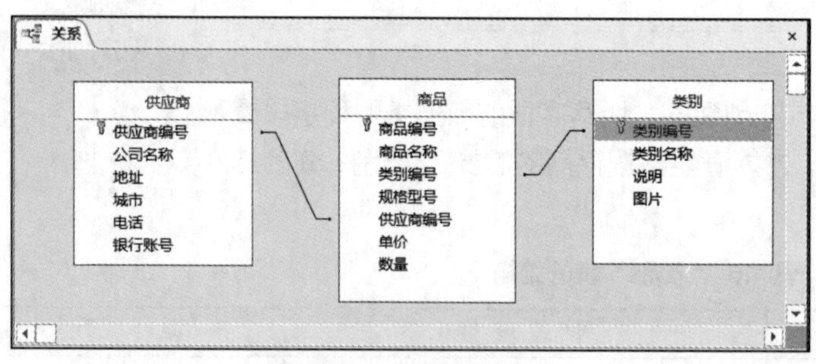

图 1.54 “关系”窗口

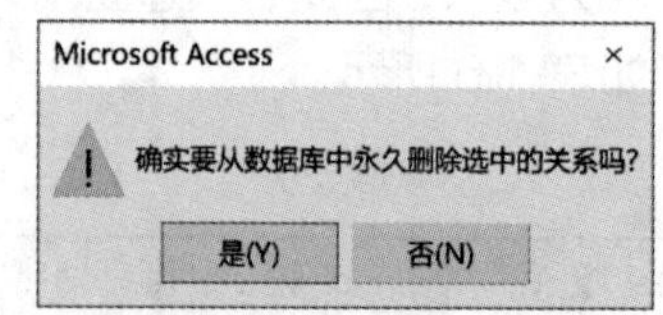

图 1.55 删除关系提示框

c. 单击【是】按钮，删除两个表之间的关系。

d. 保存修改过的关系后，关闭“关系”窗口返回表设计器。

④ 参考表 1.6 所示的表结构，重新打开“类别”表的设计视图，继续修改“类别编号”字段的字段大小和其他字段属性。

（4）参考表 1.6 所示的表结构，修改其余字段的数据类型、字段大小和字段属性。

（5）修改完毕，保存表结构时，弹出图 1.56 所示的提示框，警告由于改变了字段的大小，也许会造成数据丢失，询问是否继续。

（6）单击【是】按钮，弹出图 1.57 所示的数据完整性规则已经更改的提示框。单击【是】按钮，完成对“类别”表结构的修改。

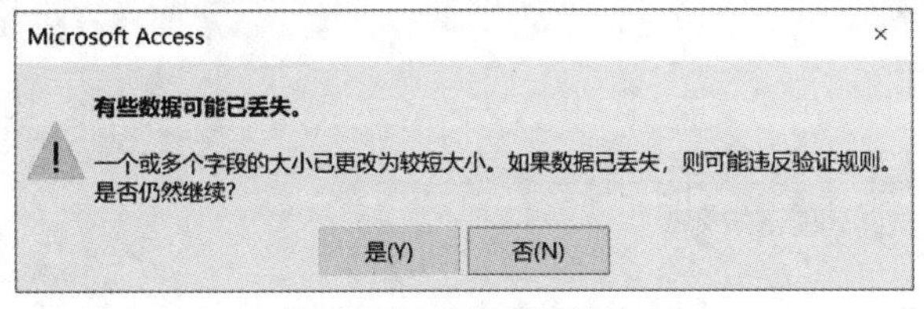

图 1.56　询问是否继续

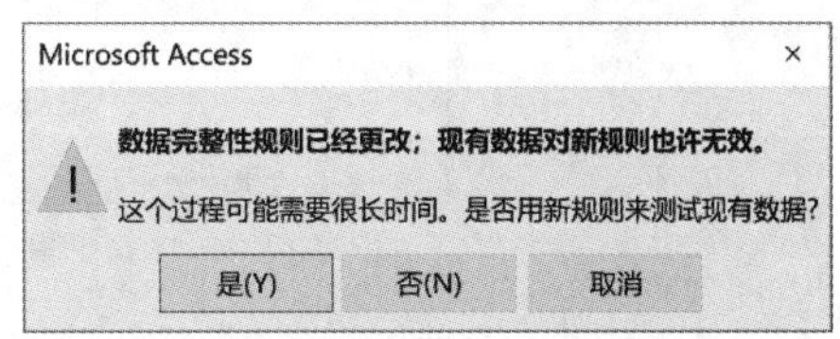

图 1.57　数据完整性规则已经更改的提示框

2.4.7　编辑“商品”表和“类别”表的记录

表设计完成后，需要对表的数据进行操作，也就是对记录进行操作，涉及记录的添加、删除、修改、复制等。对记录进行的操作是通过数据表视图来完成的。

提示　数据表的一行称为一条记录，添加新记录就是在表的末端增加新的一行。常用的操作方法有 4 种。

① 在数据表中直接添加记录。直接单击表的最后一行，在当前行中输入需添加的数据，即可完成添加一条新记录的操作。

② 利用记录导航添加记录。单击记录导航中的【新（空白）记录】按钮，光标自动跳转到表的最后一行，此时即可输入所需添加的数据。

③ 利用功能组中的按钮添加记录。单击【开始】→【记录】→【新建】按钮，光标自动跳转到表的最后一行，输入需添加的数据即可。

④ 利用快捷菜单中的命令添加记录。用鼠标右键单击记录行选择器的位置，从弹出的快捷菜单中选择【新记录】命令，光标会自动跳转到表的最后一行，此时即可输入需添加的数据。

1. 输入“商品”表的记录

（1）打开“商品管理系统”数据库。

（2）打开“商品”表。在左侧的导航窗格中双击“商品”表，打开数据表视图。

（3）参照图 1.35 所示的信息输入数据。输入完毕关闭表时，系统将自动保存记录。

提示　注意体会各种数据的输入方法，以便提高输入速度。

①“商品编号”是短文本型，故商品编号“0001”会保留前面的“0”。这个字段是本表的主键，不能出现商品编号相同的数据。如果出现，就违背了唯一性的原则，系统会提示出错。

②“类别编号”和“供应商编号”制作了查阅列，因此，会出现下拉列表供选择，如图 1.58 所示。

③“单价”是货币型，因此会自动出现货币符号“¥”。用户只需注意具体金额的输入，无须输入货币符号。

④“数量”字段设置了数值的范围，如果数值超出范围，就会提示错误，用户可根据提示修正输入的数据。

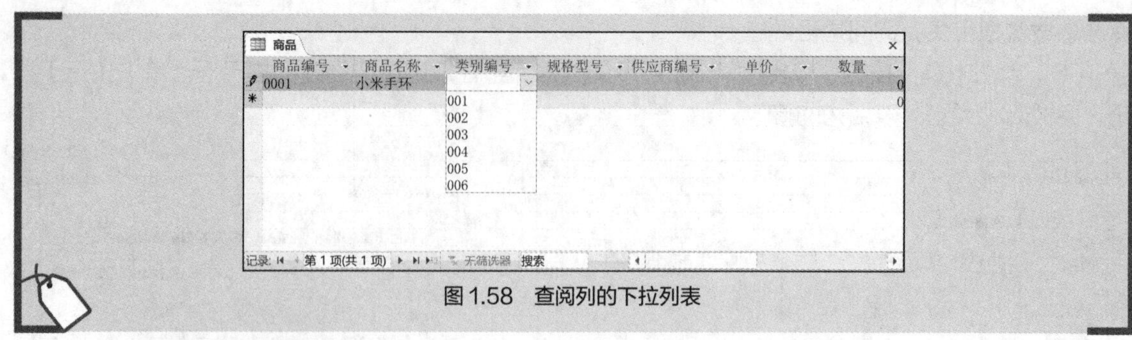

图 1.58　查阅列的下拉列表

2. 完善“类别”表的数据

如果需要修改数据表中的数据，可以直接进入数据表视图进行操作。将光标定位于所需修改的位置，就可以修改字段中的数据了。

下面补充完善“类别”表中的“图片”字段数据。该字段的数据类型为“OLE 对象”，为其添加 BMP 格式的图片。

（1）打开“商品管理系统”数据库。

（2）在数据表视图中打开“类别”表。

（3）在“说明”与“图片”字段的字段名分隔线处双击，让“说明”字段以最合适的列宽显示。在每个字段右侧的分隔线处均双击，每个字段可获得最合适的列宽，如图 1.59 所示。

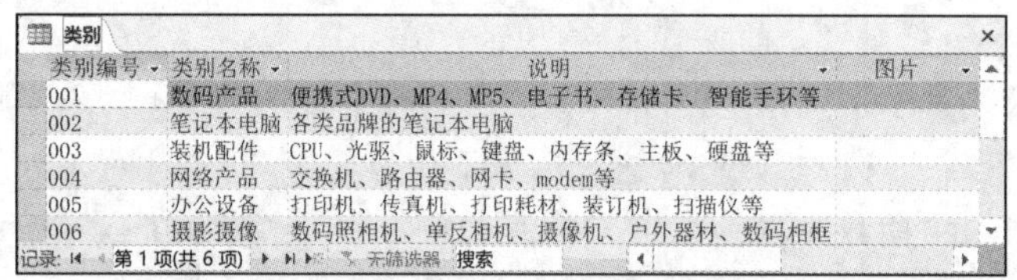

类别编号	类别名称	说明	图片
001	数码产品	便携式DVD、MP4、MP5、电子书、存储卡、智能手环等	
002	笔记本电脑	各类品牌的笔记本电脑	
003	装机配件	CPU、光驱、鼠标、键盘、内存条、主板、硬盘等	
004	网络产品	交换机、路由器、网卡、modem等	
005	办公设备	打印机、传真机、打印耗材、装订机、扫描仪等	
006	摄影摄像	数码照相机、单反相机、摄像机、户外器材、数码相框	

图 1.59　调整“类别”表中各字段的列宽

（4）在第一条记录的“图片”字段处双击，弹出图 1.60 所示的提示框。可见，该字段还没有插入任何对象。单击【确定】按钮，返回表中。

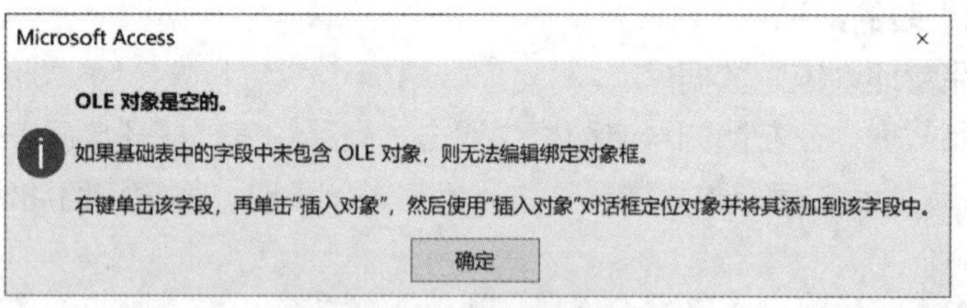

图 1.60　OLE 对象编辑提示

提示　OLE 对象型字段需要插入一个对象。可以使用将实际内容放入本数据库中的“嵌入”方式或者使用在本数据库中保存连接到实际对象的“链接”方式将对象与字段绑定。

（5）用鼠标右键单击第一条记录的“图片”字段，从弹出的快捷菜单中选择【插入对象】命令，弹出图 1.61 所示的对话框。选择【由文件创建】单选按钮，单击【浏览】按钮，弹出“浏览”对话框。指定图片文件的存放位置为“D:\数据库\类别图片”，如图 1.62 所示，选择对应的图片文件“数码产品”，单击【打开】按钮，返回插入对象对话框，选择的文件显示在图 1.63 所示的“文件”文本框中，单击【确定】按钮。

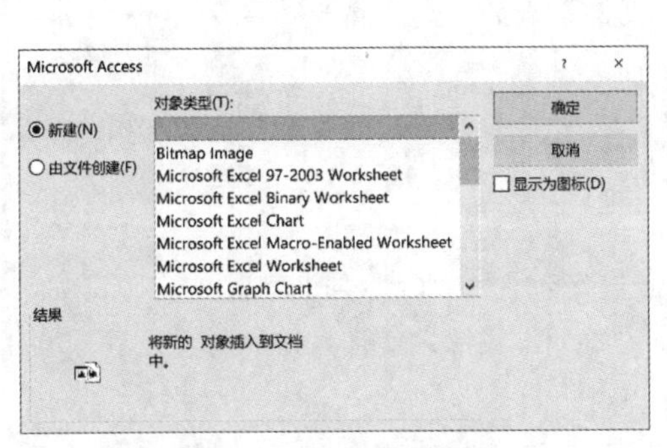

图 1.61　插入对象对话框

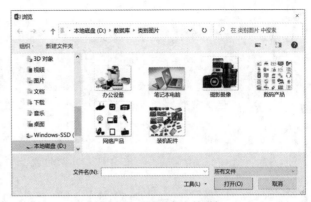

图 1.62　选择要插入的对象

（6）插入图片对象后，“图片”字段会出现“Bitmap Image”位图图像字样，如图 1.64 所示。

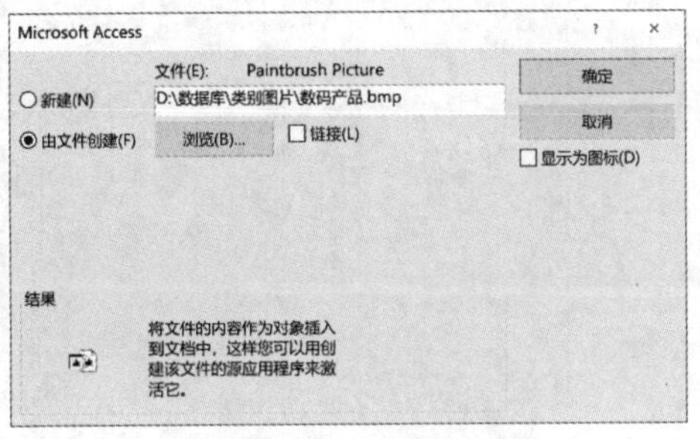

图 1.63　插入的图片对象

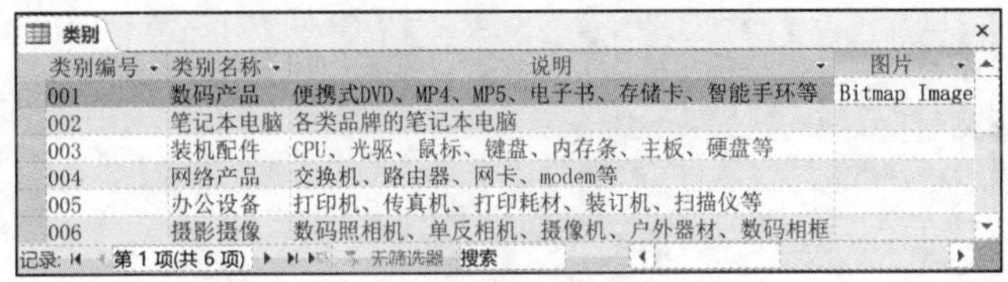

类别编号	类别名称	说明	图片
001	数码产品	便携式DVD、MP4、MP5、电子书、存储卡、智能手环等	Bitmap Image
002	笔记本电脑	各类品牌的笔记本电脑	
003	装机配件	CPU、光驱、鼠标、键盘、内存条、主板、硬盘等	
004	网络产品	交换机、路由器、网卡、modem等	
005	办公设备	打印机、传真机、打印耗材、装订机、扫描仪等	
006	摄影摄像	数码照相机、单反相机、摄像机、户外器材、数码相框	

记录: 第 1 项(共 6 项)　无筛选器　搜索

图 1.64　插入图片对象后的“类别”表

提示　在这类字段中插入不同类型的对象，会出现不同的文字字样。这里由于插入的是 BMP 格式的图片对象，故出现“Bitmap Image”字样。

（7）将其余记录所需图片对象插入对应记录的字段中。

（8）关闭表，系统将自动保存修改的记录。

微课 1-6　建立表间关系

2.4.8　建立表间关系

数据库是相关数据的集合。一般一个数据库由若干个表组成，每一个表反映数据库某一方面的信息，要使这些表联系起来反映数据库的整体信息，需要为这些表建立应有的关系。建立表间关系的前提是两个表必须拥有共同字段。

在“商品管理系统”中，“商品”表和“供应商”表存在共同字段“供应商编号”，“商品”表和“类别”表的共同字段为“类别编号”。

（1）关闭所有打开的表。

（2）单击【数据库工具】→【关系】→【关系】按钮，打开图 1.65 所示的“关系”窗口。

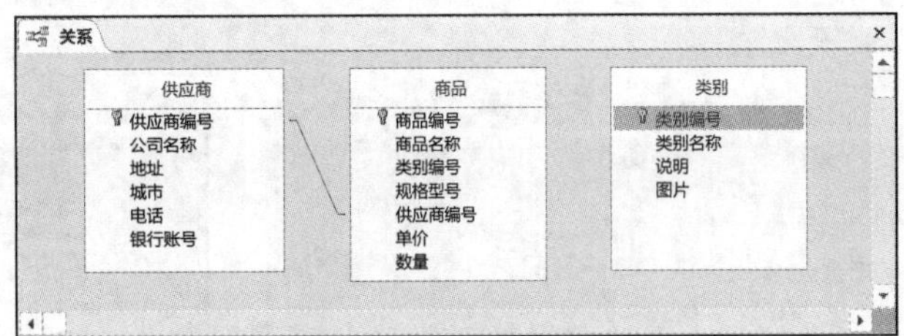

图 1.65　“关系”窗口

提示 ① 前面在创建“商品”表的过程中，由于为“商品”表的“类别编号”字段和“供应商编号”字段构造查阅字段时，分别引用了“类别”表的“类别编号”字段和“供应商”表的“供应商编号”字段作为列表来源，所以，这 3 个表已经存在某种关系了。因为修改“类别”表的需要，所以删除了“类别”表和“商品”表之间的关系，但在“关系”窗口中已经显示了这 3 个表。

② 如果这 3 个表之前没有任何关系，则在单击【关系】按钮时，会出现图 1.66 所示的“显示表”对话框。选中要建立关系的表，单击【添加】按钮，可将其添加到“关系”窗口中。

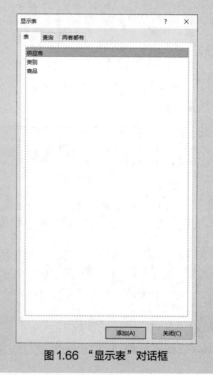

图 1.66 “显示表”对话框

（3）建立“类别”表和“商品”表间的关系。

① 在“关系”窗口中选择“类别”表中的“类别编号”字段，将其拖至“商品”表的“类别编号”字段上，弹出图 1.67 所示的“编辑关系”对话框。

② 单击【创建】按钮，可建立“类别”表和“商品”表间的关系，如图 1.68 所示。

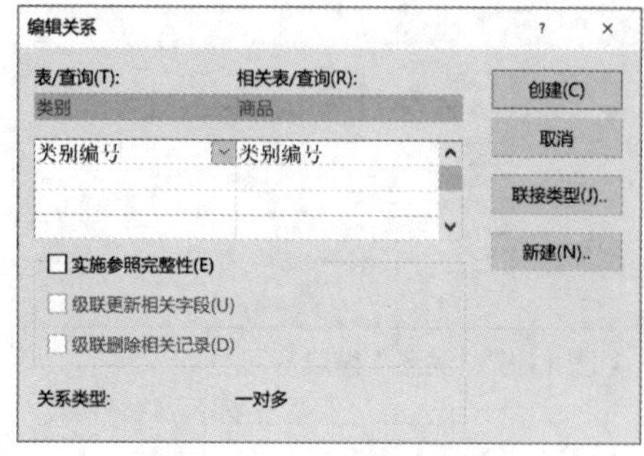

图 1.67 “编辑关系”对话框

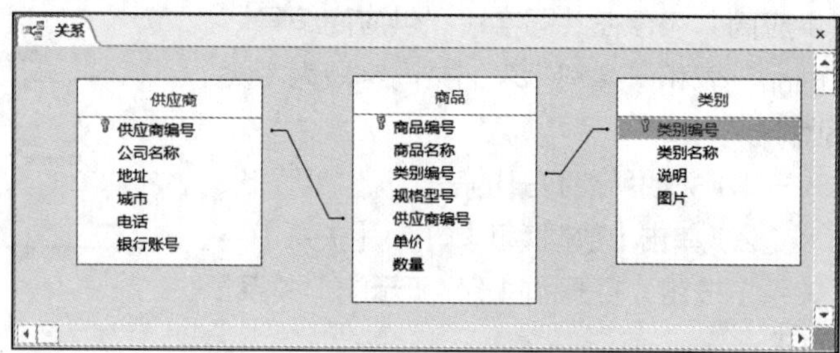

图 1.68 “关系”窗口各表间的关系

提示 ① 关系的类型。表与表之间的关系可分为一对一、一对多和多对多 3 种类型，创建的关系类型取决于表间关联字段的定义。

a. 一对一：两个表中相关联的字段都是主键或唯一索引。

b. 一对多：两个表中相关联的字段只有一个是主键或唯一索引。

c. 多对多：一个表（A）中的一条记录能够对应另一个表（B）中的多条记录；同时 B 表中的一条记录也能对应 A 表中的多条记录。

② 在“关系”窗口的各个表中，所有用粗体字显示的字段均为主键。某一个表中用于建立关系的字段只要已设定为主键或唯一索引，则在建立一对多关系时，无论拖动的方向如何，该表必定为主表，与之建立关系的表为子表。

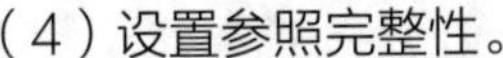

（4）设置参照完整性。

① 在“关系”窗口中双击“供应商”表和“商品”表间的连线，弹出图 1.69 所示的“编辑关系”对话框。

② 选中【实施参照完整性】复选框和【级联更新相关字段】复选框。

③ 单击【确定】按钮，关闭“编辑关系”对话框，

④ 使用相同的方法设置“商品”表和“类别”表间的参照完整性。

设置参照完整性后，“关系”窗口中的表间关系如图 1.70 所示。

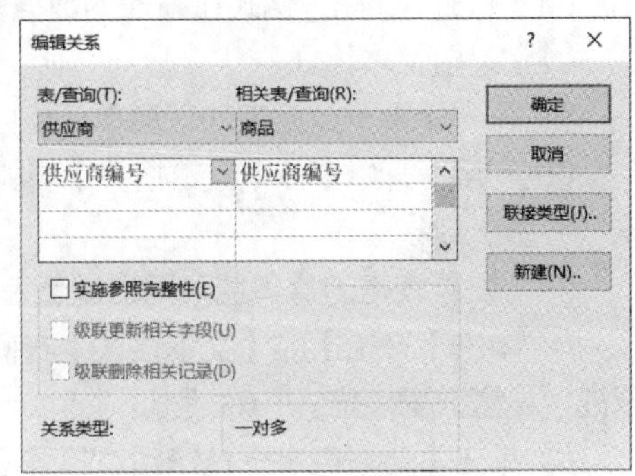

图 1.69 “编辑关系”对话框

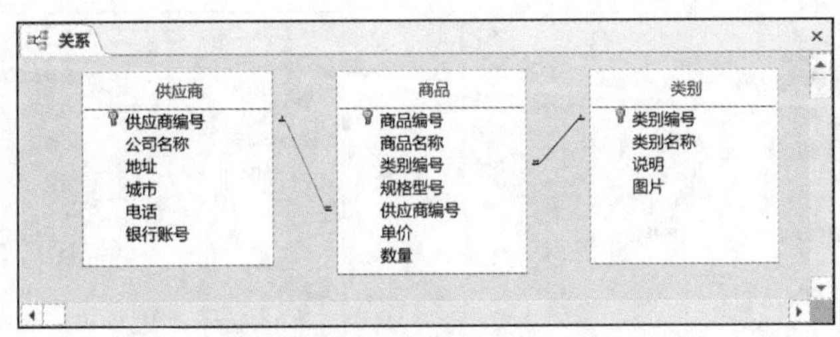

图 1.70 表间关系

（5）保存后，关闭“关系”窗口。

提示 Access 使用参照完整性来确保数据库相关表之间关系的有效性，防止意外删除或更改相关记录的数据。设置参照完整性就是在相关表之间创建一组规则，当用户插入、更新和删除某个表中的记录时，可保证与之相关的表中数据的完整性。

2.5 任务拓展

2.5.1 通过复制“商品”表创建“商品_格式化”表

（1）在“商品管理系统”数据库左侧的导航窗格中选择“商品”表。

（2）先单击【开始】→【剪贴板】→【复制】按钮，再单击【开始】→【剪贴板】→【粘贴】按钮，弹出图 1.71 所示的“粘贴表方式”对话框。

（3）在“表名称”文本框中输入“商品_格式化”，在“粘贴选项”栏中选择【结构和数据】单选按钮。

（4）单击【确定】按钮，即在数据库中创建“商品_格式化”表。

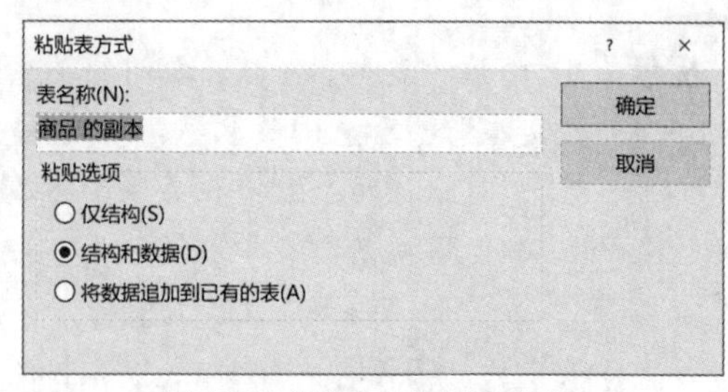

图 1.71 “粘贴表方式”对话框

2.5.2 调整“商品_格式化”表的外观

（1）打开“商品_格式化”表的数据表视图。

（2）设置文本格式。

① 将光标置于数据表的任意单元格中。

② 利用【开始】→【文本格式】功能组的【字体】、【字号】工具，设置表格的文本格式为“仿宋”、“12”磅。

（3）设置表格的背景色和网格线颜色。

① 单击【开始】→【文本格式】右侧的扩展按钮，选择【设置数据表格式】，打开图 1.72 所示的“设置数据表格式”对话框。

② 单击【背景色】下拉按钮，打开图 1.73 所示的“背景色”列表，从“标准色”列表中选择“水蓝 2”。

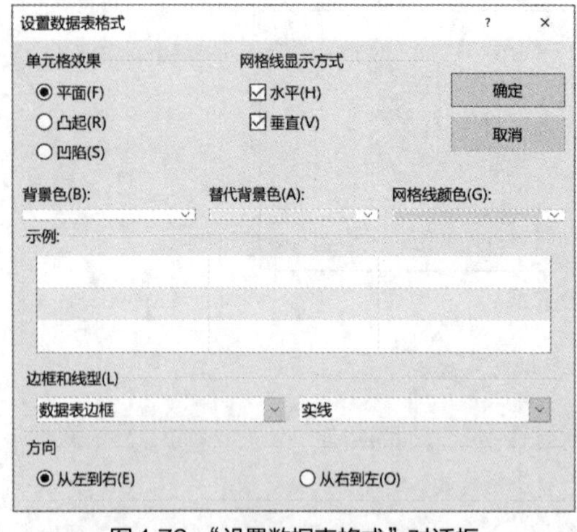

图 1.72 “设置数据表格式”对话框

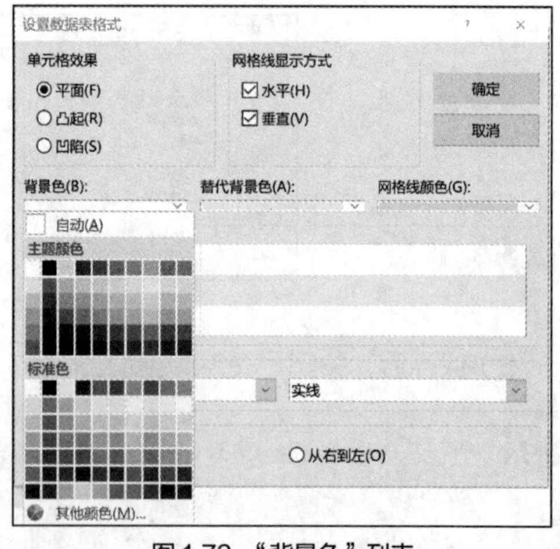

图 1.73 “背景色”列表

③ 单击【网格线颜色】下拉按钮，在“标准色”列表中选择“橙色”。

④ 单击【确定】按钮。

（4）调整字段显示高度和宽度。

① 设置数据表行高为“16”。

a. 单击【开始】→【记录】→【其他】按钮，打开图 1.74 所示的记录的其他设置菜单。

b. 选择【行高】命令，打开图 1.75 所示的“行高”对话框，设置行高为“16”，单击【确定】按钮。

② 设置“单价”字段的列宽为“12”。

a. 选中“单价”字段。

b. 单击【开始】→【记录】→【其他】按钮，打开图 1.74 所示的记录的其他设置菜单，选择【字段宽度】命令，打开图 1.76 所示的“列宽”对话框，设置列宽为“12”，单击【确定】按钮。

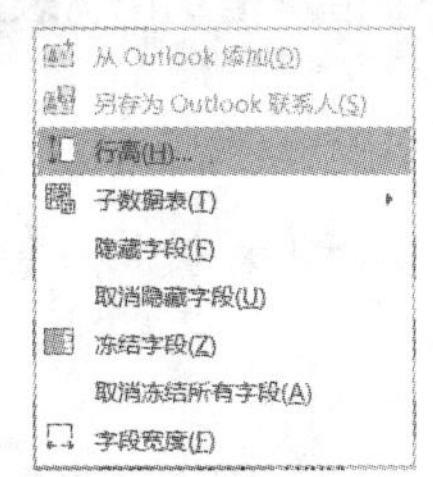

图 1.74 记录的其他设置菜单

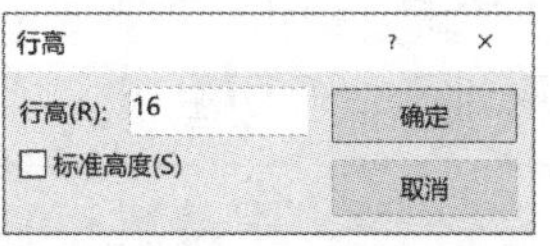

图 1.75 “行高”对话框

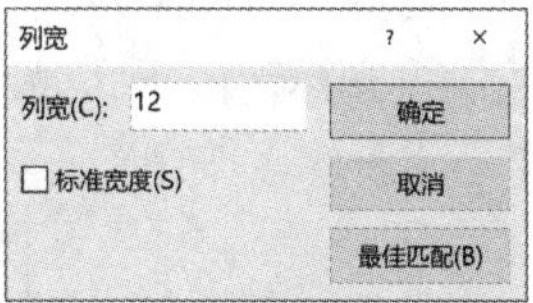

图 1.76 “列宽”对话框

③ 设置其他字段的列宽为自动匹配。分别将鼠标指针移动到其他字段名称右侧的列框线上，当鼠标指针呈↔状态时，双击鼠标左键，为字段分配最合适的列宽。调整后的“商品_格式化”表外观如图 1.77 所示。

（5）隐藏“规格型号”字段。

① 选中“规格型号”字段。

② 单击【开始】→【记录】→【其他】按钮，打开图 1.74 所示的记录的其他设置菜单，选择【隐藏字段】命令，表中的“规格型号”字段被隐藏，如图 1.78 所示。

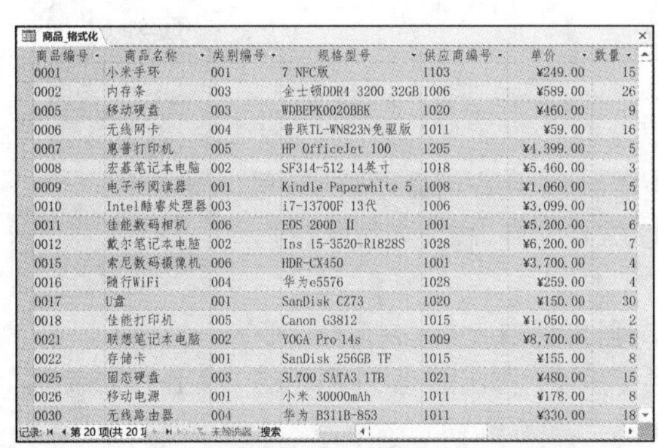
商品_格式化

商品编号	商品名称	类别编号	规格型号	供应商编号	单价	数量
0001	小米手环	001	7 NFC版	1103	¥249.00	15
0002	内存条	003	金士顿DDR4 3200 32GB	1006	¥589.00	26
0005	移动硬盘	003	WDBEPK0020BBK	1020	¥460.00	9
0006	无线网卡	004	普联TL-WN823N免驱版	1011	¥59.00	16
0007	惠普打印机	005	HP OfficeJet 100	1205	¥4,399.00	5
0008	宏碁笔记本电脑	002	SF314-512 14英寸	1018	¥5,460.00	3
0009	电子书阅读器	001	Kindle Paperwhite 5	1008	¥1,060.00	5
0010	Intel酷睿处理器	003	i7-13700F 13代	1006	¥3,099.00	10
0011	佳能数码相机	006	EOS 200D Ⅱ	1001	¥5,200.00	6
0012	戴尔笔记本电脑	002	Ins 15-3520-R1828S	1028	¥6,200.00	7
0015	索尼数码摄像机	006	HDR-CX450	1001	¥3,700.00	4
0016	随行WiFi	004	华为e5576	1028	¥259.00	4
0017	U盘	001	SanDisk CZ73	1020	¥150.00	30
0018	佳能打印机	005	Canon G3812	1015	¥1,050.00	2
0021	联想笔记本电脑	002	YOGA Pro 14s	1009	¥8,700.00	5
0022	存储卡	001	SanDisk 256GB TF	1015	¥155.00	8
0025	固态硬盘	003	SL700 SATA3 1TB	1021	¥480.00	15
0026	移动电源	001	小米 30000mAh	1011	¥178.00	8
0030	无线路由器	004	华为 B311B-853	1011	¥330.00	18

记录: 第 20 项(共 20 项) 无筛选器 搜索

图 1.77 调整外观后的“商品_格式化”表

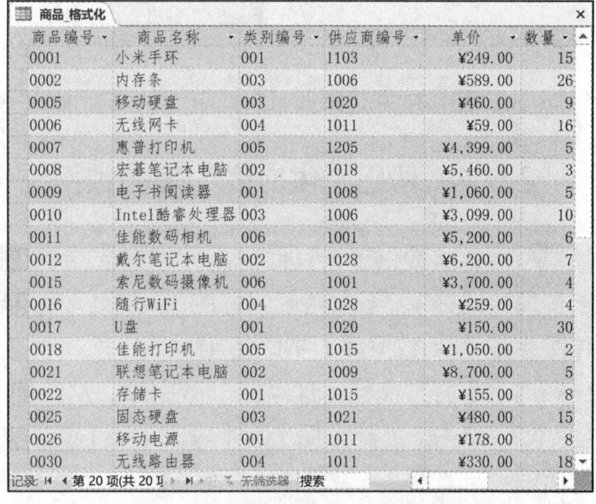
商品_格式化

商品编号	商品名称	类别编号	供应商编号	单价	数量
0001	小米手环	001	1103	¥249.00	15
0002	内存条	003	1006	¥589.00	26
0005	移动硬盘	003	1020	¥460.00	9
0006	无线网卡	004	1011	¥59.00	16
0007	惠普打印机	005	1205	¥4,399.00	5
0008	宏碁笔记本电脑	002	1018	¥5,460.00	3
0009	电子书阅读器	001	1008	¥1,060.00	5
0010	Intel酷睿处理器	003	1006	¥3,099.00	10
0011	佳能数码相机	006	1001	¥5,200.00	6
0012	戴尔笔记本电脑	002	1028	¥6,200.00	7
0015	索尼数码摄像机	006	1001	¥3,700.00	4
0016	随行WiFi	004	1028	¥259.00	4
0017	U盘	001	1020	¥150.00	30
0018	佳能打印机	005	1015	¥1,050.00	2
0021	联想笔记本电脑	002	1009	¥8,700.00	5
0022	存储卡	001	1015	¥155.00	8
0025	固态硬盘	003	1021	¥480.00	15
0026	移动电源	001	1011	¥178.00	8
0030	无线路由器	004	1011	¥330.00	18

记录: 第 20 项(共 20 项) 无筛选器 搜索

图 1.78 “规格型号”字段被隐藏

提示 要显示被隐藏的字段，可单击【开始】→【记录】→【其他】按钮，打开图 1.74 所示的记录的其他设置菜单，选择【取消隐藏字段】命令，打开图 1.79 所示的“取消隐藏列”对话框。选中需要显示的字段的复选框，被隐藏的字段将恢复显示。

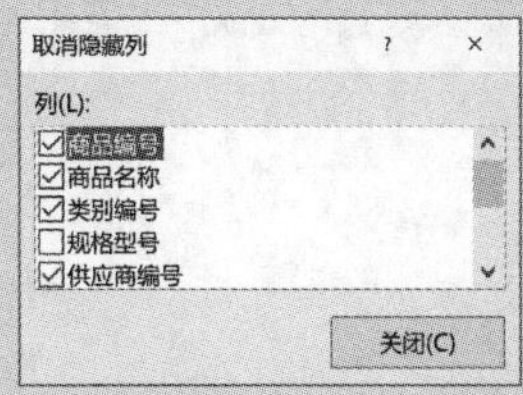

图 1.79 “取消隐藏列”对话框

2.5.3 按“单价”对“商品_格式化”表排序

在查看数据表的记录时，可根据需要将记录排序显示。例如，要使“商品_格式化”表中的记录按照单价由低到高显示，可按“单价”字段对该表进行升序排序。

（1）在数据表视图方式下打开“商品_格式化”表。

（2）将光标定位于“商品_格式化”表的“单价”字段的任意行中，单击【开始】→【排序与筛选】→【升序】按钮 A↓Z 升序，排序结果如图 1.80 所示。

商品_格式化

商品编号	商品名称	类别编号	供应商编号	单价	数量
0006	无线网卡	004	1011	¥59.00	16
0017	U盘	001	1020	¥150.00	30
0022	存储卡	001	1015	¥155.00	8
0026	移动电源	001	1011	¥178.00	8
0001	小米手环	001	1103	¥249.00	15
0016	随行WiFi	004	1028	¥259.00	4
0030	无线路由器	004	1011	¥330.00	18
0005	移动硬盘	003	1020	¥460.00	9
0025	固态硬盘	003	1021	¥480.00	15
0002	内存条	003	1006	¥589.00	26
0018	佳能打印机	005	1015	¥1,050.00	2
0009	电子书阅读器	001	1008	¥1,060.00	5
0010	Intel酷睿处理器	003	1006	¥3,099.00	10
0015	索尼数码摄像机	006	1001	¥3,700.00	4
0007	惠普打印机	005	1205	¥4,399.00	5
0011	佳能数码相机	006	1001	¥5,200.00	6
0008	宏碁笔记本电脑	002	1018	¥5,460.00	3
0012	戴尔笔记本电脑	002	1028	¥6,200.00	7
0021	联想笔记本电脑	002	1009	¥8,700.00	5

记录: 第 20 项(共 20 项) 无筛选 搜索

图 1.80 按“单价”升序排序的结果

（3）保存并关闭修改后的“商品_格式化”表。

微课 1-7 导出“供应商”表的数据

2.5.4 导出“供应商”表的数据

Access 提供了与其他应用程序方便共享数据的手段，用户可通过导入和导出实现数据共享。下面将创建好的“供应商”表导出为文本文件“供应商信息.txt”，并保存在“D:\数据库”中以备用。

（1）打开“商品管理系统”数据库，从左侧的导航窗格中选中“供应商”表。

（2）单击【外部数据】→【导出】→【文本文件】按钮，弹出图 1.81 所示的“导出-文本文件”对话框。

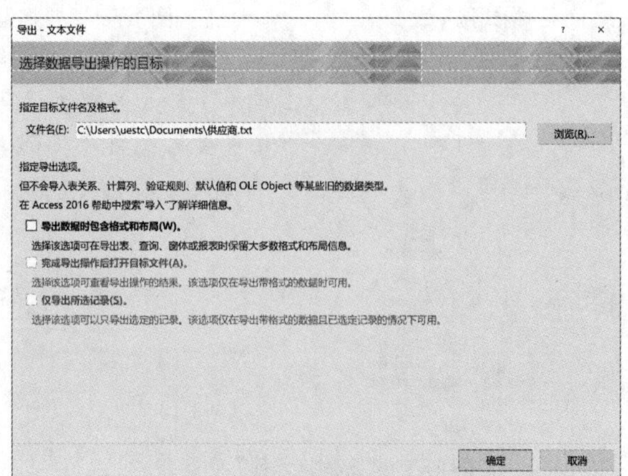

图 1.81 “导出-文本文件”对话框

（3）单击【浏览】按钮，在弹出的对话框中设置保存位置为“D:\数据库”，文件名为“供应商信息”，文件类型为“Text Files”，单击【保存】按钮后返回图 1.81 所示的对话框。

（4）单击【确定】按钮，进入图 1.82 所示的“导出文本向导”第 1 步对话框，选择导出格式，这里选择【带分隔符-用逗号或制表符之类的符号分隔每个字段】单选按钮。

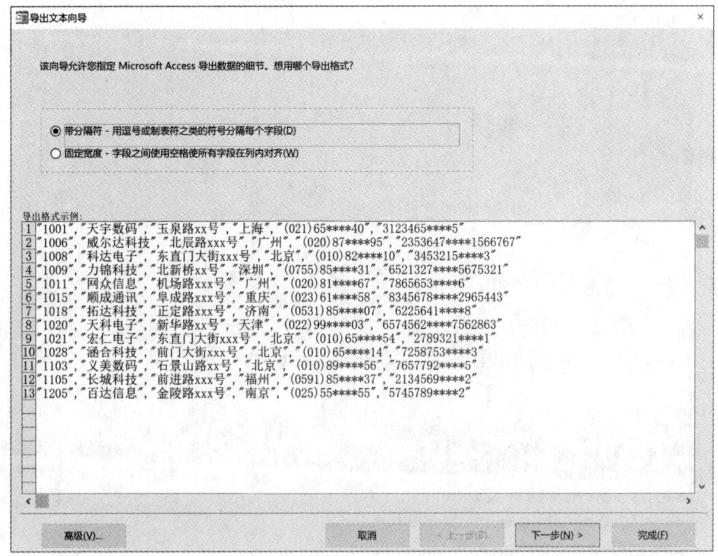

图 1.82 “导出文本向导”第 1 步对话框

（5）单击【下一步】按钮，选择字段分隔符，这里选择【逗号】单选按钮，同时勾选【第一行包含字段名称】复选框，如图 1.83 所示。

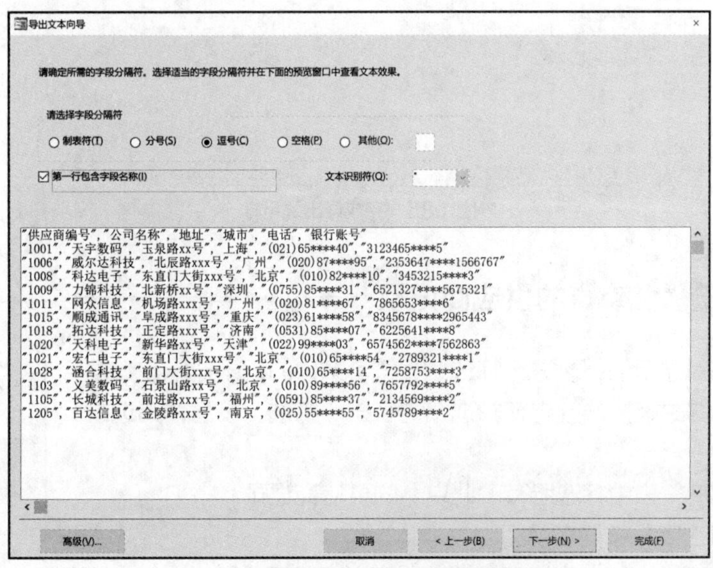

图 1.83 “导出文本向导”第 2 步对话框

（6）单击【下一步】按钮，确定导出文件的位置和文件名，如图 1.84 所示。

（7）单击【完成】按钮，显示图 1.85 所示的完成导出提示框，单击【关闭】按钮。

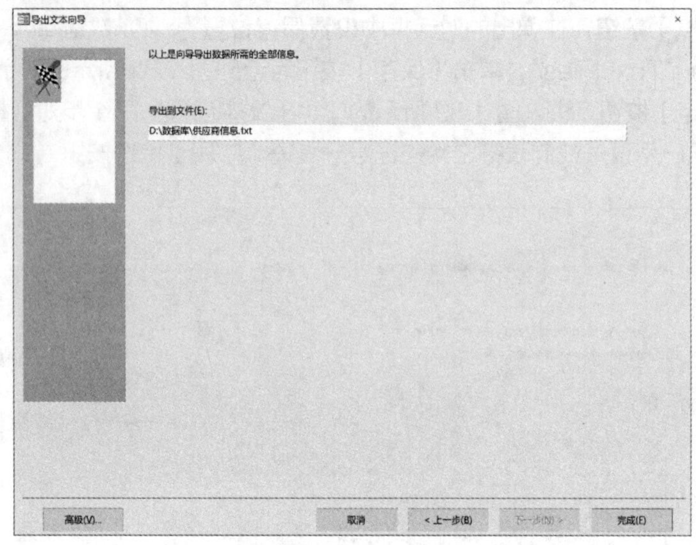

图 1.84 “导出文本向导”第 3 步对话框

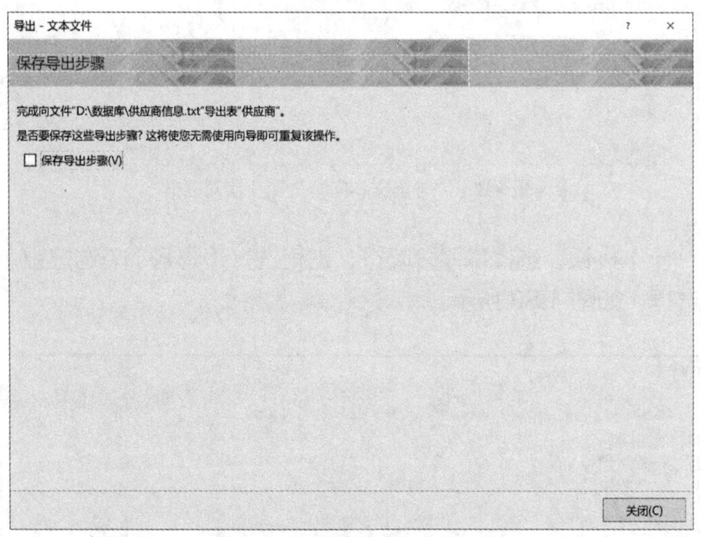

图 1.85 完成导出提示框

2.5.5 筛选“北京”的供应商记录

Access 允许对显示的记录进行筛选，将符合条件的记录显示在数据表视图中。筛选的方式有按选定内容筛选、内容排除筛选、按窗体筛选以及高级筛选。

下面从“供应商”表中筛选所有“北京”的供应商记录。

（1）打开“供应商”数据表视图。

（2）单击“城市”字段右侧的下拉按钮，弹出字段筛选器，选中【北京】复选框，如图 1.86 所示。

（3）单击【确定】按钮，“供应商”表中仅显示 4 条“北京”的供应商记录，如图 1.87 所示。

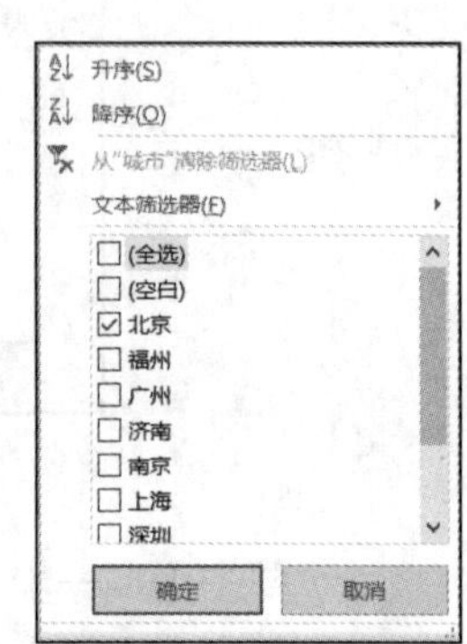

图 1.86 字段筛选器

图 1.87　筛选出的“北京”供应商记录

（4）查看完毕，单击【开始】→【排序和筛选】→【切换筛选】按钮，显示所有记录。

2.6 任务检测

（1）打开“商品管理系统”数据库，查看导航窗格中是否显示“供应商”、“类别”、“商品”和“商品_格式化”4 个数据表，如图 1.88 所示。

（2）分别打开“供应商”、“类别”和“商品”3 个数据表，查看表中数据是否已创建，如图 1.89 所示。

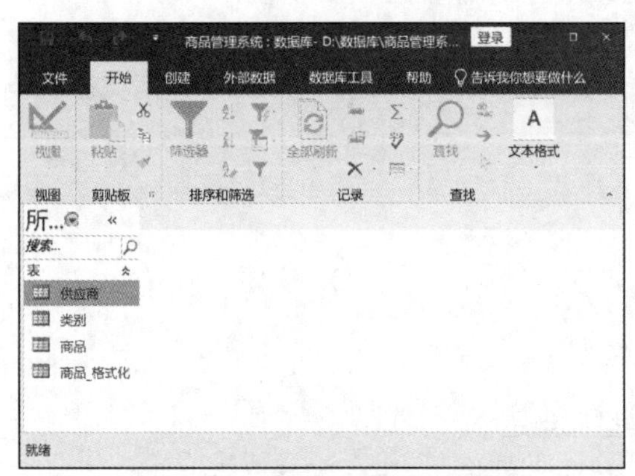

图 1.88　包含 4 个数据表的数据库

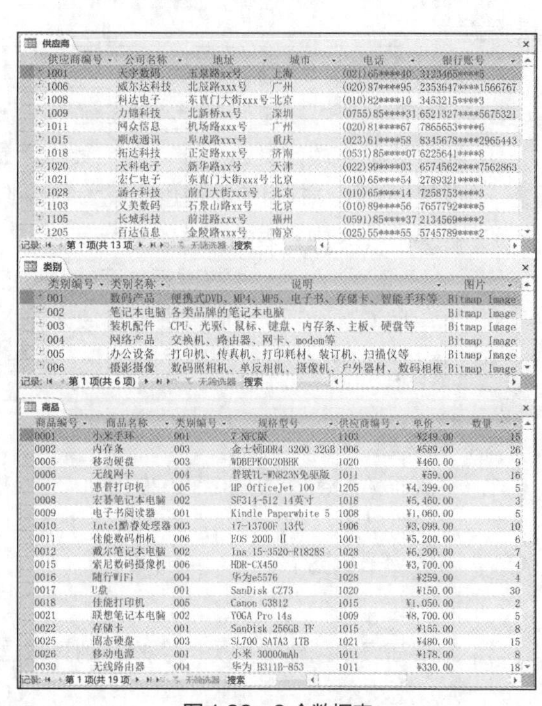

图 1.89　3 个数据表

（3）打开“关系”窗口，查看表间关系是否创建完成，如图 1.90 所示。

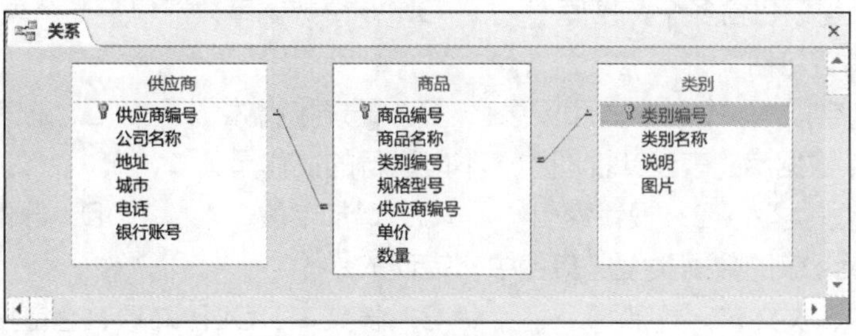

图 1.90　“关系”窗口

2.7 任务总结

本任务通过创建“商品”、“供应商”和“类别”表，主要介绍了数据表的多种创建方法，以及使用表设计器修改表结构的方法。在此基础上，本任务通过建立表间关系，为以后数据库各表间共享数据奠定了基础。

2.8 巩固练习

一、填空题

1. 在 Access 数据库表中，表中的每一行称为一条________，表中的每一列称为一个________。

2. 表结构的设计和维护是在表的________中完成的。

3. 在 Access 中，数据类型主要包括________、________、________、日期/时间、________、自动编号、________、________、________、________、________和查阅向导。

4. Access 2019 数据库包含表、________、________、________、宏和模块 6 种对象。

5. 一个表最多可创建________个主键（主索引）。

6. 将表中的字段定义为________，其作用是保证字段中的每一个值都必须是唯一的（即不能重复），以便于索引，并且该字段也会成为默认的排序依据。

7. 在 Access 中，表间关系的类型有________、________及________。

8. ________是 Access 数据库中存储数据的对象，是数据库的基本操作对象。

9. 简单地说，________就是在某字段未输入数据时，系统自动显示的字符（或数字）。

10. 如果在表中创建字段“婚否”，并要求用逻辑值表示字段值，那么其数据类型应当是________。

二、选择题

1. 不属于 Access 数据库对象的是（　　）。
   A. 向导　B. 表　C. 查询　D. 窗体

2. 数据库中包含（　　）种对象。
   A. 5　B. 6　C. 7　D. 8

3. 如果在表中创建“简历”字段，则其数据类型应当是（　　）。
   A. 短文本　B. 数字　C. 日期/时间　D. 长文本

4. Access 中的表和数据库的关系是（　　）。
   A. 一个数据库可以包含多个表　B. 一个表只能包含两个数据库
   C. 一个表可以包含多个数据库　D. 一个数据库只能包含一个表

5. 表的组成内容包括（　　）。
   A. 查询和字段　B. 字段和记录　C. 记录和窗体　D. 报表和字段

6. 在 Access 数据库的表设计视图中，不能进行的操作是（　　）。
   A. 修改字段类型　B. 设置索引　C. 增加字段　D. 删除记录

7. 下列 Access 表的数据类型的集合中，错误的是（　　）。
   A. 短文本、长文本、数字　B. 长文本、OLE 对象、超链接
   C. 通用、长文本、数字　D. 日期/时间、货币、自动编号

8. 使用表设计器定义表的字段时，下列各项中可以不设置内容的是（　　）。

A. 字段名称　　B. 说明　　C. 数据类型　　D. 字段属性

9. 如果表 A 中的一条记录与表 B 中的多条记录相匹配，而表 B 中的一条记录只能与表 A 中的一条记录相匹配，则表 A 与表 B 的关系类型是（　　）。

A. 一对一　　B. 一对多　　C. 多对一　　D. 多对多

10. 在设计学生信息表时，对于其“学生简历”字段，要求填写从高中到现在的情况，一般填写的长度大于 255 个字符，应该选择（　　）数据类型。

A. 短文本　　B. 长文本　　C. 数字　　D. 日期/时间

三、思考题

1. 创建单一字段主键（主索引）的步骤是什么?

2. 创建 Access 数据表的常用方法有哪些?

3. 常见的表间关系类型有哪 3 种?

四、设计题

1. 创建一个“员工管理”数据库，将其保存到“D:\数据库\巩固练习”文件夹中。

2. 在“员工管理”数据库中为表 1.7 所示的“职员”表和表 1.8 所示的“部门”表设计合理的结构，并输入数据。

表 1.7 “职员”表

职员 ID	姓名	性别	出生日期	部门	职务	简　历	联系电话
101	李晓华	女	1970-1-1	市场部	主管	1993 年大学毕业，曾是销售员	35****50
102	李清	男	1969-7-1	行政部	职员	1992 年大学毕业，现为管理员	35****51
103	王武	男	1970-5-1	人事部	经理	1994 年大学毕业，现为经理	35****52
104	吴一鸣	女	1977-8-1	市场部	职员	1999 年大学毕业，现为销售员	35****53
105	魏巍	女	1984-11-1	行政部	职员	2006 年专科毕业，现为管理员	35****54

表 1.8 “部门”表

部 门 号	部 门 名 称	部 门 电 话
01	行政部	35****55
02	人事部	35****66
03	市场部	35****77

3. 建立“职员”表和“部门”表间的关系。

工作任务3 设计和创建查询

03

3.1 任务描述

在数据库中创建数据表后，可以根据需要方便、快捷地从中检索出需要的各种数据。本任务将利用选择查询和参数查询在“商品管理系统”中设计和创建包含商品名称、单价和数量的商品基本信息查询，以及查询商品详细信息、查询“广州”的供应商信息、按价格范围查询商品信息、根据提供的商品名称查询商品信息，从而满足用户对数据的方便、快捷查询需求。

3.2 任务目标

- 了解查询的基本概念、基本功能以及查询的类型。
- 能正确切换几种查询视图。
- 掌握利用查询设计器和查询向导创建查询的方法。
- 能根据查询要求选择适当的查询类型。
- 熟练创建选择查询、参数查询。
- 能合理使用表达式设置简单的查询条件。
- 熟练使用查询设计器对已有的查询进行修改。

3.3 知识储备

3.3.1 查询的功能

使用数据库管理数据的目的是更好地使用数据。Access 的查询功能可以使用户从数据库管理的大量数据中迅速地检索出需要的数据。

查询的主要目的是根据指定的条件对表或其他查询进行检索，筛选出符合条件的记录，并构成一个新的数据集合，从而便于查看和分析数据库中的表。查询的主要功能如下。

（1）提取数据。通过指定查询的准则，使符合条件的数据出现在结果集中。

（2）产生新表。查询可以以一个表或多个不同的表为基础，创建一个新的数据集合。

（3）实现计算。计算某些字段，显示计算结果，完成数据的统计分析等操作。

（4）作为其他对象的数据源。查询结果可作为窗体或报表的数据源。

（5）数据更新。利用操作查询，可实现对数据库中数据的修改、删除和更新。

查询与表不一样，查询的对象不是数据集合，而是操作集合，查询结果是一个动态集合，查询不保存数据。

3.3.2 查询的类型

Access 中的查询分为选择查询、参数查询、操作查询、交叉表查询和 SQL（Structure Query Language，结构查询语言）查询。

选择查询用来按指定条件浏览和统计表中的数据。参数查询是将执行时输入的值作为条件具体值来进行的带条件的选择查询。操作查询共有 4 种类型，分别为更新查询、生成表查询、追加查询和删除查询，操作查询常用来按指定条件对表中的数据进行修改、添加、删除及合并等处理。SQL 查询，即使用 SQL 语句来构造查询。

3.3.3 查询的视图

查询的视图主要用于设计、修改查询或按不同方式显示查询结果，Access 2019 提供了 3 种常用视图，分别是数据表视图、设计视图和 SQL 视图。

1. 查询的数据表视图

查询的数据表视图是以行和列的格式显示查询结果的窗口，如图 1.91 所示。在这个视图中，用户可以进行编辑字段、添加和删除数据、查询数据等操作，而且可以对查询结果进行排序和筛选等操作，也可以设置行高、列宽及单元格风格，以调整视图的显示风格。该视图具体的操作方法和数据表操作的方法一样。查询的数据表视图是查询完成后的结果显示方式。

单价在1000-2000元的商品

商品编号	商品名称	类别编号	规格型号	供应商编号	单价	数量
0009	电子书阅读器	001	Kindle Paperwhite 5	1008	¥1,060.00	5
0018	佳能打印机	005	Canon G3812	1015	¥1,050.00	2

记录: 第 1 项(共 2 项) 无筛选器 搜索

图 1.91　查询的数据表视图

2. 查询的设计视图

查询的设计视图是用来设计查询的窗口，是查询设计器的图形化表示，利用它可以完成多种结构复杂、功能完善的查询。查询的设计视图由上下两个窗口构成，即表/查询显示窗口和查询设计网格窗口，如图 1.92 所示。

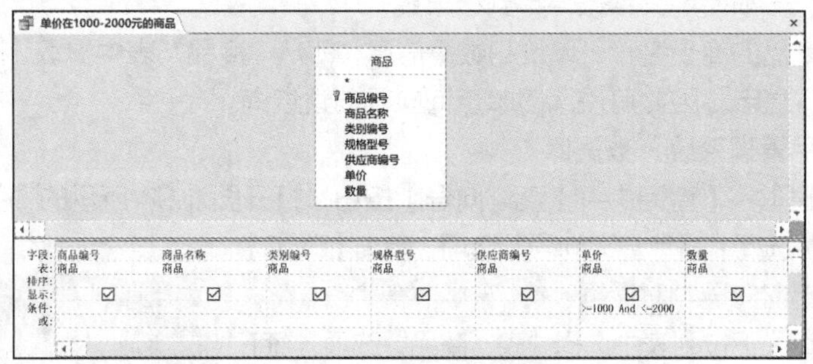

图 1.92　查询的设计视图

（1）表/查询显示窗口

表/查询显示窗口显示当前查询包含的数据源（表和查询）以及表间关系。在这个窗口中可以添加或删除表，可以建立表间关系。

（2）查询设计网格窗口

查询设计网格窗口用于设计显示的查询字段以及查询准则等，其中每一行都包含查询字段的相关信息，每一列是查询的字段列表。查询设计网格窗口的功能如表 1.9 所示。

表 1.9　查询设计网格窗口的功能

行 名 称	功 能
字段	可以在此处输入或加入字段名称，也可以单击鼠标右键，选择【生成器】命令来生成表达式
表	字段所在的表或查询的名称
排序	查询字段的排序方式（包括无序、升序、降序 3 种，默认为无序）
显示	利用复选框确定字段是否在数据表中显示
条件	可以输入查询准则的第一行，也可以单击鼠标右键，选择【生成器】命令来生成表达式
或	用于输入多个值的准则，与“条件”行成为“或”的关系

3. 查询的 SQL 视图

查询的 SQL 视图用来显示或编辑查询的 SQL 语句，如图 1.93 所示。要想正确使用查询的 SQL 视图，必须熟练掌握 SQL 命令的语法和使用方法。学习情境 3 将详细介绍这些内容。

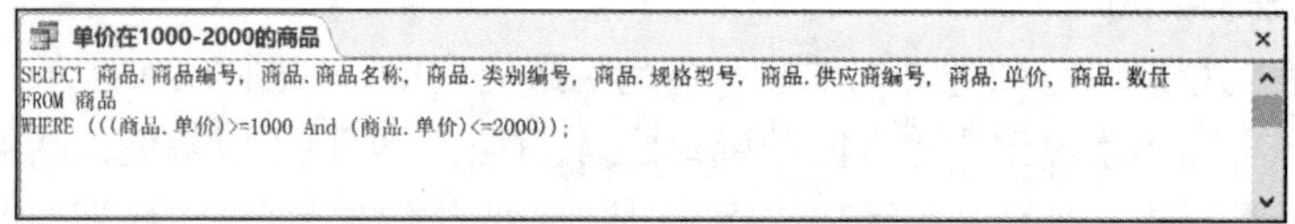

图 1.93　查询的 SQL 视图

3.4 任务实施

3.4.1　查询各种商品的商品名称、单价和数量信息

微课 1-8　查询各种商品的名称、单价和数量

Access 提供了设计视图、简单查询向导、交叉表查询向导、查找重复项查询向导和查找不匹配项查询向导等多种创建查询的方法。使用简单查询向导可以创建一个简单的选择查询，它能生成一些小的选择查询，将数据表中的记录的全部或部分字段输出，无须使用某种条件得到结果集。

下面查询各种商品的商品名称、单价和数量信息，即从“商品”表中提取“商品名称”、“单价”和“数量”字段进行显示，因此可使用简单查询向导创建查询。

（1）打开“商品管理系统”数据库。

（2）单击【创建】→【查询】→【查询向导】按钮，打开图 1.94 所示的“新建查询”对话框。

（3）在对话框中选择“简单查询向导”选项，单击【确定】按钮，弹出“简单查询向导”对话框。

（4）在“表/查询”下拉列表中选择“表：商品”选项，“商品”表的所有字段将出现在“可用字段”列表框中；再选择“可用字段”列表框中的“商品名称”字段，单击 > 按钮，将选择的字段添加到“选定字段”列表框中。使用相同的方法，将其他需要查询的字段添加到“选定字段”列表框中，如图 1.95 所示。

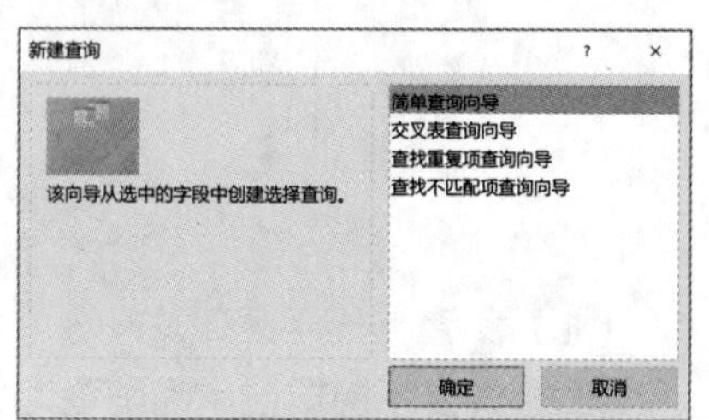

图 1.94　“新建查询”对话框

提示 单击[<]按钮，可将选择的字段从“选定字段”列表框中删除；单击[>>]按钮，可向“选定字段”列表框中添加“表/查询”中的所有字段；单击[<<]按钮，可删除“选定字段”列表框中的所有字段。

（5）单击【下一步】按钮，弹出图 1.96 所示的对话框。选择是使用明细查询还是汇总查询，默认选择【明细(显示每个记录的每个字段)】单选按钮，这里不进行修改。

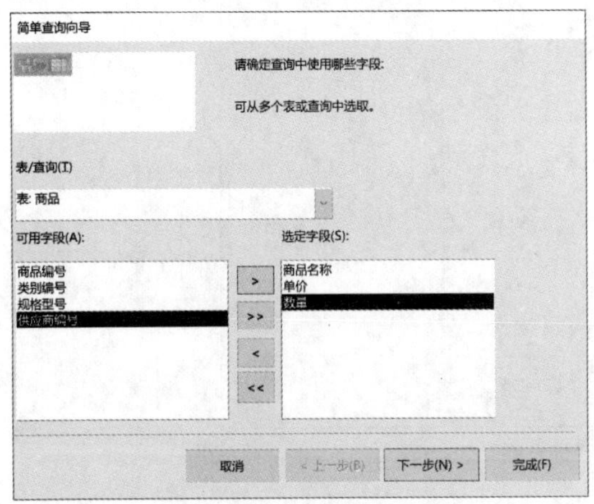

图 1.95　选择查询的字段

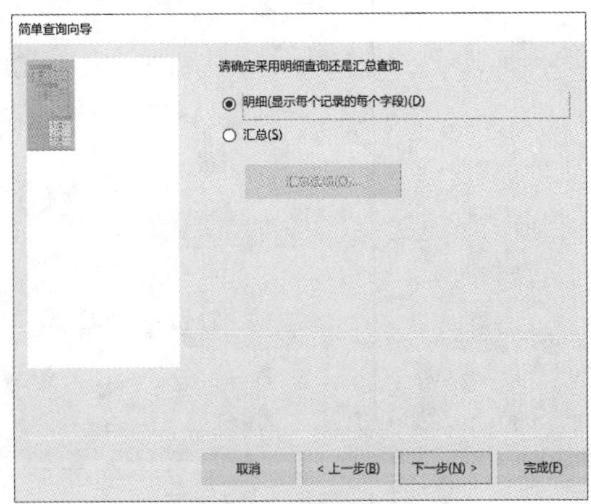

图 1.96　确定查询显示方式

（6）单击【下一步】按钮，弹出图 1.97 所示的对话框，指定查询标题。将查询的标题修改为“商品的名称、单价和数量”，且选择【打开查询查看信息】单选按钮。

（7）单击【完成】按钮，切换到数据表视图，显示图 1.98 所示的查询结果。

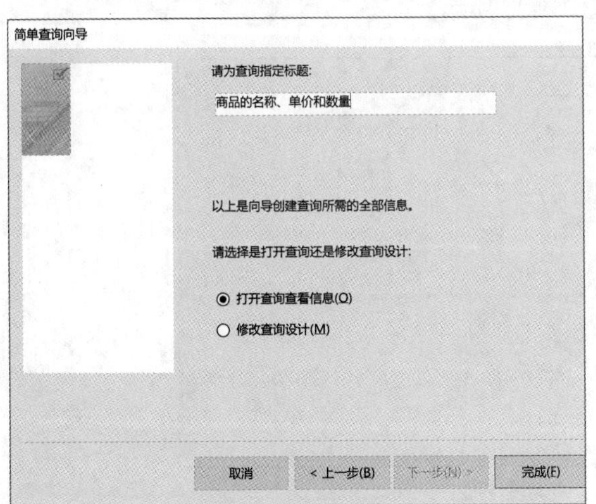

图 1.97　指定查询标题

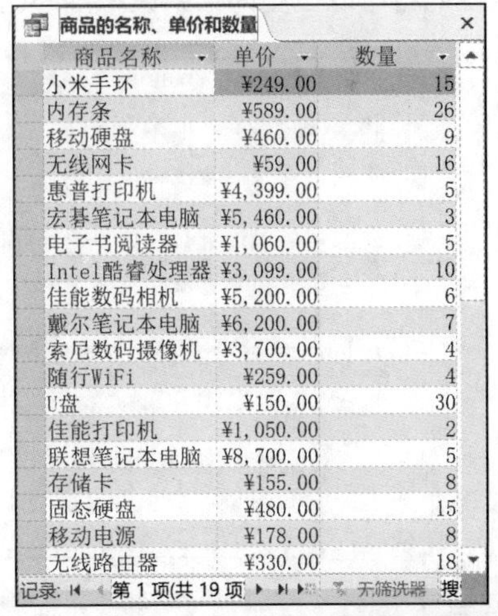

商品的名称、单价和数量

商品名称	单价	数量
小米手环	¥249.00	15
内存条	¥589.00	26
移动硬盘	¥460.00	9
无线网卡	¥59.00	16
惠普打印机	¥4,399.00	5
宏碁笔记本电脑	¥5,460.00	3
电子书阅读器	¥1,060.00	5
Intel酷睿处理器	¥3,099.00	10
佳能数码相机	¥5,200.00	6
戴尔笔记本电脑	¥6,200.00	7
索尼数码摄像机	¥3,700.00	4
随行WiFi	¥259.00	4
U盘	¥150.00	30
佳能打印机	¥1,050.00	2
联想笔记本电脑	¥8,700.00	5
存储卡	¥155.00	8
固态硬盘	¥480.00	15
移动电源	¥178.00	8
无线路由器	¥330.00	18

记录: 第 1 项(共 19 项)　无筛选器　搜

图 1.98　“商品的名称、单价和数量”查询结果

3.4.2　查询商品详细信息

微课 1-9　查询商品详细信息

在“商品”表中，商品的供应商和类别信息均为编号形式。在实际查询时，为了显示具体的供应商名称和类别名称，可以采用多表查询，共享表间的数据。

（1）打开“商品管理系统”数据库。

（2）单击【创建】→【查询】→【查询设计】按钮，打开图 1.99 所示的查询设计器，同时弹出“显示表”对话框。

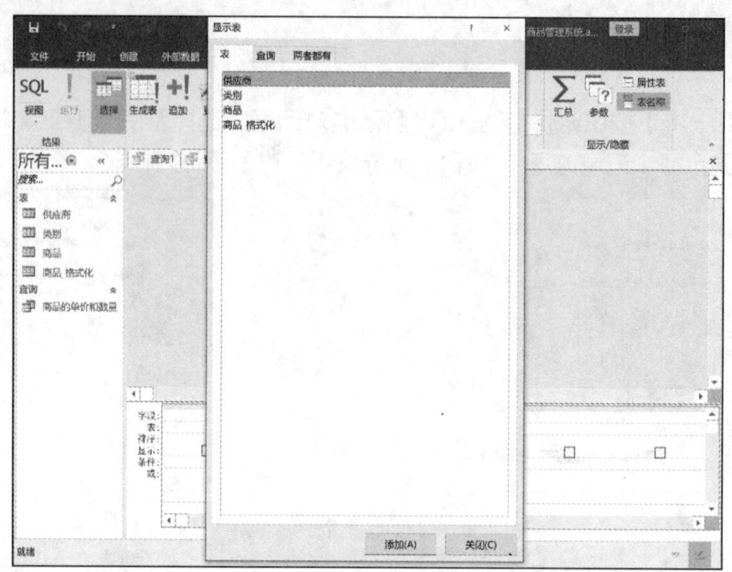

图 1.99　查询设计器和“显示表”对话框

（3）添加查询中需要的数据源。这里将“供应商”、“类别”和“商品”表均添加到查询设计器中，并关闭“显示表”对话框。

（4）将查询设计器表/查询显示窗口数据源“商品”表中的“商品名称”字段拖到查询设计网格窗口的第一个“字段”中，该字段的其余信息将自动显示，【显示】复选框也自动勾选，表示此字段的数据内容可以在查询结果集中显示出来，如图 1.100 所示。

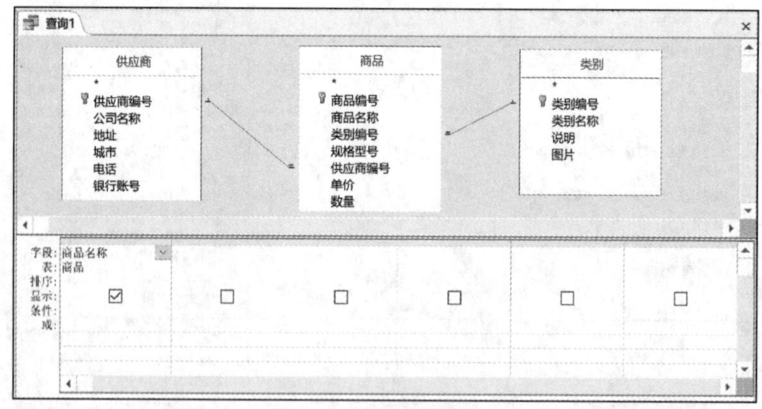

图 1.100　查询设计器

（5）在“类别”表的“类别名称”字段处双击，可将“类别名称”字段也添加到下方的查询设计网格窗口中。用同样的方法将“供应商”表中的“公司名称”字段，“商品”表中的“规格型号”、“单价”和“数量”字段添加到查询设计网格窗口中，指定查询输出的内容，如图 1.101 所示。

（6）单击快速访问工具栏中的【保存】按钮，弹出“另存为”对话框，在其中的“查询名称”文本框中输入查询名称“商品详细信息”，如图 1.102 所示。单击【确定】按钮，保存查询。

（7）单击【查询工具】→【设计】→【结果】→【运行】按钮，运行查询的结果如图 1.103 所示。

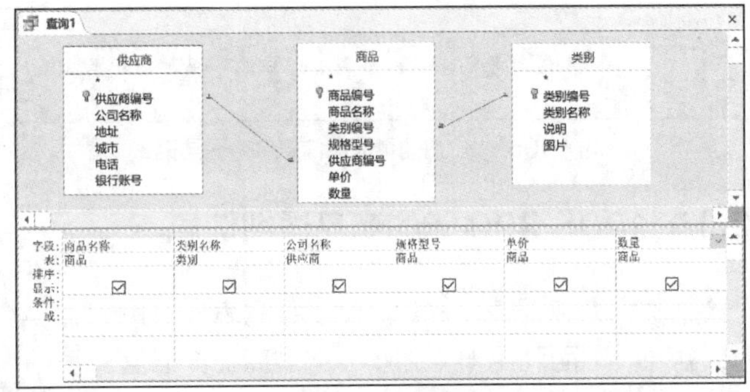

图 1.101　添加查询字段

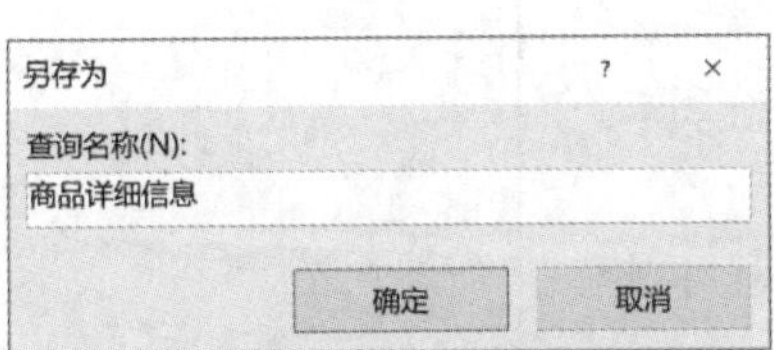

图 1.102　“另存为”对话框

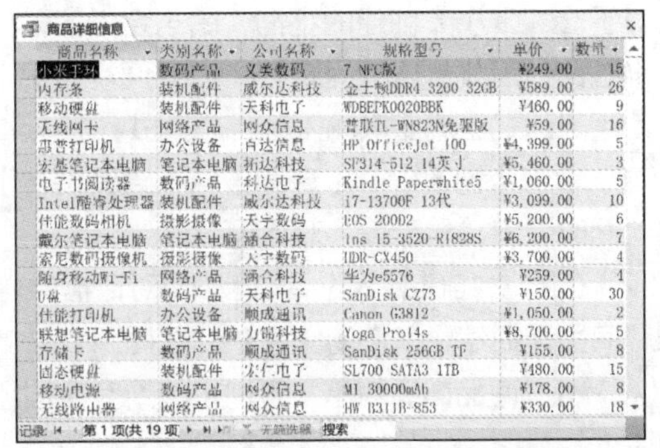

商品详细信息

商品名称	类别名称	公司名称	规格型号	单价	数量
小米手环	数码产品	义美数码	7 NFC版	¥249.00	15
内存条	装机配件	威尔达科技	金士顿DDR4 3200 32GB	¥589.00	26
移动硬盘	装机配件	天科电子	WDBEPK0020BBK	¥460.00	9
无线网卡	网络产品	网众信息	普联TL-WN823N免驱版	¥59.00	16
惠普打印机	办公设备	白达信息	HP OfficeJet 100	¥4,399.00	5
宏基笔记本电脑	笔记本电脑	拓达科技	SF314-512 14英寸	¥5,460.00	3
电子书阅读器	数码产品	科达电子	Kindle Paperwhite5	¥1,060.00	5
Intel酷睿处理器	装机配件	威尔达科技	i7-13700F 13代	¥3,099.00	10
佳能数码相机	摄影摄像	天宇数码	EOS 200D2	¥5,200.00	6
戴尔笔记本电脑	笔记本电脑	涵合科技	Ins 15-3520-R1828S	¥6,200.00	7
索尼数码摄像机	摄影摄像	天宇数码	HDR-CX450	¥3,700.00	4
随身移动Wi-Fi	网络产品	涵合科技	华为e5576	¥259.00	4
U盘	数码产品	天科电子	SanDisk CZ73	¥150.00	30
佳能打印机	办公设备	顺成通讯	Canon G3812	¥1,050.00	2
联想笔记本电脑	笔记本电脑	力锦科技	Yoga Pro14s	¥8,700.00	5
存储卡	数码产品	顺成通讯	SanDisk 256GB TF	¥155.00	8
固态硬盘	装机配件	宏仁电子	SL700 SATA3 1TB	¥480.00	15
移动电源	数码产品	网众信息	M1 30000mAh	¥178.00	8
无线路由器	网络产品	网众信息	HW B311B-853	¥330.00	18

记录: 第 1 项(共 19 项 无筛选器 搜索

图 1.103　“商品详细信息”查询结果

3.4.3　查询“广州”的供应商信息

微课 1-10　查询“广州”的供应商信息

表中的数据是以存储的要求存放的，如果需要查看其中一些满足某条件的记录，就要使用带条件的查询，将满足某条件的记录筛选出来。制作时，可以用查询向导或查询设计器先创建一个简单查询，然后在设计视图中对其进行修改和细化，并加入查询条件，最终设计出符合要求的查询。

下面从所有供应商的信息中查询“广州”的供应商信息。

（1）单击【创建】→【查询】→【查询设计】按钮，打开查询设计器。

（2）将“供应商”表作为查询数据源。

（3）将“供应商”表中的所有字段添加到下方的查询设计网格窗口中。

（4）在查询设计网格窗口中的“城市”字段下方的“条件”文本框中输入“广州”，如图 1.104 所示。

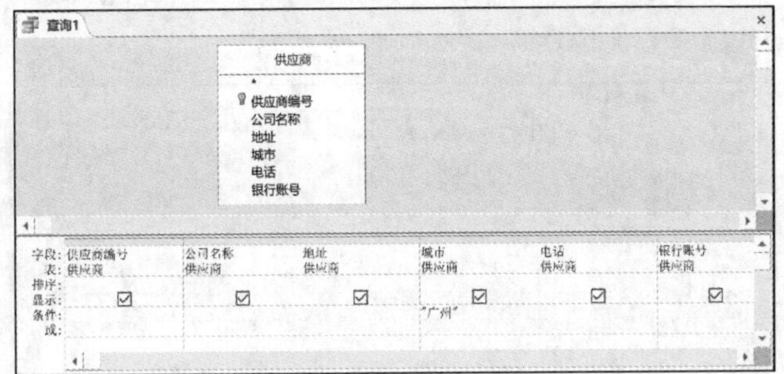

图 1.104　输入“广州”

（5）将查询另存为“广州的供应商信息”，运行查询的结果如图 1.105 所示。

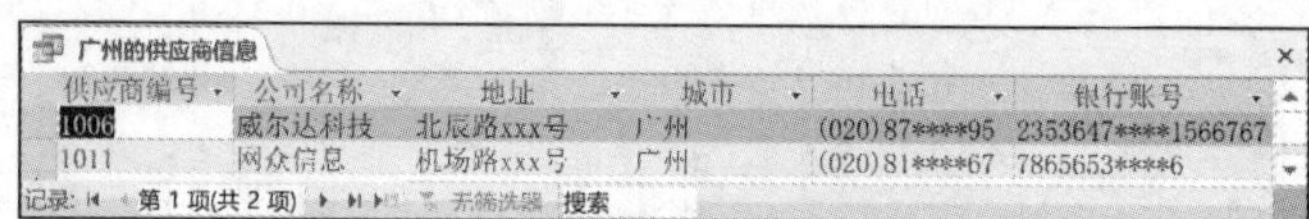

供应商编号	公司名称	地址	城市	电话	银行账号
1006	威尔达科技	北辰路xxx号	广州	(020)87****95	2353647****1566767
1011	网众信息	机场路xxx号	广州	(020)81****67	7865653****6

记录: 第 1 项(共 2 项) 无筛选器 搜索

图 1.105 “广州的供应商信息”查询结果

微课 1-11 查询单价在 100-300 元的商品

3.4.4 查询单价在 100～300 元的商品详细信息

在前面的查询中，数据源均为数据表。其实，除了数据表外，也可利用已有的查询作为数据源。下面利用 3.4.2 小节的“商品详细信息”查询作为数据源来创建查询。

对于 3.4.2 小节创建的查询，由于查询的条件字段为文本型，且为准确查询，因此省略了运算符“=”。通常情况下，可输入条件表达式或使用表达式生成器来输入条件表达式。

（1）单击【创建】→【查询】→【查询设计】按钮，打开查询设计器，同时弹出“显示表”对话框。

（2）在图 1.106 所示的“显示表”对话框中打开“查询”选项卡，添加“商品详细信息”查询作为查询数据源。

（3）将“商品详细信息”查询中的所有字段添加到查询设计网格窗口中。

（4）在查询设计网格窗口中的“单价”字段下面的“条件”文本框中输入查询条件“>=100 And <=300”，如图 1.107 所示。

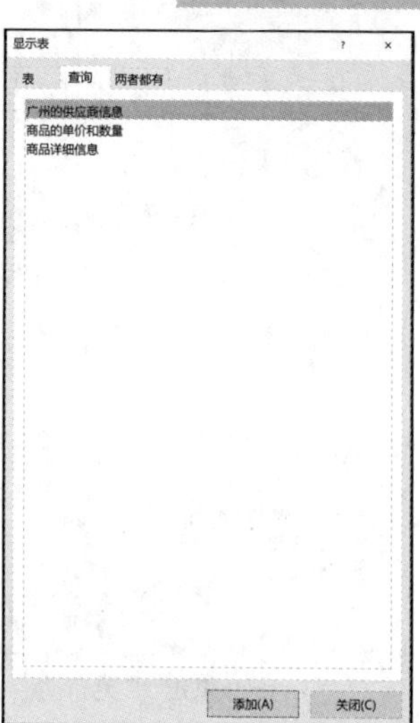

图 1.106 以查询作为数据源

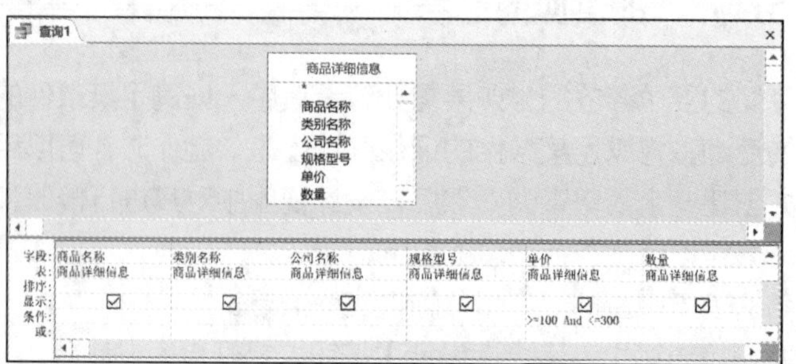

图 1.107 构建查询条件

提示 要查询单价在 100～300 元的商品，除了使用上面的条件表达式外，也可使用“Between 100 And 300”，如图 1.108 所示。注意，该表达式的查询结果包含 100 和 300 这两个值，否则这两个表达式就不等价了。

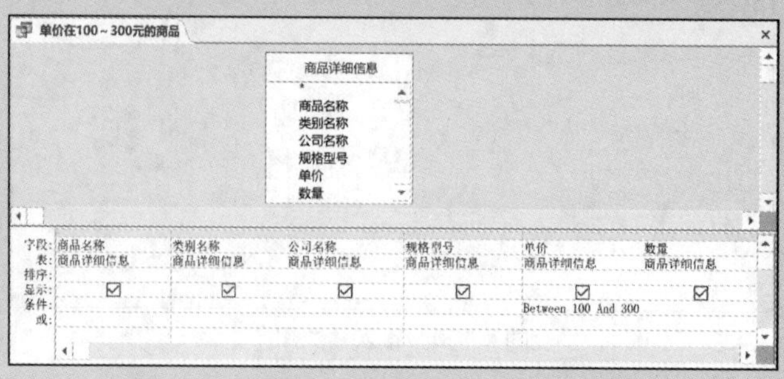

图 1.108 使用 Between...And 构建查询条件

（5）将查询另存为“单价在 100～300 元的商品”，运行查询的结果如图 1.109 所示。

单价在100～300元的商品

商品名称	类别名称	公司名称	规格型号	单价	数量
小米手环	数码产品	义美数码	7 NFC版	¥249.00	15
随身移动Wi-Fi	网络产品	涵合科技	华为e5576	¥259.00	4
U盘	数码产品	天科电子	SanDisk CZ73	¥150.00	30
存储卡	数码产品	顺成通讯	SanDisk 256GB TF	¥155.00	8
移动电源	数码产品	网众信息	MI 30000mAh	¥178.00	8

记录: 第 1 项(共 5 项) 无筛选器 搜索

图 1.109 “单价在 100～300 元的商品”查询结果

微课 1-12 根据“商品名称”查询商品详细信息

3.4.5 根据“商品名称”查询商品详细信息

前面创建的查询均是按照固定的条件从数据库中查询数据的，而实际的情况常常是按照不同的条件来查询数据，这就需要创建参数查询。利用参数查询可以提高查询的通用性。用户只要输入不同的参数，就可以利用同一个查询查出不同的结果，而不需要重新设计查询。

下面根据用户提供的“商品名称”动态查询商品的详细信息。

（1）单击【创建】→【查询】→【查询设计】按钮，打开查询设计器，将“商品详细信息”查询作为数据源加入查询设计器中。

（2）将表中字段列表中的“*”拖到下方的查询设计网格窗口中，表示该表的所有字段均会显示出来。

（3）将“商品名称”字段加入查询设计网格窗口中，并取消勾选其【显示】复选框。

提示 由于步骤（2）设置了“商品详细信息”查询的所有字段均会显示，所以这里如果不取消勾选再次选择的“商品名称”字段的【显示】复选框，则会在最终的结果中显示两次该字段。因此一般都会取消其再次显示，它仅仅用来控制条件。

（4）在“商品名称”字段的下方输入条件“[请输入商品名称]”，如图 1.110 所示。

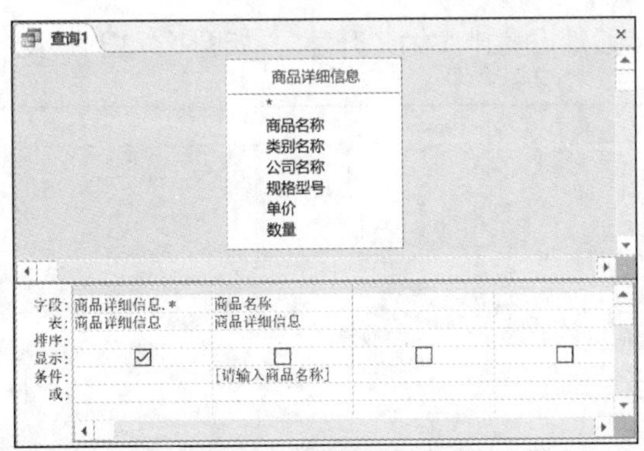

图 1.110 构建参数查询条件

提示 在查询设计器中选择所需的字段，先根据条件的情况构建条件表达式，再将运行查询时用户需要输入的条件或参数的提示信息放在一个方括号中，如这里的“请输入商品名称”，则运行时会弹出以方括号中的文本作为提示信息的对话框，然后在对话框中输入内容，作为方括号位置的数据，参与条件表达式的运算。

（5）将查询保存为“根据‘商品名称’查询商品详细信息”，并关闭查询设计器。

（6）在导航窗格中双击创建好的查询，运行查询时，将弹出图 1.111 所示的“输入参数值”对话框。

（7）若输入商品名称“移动硬盘”，并单击【确定】按钮，则会出现图 1.112 所示的查询结果。

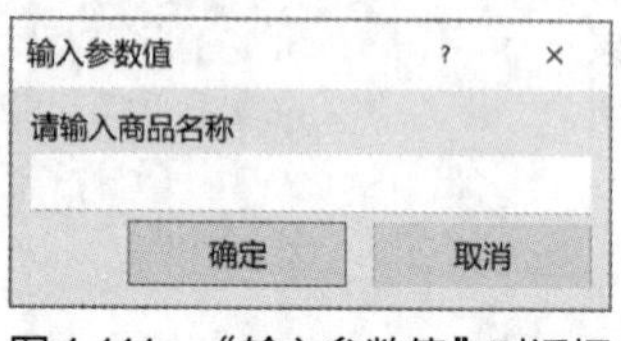

图 1.111　“输入参数值”对话框

图 1.112　查询结果

3.5 任务拓展

3.5.1 设计和创建“按汉语拼音顺序显示的商品列表”查询

一般情况下，查询结果中记录的显示顺序为数据表默认的顺序，但在设计和创建查询时，可以根据需要对查询结果中的记录进行升序或降序排列。例如，查询“商品”表中的记录时，由于表中的“商品编号”为主键字段，因此，默认将以“商品编号”字段的值升序排列。下面通过查询，按汉语拼音顺序显示商品列表。

（1）利用查询设计器新建查询。

（2）将“商品”表作为数据源。

（3）拖动表中字段列表中的“*”到下方的查询设计网格窗口的“字段”行中。

（4）双击“商品名称”字段，将其加入下方的查询设计网格窗口中，并取消勾选其【显示】复选框。

（5）在“商品名称”字段处设置排序为“升序”，如图 1.113 所示。

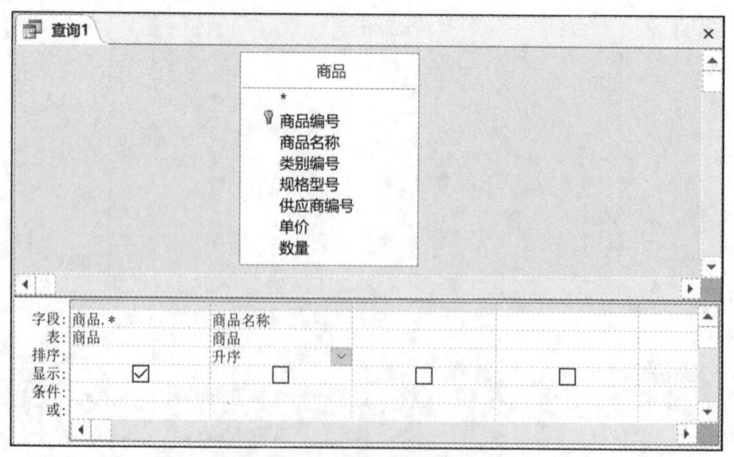

图 1.113　设置排序为“升序”

（6）以“按汉语拼音顺序显示的商品列表”为名保存查询。

（7）运行查询，结果如图 1.114 所示。

按汉语拼音顺序显示的商品列表

商品编号	商品名称	类别编号	规格型号	供应商编号	单价	数量
0010	Intel酷睿处理器	003	i7-13700F 13代	1006	¥3,099.00	10
0017	U盘	001	SanDisk CZ73	1020	¥150.00	30
0022	存储卡	001	SanDisk 256GB TF	1015	¥155.00	8
0012	戴尔笔记本电脑	002	Ins 15-3520-R1828S	1028	¥6,200.00	7
0009	电子书阅读器	001	Kindle Paperwhite5	1008	¥1,060.00	5
0025	固态硬盘	003	SL700 SATA3 1TB	1021	¥480.00	15
0008	宏基笔记本电脑	002	SF314-512 14英寸	1018	¥5,460.00	3
0007	惠普打印机	005	HP OfficeJet 100	1205	¥1,399.00	5
0018	佳能打印机	005	Canon G3812	1015	¥1,050.00	2
0011	佳能数码相机	006	EOS 200D2	1001	¥5,200.00	6
0021	联想笔记本电脑	002	Yoga Pro14s	1009	¥8,700.00	5
0002	内存条	003	金士顿DDR4 3200 32GB	1006	¥589.00	26
0016	随身移动Wi-Fi	004	华为e5576	1028	¥259.00	4
0015	索尼数码摄像机	006	HDR-CX450	1001	¥3,700.00	4
0030	无线路由器	004	HW B311B-853	1011	¥330.00	18
0006	无线网卡	004	普联TL-WN823N免驱版	1011	¥59.00	16
0001	小米手环	001	7 NFC版	1103	¥249.00	15
0026	移动电源	001	MI 30000mAh	1011	¥178.00	8
0005	移动硬盘	003	WDBEPK0020BBK	1020	¥460.00	9

记录：第 1 项(共 19 项) 无筛选器 搜索

图 1.114　按汉语拼音顺序显示的商品列表

3.5.2　设计和创建“5 种单价最高的商品”查询

微课 1-13　设计和创建“5 种价格最高的商品”查询

在查询中，除了可以通过条件来筛选显示的结果，还可以通过设置上限值来控制显示的记录条数。

（1）利用查询设计器新建查询。

（2）设置“商品”表作为数据源。

（3）将“商品”表中的所有字段添加到查询设计网格窗口的“字段”行中。

（4）在“单价”字段处设置排序为“降序”。

（5）在【查询工具】→【设计】→【查询设置】→【返回】文本框 返回: All 中输入数值“5”，然后按【Enter】键，如图 1.115 所示。

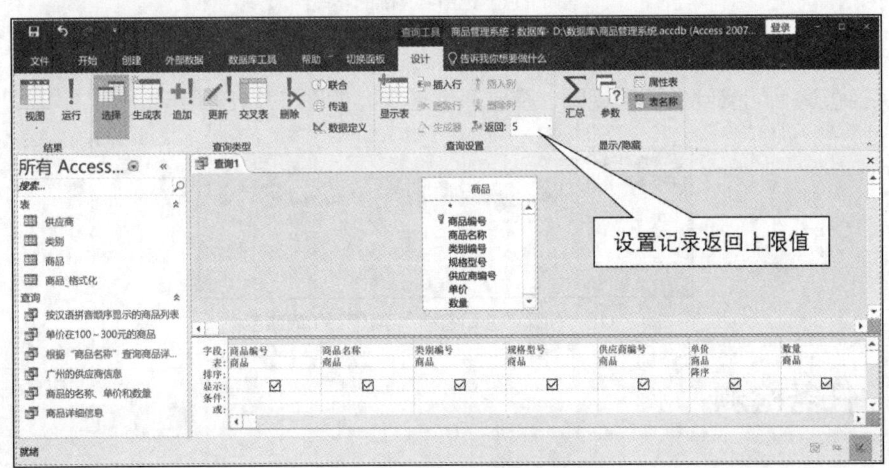

图 1.115　设置记录返回上限值

（6）以“5 种单价最高的商品”为名保存查询。

（7）运行查询，结果如图 1.116 所示。

5种单价最高的商品

商品编号	商品名称	类别编号	规格型号	供应商编号	单价	数量
0021	联想笔记本电脑	002	YOGA Pro 14s	1009	¥8,700.00	5
0012	戴尔笔记本电脑	002	Ins 15-3520-R1828S	1028	¥6,200.00	7
0008	宏碁笔记本电脑	002	SF314-512 14英寸	1018	¥5,460.00	3
0011	佳能数码相机	006	EOS 200D II	1001	¥5,200.00	6
0007	惠普打印机	005	HP OfficeJet 100	1205	¥4,399.00	5

记录：第 1 项(共 5 项) 无筛选器 搜索

图 1.116　5 种单价最高的商品

3.5.3　删除“单价在 100～300 元的商品”查询中的“公司名称”字段

在实际工作的过程中，当创建好的查询不符合要求时，可以使用设计视图修改查询（包括删除字段、添加字段、改变字段的显示顺序等），最终设计出符合要求的查询。

下面修改创建好的“单价在 100～300 元的商品”查询，删除其中的“公司名称”字段。

（1）在设计视图中打开 3.4.4 小节创建的“单价在 100～300 元的商品”查询。

（2）将鼠标指针指向查询设计网格窗口中的“公司名称”字段上方，当鼠标指针变成指向下方的黑色箭头“↓”时，单击以选中该字段，如图 1.117 所示。

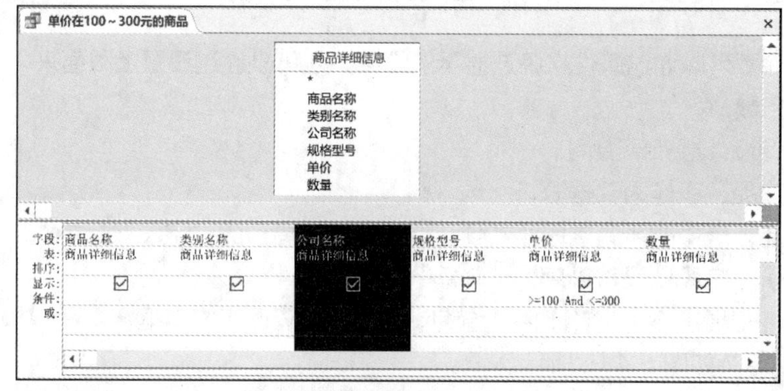

图 1.117　选中要删除的字段

（3）按【Delete】键，将该字段删除。

（4）保存查询，切换到数据表视图，查看查询结果，如图 1.118 所示。

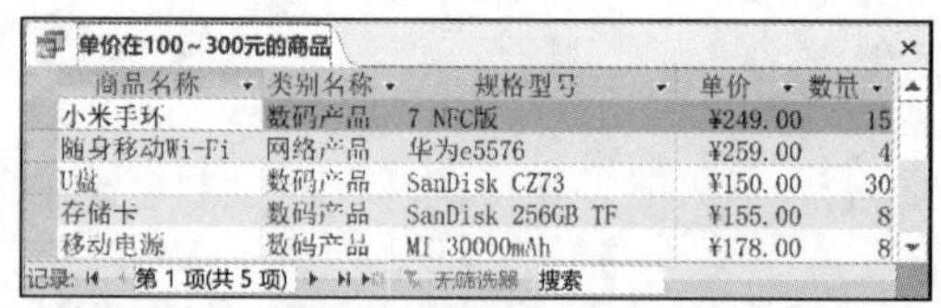
单价在100～300元的商品

商品名称	类别名称	规格型号	单价	数量
小米手环	数码产品	7 NFC版	¥249.00	15
随身移动Wi-Fi	网络产品	华为e5576	¥259.00	4
U盘	数码产品	SanDisk CZ73	¥150.00	30
存储卡	数码产品	SanDisk 256GB TF	¥155.00	8
移动电源	数码产品	MI 30000mAh	¥178.00	8

记录：第 1 项(共 5 项) 无筛选器 搜索

图 1.118　删除“公司名称”字段后的查询结果

3.6　任务检测

（1）打开“商品管理系统”数据库，选择“查询”对象，查看导航窗格中的查询是否如图 1.119 所示。

（2）分别运行这 7 个查询对象，查看查询运行的结果是否分别如图 1.98、图 1.103、图 1.105、图 1.112、图 1.114、图 1.116 和图 1.118 所示。

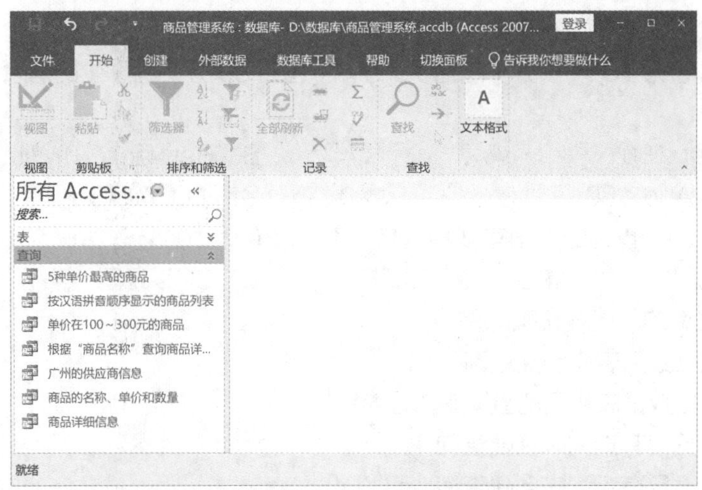

图 1.119　创建了 7 个查询对象的导航窗格

3.7 任务总结

本任务通过设计和创建包含商品名称、单价和数量的商品基本信息查询，查询商品详细信息、查询“广州”的供应商信息、按价格范围查询商品信息、根据提供的商品名称查询商品信息，介绍了查询的概念以及查询的基本功能。本任务还介绍了利用简单查询向导和查询的设计视图设计和创建无条件和带条件的选择查询的方法，以及创建和设计参数查询的方法。在此基础上，本任务还利用查询设计器对已有查询进行了修改、完善，设计和创建出满足条件的查询。

3.8 巩固练习

一、填空题

1. 查询可以以一个表或多个不同的表为基础，创建一个新的________。

2. 查询可以分为 5 类，分别为选择查询、________、________、________和 SQL 查询。

3. 如果基于多个表创建查询，则应该在多个表之间先创建________。

4. Access 2019 提供了查询的 3 种常用视图，分别是________视图、________视图和________视图。

5. 利用________查询可以提高查询的通用性，用户只要输入不同的参数，就可以利用同一个查询查出不同的结果，而不需要重新设计查询。

二、选择题

1. 查询的设计视图基本上分为两部分，(　　)不是设计视图的组成部分。

A. 标题及查询类型栏　B. 页眉/页脚　C. 字段列表区　D. 查询设计网格窗口

2. 用查询的设计视图创建好查询后，可进入该查询的数据表视图观察结果，下列方法不能实现该操作的是(　　)。

A. 保存并关闭该查询后，再双击该查询

B. 选择“表”对象，双击“使用数据表视图创建”

C. 直接单击功能区中的【运行】按钮

D．单击状态栏最右端的【数据表视图】按钮，切换到数据表视图

3．若要查询成绩为 70～80 分（包括 70 分，不包括 80 分）的学生的信息，则查询准则设置正确的是（　　）。

A．>69 Or<80　　B．Between 70 With 80

C．>=70 And<80　　D．IN（70,79）

4．在 Access 中，查询的视图有 3 种，其中不包括（　　）。

A．设计视图　　B．数据表视图　　C．SQL 视图　　D．普通视图

5．以下关于查询的叙述，正确的是（　　）。

A．只能根据数据表来创建查询

B．可以根据数据表和已有查询来创建查询

C．只能根据已有查询来创建查询

D．不能根据已有查询来创建查询

三、思考题

1．查询的主要功能是什么？

2．查询有哪几种视图？

3．查询与数据表有什么区别？

四、设计题

1．在“员工管理”数据库中的“职员”表中查询所有男职员的记录，设计相应的查询并运行。

2．设计查询，查询“职员”表中所有姓“李”的职员的记录。

3．设计查询，查询“职员”表中 20 世纪 70 年代出生的职员的记录。

4．设计查询，显示行政部女职员的姓名、出生日期、部门电话信息。

项目实训 1　酒店管理系统

科源快捷酒店为了规范管理，需要对酒店的客户资料、客房信息以及入住记录进行信息化管理，现准备开发一个简单实用的酒店管理系统，实现信息的浏览和查询等功能。

一、创建数据库

创建一个名为“酒店管理系统”的数据库文件，将其保存到“D:\数据库\项目实训”文件夹中。

二、创建数据表

在“酒店管理系统”数据库中创建 3 个数据表，分别如图 1.120～图 1.122 所示，并分别命名为“客户资料”、“客房信息”和“入住记录”，请根据以下要求设置合适的表结构并输入相应的数据。

客户资料

客户编号	姓名	性别	工作单位	职务	贵宾
KY1001	王沛忠	男	巴瑞律师事务所	经理	☐
KY1002	张家开	男	福闽大学		☐
KY1003	欧阳新民	男	厦门厦浪有限公司	总经理	☑
KY1004	黄欣青	女	海州纺织工艺研究所		☐
KY1005	黄健明	男	东湖国家税务局	局长	☐
KY1006	邱旭宏	男	蓉京生物工程公司	董事长	☑
KY1007	黄于兰	女	大宁电力公司	副经理	☐
KY1008	邓丽	女	厦贸有限公司	总经理	☑

记录: 第 9 项(共 9 项)　无筛选器　搜索

图 1.120 “客户资料”表

客房信息

房号	房型	价格	可住人数
A101	商务套房	¥438	4
A102	豪华标准间	¥380	2
A103	标准间	¥260	2
B101	商务标准间	¥300	2
B102	标准间	¥260	2
B103	标准间	¥260	2
C101	普通三人间	¥180	3
C102	普通三人间	¥180	3

记录: 第 9 项(共 9 项)　无筛选器　搜索

图 1.121 “客房信息”表

入住记录

客户编号	房号	入住时间	离店时间	预收金额	房金结账	消费结账	总账
KY1001	B103	2023-3-8	2023-3-11	¥500	¥780	¥0	
KY1002	B102	2023-6-25		¥5,000	¥0	¥800	
KY1002	C101	2023-4-5	2023-4-8	¥300	¥540	¥0	
KY1003	A101	2023-5-8	2023-5-9	¥800	¥438	¥0	
KY1004	C102	2023-6-26	2023-6-28	¥2,000	¥360	¥1,500	
KY1005	B103	2023-5-18	2023-5-19	¥500	¥260	¥750	
KY1005	C102	2023-4-28		¥3,800	¥0	¥2,890	
KY1006	A103	2023-6-5	2023-6-8	¥1,000	¥780	¥585	
KY1007	B101	2023-5-15	2023-5-17	¥1,000	¥600	¥300	
KY1008	A102	2023-3-7	2023-3-9	¥500	¥760	¥180	

记录: 第 11 项(共 11 项　无筛选器　搜索

图 1.122 “入住记录”表

1. 将“客户资料”表中的“客户编号”、“客房信息”表中的“房号”、“入住记录”表中的“客户编号”和“房号”设置为主键。

2. “客户资料”表的“客户编号”字段大小必须设置为 6 个字符；“性别”字段设置为值列表

字段，输入时可从下拉列表中选择“男”或“女”。

3. 将“客房信息”表中的“价目”字段数据类型设置为“货币”，保留 0 位小数，且“价目”不能为负数，否则将报错。

4. 将“入住记录”表中的“客户编号”和“房号”设置为查阅向导型字段，分别引用“客户资料”表和“客房信息”表中对应的字段值。

5. 将“入住记录”表中所有与“金额”“账目”有关的字段数据类型均设置为“货币”，保留整数位数。

6. 其余未作说明的字段，请自行设置。

三、建立表间关系

将 3 个表分别按合适的字段建立“实施参照完整性”的一对一或一对多关系。

四、设计和创建查询

1. 创建“所有客户的信息”查询（包含“客户资料”表和“入住记录”表中的所有字段）。

2. 创建“2023 年 5 月入住信息”查询，以查看所有 2023 年 5 月的入住记录。

3. 创建“查看入住天数”查询，以前面建立的“所有客户的信息”查询为数据源，创建新字段“入住天数”，以查看客户入住天数。

4. 创建“价格在 280～380 元的标间”查询，查看所有在指定价格区间且房型为标准间的客房信息。

5. 创建“多次入住的客户”查询，查看多次入住酒店的客户的客户编号和入住时间。

6. 创建“黄女士客户信息”查询，查看姓黄的女士信息。

7. 创建“根据客户姓名查询住宿信息”查询，实现输入客户姓名时，查看该客户的入住信息。

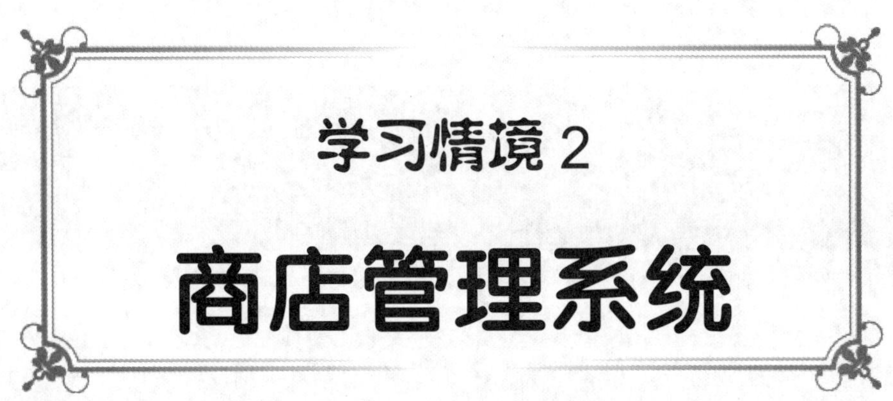

学习情境 2 商店管理系统

科源信息技术公司经过两年的经营管理，已达到了一定的销售规模，并建立了较为稳定的客户群。该公司为了应对快速增长的业务，创建更加完善的数据库管理系统，现准备对以前的商品管理系统进行升级改造，设计并开发一个实用的商店管理系统。该系统除了能够实现对原有的商品类别、商品、供应商等信息的管理外，还要增加客户管理和订单管理功能，不仅能够通过用户界面录入、增加和修改信息，而且能够实现多功能查询、数据统计及分析功能。

【学习目标】

知识点

- 了解常见的数据模型，理解关系数据库的基本概念。
- 掌握数据库的创建和维护方法、数据表的设计方法。
- 掌握导入其他数据库中表的方法。
- 熟悉常见表达式的书写规则。
- 掌握更新查询、删除查询、生成表查询和追加查询的方法，并能灵活运用。
- 理解窗体的概念，了解窗体的类型。
- 熟悉窗体的不同视图在窗体设计和使用中的作用。

技能点

- 掌握对数据库进行的压缩、修复和转换等操作。
- 熟练、正确地导入其他数据库中的数据表。
- 熟练使用表设计器创建和修改表结构。
- 熟练进行数据的编辑、表间关系的编辑。
- 合理使用表达式设置查询条件。
- 熟练掌握选择查询、参数查询的设计和创建方法。
- 熟悉更新查询、删除查询、追加查询和生成表查询的操作方法。
- 能根据应用目的，选用合适的方法创建不同类型的窗体。

素养点

- 培养学生主动学习的意识和兴趣以及对终身学习的认同感。
- 根据用户需求，培养学生灵活使用多种思路解决问题的能力。
- 培养学生树立以人为本的设计理念。
- 培养学生吃苦耐劳的精神，养成规范、严谨、精确的工作态度。

【拓展阅读】

阿里云之父——王坚

拓展阅读 2

工作任务4 创建和管理数据库

04

4.1 任务描述

本任务将创建“商店管理系统”数据库，实现对商品类别、商品、供应商、客户以及订单信息的管理和维护；同时，利用 Access 的压缩和修复功能对数据库进行维护。

4.2 任务目标

- 了解常见的数据模型。
- 理解关系数据库的基本概念。
- 熟练创建数据库。
- 掌握数据库的压缩和修复方法。
- 能进行数据库的格式转换。

4.3 知识储备

4.3.1 数据模型

计算机不能直接处理现实世界中的具体事物，必须把具体事物转换成计算机可以处理的数据。为了反映事物本身及事物之间的各种联系，数据库中的数据必须有一定的结构，这种结构用数据模型来表示。数据模型是数据库的核心和基础。

数据模型应满足 3 个方面的要求，一是能比较真实地模拟现实世界；二是容易被人们理解；三是便于在计算机上实现。

数据结构、数据操作和完整性约束是构成数据模型的 3 个要素。数据模型主要包括层次模型、网状模型和关系模型等。

1. 层次模型

层次模型是数据库系统最早使用的一种数据模型，它用树形结构表示实体及实体之间的联系，树的节点表示实体，树枝表示实体之间的联系，从上至下是一对多（包括一对一）联系。根节点在最上端，层次最高，子节点在下端，逐层排列。

图 2.1 所示为一个学校组织机构的树形结构（层次模型）。层次模型必须满足以下两个条件。

（1）有且仅有一个无父节点的根节点，它位于最高的层次，即顶端。

（2）根节点以外的子节点，向上有且仅有一个父节点，向下可以有一个或多个子节点。同一父节点的子节点称为兄弟节点，没有子节点的节点称为叶节点。

2. 网状模型

用网状结构表示实体及实体之间联系的数据模型称为网状模型。网状模型是一个网络，是层次模型的拓展。图 2.2 描述了一个学校的教学实体，其中系节点无父节点，选课、任课节点有两个及以上的父节点，它们交织在一起形成了网状模型，也就是说，一个节点可能与多个节点对应。

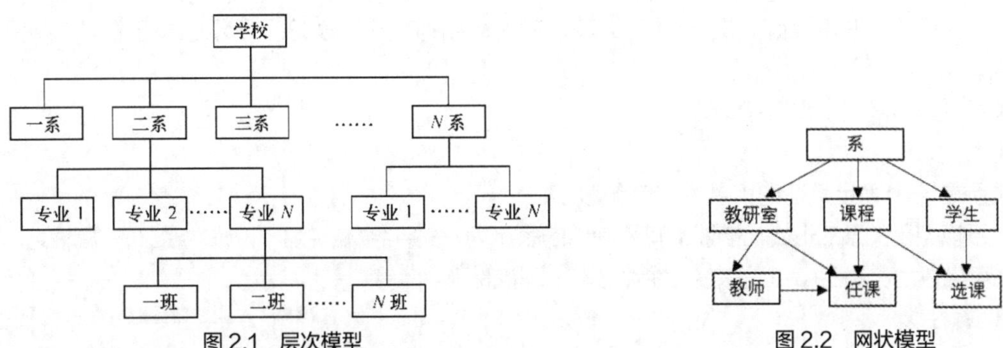

图 2.1　层次模型　　图 2.2　网状模型

满足以下两个条件的数据模型称为网状模型。

（1）允许一个或一个以上的节点无父节点。

（2）一个节点可以有多于一个的父节点。

层次模型与网状模型的主要区别在于，在层次模型中，从子节点到父节点的联系是唯一的；在网状模型中，从子节点到父节点的联系不是唯一的。在网状模型中，两节点间的联系可以是多对多的，且兄弟节点到父节点的联系不是唯一的。

3. 关系模型

关系模型是以数学理论为基础构造的数据模型，它把数据组织成满足一定条件的二维表形式，这个二维表就是关系。用二维表形式来表示实体及实体之间联系的数据模型称为关系模型，如表 2.1 所示。20 世纪 80 年代以来，计算机厂商推出的数据库管理系统大都支持关系模型，非关系模型的数据库管理系统也大都加上了关系接口。数据库领域当前的研究工作都是以关系方法为基础的。Access 就是一种典型的基于关系模型的数据库管理系统。

表 2.1　员工情况表

员 工 号	姓　名	性　别	出 生 日 期	部　门
01001	赵力	男	1972-10-23	人力资源部
01002	刘光利	女	1985-7-13	人力资源部
02001	周树家	女	1972-8-30	财务部
02003	李莫薷	男	1982-11-17	财务部
03001	林帝	男	1978-10-12	行政部
03002	柯娜	女	1984-10-12	行政部
04002	慕容上	女	1990-11-3	物流部
04003	柏国力	男	1981-3-15	物流部

4.3.2 关系数据库

关系数据库是目前主流的数据库。在关系数据库中，数据按表的形式组织，所有的数据库操作都是针对表进行的。关系模型是以集合论中的关系概念为理论基础发展起来的。

1. 关系模型

关系模型是关系数据库的基础，由关系数据结构、关系操作和关系的完整性 3 部分组成。

（1）关系数据结构。

一个关系模型的逻辑结构是一个二维表，它由行和列组成。表 2.1 所示的员工情况表就是一个二维表。

关系数据结构包括以下基本概念。

① 关系。

关系是一个满足某些约束条件的二维表。

关系模型是关系的形式化描述。其最简单的表示为：关系名(属性名 1，属性名 2,…,属性名 *n*)。员工关系可描述为：员工(员工号,姓名,性别,出生日期,部门)。

② 属性。

关系中的一列称为一个属性。一个属性表示实体的一个特征，在 Access 数据库中称为字段。员工情况表有 5 个属性，即员工号、姓名、性别、出生日期和部门。

员工实体及其属性可以用图 2.3 所示的 E-R 图直观地表示出来。

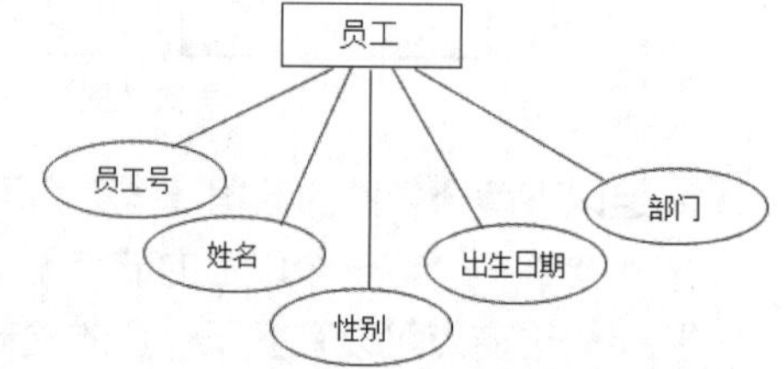

图 2.3　员工实体及其属性的 E-R 图

> **提示**　E-R 图也称实体-联系图（Entity Relationship Diagram），它提供了表示实体类型、属性和联系的方法，是用来描述现实世界的概念模型。它用“矩形框”表示实体类型，在“矩形框”内写明实体名称；用“椭圆形框”或“圆角矩形框”表示实体的属性，并用“实心线段”将其与相应关系的“实体类型”连接起来；用“菱形框”表示实体类型之间的联系，在“菱形框”内写明联系名称，用“实心线段”分别将其与有关实体类型连接起来，并在“实心线段”旁标明联系的类型（1:1、1:*n* 或 *m*:*n*）。

③ 元组。

表中的每一行称为一个元组，存放的是现实世界中的一个实体，在 Access 数据库中称为记录。

④ 域。

关系中的一个属性的取值范围称为域，如员工年龄的域为大于 18 小于 60 的整数，性别的域为男、女。

⑤ 关键字。

在 Access 中，能够唯一标识一个元组的属性或属性组合称为关键字。若表中某一列（或若干列的最小组合）的值能唯一标识一行，则称该列（或列组）为候选关键字。一个表可能有多个候选关键字，如果一个表有多个候选关键字，那么数据库设计者通常会选择其中一个候选关键字作为区分行的唯一性标识符，这个唯一性标识符称为主关键字（Primary Key，PK），简称主键。如果一个表只有一个候选关键字，这个候选关键字就是主键，例如，选择“员工号”作为员工情况表（见表 2-1）的主键。

⑥ 外部关键字。

对于两个相互关联的表 A 和表 B，如果表 A 的主键包含在表 B 中，这个主键就称为 B 表的外部关键字（简称“外键”）。例如，“类别”表中的主键“类别编号”字段是“商品”表的外键。

（2）关系数据库的特点。

① 关系中的每个属性都满足原子性，即每一列都是不可分割的基本数据项。

表中每一个行与列的交叉点上只能存放一个单值。

② 关系中同一属性的所有属性值具有相同的数据类型。

表中同一列中的所有值都必须具有相同的数据类型。例如，员工情况表的“姓名”列的所有值都是文本类型。

③ 关系中的属性名不能重复。

表中的每一列都有唯一的列名，不允许有重复的列名。例如，员工情况表中不允许有两个名为“姓名”的列。

④ 关系的属性从左到右出现的顺序无关紧要。

表中的列从左到右出现的顺序无关紧要，即列的顺序可以任意交换。

⑤ 关系中任意两个元组不能完全相同。

表中任意两行不能完全相同，即每一行都是唯一的，不能有重复的行。

⑥ 关系中的元组从上到下出现的顺序无关紧要。

表中的行从上到下出现的顺序无关紧要，即行的顺序可以任意交换。

2. 关系操作

关系模型的理论基础是集合论，因此，关系操作是以集合运算为根据的集合操作，关系操作的对象和结果都是集合。关系模型中常用的关系操作包括选择（Select）、投影（Project）、连接（Join）等查询操作和插入（Insert）、修改（Update）及删除（Delete）操作两大部分。

其中，查询操作介绍如下。

（1）选择。

选择是在关系中选择满足条件的元组。选择是从行的角度进行的运算。

（2）投影。

关系 R 上的投影是指从 R 中选择若干属性，然后组成新的关系。投影是从列的角度进行的运算。

（3）连接。

连接是从两个关系的笛卡儿积中选择满足条件的元组。连接是从行的角度进行的实体间的运算。

3. 关系的完整性

关系的完整性由关系的完整性规则定义，完整性规则是关系的某种约束条件。关系模型的完整性约束有 3 种，即实体完整性、参照完整性和用户定义完整性。

（1）实体完整性。

在关系数据库中，实体完整性通过主键实现。主键的取值不能是空值。在数据库中，空值的含义是“未知”，而不是 0 或空字符串。由于主键是实体的唯一标识，因此如果主键取空值，关系中就存在某个不可标识的实体，这与实体的定义矛盾。例如，在员工情况表中，“员工号”为主键，因此“员工号”不能取空值，而不是整体不为空。

（2）参照完整性。

参照完整性是指两个相关联的表之间的约束条件，即定义外键与主键之间引用的规则，用来检查两个表中的相关数据是否一致。具体地说，就是表中每条记录的外键的值必须是主表中存在的值。

因此，如果两个表之间建立了关联关系，那么对一个表进行的操作将影响另一个表中的记录。

例如，员工工资表中的“员工号”字段的每一个值必须是员工情况表的“员工号”字段的值之一。

（3）用户定义完整性。

关系数据库系统除了支持实体完整性和参照完整性之外，在具体的应用场合，往往还需要支持一些特殊的约束条件。用户定义完整性就是针对某些具体的应用场合定义的约束条件，它反映某一具体的应用场合涉及的数据必须满足的语义要求。例如，员工的“员工号”属性必须取唯一值，员工的“性别”属性的取值只能是“男”或“女”，等等。关系模型必须提供定义和检验这种完整性的机制，以便用统一的方法处理它们，而不是由应用程序来承担这一任务。

4.3.3　压缩和修复数据库的原因

1. 数据库文件在使用过程中不断变大

随着不断添加、更新数据以及更改数据库设计，数据库文件在使用过程中会变得越来越大。此外，Access 会创建临时的隐藏对象来完成各种任务，在不再需要这些临时的隐藏对象后仍将它们保留在数据库中；删除数据库对象时，系统不会自动回收该对象占用的磁盘空间，也就是说，尽管该对象已被删除，但数据库文件仍然使用该磁盘空间。随着数据库文件不断被遗留的临时的隐藏对象和已删除对象填充，其性能会逐渐降低，出现的症状包括：对象打开得更慢，查询比正常情况下运行的时间更长，各种典型操作需要使用更长时间。

提示　压缩数据库并不是压缩数据，而是清除未使用的空间来缩小数据库文件。

2. 数据库文件可能已损坏

在某些特定的情况下，数据库文件可能被损坏。如果数据库文件通过网络共享，且多个用户同时直接处理该文件，则该文件发生损坏的风险较高。如果这些用户频繁编辑长文本型字段中的数据，将在一定程度上提高数据库文件损坏的风险，并且该风险还会随着时间的推移而升高。可以使用“压缩和修复数据库”命令来降低此风险。

通常情况下，这种损坏是由 VBA（Visual Basic for Application，Visual Basic 宏语言）问题导致的，并不存在丢失数据的风险；但是，这种损坏会导致数据库设计受损，如丢失 VBA 代码或无法使用窗体。

有时，数据库文件损坏也会导致数据丢失，但这种情况并不常见。在这种情况下，丢失的数据一般仅限于某位用户的最后一次操作，即对数据的单次更改。当用户开始更改数据而更改被中断（如由于网络服务中断）时，Access 便会将该数据库文件标记为已损坏。此时可以修复该文件，但有些数据可能会在修复完成后丢失。

4.4　任务实施

4.4.1　创建“商店管理系统”数据库

（1）启动 Access 2019 程序，进入 Microsoft Office Backstage 视图。

（2）新建数据库文件。

① 单击启动界面右侧列表中的“空白数据库”选项，打开“空白数据库”对话框。

② 在“文件名”文本框中输入新建文件的名称“商店管理系统”。

③ 单击“文件名”文本框右侧的【浏览到某个位置来存放数据库】按钮 ，打开“文件新建数据库”对话框。

④ 设置数据库文件的保存位置为“D:\数据库”。

⑤ 设置保存类型。在“保存类型”下拉列表中选择“Microsoft Access 2007 – 2016 数据库”类型，即扩展名为“.accdb”，单击【确定】按钮，返回“空白数据库”对话框。

⑥ 单击【创建】按钮，屏幕显示“商店管理系统”数据库窗口。

⑦ 关闭“商店管理系统”数据库。

4.4.2 维护数据库

数据库文件在使用过程中可能会迅速增大，有时会影响性能，有时也可能损坏。在 Access 中，可以使用“压缩和修复数据库”操作来防止或修复这些问题。

> **提示** 用户既可以在数据库打开的状态下压缩和修复数据库，又可以在数据库未打开的状态下压缩和修复数据库。

1. 在数据库打开的状态下压缩和修复数据库

（1）启动 Access 程序，打开“商店管理系统”数据库。

（2）单击【数据库工具】→【工具】→【压缩和修复数据库】按钮，系统即可对打开的数据库进行压缩和修复，并在替代原数据库后，重新打开“商店管理系统”数据库。

> **提示** 在数据库打开的状态下压缩和修复数据库，也可以通过选择【文件】→【信息】命令，在 Microsoft Office Backstage 视图中单击“压缩和修复”选项来实现。

2. 在数据库未打开的状态下压缩和修复数据库

（1）启动 Access 程序，但不打开数据库。

（2）单击【数据库工具】→【工具】→【压缩和修复数据库】按钮，弹出图 2.4 所示的“压缩数据库来源”对话框。

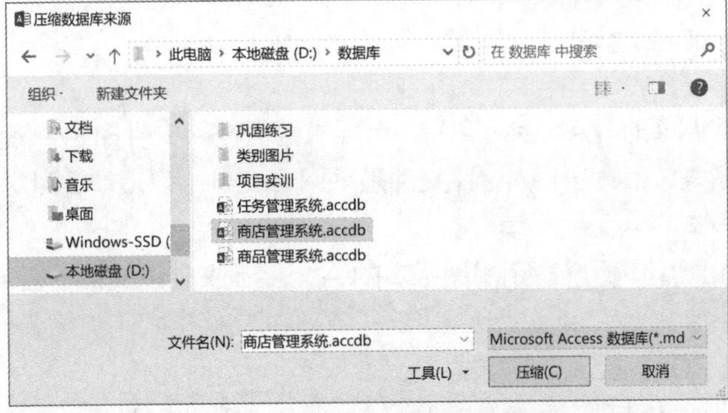

图 2.4 “压缩数据库来源”对话框

（3）选择要压缩的数据库文件“商店管理系统”，单击【压缩】按钮，弹出“将数据库压缩为”对话框。

（4）在“将数据库压缩为”对话框中以原有的路径和文件名保存压缩后的数据库。

提示 在压缩和修复数据库时，要保证磁盘有足够的存储空间来存放数据库压缩时生成的文件。如果压缩后的数据库文件与原数据库文件同名，并且存放在同一个文件夹中，则压缩后的文件将替换原数据库文件。

3. 关闭数据库时自动执行压缩和修复

可以设置在关闭数据库时自动执行压缩和修复，操作步骤如下。

（1）单击【文件】→【选项】命令，打开图 2.5 所示的“Access 选项”对话框。

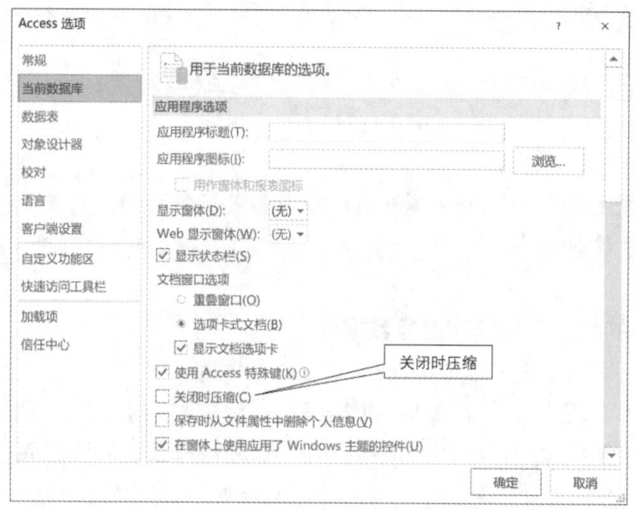

图 2.5 “Access 选项”对话框

（2）单击左侧的“当前数据库”选项。

（3）在右侧的“应用程序选项”下勾选【关闭时压缩】复选框。

（4）单击【确定】按钮。

4.5 任务拓展

4.5.1 转换数据库格式

微课 2-1 转换数据库格式

在创建新的空白数据库时，Access 2019 会要求为数据库文件命名。默认情况下，文件的扩展名为“.accdb”，这种文件是采用 Access 2007-2016 创建的，且无法用早期版本的 Access 读取。

在某些情况下，如果用户更愿意用早期版本的 Access 来创建文件，在 Access 2019 中，可以将文件保存为 Access 2000、Access 2002-2003 的文件格式（扩展名均为“.mdb”）。

1. 更改 Access 2019 默认文件格式

（1）单击【文件】→【选项】命令，打开“Access 选项”对话框。

（2）在“Access 选项”对话框中选择左侧窗格中的“常规”选项，在右侧的“创建数据库”下的“空白数据库的默认文件格式”下拉列表中选择默认的文件格式。

（3）单击【确定】按钮，新建的数据库文件将为指定的文件格式。

2. 转换数据库的格式

如果要将现有的数据库格式转换为其他格式，可以在【数据库另存为】命令下选择格式。此命令除了保留数据库原来的格式之外，还会按照指定的格式创建一个数据库副本。随后，可以将该数据库副本用在所需的 Access 版本中。

提示 如果原来的数据库是用 Access 2007—2016 创建的且包含用 Access 2007—2016 创建的复杂数据、脱机数据或附件，则无法用早期版本（如 Access 2000、Access 2002—2003）格式保存副本。

（1）打开要转换格式的数据库。

（2）单击【文件】→【另存为】命令，显示图 2.6 所示的 Microsoft Office Backstage 视图。

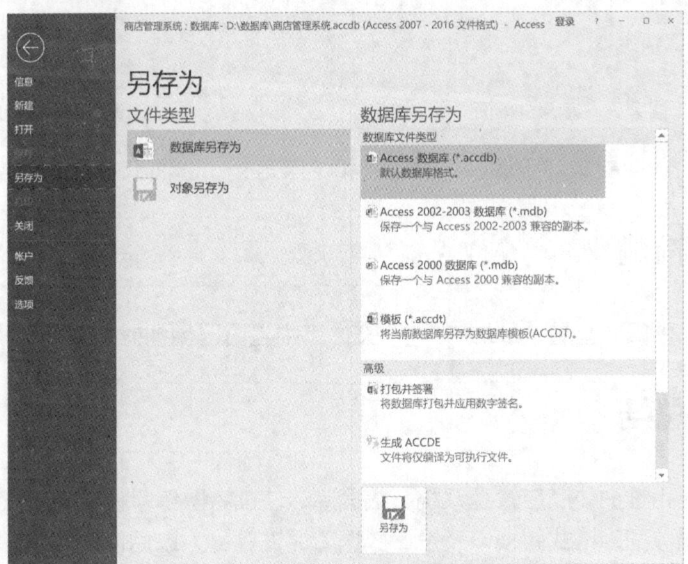

图 2.6 Microsoft Office Backstage 视图

（3）在右侧的“数据库文件类型”列表中单击所需文件类型。

（4）单击【另存为】按钮，将打开“另存为”对话框，确定转换格式后的数据库保存位置及文件名，单击【保存】按钮，Access 将创建指定格式的副本。

提示 如果在尝试使用其他格式保存数据库时有任何数据库对象处于打开状态，则必须先关闭这些对象再创建副本。单击【是】按钮让 Access 关闭这些对象（如果需要，Access 将提示保存所有更改），或单击【否】按钮取消整个过程。

4.5.2 设置数据库属性

开发 Access 数据库应用程序时，常常需要设置数据库属性。

（1）打开“商店管理系统”数据库。

（2）单击【文件】→【信息】命令，显示图 2.7 所示的“信息”界面。

（3）单击右侧的【查看和编辑数据库属性】，显示图 2.8 所示的数据库属性对话框。

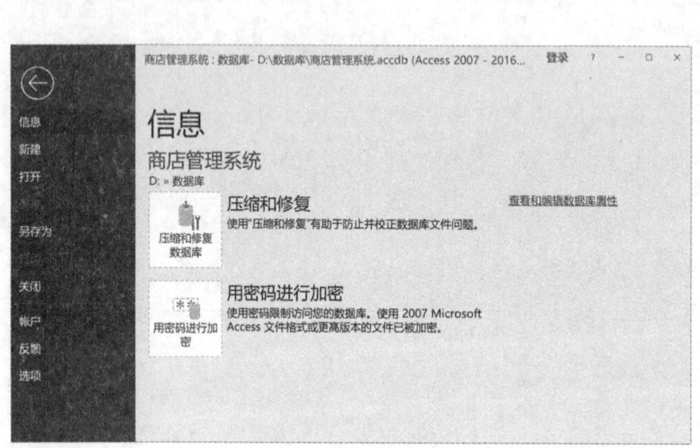

图 2.7 “信息”界面

图 2.8 数据库属性对话框

（4）在“常规”、“摘要”、“统计”、“内容”和“自定义”选项卡中可设置数据库属性。

4.6 任务检测

打开“计算机”窗口，查看“D:\数据库”文件夹中是否已创建好“商店管理系统”数据库。

4.7 任务总结

本任务通过创建和维护“商店管理系统”数据库，使读者熟练掌握创建 Access 数据库、压缩和修复数据库、完成数据库格式转换以及设置数据库属性等，为以后使用和维护 Access 数据库打下坚实的基础。

4.8 巩固练习

一、填空题

1. 数据库管理系统常见的数据模型有________、________和________3 种。
2. 在关系模型中，把数据看成一个二维表，每一个二维表称为一个________。
3. ________是数据库系统研究和处理的对象，从本质上讲是描述事物的符号记录。
4. 表中的________是不可再分的，它是最基本的数据单位。
5. 表中记录的顺序可以________。
6. 关系数据库是由若干个完成关系模型设计的________组成的。
7. 关系操作包括对数据库数据的查询操作以及________、________和删除等基本操作。

8. 二维表中垂直方向的列称为________。

二、选择题

1. Access 数据库属于（　　）数据库。
   A. 树形　　B. 逻辑型　　C. 层次型　　D. 关系
2. 在 Access 中，参照完整性规则不包括（　　）。
   A. 更新规则　　B. 查询规则　　C. 删除规则　　D. 插入规则
3. 表是由若干条（　　）组合而成的。
   A. 字段　　B. 数据访问页　　C. 记录　　D. 存储格
4. 用二维表来表示实体及实体之间联系的数据模型是（　　）。
   A. 关系模型　　B. 层次模型　　C. 网状模型　　D. E-R 模型
5. 如果要求主表中没有相关记录时不能将记录添加到相关表中，则应该在表间关系中设置（　　）。
   A. 参照完整性　　B. 验证规则　　C. 输入掩码　　D. 级联更新相关字段
6. 构成数据模型的要素包括 3 个，分别是（　　）。
   A. 数据结构　　B. 数据操作　　C. 完整性约束　　D. 以上答案都正确
7. 在 E-R 图中，用来表示实体联系的图形是（　　）。
   A. 椭圆形　　B. 矩形　　C. 菱形　　D. 三角形
8. 下列哪一个不是常用的数据模型？（　　）
   A. 层次模型　　B. 网状模型　　C. 概念模型　　D. 关系模型
9. 下列不是关系数据库术语的是（　　）。
   A. 记录　　B. 字段　　C. 数据项　　D. 模型
10. 关系数据库的表不必具有的性质是（　　）。
    A. 数据项不可再分　　B. 同一列的数据要具有相同的数据类型
    C. 记录可以任意排序　　D. 记录不可以任意排序
11. 在关系数据库中，用来表示实体之间联系的是（　　）。
    A. 二维表　　B. 线性表　　C. 网状结构　　D. 树形结构
12. 关系数据库管理系统能实现的专门关系操作包括（　　）。
    A. 关联、更新、排序　　B. 显示、输出、制表
    C. 排序、索引、统计　　D. 选择、投影、连接
13. 层次模型采用（　　）结构表示实体以及实体之间的联系。
    A. 树形　　B. 网状　　C. 星形　　D. 二维表
14. 在 Access 中要显示“教师表”中姓名和职称的信息，应采用的关系运算是（　　）。
    A. 选择　　B. 投影　　C. 连接　　D. 关联

三、思考题

1. 层次模型、网状模型和关系模型的主要特征是什么？
2. 关系数据库的特点是什么？

工作任务5
创建和管理数据表

5.1 任务描述

在学习情境 1 创建“商品管理系统”时，创建了“商品”、“类别”和“供应商”3 张数据表。在“商店管理系统”中，将对“商品管理系统”进行升级，原有“商品管理系统”中的数据可以继续使用。本任务将采用“导入”方式，导入“商品管理系统”数据库中的“商品”、“类别”和“供应商”表，新建“客户”和“订单”表，并建立已有表和新表之间的联系。

5.2 任务目标

- 熟悉数据表的设计方法，了解子数据表。
- 熟练从其他数据库中导入数据表。
- 熟练使用表设计器创建和修改表结构。
- 熟练进行数据的编辑操作。
- 能正确编辑表间关系。

5.3 知识储备

5.3.1 设计表

在创建表之前，需要认真考虑以下问题。

（1）创建表的目的是什么？确定好表名，表名一般应与用途相符。

（2）表需要哪些列（字段）？确定表中字段及字段名称。

（3）确定每个字段的数据类型。Access 针对字段提供了短文本、长文本、数字、大数、日期/时间、货币、自动编号、是/否、OLE 对象、超链接、附件、计算、查阅向导等数据类型，以满足数据的不同用途。

（4）确定每个字段的属性，如字段大小、格式、默认值、必填字段、验证规则、验证文本和索引等。

（5）确定表中能够唯一标识记录的主关键字段，即主键。

5.3.2 子数据表

子数据表是指在一个数据表视图中显示的已与其建立关系的数据表视图，如图 2.9 所示。

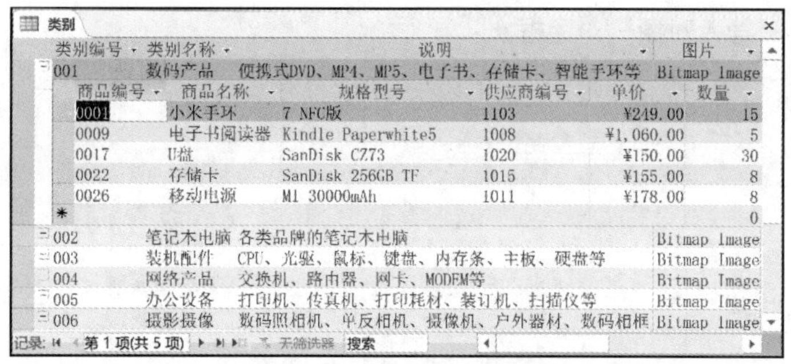

图 2.9 “类别”表的子数据表

在 Access 数据表中，如果数据表间建立了关系，则在主数据表视图上，每条记录左侧都有一个关联标记 + 。单击该标记，可显示该记录对应的子数据表的记录，并且关联标记变为 - 。

5.4 任务实施

5.4.1 导入“类别”、“供应商”和“商品”表

1. 打开数据库

打开“D:\数据库”中要导入数据表的数据库“商店管理系统”。

2. 导入“类别”表、“供应商”表和“商品”表

微课 2-2 导入“类别”、“供应商”和“商品”表

（1）单击【外部数据】→【导入并链接】→【新数据源】按钮，打开“新数据源”菜单，选择“从数据库”选项，打开图 2.10 所示的子菜单。选择【Access】命令，弹出“获取外部数据-Access 数据库”对话框，选择数据源和目标，单击“浏览”按钮，指定要导入的文件为“D:\数据库\商品管理系统.accdb”，如图 2.11 所示。

图 2.10 “新数据源”子菜单

获取外部数据 - Access 数据库

选择数据源和目标

指定对象定义的来源。

文件名(F): D:\数据库\商品管理系统.accdb 浏览(R)...

指定数据在当前数据库中的存储方式和存储位置。

◉ 将表、查询、窗体、报表、宏和模块导入当前数据库(I)。

如果指定的对象不存在，Access 会予以创建。如果指定的对象已存在，Access 将在导入对象的名称后追加一个编号。对源对象(包括表中的数据)所做的更改不会反映在当前数据库中。

○ 通过创建链接表来链接到数据源(L)。

Access 将创建一个表格，用于维护指向源数据的链接。对 Access 中的数据所做的更改将会反映在源中，反之亦然。注意: 如果源数据库需要密码，未加密的密码将随链接表一同存储。

确定 取消

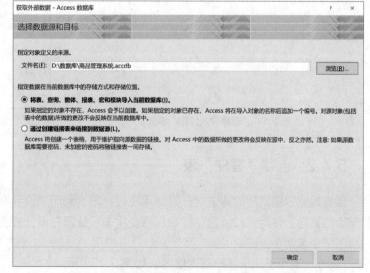

图 2.11 “获取外部数据-Access 数据库”对话框

（2）选择【将表、查询、窗体、报表、宏和模块导入当前数据库】选项，单击【确定】按钮，

弹出图 2.12 所示的“导入对象”对话框。

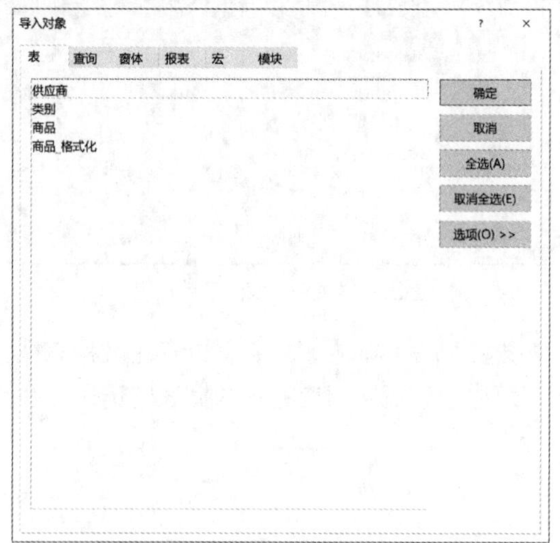

图 2.12 “导入对象”对话框

（3）在“表”选项卡中分别选中“供应商”、“类别”和“商品”表。

（4）单击【确定】按钮，弹出图 2.13 所示的“保存导入步骤”界面，单击【关闭】按钮，完成表的导入。返回“商店管理系统”数据库，导入表后的数据库如图 2.14 所示。

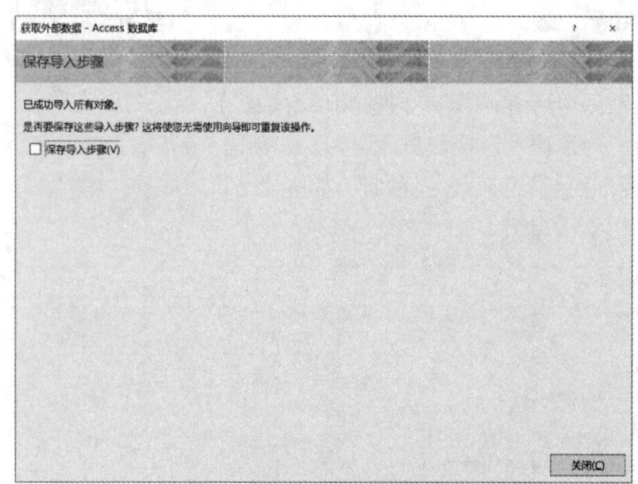

图 2.13 “保存导入步骤”界面

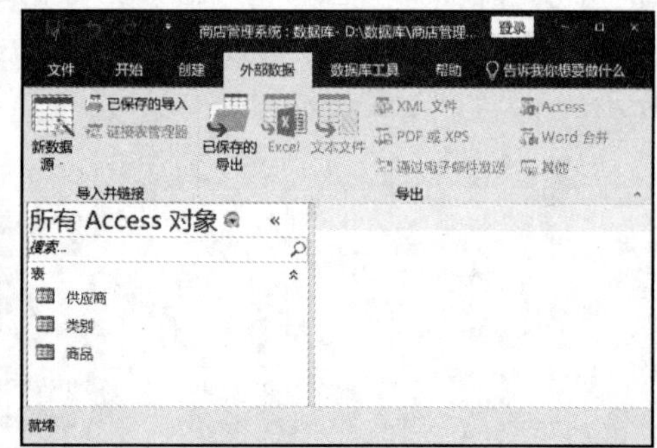

图 2.14 导入数据表后的“商店管理系统”数据库

5.4.2 创建“客户”表

创建数据表最常用的方法之一是使用表设计器。利用表设计器不仅可以创建表，而且可以修改数据表的结构。使用表设计器创建表包括使用表设计器在设计视图下创建表结构和在数据表视图下编辑表记录这两个步骤。

“客户”表用于记录客户基本信息，如图 2.15 所示。

1. 创建“客户”表的结构

通过分析“客户”表的记录中各字段的数据特点，结合生活和工作中的常识、规律及特殊要求，确定表的结构，如表 2.2 所示。

客户编号	公司名称	联系人	职务	地址	城市	地区	电话
DB-1009	威航货运有限公司	刘先生	销售代理	经七纬二路xx号	大连	东北	(0411) 61****55
DB-1010	三捷实业	王先生	市场经理	英雄山路xx号	沈阳	东北	(024) 65****92
HB-1001	东南实业	王先生	物主	承德西路xx号	北京	华北	(010) 35****29
HB-1016	三川实业有限公司	刘小姐	销售代表	大崇明路xx号	天津	华北	(022) 26****21
HB-1039	志远有限公司	王小姐	物主/市场助理	光明北路xxx号	张家口	华北	(0313) 5****48
HD-1006	通恒机械	黄小姐	采购员	东园西甲xx号	南京	华东	(025) 69****65
HD-1022	立日股份有限公司	李柏麟	物主	惠安大路xx号	上海	华东	(021) 42****67
HD-1027	学仁贸易	余小姐	助理销售代表	辅城路xxx号	温州	华东	(0577) 55****39
HD-1032	椅天文化事业	方先生	物主	花园西路xxx号	常州	华东	(0519) 35****12
HN-1002	国顶有限公司	方先生	销售代表	大府东街xx号	深圳	华南	(0755) 85****80
HN-1030	凯诚国际顾问公司	刘先生	销售经理	威刚街xx号	南宁	华南	(0771) 35****22
HZ-1020	宇欣实业	黄雅玲	助理销售代理	大峪口街xxx号	武汉	华中	(027) 45****12
XB-1025	凯旋科技	方先生	销售代表	使馆路xxx号	兰州	西北	(0931) 7****61
XN-1008	光明杂志	谢丽秋	销售代表	黄石路xx号	重庆	西南	(023) 45****12
XN-1012	嘉元实业	刘小姐	结算经理	东湖大街xx号	昆明	西南	(0871) 62****44
XN-1015	国银贸易	余小姐	市场经理	辅城街xx号	成都	西南	(028) 84****21

图 2.15 “客户”表的数据记录

表 2.2 “客户”表的结构

字段名称	数据类型	字段大小	其 他 设 置	说　明
客户编号	短文本	7	主键、必填字段、有（无重复）索引，输出掩码格式为“LL\-0000”	由两位地区字母缩写和 4 位数字组成客户编号，形如 DB-0001
公司名称	短文本	20	必填字段、有（有重复）索引	
联系人	短文本	5	有（有重复）索引	
职务	短文本	10	有（有重复）索引	
地址	短文本	20		
城市	短文本	5	有（有重复）索引	
地区	短文本	6	有（有重复）索引	
电话	短文本	15		

（1）打开“商店管理系统”数据库。

（2）单击【创建】→【表格】→【表设计】按钮，打开表设计视图。

（3）设计“客户编号”字段。

微课 2-3　设置客户表的“客户编号”字段

① 在“字段名称”中输入“客户编号”。

② 在“数据类型”下拉列表中选择“短文本”。

③ 在“说明”列中输入说明文字“由两位地区字母缩写和 4 位数字组成客户编号，形如 DB-0001”。

④ 设置字段为“主键”。

⑤ 设置“字段大小”为“7”。

⑥ 设置“输入掩码”格式为“LL\-0000”。

a. 将光标置于“输入掩码”属性框中，单击“输入掩码”属性框右侧的生成器按钮 ，弹出图 2.16 所示的保存表提示框。

输入掩码向导　×

必须先保存表。是否立即保存?

是(Y)　否(N)

图 2.16　保存表提示框

b. 单击【是】按钮，打开“另存为”对话框，输入表名称“客户”，单击【确定】按钮，打开图 2.17 所示的“输入掩码向导”对话框。

c.“输入掩码”列表中列出了已经预先定义好的掩码，但这些都无法作为本字段的掩码。单击【编辑列表】按钮，弹出“自定义‘输入掩码向导’”对话框，输入图 2.18 所示的掩码，单击【关闭】按钮，返回“输入掩码向导”对话框。可以看到，“输入掩码”列表中已经列出了自定义好的掩码，如图 2.19 所示。

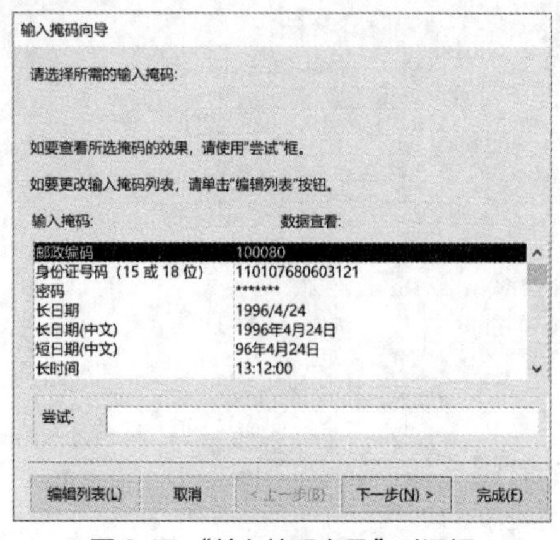

图 2.17 “输入掩码向导”对话框

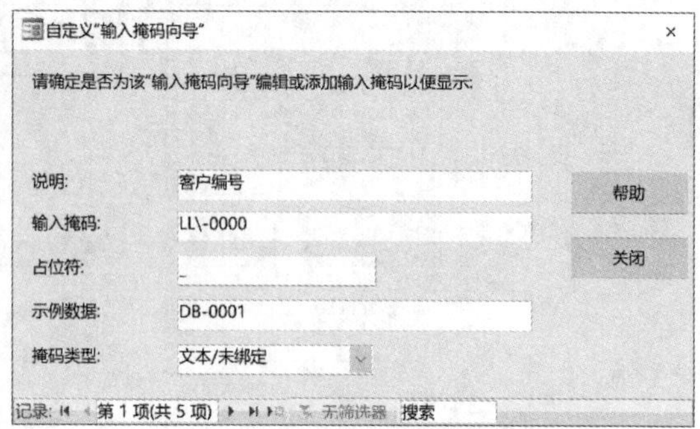

图 2.18 自定义输入掩码

d. 选择自定义好的输入掩码“客户编号”，单击【下一步】按钮，显示图 2.20 所示的“请确定是否更改输入掩码”界面。这里不需要更改。

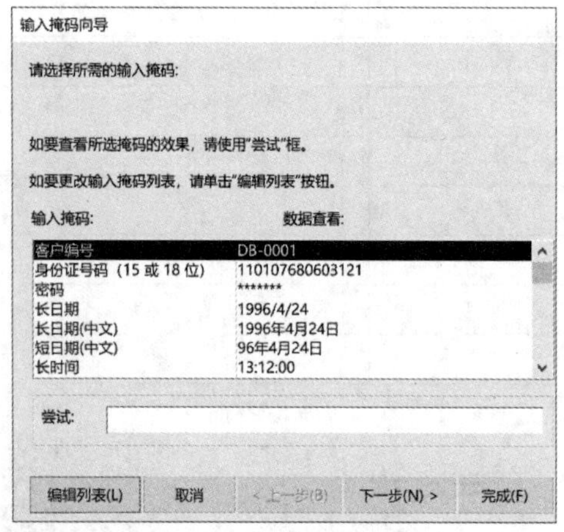

图 2.19 自定义好的掩码

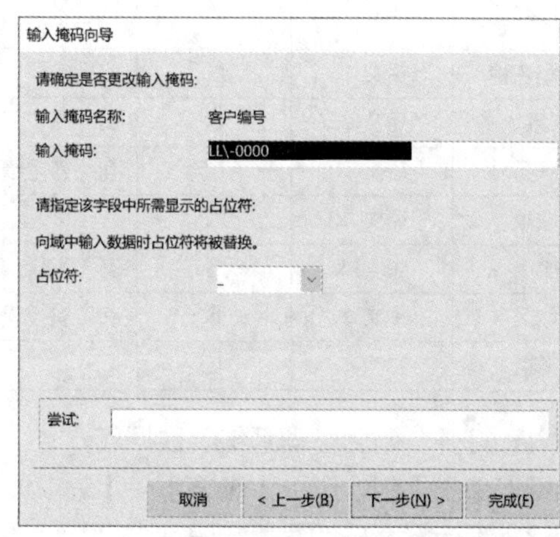

图 2.20 “请确定是否更改输入掩码”界面

e. 单击【下一步】按钮，显示图 2.21 所示的“请选择保存数据的方式”界面，选择【像这样使用掩码中的符号】单选按钮。

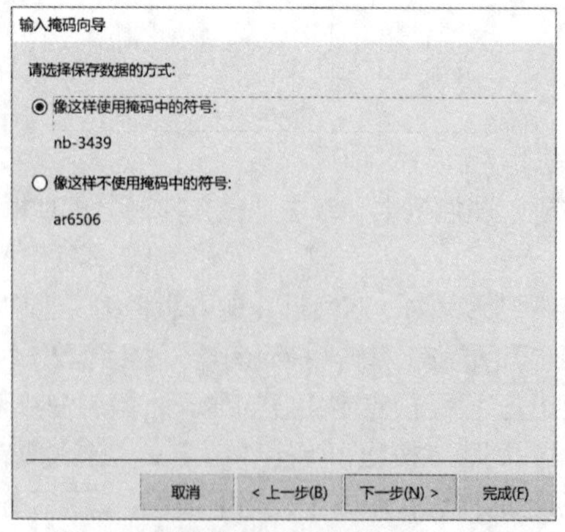

图 2.21 “请选择保存数据的方式”界面

f. 单击【完成】按钮，返回表设计器，可以看到已为字段设置好了输入掩码，如图 2.22 所示。

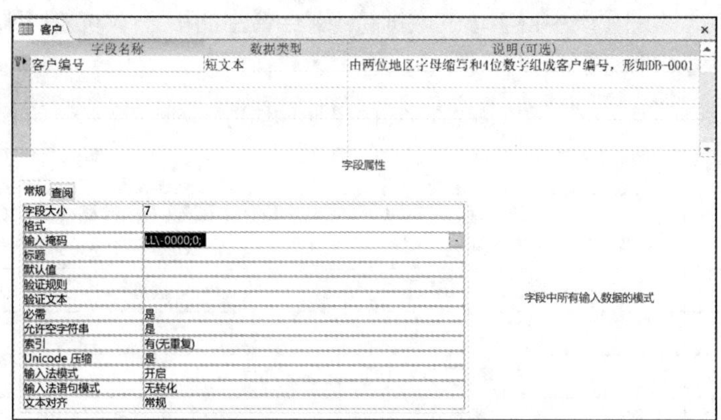

图 2.22　设置好的输入掩码

⑦ 设置“必需”属性为“是”；“索引”属性为“有（无重复）”。

（4）按照表 2.2，创建“客户”表中的其余字段。

（5）单击快速访问工具栏中的【保存】按钮，保存“客户”表的结构。

2. 编辑“客户”表的数据

（1）单击窗口状态栏右边的【数据表视图】按钮，将“客户”表从设计视图切换到数据表视图。

（2）当光标定位于“客户编号”字段时，可见图 2.23 所示的输入掩码占位符。

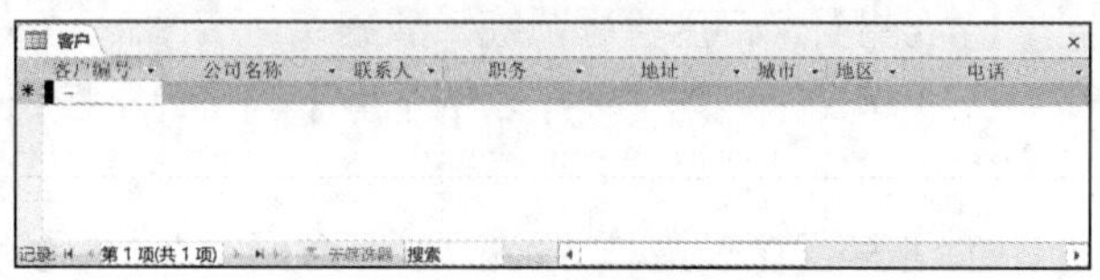

图 2.23　“客户”表的数据表视图

（3）按照图 2.15，输入“客户”表的所有记录。

（4）关闭“客户”表，系统自动保存表中的记录。

5.4.3　创建“订单”表

“订单”表用于记录商品在销售过程中的基本信息，如图 2.24 所示。

订单编号	商品编号	订购日期	发货日期	客户编号	订购量	销售部门
23-06001	0010	2023-6-2	2023-6-6	HN-1030	1	B 部
23-06002	0005	2023-6-5	2023-6-9	HD-1022	3	A 部
23-06002	0006	2023-6-5	2023-6-11	HD-1022	7	A 部
23-06003	0001	2023-6-8	2023-6-12	DB-1009	4	B 部
23-06003	0008	2023-6-8	2023-6-15	DB-1009	2	B 部
23-06004	0011	2023-6-12	2023-6-15	HB-1001	3	A 部
23-06005	0007	2023-6-26	2023-6-27	HB-1039	5	A 部
23-06006	0002	2023-6-29	2023-7-2	XN-1012	14	A 部
23-07001	0005	2023-7-7	2023-7-8	XB-1025	6	B 部
23-07002	0010	2023-7-12	2023-7-17	HD-1006	2	B 部
23-07003	0002	2023-7-16	2023-7-19	HD-1027	8	A 部
23-07003	0006	2023-7-16	2023-7-17	HD-1027	3	A 部
23-07003	0017	2023-7-16	2023-7-20	HD-1027	20	A 部
23-07004	0001	2023-7-18	2023-7-27	HZ-1020	28	B 部
23-07005	0022	2023-7-27	2023-7-29	HD-1032	8	B 部
23-08001	0030	2023-8-3	2023-8-8	HD-1006	6	A 部
23-08002	0021	2023-8-3	2023-8-8	XB-1025	1	B 部
23-08003	0012	2023-8-4	2023-8-9	XN-1015	2	B 部
23-08004	0008	2023-8-19	2023-8-20	DB-1010	3	A 部
23-08005	0011	2023-8-21	2023-8-22	XN-1008	4	B 部

图 2.24　“订单”表的数据记录

1. 创建“订单”表的结构

通过分析“订单”表的记录中各字段的数据特点，结合生活和工作中的常识、规律及特殊要求，确定表的结构，如表 2.3 所示。

表 2.3 “订单”表的结构

字段名称	数据类型	字段大小	其他设置	说明
订单编号	短文本	8	主键、有（有重复）索引，设置掩码格式为“00\-00000”	用掩码来构造格式，例如，“23-05001”表示 2023 年 5 月的 001 号订单
商品编号	短文本	默认	主键、有（有重复）索引	使用“查阅向导”引用“商品”表中的“商品编号”
订购日期	日期/时间			
发货日期	日期/时间		发货日期不能早于订购日期	
客户编号	短文本	默认	有（有重复）索引	使用“查阅向导”引用“客户”表中的“客户编号”
订购量	数字	整型	默认值为 0，必须输入>0 的整数，输入无效数据时提示“订购量应为正整数！”，必填字段	
销售部门	短文本	3	查阅列，来源是“A 部”和“B 部”、有（有重复）索引	

（1）打开“商店管理系统”数据库。

（2）单击【创建】→【表格】→【表设计】按钮，打开表设计视图。

（3）设置“订单编号”字段。

① 按表 2.3 设置“字段名称”“数据类型”“说明”“字段大小”。

② 设置“输入掩码”格式。

a. 将光标置于“输入掩码”属性框中，单击“输入掩码”属性框右侧的生成器按钮 ，弹出保存表提示框。

b. 单击【是】按钮，打开“另存为”对话框，输入表名称“订单”，单击【确定】按钮，打开图 2.25 所示的定义主键提示框。单击【否】按钮，弹出“输入掩码向导”对话框。按与 5.4.2 小节设置“客户编号”的输入掩码格式类似的方法设置“订单编号”的输入掩码为“00\-00000”。

③ 设置“索引”为“有（有重复）”。

（4）设置“商品编号”字段。

① 按表 2.3 设置“商品编号”字段的“字段名称”、“字段大小”和“索引”。

② 设置“查阅向导”。由于“商品编号”字段在“商品”表中已存在，因此这里的“商品编号”字段属性设置与“商品”表中的相同。“订单”表在编辑时，其数据可以直接引用“商品”表中的数据，因此将该字段的数据类型设置为“查阅向导”。

完成设置时，会弹出图 2.26 所示的提示框，这是因为表间数据的引用会自动创建两个表之间的关系。单击【是】按钮，保存“订单”表。

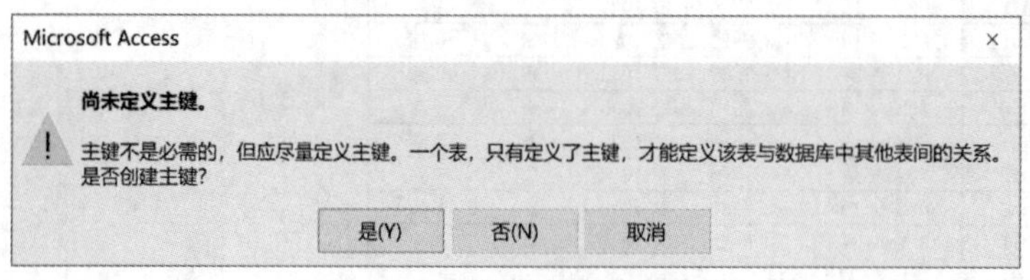

图 2.25 定义主键提示框

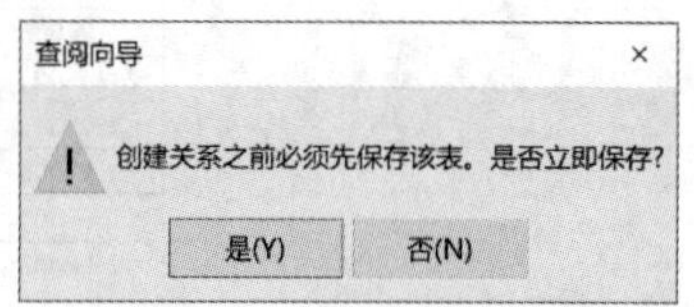

图 2.26 保存表的提示框

（5）设置“订购日期”字段，将“数据类型”设置为“日期/时间”，其余属性为默认值。

微课 2-4　设置订单表的“发货日期”字段

（6）设置“发货日期”字段。

① 将“数据类型”设置为“日期/时间”。

② 设置字段的“验证规则”和“验证文本”。单击【表格工具】→【设计】→【显示/隐藏】→【属性表】按钮，打开图 2.27 所示的“属性表”对话框。按图 2.28 设置“验证规则”和“验证文本”。

属性表
所选内容的类型：表属性
常规

属性	值
断开连接时为只读	否
子数据表展开	否
子数据表高度	0cm
方向	从左到右
说明	
默认视图	数据表
验证规则	
验证文本	
筛选	
排序依据	
子数据表名称	[自动]
链接子字段	
链接主字段	
加载时的筛选器	否
加载时的排序方式	是

图 2.27　“订单”表的“属性表”对话框

属性表
所选内容的类型：表属性
常规

属性	值
断开连接时为只读	否
子数据表展开	否
子数据表高度	0cm
方向	从左到右
说明	
默认视图	数据表
验证规则	[发货日期]>=[订购日期]
验证文本	发货日期不能早于订购日期
筛选	
排序依据	
子数据表名称	[自动]
链接子字段	
链接主字段	
加载时的筛选器	否
加载时的排序方式	是

图 2.28　设置“验证规则”和“验证文本”

③ 设置完毕，关闭“属性表”对话框。

提示　表的约束一般分为列级约束和表级约束。对于列级约束，如前面介绍过的商品“单价”“数量”，其约束条件可以直接在字段的“验证规则”属性中设置。而表级约束与列级约束相互独立，通常用于对多列一起进行约束，其约束条件需要在“属性表”对话框的“验证”中设置。

（7）使用与设置“商品编号”字段类似的方法，设置“客户编号”字段，引用“客户”表中的“客户编号”。

（8）设置“订购量”字段的“数据类型”为“数字”，“字段大小”为“整型”，“默认值”为“0”，“验证规则”为“>0”，“验证文本”为“订购量应为正整数！”，“必需”为“是”。

（9）设置“销售部门”字段。

① 设置“销售部门”字段的“数据类型”为“短文本”，“字段大小”为“3”，“索引”为“有（有重复）”。

② 设置“销售部门”为查阅字段。将数据类型修改为“查阅向导”，弹出图 2.29 所示的“查阅向导”对话框，选择【自行键入所需的值】，单击【下一步】按钮，输入“销售部门”列的数据源，如图 2.30 所示。其余选项不做设置，直接单击【完成】按钮。

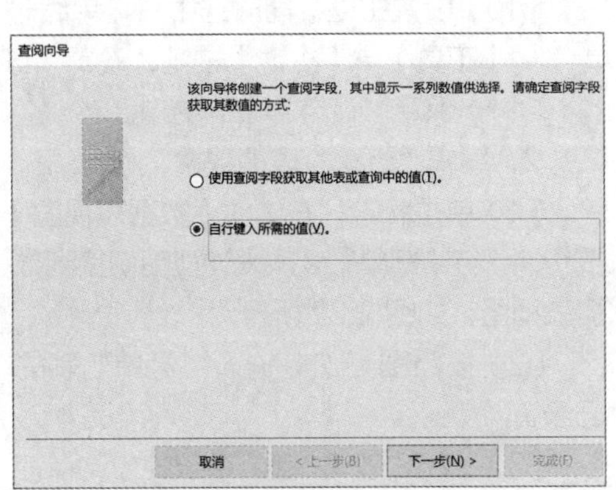

图 2.29　选择【自行键入所需的值】

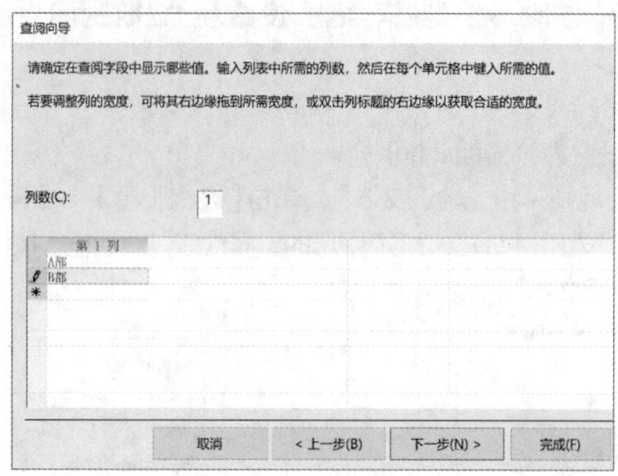

图 2.30　自行输入数据源

提示　完成查阅列的设置后，字段属性的“查阅”选项卡中的效果如图 2.31 所示。

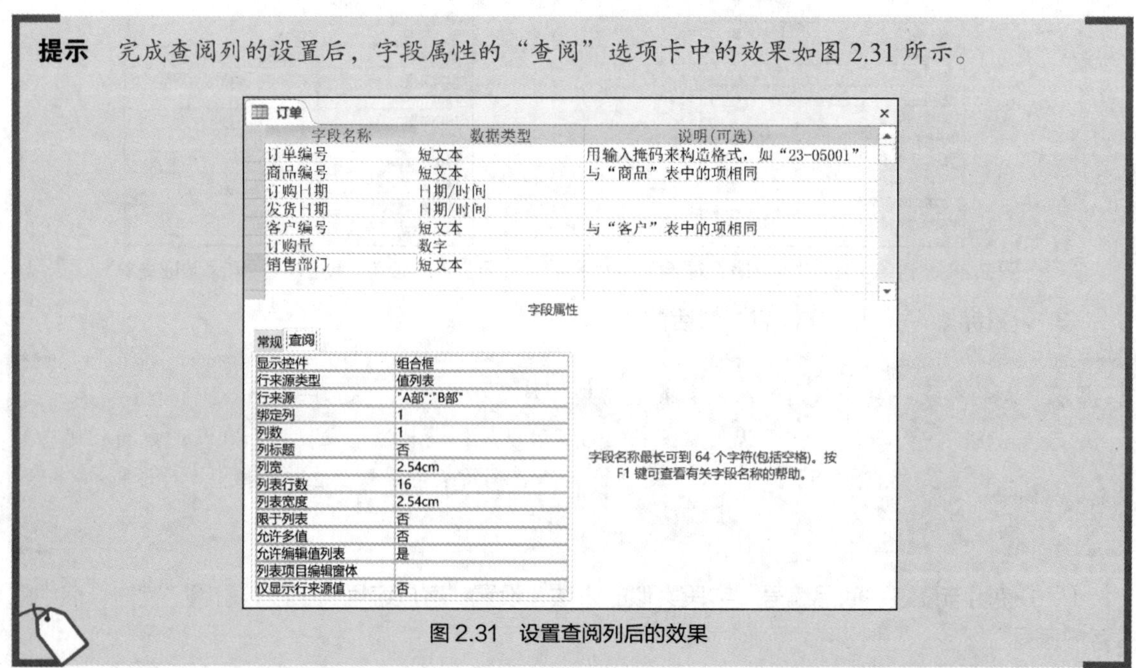

图 2.31　设置查阅列后的效果

（10）设置主键。同时选中“订单编号”和“商品编号”两个字段，单击【表格工具】→【设计】→【工具】→【主键】按钮，设置“订单编号”和“商品编号”两个字段为多字段主键。

（11）保存“订单”表的结构。

2. 编辑“订单”表的数据

（1）单击状态栏右边的【数据表视图】按钮，将“订单”表从设计视图切换到数据表视图，如图 2.32 所示。

（2）按照图 2.24 输入“订单”表的记录。

（3）关闭“订单”表，系统将自动保存表中的记录。

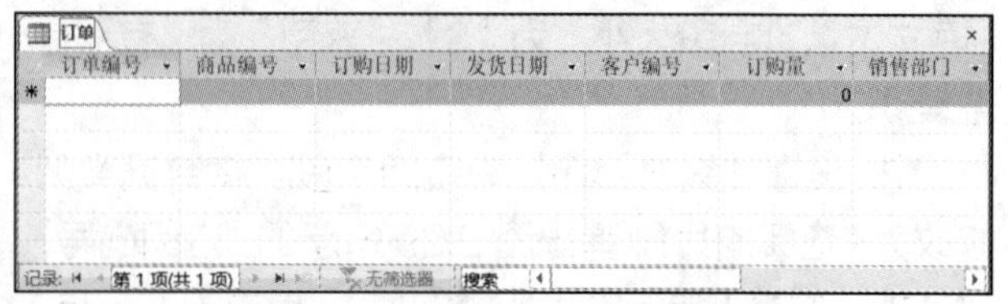

图 2.32　“订单”表的数据表视图

提示 在输入“订单”表的数据时，由于“商品编号”、“客户编号”和“销售部门”字段都设置了查阅列，因此，当输入这 3 个字段的数据时，会出现下拉列表，如图 2.33 所示。

图 2.33 “商品编号”查阅列的下拉列表

当在“订单”表中引用“商品”表中的“商品编号”字段和“客户”表中的“客户编号”字段后，“商品”表和“客户”表中记录的前面将出现 + 符号，如图 2.34 和图 2.35 所示，表示“订单”表已成为“商品”表和“客户”表的子数据表。

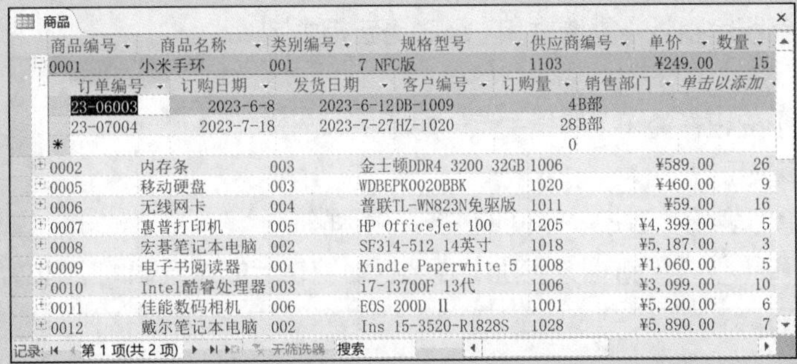

图 2.34 “商品”表的子数据表

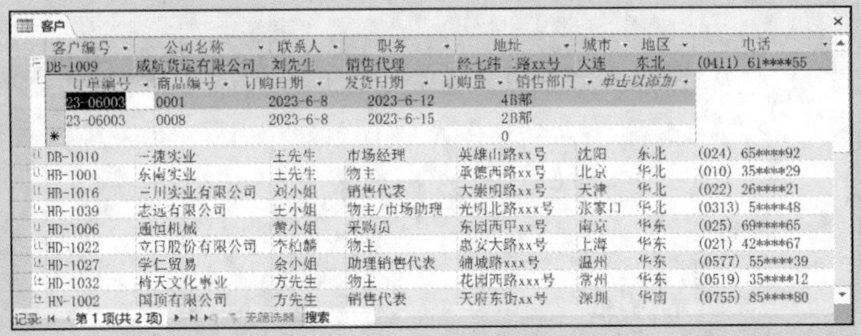

图 2.35 “客户”表的子数据表

5.4.4 创建数据表的关系

为了更好地利用和管理“商店管理系统”数据库中各表中的数据，将进一步创建和编辑表之间的关系。

（1）打开“商店管理系统”数据库。

（2）单击【数据库工具】→【关系】→【关系】按钮，打开图 2.36 所示的“商店管理系统”数据库的“关系”窗口。

提示 由于之前直接导入了“商品”、“订单”和“类别”表，因此，这 3 个表之间已经建立好了实施参照完整性的关系。在“订单”表的创建过程中，因为“商品编号”“客户编号”字段采用查阅列的方式分别引用了“商品”表的“商品编号”字段和“客户”表的“客户编号”字段，所以已经建立起了这 3 个表之间的关系，这里只需编辑这 3 个表之间的关系。

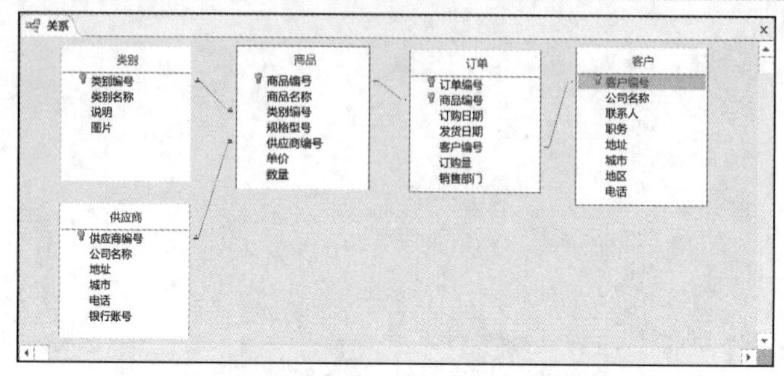

图 2.36 “商店管理系统”数据库的“关系”窗口

（3）编辑“商品”表和“订单”表间的关系。

① 在“关系”窗口中双击“订单”表和“商品”表间的连线，弹出图 2.37 所示的“编辑关系”对话框。

② 勾选【实施参照完整性】复选框和【级联更新相关字段】复选框。

③ 单击【确定】按钮，关闭“编辑关系”对话框，创建两个表之间的一对多关系。

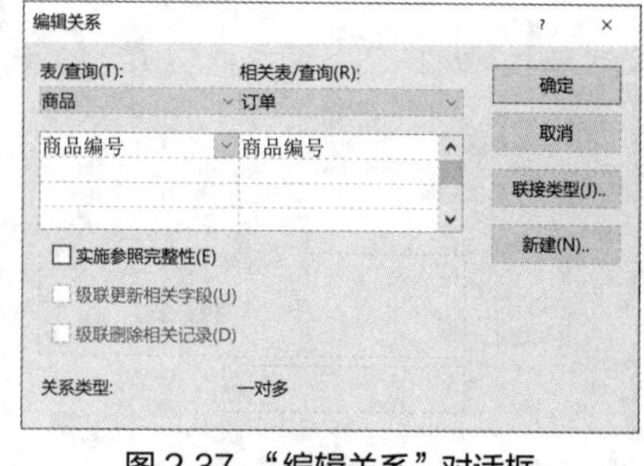

图 2.37 “编辑关系”对话框

（4）编辑“订单”表和“客户”表间的关系，同样勾选【实施参照完整性】和【级联更新相关字段】复选框。编辑后的关系如图 2.38 所示。

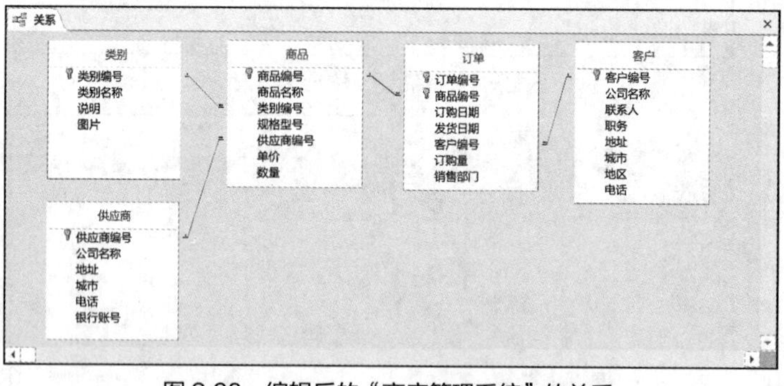

图 2.38 编辑后的“商店管理系统”的关系

（5）保存关系，关闭“关系”窗口。

5.5 任务拓展

5.5.1 通过复制“商品”表创建“急需商品信息”表的结构

在数据库中，当要创建的表和已存在的某个表相似时，可复制该已存在的表。下面创建“急需商品信息”表的结构，以备查询时使用。

（1）选中“商店管理系统”中的“商品”表。

（2）单击【开始】→【剪贴板】→【复制】按钮，再单击【开始】→【剪贴板】→【粘贴】按钮，打开“粘贴表方式”对话框。

（3）在“表名称”文本框中输入“急需商品信息”，再选择“粘贴选项”中的【仅结构】单选按钮，如图 2.39 所示。

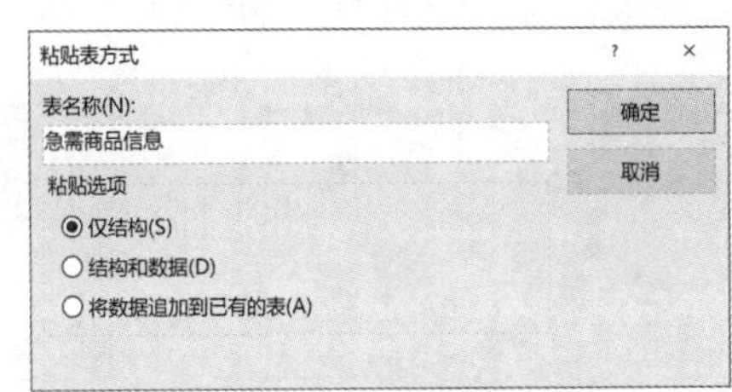

图 2.39 “粘贴表方式”对话框

（4）单击【确定】按钮，完成“急需商品信息”表结构的创建。

5.5.2 筛选“华东”地区客户信息

（1）打开“客户”数据表。

（2）单击【开始】→【排序和筛选】→【高级】按钮，打开图 2.40 所示的“排序和筛选”下拉菜单。

（3）选择【按窗体筛选】命令，在图 2.41 所示的“客户：按窗体筛选”窗口中单击“地区”字段右侧的下拉按钮，从下拉列表中选择“华东”。

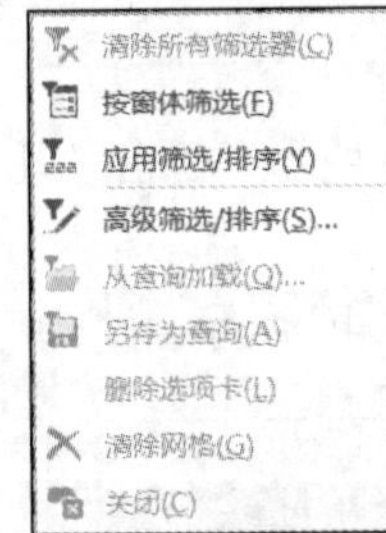

图 2.40 “排序和筛选”下拉菜单

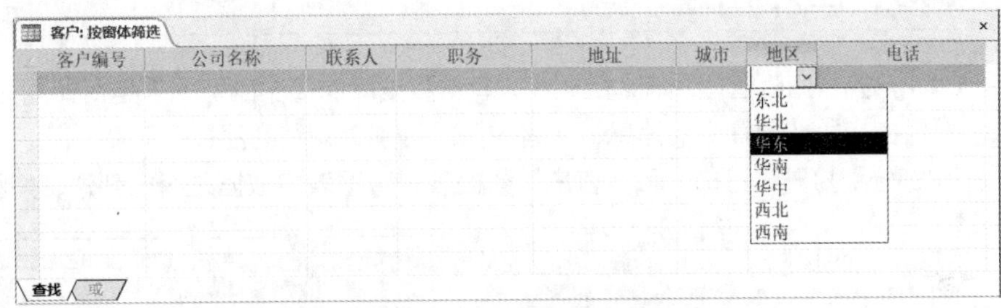

图 2.41 “客户：按窗体筛选”窗口

（4）单击【开始】→【排序和筛选】→【切换筛选】按钮，得到图 2.42 所示的筛选结果。

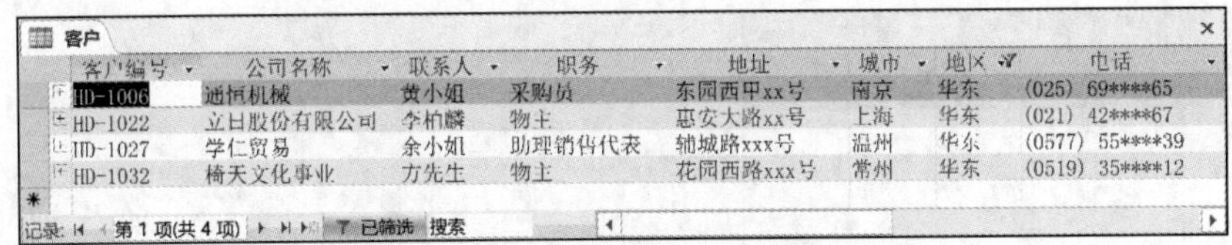

客户

客户编号	公司名称	联系人	职务	地址	城市	地区	电话
HD-1006	通恒机械	黄小姐	采购员	东园西甲xx号	南京	华东	(025) 69****65
HD-1022	立日股份有限公司	李柏麟	物主	惠安大路xx号	上海	华东	(021) 42****67
HD-1027	学仁贸易	余小姐	助理销售代表	辅城路xxx号	温州	华东	(0577) 55****39
HD-1032	椅天文化事业	方先生	物主	花园西路xxx号	常州	华东	(0519) 35****12

记录: 第 1 项(共 4 项) 已筛选 搜索

图 2.42 筛选出的“华东”地区的客户信息

5.5.3 筛选 A 部 2023 年 7 月中旬的订单信息

（1）打开“订单”表。

（2）单击【开始】→【排序和筛选】→【高级】按钮，打开图 2.40 所示的“排序和筛选”下拉菜单，选择【高级筛选/排序】命令。

（3）按图 2.43 所示的参数设置筛选条件。

（4）单击【开始】→【排序和筛选】→【切换筛选】按钮，得到图 2.44 所示的筛选结果。

微课 2-5 筛选 A 部 2023 年 7 月中旬的订单

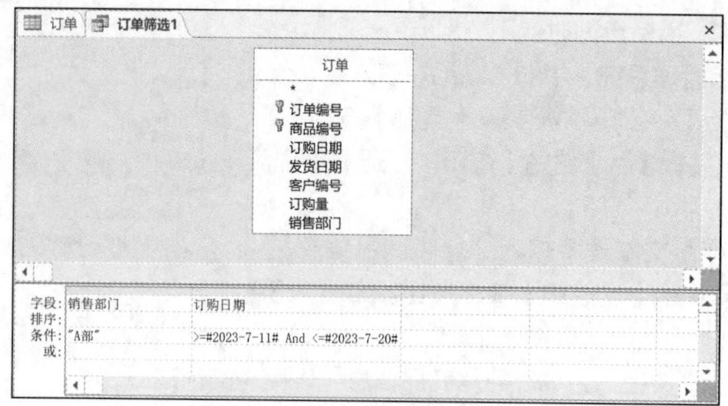

图 2.43　设置筛选条件

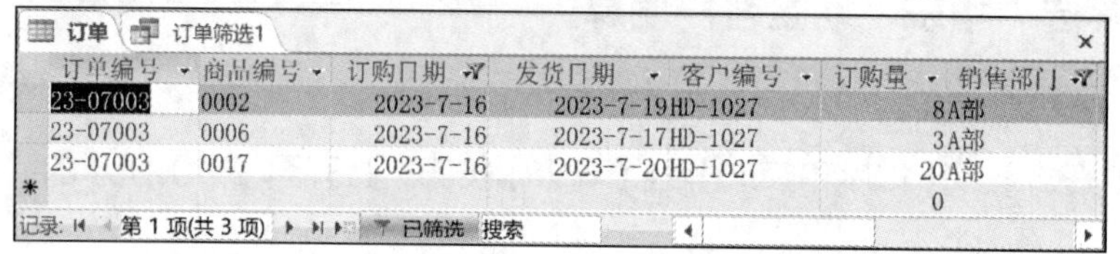

图 2.44　筛选出的 A 部 2023 年 7 月中旬的订单信息

5.6 任务检测

（1）打开“商店管理系统”数据库，查看数据库窗口中的数据表是否如图 2.45 所示，包含“订单”、“供应商”、“急需商品信息”、“客户”、“类别”和“商品”6 个表。

（2）分别打开“订单”和“客户”数据表，查看表中数据是否已创建，如图 2.46 所示。

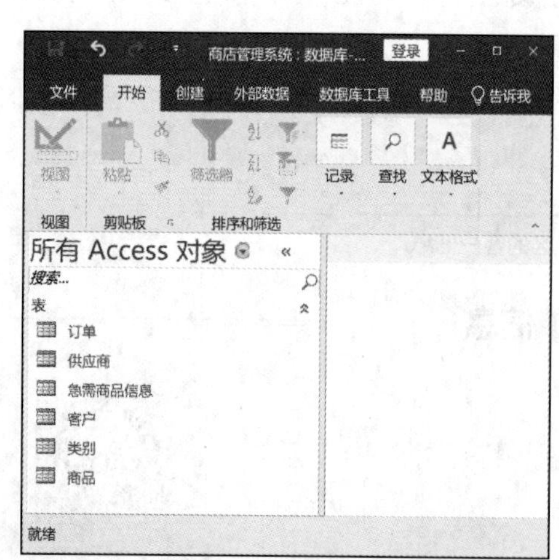

图 2.45　创建好 6 个表的“商店管理系统”

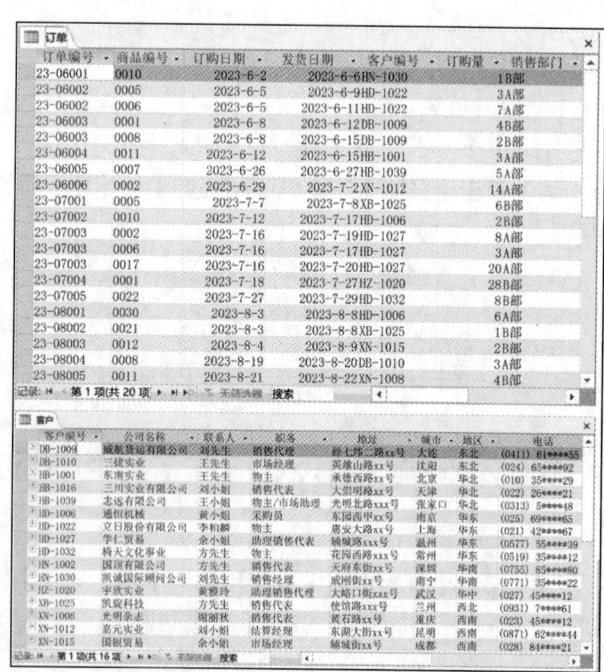

图 2.46　“订单”和“客户”表

（3）打开“关系”窗口，查看表间关系是否创建完好，如图 2.38 所示。

5.7 任务总结

本任务通过导入方式创建了“商品”、“供应商”和“类别”表，实现了数据库之间数据表的共享。本任务通过新建“客户”和“订单”表，使读者进一步熟悉和掌握使用表设计器创建表的方法，特别是设置字段的“数据类型”以及“输入掩码”、“验证规则”和“索引”等属性的方法。在此基础上，本任务还编辑了表之间的关系，进行了数据表的复制、编辑和筛选等操作，为操作数据库中的其他数据库对象奠定了坚实的基础。

5.8 巩固练习

一、填空题

1. Access 表由________和________两部分构成。

2. 用户在对相对简短的字符数据进行设置时，应尽可能使用________数据类型。

3. Access 的表有两种视图，________视图一般用来浏览或编辑表中的数据，________视图用来浏览或编辑表的结构。

4. ________规定数据的输入模式，具有控制数据输入的功能。

5. 在 Access 中，通过________属性可以控制字段使用的空间大小。

6. ________的选择是由数据决定的，设置一个字段的数据类型需要先分析输入的数据。

7. 记录的排序方式有________和________两种。

8. Access 的筛选方法有________、________和高级筛选。

9. Access 提供了两种字段数据类型，用于保存文本或文本和数字的组合，这两种数据类型是________和________。

10. 建立一对多关系时，“一”对应的表称为________，“多”对应的表称为________。

二、选择题

1. 创建新表时，(　　) 来创建表的结构。

　A. 直接输入数据

　B. 使用表设计器

　C. 通过获取外部数据（导入表、链接表等）

　D. 使用向导

2. 创建表的结构时，一个字段由 (　　) 组成。

　A. 字段名称　　B. 数据类型　　C. 字段属性　　D. 以上都是

3. Access 表的字段数据类型不包括 (　　)。

　A. 短文本　　B. 数字　　C. 货币　　D. 窗口

4. 如果一个数据表中含有照片，那么照片所在字段的数据类型通常为 (　　)。

　A. OLE 对象　　B. 超链接　　C. 查阅向导　　D. 长文本

5. 在 Access 表中，(　　) 不可以被定义为主键。

　A. 自动编号　　B. 单字段　　C. 多字段　　D. OLE 对象

6. 一个书店的店主想将 Book 表中的书名设置为主键，但存在相同书名、不同作者的情况。为满足店主的需求，可 (　　)。

A. 定义自动编号主键

B. 将书名和作者组合定义多字段主键

C. 不定义主键

D. 再增加一个内容无重复的字段，并将其作为主键

7. 在“关系”窗口中，一对多关系连线上标记的 1 对∞字样，表示在建立关系时启动了（　　）。

A. 实施参照完整性　　B. 级联更新相关记录

C. 级联删除相关记录　　D. 以上都不是

8. 下列创建表的方法中，不正确的是（　　）。

A. 使用数据表视图创建表　　B. 使用页视图创建表

C. 使用设计视图创建表　　D. 使用导入方式创建表

9.（　　）数据类型不适合用于字段大小属性。

A. 短文本　　B. 数字　　C. 自动编号　　D. 日期/时间

10. Access 提供了 12 种数据类型，其中多用于输入注释或说明的数据类型是（　　）。

A. 数字　　B. 货币　　C. 短文本　　D. 长文本

11. Access 中日期/时间型字段最多可存储（　　）字节。

A. 2　　B. 4　　C. 8　　D. 16

12. Access 提供了 12 种数据类型，其中用来存储多媒体对象的数据类型是（　　）。

A. 短文本　　B. 查阅向导　　C. OLE 对象　　D. 长文本

13. Access 提供了 12 种数据类型，其中，允许用户创建一个列表，并且可以在列表中选择内容作为添入字段的内容的数据类型是（　　）。

A. 数字　　B. 查阅向导　　C. 自动编号　　D. 长文本

14. 必须输入 0～9 的数字的输入掩码是（　　）。

A. 0　　B. &　　C. A　　D. C

15. 如果想控制电话号码、邮政编码或日期数据的输入，则应使用（　　）属性。

A. 默认值　　B. 输入掩码　　C. 字段大小　　D. 标题

16.（　　）能够唯一标识表中每条记录的字段，它可以是一个字段，也可以是多个字段。

A. 索引　　B. 关键字　　C. 主关键字　　D. 次关键字

17. 长文本型字段最多为（　　）个字符。

A. 250　　B. 256　　C. 64 000　　D. 65 536

18.（　　）类型的字段只包含两个值中的一个。

A. 短文本数据　　B. 数字数据　　C. 是/否数据　　D. 日期/时间数据

19. 在数据表视图中，不能进行的操作是（　　）。

A. 删除一条记录　　B. 修改字段的类型

C. 删除一个字段　　D. 修改字段的名称

20. 对要求输入相对固定格式的数据，如电话号码 010－83950001，应定义字段的（　　）。

A. “格式”属性　　B. “默认值”属性

C. “输入掩码”属性　　D. “验证规则”属性

21. 在设计表时，若“输入掩码”属性设置为“LLLL”，则能够接收的输入是（　　）。

A. abcd　　B. 1234　　C. AB+C　　D. ABa9

22. 在“关系”窗口中，双击两个表之间的连线，会出现（　　）。
A. 数据表分析向导　　B. 数据关系图窗口
C. 连接线粗细变化　　D. “编辑关系”对话框

23. 如果在创建表中建立字段“性别”，并要求用汉字表示字段值，其数据类型应当是（　　）。
A. 是/否　　B. 数字　　C. 短文本　　D. 长文本

24. 在 Access 中，可用来存储简历的是（　　）数据类型。
A. 备注　　B. OLE　　C. 超链接　　D. 查阅向导

三、思考题

1. 创建表间关系的前提是什么？
2. 导入数据和链接数据对 Access 而言有什么不同？

四、设计题

1. 创建“学生管理系统”数据库。

2. 在“学生管理系统”数据库中创建“班级”表，按表 2.4 所示的信息定义并设计合适的数据类型和字段属性，然后输入数据。

表 2.4 “班级”表

班级编号	班级名称	系别
20230101	23 国际贸易 1 班	国际商务系
20230201	23 物流管理 1 班	经济管理系
20230301	23 信息管理 1 班	计算机系
20230402	23 软件技术 2 班	计算机系
20230502	23 旅游管理 2 班	旅游系

3. 创建“学生信息”表，按表 2.5 所示的信息定义并设计合适的数据类型和字段属性，然后输入数据。

表 2.5 “学生信息”表

学号	姓名	性别	出生日期	生源地	政治面貌	入学成绩	班级编号	照片	简历
2023010101	陈琦	女	2005-6-16	四川绵阳	团员	478	20230101		
2023010102	王胜武	男	2004-12-23	四川甘孜	团员	440	20230101		
2023020101	张林云	男	2004-2-3	四川成都	党员	452	20230201		
2023020109	李维	男	2005-10-9	四川阿坝	团员	438	20230201		
2023030105	李富国	男	2004-5-25	四川凉山	群众	425	20230301		
2023030107	周玉新	男	2004-3-15	四川泸州	团员	440	20230301		
2023040201	陈玉立	女	2005-1-1	四川自贡	群众	502	20230402		
2023040204	罗洪域	男	2003-12-30	河南郑州	团员	486	20230402		
2023050202	张澜	女	2003-11-10	陕西西安	团员	467	20230502		
2023050206	佟敏	女	2005-8-12	四川成都	党员	520	20230502		

4. 创建“课程”表，按表 2.6 所示的信息定义并设计合适的数据类型和字段属性，然后输入数据。

表 2.6 “课程”表

课 程 号	课程名称	课 程 号	课程名称
101	大学英语	108	数据库技术
105	计算机应用基础	109	C 语言
106	会计学	110	旅游文化

5. 创建“学生成绩”表，按表 2.7 所示的信息定义并设计合适的数据类型和字段属性，然后输入数据。

表 2.7 “学生成绩”表

学 号	课 程 号	成 绩	学 号	课 程 号	成 绩
2023010101	101	86	2023030105	105	78
2023010101	105	90	2023030105	108	90
2023010101	106	87	2023030107	101	56
2023010102	101	88	2023030107	105	84
2023010102	105	76	2023030107	108	88
2023010102	106	92	2023040201	105	93
2023020101	101	78	2023040201	109	76
2023020101	105	68	2023050202	101	72
2023020101	106	88	2023050202	105	83
2023020109	101	78	2023010102	110	70
2023020109	105	80	2023050206	101	76
2023020109	106	73	2023050206	105	89
2023030105	101	85	2023050206	110	95

6. 复制“学生信息”表的表结构为“学生信息表-党员”。

7. 将“学生信息”表复制到“川籍学生信息”表（包括结构和数据）。

8. 创建 4 个表之间的实施参照完整性、级联更新和级联删除的表关系。

工作任务6
设计和创建查询

6.1 任务描述

随着“商店管理系统”数据表的建成，为了使用户能够轻松、快捷地从数据库中检索有关商品、订单、客户和供应商的各种信息，本任务将设计和创建订单明细查询、客户信息的精确条件和模糊条件查询、显示每笔订单的备货期的计算型查询等。本任务通过操作查询来完成更新商品价格、追加急需商品信息、生成“紧急订单”表、删除备货期为 3 日的订单等操作。

6.2 任务目标

- 熟悉常见表达式的书写规则，掌握表达式生成器的使用方法。
- 熟练进行选择查询的创建，并合理使用表达式设置查询条件。
- 掌握参数查询的设计和创建。
- 掌握更新查询、追加查询、生成表查询和删除查询的设计和创建方法。
- 能运用更新查询、追加查询、生成表查询和删除查询对数据表进行维护。

6.3 知识储备

6.3.1 表达式的书写规则

表达式是 Access 运算的基本组成部分。表达式是算术或逻辑运算符、常数、函数和字段名称、控件以及属性的任意组合，其计算结果为单个值。表达式可执行计算、操作字符和测试数据等操作。在书写表达式时，要遵循以下规则。

（1）取值范围（>、<、>=、<=、<>或 Between...And）的部分示例如表 2.8 所示。

表 2.8 取值范围示例

表 达 式	结 果
> 234	对于“数量”字段，为大于 234 的数字
< 1200.45	对于“单价”字段，为小于 1 200.45 的数字
>= "Callahan"	对于“姓氏”字段，为从 Callahan 直至字母表结尾的所有姓氏

续表

表 达 式	结 果
Between #2/2/2019# And #12/1/2019#	对于“订购日期”字段，为 2019 年 2 月 2 日—2019 年 12 月 1 日的日期［ANSI（American National Standards Institute，美国国家标准研究所）-89］
Between '2/2/2019' And '12/1/2019'	对于“订购日期”字段，为 2019 年 2 月 2 日—2019 年 12 月 1 日的日期（ANSI-92）

（2）排除不匹配的值（Not）示例如表 2.9 所示。

表 2.9 排除不匹配的值示例

表 达 式	结 果
Not"美国"	对于“货主国家/地区”字段，为已发货给美国以外的国家/地区的订单
Not 2	对于“ID”字段，为 ID 不等于 2 的雇员
Not T*	对于“姓氏”字段，为姓氏不以字母“T”开头的雇员（ANSI-89）
Not T%	对于“姓氏”字段，为姓氏不以字母“T”开头的雇员（ANSI-92）

（3）列表值（In）示例如表 2.10 所示。

表 2.10 列表值示例

表 达 式	结 果
In("加拿大", "英国")	对于“货主国家/地区”字段，为已发货给加拿大或英国的订单
In(法国，德国，日本)	对于“国家/地区名称”字段，为居住在法国或德国或日本的雇员

（4）全部或部分匹配的文本值示例如表 2.11 所示。

表 2.11 全部或部分匹配的文本值示例

表 达 式	结 果
"伦敦"	对于“发货城市”字段，为已发货给伦敦的订单
"伦敦"Or"休斯敦"	对于“发货城市”字段，为已发货给伦敦或休斯敦的订单
>="N"	对于“公司名称”字段，为已发货给名称以字母 N～Z 开头的公司的订单
Like"S*"	对于“发货名称”字段，为已发货给名称以字母 S 开头的客户的订单（ANSI-89）
Like"S%"	对于“发货名称”字段，为已发货给名称以字母 S 开头的客户的订单（ANSI-92）
Right([订单 ID], 2)="99"	对于“订单 ID”字段，为 ID 以 99 结尾的订单
Len([公司名称])> Val(30)	对于“公司名称”字段，为已发货给名称超过 30 个字符的公司的订单

（5）匹配模式（Like）示例如表 2.12 所示。

表 2.12 匹配模式示例

表 达 式	结 果
Like"S*"	对于“发货名称”字段，为已发货给名称以字母 S 开头的客户的订单（ANSI-89）
Like"S%"	对于“发货名称”字段，为已发货给名称以字母 S 开头的客户的订单（ANSI-92）
Like"*Imports"	对于“发货名称”字段，为已发货给名称以词“Imports”结尾的客户的订单（ANSI-89）
Like"%Imports"	对于“发货名称”字段，为已发货给名称以词“Imports”结尾的客户的订单（ANSI-92）

续表

表 达 式	结 果
Like"[A-D]*"	对于“发货名称”字段，为已发货给名称以字母 A～D 开头的客户的订单（ANSI-89）
Like"[A-D]%"	对于“发货名称”字段，为已发货给名称以字母 A～D 开头的客户的订单（ANSI-92）
Like"*ar*"	对于“发货名称”字段，为已发货给名称包括字母序列“ar”的客户的订单（ANSI-89）
Like"%ar%"	对于“发货名称”字段，为已发货给名称包括字母序列“ar”的客户的订单（ANSI-92）
Like"Maison Dewe?"	对于“发货名称”字段，为已发货给客户的订单，其客户名称以“Maison”作为名称的第一部分，并具有 5 个字母的第二名称，且其中前 4 个字母是“Dewe”，最后的字母为未知的（ANSI-89）
Like"Maison Dewe_"	对于“发货名称”字段，为已发货给客户的订单，其客户名称以“Maison”作为名称的第一部分，并具有 5 个字母的第二名称，且其中前 4 个字母是“Dewe”，最后的字母为未知的（ANSI-92）

（6）日期值示例如表 2.13 所示。

表 2.13　日期值示例

表 达 式	结 果
#2/2/2023#	对于“发货日期”字段，为 2023 年 2 月 2 日发货的订单（ANSI-89）
'2/2/2023'	对于“发货日期”字段，为 2023 年 2 月 2 日发货的订单（ANSI-92）
Date()	对于“规定日期”字段，为规定日期为今天的订单
Between Date( )And DateAdd("M", 3, Date( ))	对于“规定日期”字段，为规定日期为从今天起至未来 3 个月内的订单
< Date( )-30	对于“订货日期”字段，为订货日期已超过 30 天的订单
Year([订货日期]) = 2019	对于“订货日期”字段，为订货日期在 2019 年内的订单
DatePart("q", [订货日期]) = 4	对于“订货日期”字段，为订货日期为第 4 季度的订单
DateSerial(Year([订货日期]), Month([订货日期] + 1, 1) −1	对于“订货日期”字段，为订货日期为每月最后一天的订单
Year([订货日期])= Year(Now())And Month([订货日期]) = Month(Now())	对于“订货日期”字段，为订货日期为当年当月的订单

（7）空和零长度字符串示例如表 2.14 所示。

表 2.14　空和零长度字符串示例

表 达 式	结 果
Is Null	对于“发货地区”字段，客户的“发货地区”字段值为 Null，表示“发货地区”字段里没有值。Null 表示字段中的值缺失或未知，有些字段（如主键字段）不可以包含 Null。判断“发货地区”为空值使用“发货地区 Is Null”
Is Not Null	对于“发货地区”字段，为客户的“发货地区”字段包含值的订单
" "	对于“传真”字段，为没有传真机的客户的订单，用“传真”字段中的零长度字符串（零长度字符串是指不含字符的字符串。可以使用零长度字符串来表明用户知道该字段没有值。输入零长度字符串的方法是输入两个彼此之间没有空格的双引号）值，而不是 Null（空）来表明

6.3.2 表达式生成器

在 Access 中，表达式经常用于执行计算、操作字符和测试数据等操作。表、查询、窗体、报表和宏都具有接收表达式的属性。例如，可以在控件的“控件来源”和“默认值”属性中使用表达式，还可以在表字段的“验证规则”属性中使用表达式。此外，在为事件过程或模块编写 VBA 代码时，使用的表达式通常与在 Access 对象（如表或查询）中使用的表达式类似。

构建表达式时，可以直接输入表达式，也可以使用表达式生成器来构建表达式。

1. 表达式生成器的结构

表达式生成器通常由上方区域的表达式框，下方区域的“表达式元素”、“表达式类别”和“表达式值”组成，如图 2.47 所示。

用户可在表达式生成器中创建表达式。在生成器的下方区域可以创建表达式的各种元素，然后将这些元素粘贴到表达式框中以形成表达式；也可以直接在表达式框中输入表达式的组成部分。

在不同的数据库对象中打开表达式生成器时，“表达式元素”列表框和“表达式类别”列表框中显示的内容会有所不同。

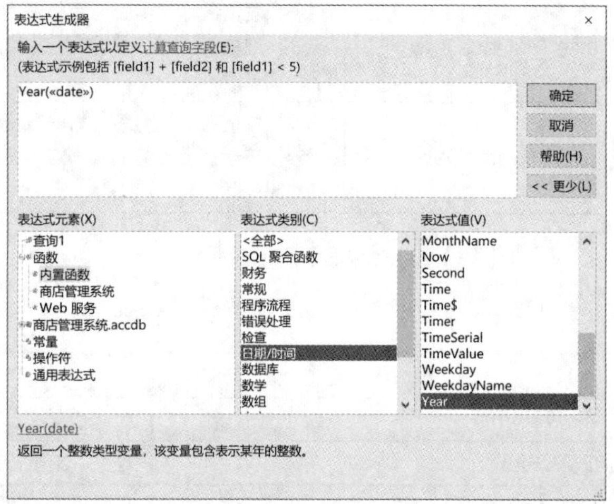

图 2.47　表达式生成器

2.“表达式元素”列表框

在“表达式元素”列表框中，函数、常量和操作符是 3 个基本元素。选择不同的对象时，该列表框中会出现不同的元素。在数据库对象下，列出了表、查询、Forms（窗体）和 Reports（报表）。单击某个对象前面的“⊞”，将展开下一级的对象。

3.“表达式类别”列表框

该列表框中显示的是“表达式元素”列表框中所选择的对象的子对象，如当在“表达式元素”列表框中选择某个表对象时，在“表达式类别”列表框中会显示选择表的字段。

4.“表达式值”列表框

“表达式值”列表框和“表达式类别”列表框显示的内容是相关联的。展开“表达式元素”列表框的“内置函数”后，“表达式类别”列表框中会显示所有内置函数，“表达式值”列表框中会显示对应的函数值。

6.4 任务实施

6.4.1 查询订单明细

在“订单”表中，为了便于输入数据、降低数据库的冗余度，将其中的商品信息和客户信息均采用编号形式输入。在查看订单时，可以通过表之间数据的关联性，采用多表查询显示订单明细信息，即增加商品名称、规格型号、单价、公司名称和地址等信息。

（1）打开“商店管理系统”数据库。

（2）单击【创建】→【查询】→【查询设计】按钮，打开查询设计器。

（3）在“显示表”对话框中选择“订单”、“商品”和“客户”表作为查询数据源。

（4）在查询设计器下方的“字段”行中添加图 2.48 所示的字段。

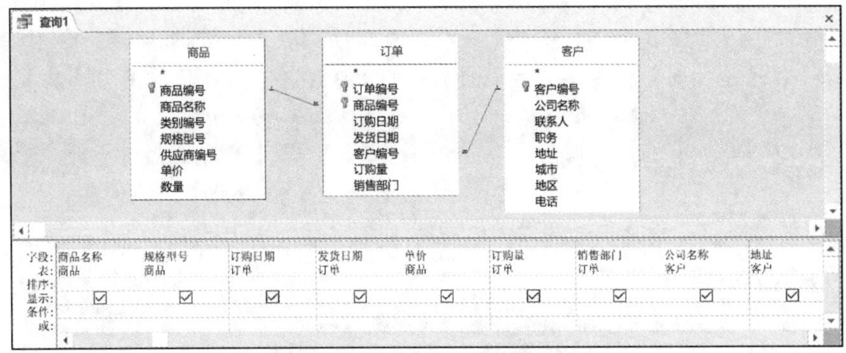

图 2.48　设计订单明细查询

（5）将查询保存为“订单明细查询”，运行查询的结果如图 2.49 所示。

订单明细查询

订单编号	商品名称	规格型号	订购日期	发货日期	单价	订购量	销售部门	公司名称	地址
23-06001	Intel酷睿处理器	i7-13700F 13代	2023-6-2	2023-6-6	¥3,099.00	1	B部	凯诚国际顾问公司	威刚街xx号
23-06002	移动硬盘	WDBEPK0020BBK	2023-6-5	2023-6-9	¥460.00	3	A部	立日股份有限公司	惠安大路xx号
23-06002	无线网卡	普联TL-WN823N免驱版	2023-6-5	2023-6-11	¥59.00	7	A部	立日股份有限公司	惠安大路xx号
23-06003	小米手环	7 NFC版	2023-6-8	2023-6-12	¥249.00	4	B部	威航货运有限公司	经七纬二路xx号
23-06003	宏碁笔记本电脑	SF314-512 14英寸	2023-6-8	2023-6-15	¥5,187.00	2	B部	威航货运有限公司	经七纬二路xx号
23-06004	佳能数码相机	EOS 200D Ⅱ	2023-6-12	2023-6-15	¥5,200.00	3	A部	东南实业	承德西路xx号
23-06005	惠普打印机	HP OfficeJet 100	2023-6-26	2023-6-27	¥4,399.00	5	A部	志远有限公司	光明北路xxx号
23-06006	内存条	金士顿DDR4 3200 32GB	2023-6-29	2023-7-2	¥589.00	14	A部	嘉元实业	东湖大街xx号
23-07001	移动硬盘	WDBEPK0020BBK	2023-7-7	2023-7-8	¥460.00	6	B部	凯旋科技	使馆路xxx号
23-07002	Intel酷睿处理器	i7-13700F 13代	2023-7-12	2023-7-17	¥3,099.00	2	B部	通恒机械	东园西甲xx号
23-07003	内存条	金士顿DDR4 3200 32GB	2023-7-16	2023-7-19	¥589.00	8	A部	学仁贸易	辅城路xxx号
23-07003	无线网卡	普联TL-WN823N免驱版	2023-7-16	2023-7-17	¥59.00	3	A部	学仁贸易	辅城路xxx号
23-07003	U盘	SanDisk CZ73	2023-7-16	2023-7-20	¥150.00	20	A部	学仁贸易	辅城路xxx号
23-07004	小米手环	7 NFC版	2023-7-18	2023-7-27	¥249.00	28	B部	宇欣实业	大峪口街xxx号
23-07005	存储卡	SanDisk 256GB TF	2023-7-27	2023-7-29	¥155.00	8	B部	椅天文化事业	花园西路xxx号
23-08001	无线路由器	华为 B311B-853	2023-8-3	2023-8-8	¥330.00	6	A部	通恒机械	东园西甲xx号
23-08002	联想笔记本电脑	YOGA Pro 14s	2023-8-3	2023-8-8	¥8,265.00	1	B部	凯旋科技	使馆路xxx号
23-08003	戴尔笔记本电脑	Ins 15-3520-R1828S	2023-8-4	2023-8-9	¥5,890.00	2	B部	国银贸易	辅城街xx号
23-08004	宏碁笔记本电脑	SF314-512 14英寸	2023-8-19	2023-8-20	¥5,187.00	3	A部	三捷实业	英雄山路xx号
23-08005	佳能数码相机	EOS 200D Ⅱ	2023-8-21	2023-8-22	¥5,200.00	4	B部	光明杂志	黄石路xx号

记录: 第 1 项(共 20 项) 无筛选器 搜索

图 2.49　运行“订单明细查询”的结果

6.4.2　查询北京及上海的客户信息

在查询信息时，往往会涉及多个条件，即需对多个字段设置条件或对一个字段设置多个条件，可以使用 And 和 Or 运算符来构造复合条件。这里要查询北京及上海的客户信息，需为“客户”表的“城市”字段设置条件为“北京”或“上海”。

（1）打开“商店管理系统”数据库。

（2）单击【创建】→【查询】→【查询设计】按钮，打开查询设计器。

（3）在“显示表”对话框中选择“客户”表作为查询数据源。

（4）在查询设计器下方的“字段”行中添加“客户”表中的所有字段。可以直接将“客户”字段列表中的“*”拖到下方的“字段”行中。

（5）双击“城市”字段，将其添加到下方的查询设计网格窗口中。取消勾选其【显示】复选框，并在“条件”行中输入“北京”，在“或”行中输入“上海”，如图 2.50 所示。

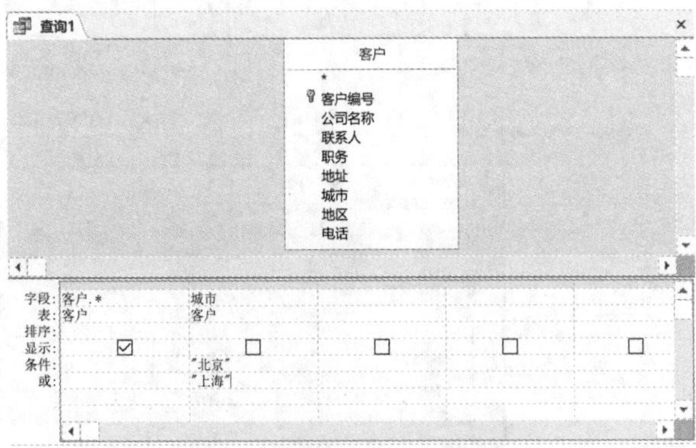

图 2.50　设置客户信息查询条件

提示 由于步骤（4）已经添加了“客户”表的所有字段，这里如果不取消勾选“城市”字段的【显示】复选框，则会在最终的结果中显示两次该字段。因此要取消勾选其【显示】复选框，它仅仅用来控制条件。此外，除了上述条件的表示方式外，也可在“条件”行中直接输入"北京"Or"上海"。

（6）将查询保存为“北京及上海的客户信息”，运行查询的结果如图 2.51 所示。

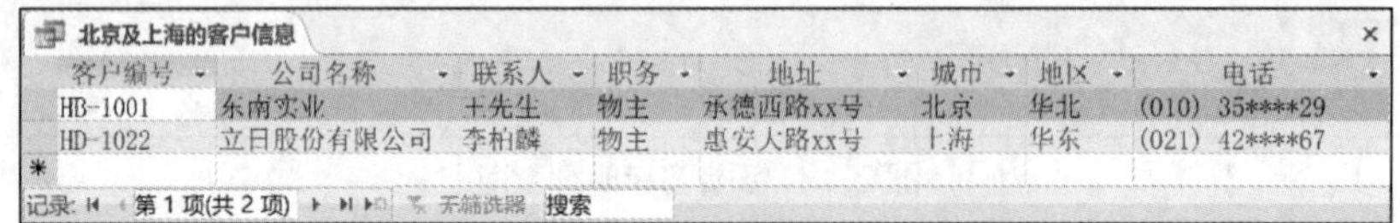

北京及上海的客户信息

客户编号	公司名称	联系人	职务	地址	城市	地区	电话
HB-1001	东南实业	王先生	物主	承德西路xx号	北京	华北	(010) 35****29
HD-1022	立日股份有限公司	李柏麟	物主	惠安大路xx号	上海	华东	(021) 42****67

记录: 第 1 项(共 2 项) 无筛选器 搜索

图 2.51 “北京及上海的客户信息”查询结果

6.4.3 查询地址中含有“路”的客户信息

在查询信息时，除了能够按照精确条件进行查询，Access 也提供了模糊条件查询，即用 Like 运算符来构造条件表达式。下面查询地址中含有“路”的客户信息。

微课 2-6 查询地址中含有“路”的客户信息

（1）利用查询设计器新建查询。

（2）设置“客户”表作为查询数据源。

（3）将“客户”表中的所有字段添加到查询设计网格窗口中。

（4）在“地址”字段下方设置“条件”为 Like"*路*"，如图 2.52 所示。

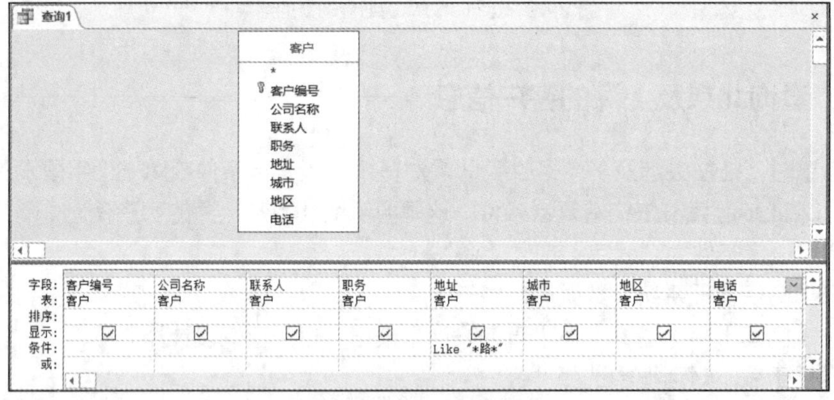

图 2.52 设置地址条件

（5）将查询保存为“地址中含有‘路’的客户信息”，运行查询的结果如图 2.53 所示。

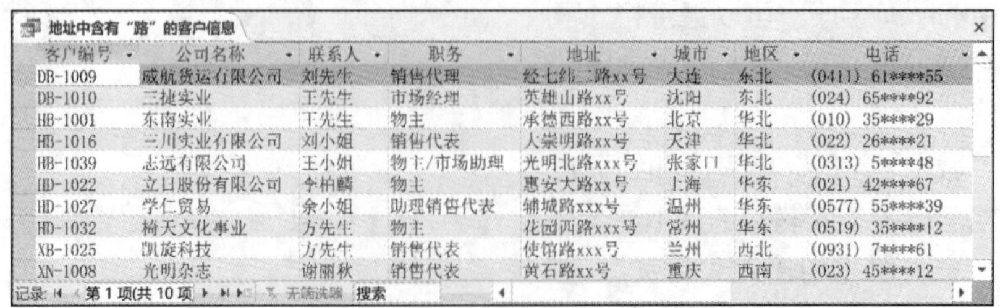

地址中含有“路”的客户信息

客户编号	公司名称	联系人	职务	地址	城市	地区	电话
DB-1009	威航货运有限公司	刘先生	销售代理	经七纬二路xx号	大连	东北	(0411) 61****55
DB-1010	三捷实业	王先生	市场经理	英雄山路xx号	沈阳	东北	(024) 65****92
HB-1001	东南实业	王先生	物主	承德西路xx号	北京	华北	(010) 35****29
HB-1016	三川实业有限公司	刘小姐	销售代表	大崇明路xx号	天津	华北	(022) 26****21
HB-1039	志远有限公司	王小姐	物主/市场助理	光明北路xx号	张家口	华北	(0313) 5****48
HD-1022	立日股份有限公司	李柏麟	物主	惠安大路xx号	上海	华东	(021) 42****67
HD-1027	学仁贸易	余小姐	助理销售代表	辅城路xxx号	温州	华东	(0577) 55****39
HD-1032	椅天文化事业	方先生	物主	花园西路xxx号	常州	华东	(0519) 35****12
XB-1025	凯旋科技	方先生	销售代表	使馆路xxx号	兰州	西北	(0931) 7****61
XN-1008	光明杂志	谢丽秋	销售代表	黄石路xx号	重庆	西南	(023) 45****12

记录: 第 1 项(共 10 项 无筛选器 搜索

图 2.53 “地址中含有‘路’的客户信息”查询结果

6.4.4 查询显示每笔订单的备货期

微课 2-7 查询显示每笔订单的备货期

前面创建的查询仅仅是从数据源中获取符合条件的记录，并没有对符合条件的记录进行更深入的分析和计算。在实际应用中，常常需要对查询的结果进行分析和计算。例如，在“订单”表中，需要查看每笔订单的备货期，以便及时提供所需商品。备货期可通过计算发货日期和订购日期之差得出。

（1）利用查询设计器新建查询，并将“订单”表作为数据源。

（2）双击“订单”表中的“*”，将表的全部字段加入下方的查询设计网格窗口中。

（3）构造计算型字段“备货期”。在查询设计网格窗口的“字段”行中输入“备货期: [发货日期] - [订购日期]”，同时勾选其下方的【显示】复选框，如图 2.54 所示。

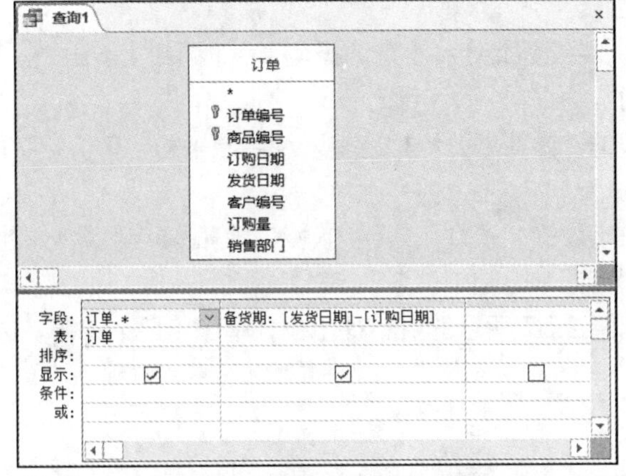

图 2.54 构造“备货期”字段

提示 计算型字段需要先写出查询结果中显示的字段名称，用英文状态下的“:”分隔后面的表达式（表达式就是该列会显示的内容）。这里的表达式是两个字段之差，即“发货日期”和“订购日期”之差。

在计算中需要引用数据源中的字段时，字段的引用是由“[]”将字段名称括起来的，如这里的“发货日期”和“订购日期”均来自数据源。

（4）将查询保存为“显示每笔订单的备货期”，运行查询的结果如图 2.55 所示。

显示每笔订单的备货期

订单编号	商品编号	订购日期	发货日期	客户编号	订购量	销售部门	备货期
23-06001	0010	2023-6-2	2023-6-6	HN-1030	1	B部	4
23-06002	0005	2023-6-5	2023-6-9	HD-1022	3	A部	4
23-06002	0006	2023-6-5	2023-6-11	HD-1022	7	A部	6
23-06003	0001	2023-6-8	2023-6-12	DB-1009	4	B部	4
23-06003	0008	2023-6-8	2023-6-15	DB-1009	2	B部	7
23-06004	0011	2023-6-12	2023-6-15	HB-1001	3	A部	3
23-06005	0007	2023-6-26	2023-6-27	HB-1039	5	A部	1
23-06006	0002	2023-6-29	2023-7-2	XN-1012	14	A部	3
23-07001	0005	2023-7-7	2023-7-8	XB-1025	6	B部	1
23-07002	0010	2023-7-12	2023-7-17	HD-1006	2	B部	5
23-07003	0002	2023-7-16	2023-7-19	HD-1027	8	A部	3
23-07003	0006	2023-7-16	2023-7-17	HD-1027	3	A部	1
23-07003	0017	2023-7-16	2023-7-20	HD-1027	20	A部	4
23-07004	0001	2023-7-18	2023-7-27	HZ-1020	28	B部	9
23-07005	0022	2023-7-27	2023-7-29	HD-1032	8	B部	2
23-08001	0030	2023-8-3	2023-8-8	HD-1006	6	A部	5
23-08002	0021	2023-8-3	2023-8-8	XB-1025	1	B部	5
23-08003	0012	2023-8-4	2023-8-9	XN-1015	2	B部	5
23-08004	0008	2023-8-19	2023-8-20	DB-1010	3	A部	1
23-08005	0011	2023-8-21	2023-8-22	XN-1008	4	B部	1

记录: 第 1 项(共 20 项 无筛选器 搜索

图 2.55 显示每笔订单的备货期

6.4.5 将“商品”表中“笔记本电脑”类的商品单价下调 5%

在创建和维护数据库的过程中，常常需要对表中的记录进行更新、修改和删除等操作。如果要通过数据表视图来更新表中的记录，那么当需要更新的记录很多或更新的记录符合一定条件时，简单有效的方法是利用 Access 提供的更新查询来完成。

微课 2-8 将“商品”表中“笔记本电脑”类的商品单价下调 5%

这里只需要查询所有类别为“笔记本电脑”的商品，然后将其单价更改为“单价×(1－0.05)”。

（1）打开查询设计器，将“商品”表和“类别”表添加到查询设计器中作为数据源。

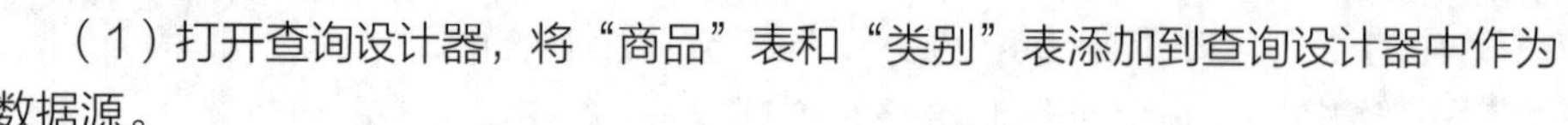

（2）将“商品”表的“单价”字段和“类别”表的“类别名称”字段添加到查询设计器的查询设计网格窗口中。

（3）单击【查询工具】→【设计】→【查询类型】→【更新】按钮，将默认的查询类型由“选择查询”变为“更新查询”。

（4）在“单价”字段的“更新到”网格内输入利用原来的“单价”字段的内容计算新单价的公式，即[单价]*(1－0.05)。

（5）在“类别名称”字段的“条件”网格内输入“笔记本电脑”，如图 2.56 所示。

（6）将查询保存为“笔记本电脑单价下调 5%”。

（7）运行查询，弹出图 2.57 所示的更新提示框，单击【是】按钮，执行更新操作。

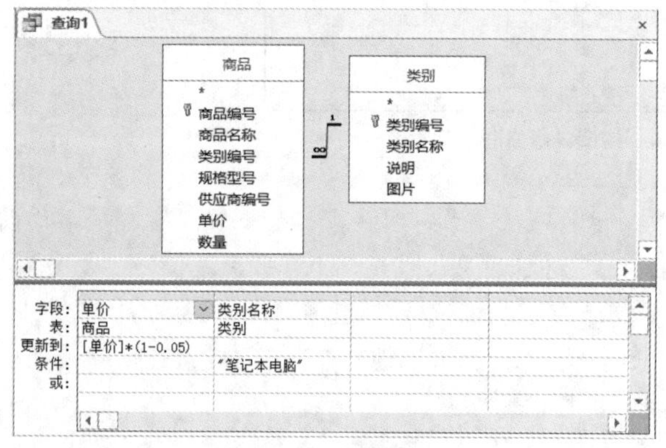

图 2.56 构造更新查询

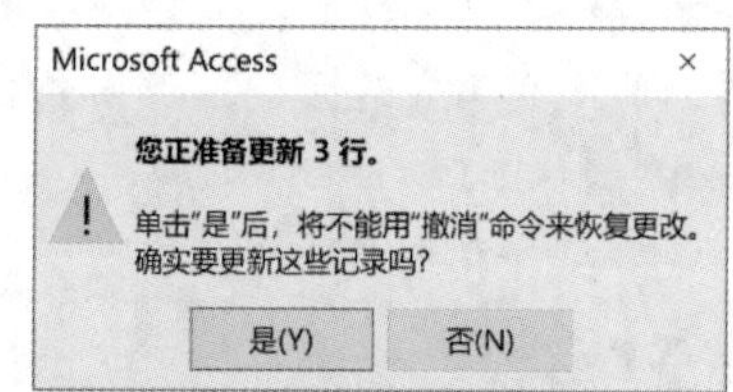

图 2.57 更新提示框

提示 在执行更新查询时，若执行多次，那么符合条件的记录将被更新多次。

（8）从数据库窗口中选择“表”对象，打开“商品”表，可以看见查询结果，每种笔记本电脑的“单价”都下调了 5%，如图 2.58 所示。

提示 操作查询（除“追加查询”外）都是针对来源表进行操作的，查询执行的结果都必须打开来源表查看。操作查询本身是无法看到执行后的结果的。

由于操作查询针对来源表进行的操作都是无法撤销的，因此系统一般都会弹出提示框来确认操作，请谨慎使用。

商品

商品编号	商品名称	类别编号	规格型号	供应商编号	单价	数量
0001	小米手环	001	7 NFC版	1103	¥249.00	15
0002	内存条	003	金士顿DDR4 3200 32GB	1006	¥589.00	26
0005	移动硬盘	003	WDBEPK0020BBK	1020	¥460.00	9
0006	无线网卡	004	普联TL-WN823N免驱版	1011	¥59.00	16
0007	惠普打印机	005	HP OfficeJet 100	1205	¥4,399.00	5
0008	宏碁笔记本电脑	002	SF314-512 14英寸	1018	¥5,187.00	3
0009	电子书阅读器	001	Kindle Paperwhite 5	1008	¥1,060.00	5
0010	Intel酷睿处理器	003	i7-13700F 13代	1006	¥3,099.00	10
0011	佳能数码相机	006	EOS 200D Ⅱ	1001	¥5,200.00	6
0012	戴尔笔记本电脑	002	Ins 15-3520-R1828S	1028	¥5,890.00	7
0015	索尼数码摄像机	006	HDR-CX450	1001	¥3,700.00	4
0016	随行WiFi	004	华为e5576	1028	¥259.00	4
0017	U盘	001	SanDisk CZ73	1020	¥150.00	30
0018	佳能打印机	005	Canon G3812	1015	¥1,050.00	2
0021	联想笔记本电脑	002	YOGA Pro 14s	1009	¥8,265.00	5
0022	存储卡	001	SanDisk 256GB TF	1015	¥155.00	8
0025	固态硬盘	003	SL700 SATA3 1TB	1021	¥480.00	15
0026	移动电源	001	小米 30000mAh	1011	¥178.00	8
0030	无线路由器	004	华为 B311B-853	1011	¥330.00	18

记录: 第 1 项(共 19 项) 无筛选器 搜索

图 2.58　单价更新后的商品表

6.4.6　将数量等于或低于 5 件的商品信息追加到“急需商品信息”表中

微课 2-9　将数量等于或低于 5 件的商品信息追加到“急需商品信息”表中

在维护数据库时，常常需要将某个表中符合一定条件的记录添加到另一个表中。Access 提供的追加查询能够很容易地向表中添加一组记录。例如，5.5.1 小节通过复制“商品”表创建了“急需商品信息”表的结构，但未在“急需商品信息”表中输入记录，即该表为空表。下面通过追加查询，将“商品”表中数量等于或低于 5 件的商品信息追加到“急需商品信息”表中。

（1）单击【创建】→【查询】→【查询设计】按钮，打开查询设计器。添加“商品”表到查询设计器中作为数据源。

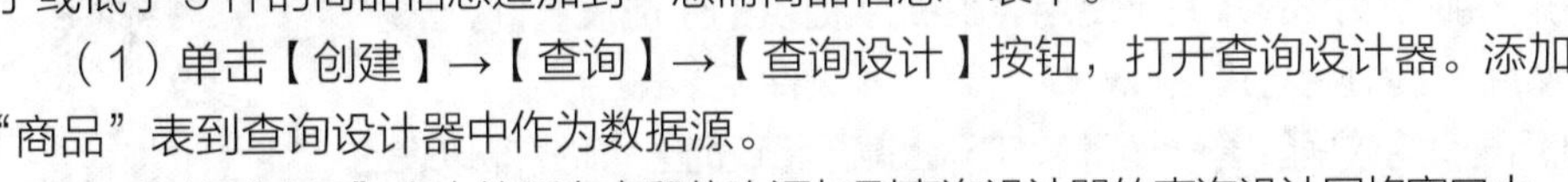

（2）将“商品”表中的所有字段依次添加到查询设计器的查询设计网格窗口中。

（3）单击【查询工具】→【设计】→【查询类型】→【追加】按钮，将默认的查询类型由“选择查询”变为“追加查询”。此时，弹出图 2.59 所示的“追加”对话框。在“表名称”下拉列表中选择“急需商品信息”表，默认数据库为“当前数据库”。

图 2.59　“追加”对话框

（4）单击【确定】按钮，返回查询设计器。在“数量”字段下方设置“条件”为“<=5”，如图 2.60 所示。

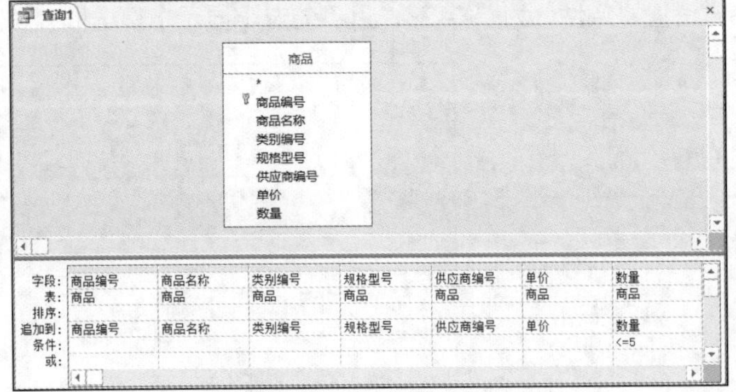

图 2.60　构造追加查询

（5）将查询保存为“将数量等于或低于 5 件的商品信息追加到‘急需商品信息’表”。

（6）运行查询，弹出图 2.61 所示的追加行提示框，单击【是】按钮，执行追加操作。

提示 创建追加查询时，在被追加记录的表中，只有匹配的字段才追加，不匹配的字段不追加。不能使用追加查询来为已有记录的空白字段添加字段值，要执行此类任务，可使用更新查询。

（7）从数据库窗口中选择“表”对象，打开“急需商品信息”表，即可看见查询结果。该表中所有商品的数量均低于或等于 5，如图 2.62 所示。

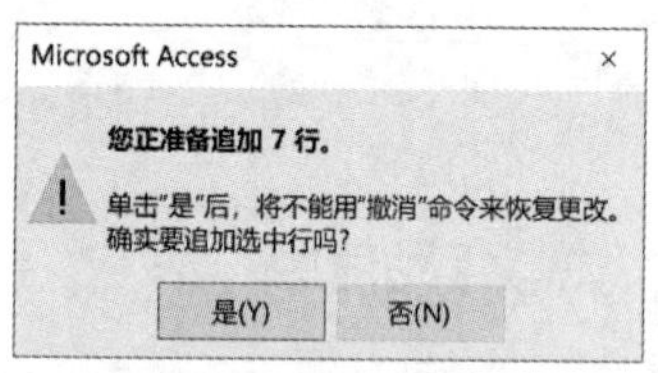

图 2.61 追加行提示框

急需商品信息

商品编号	商品名称	类别编号	规格型号	供应商编号	单价	数量
0007	惠普打印机	005	HP OfficeJet 100	1205	¥4,399.00	5
0008	宏碁笔记本	002	SF314-512 14英寸	1018	¥5,187.00	3
0009	电子书阅读	001	Kindle Paperwhite 5	1008	¥1,060.00	5
0015	索尼数码摄	006	HDR-CX450	1001	¥3,700.00	4
0016	随行WiFi	004	华为e5576	1028	¥259.00	4
0018	佳能打印机	005	Canon G3812	1015	¥1,050.00	2
0021	联想笔记本	002	YOGA Pro 14s	1009	¥8,265.00	5

记录: 第 1 项(共 7 项) 无筛选器 搜索

图 2.62 追加记录后的“急需商品信息”表

6.4.7 将“订单”表中备货期等于或少于 3 日的订单信息生成新表“紧急订单”

在 Access 中，从表中提取数据要比从查询中提取数据快得多。如果经常要从多个表中提取数据，那么较好的方法是使用 Access 提供的生成表查询，从多个表中提取数据，然后将其组合起来生成一个新表并永久保存。

生成表查询是利用已有的数据创建一个新表，实际上就是将查询出的动态集以表的形式保存。通常，可以将复杂的查询结果保存为一个临时表，这样可以提高工作效率。

这里为了提高商品销售和物流环节的工作效率，及时处理紧急订单，可将“订单”表中备货期等于或少于 3 日的订单信息生成新表。

微课2-10 将“订单”表中备货期等于或小于3日的订单信息生成新表“紧急订单”

（1）打开查询设计器，将“订单”表添加到查询设计器中，并将其作为数据源。

（2）将“订单”表中的所有字段依次添加到查询设计器的查询设计网格窗口中。

（3）单击【查询工具】→【设计】→【查询类型】→【生成表】按钮，将默认的查询类型由“选择查询”变为“生成表查询”。此时，弹出图 2.63 所示的“生成表”对话框。在“表名称”组合框中输入“紧急订单”，默认数据库为“当前数据库”。

（4）单击【确定】按钮，返回查询设计器。在“字段”行中添加计算字段“[发货日期]-[订购日期]”，并在字段下方设置“条件”为“<=3”，且不勾选【显示】复选框，如图 2.64 所示。

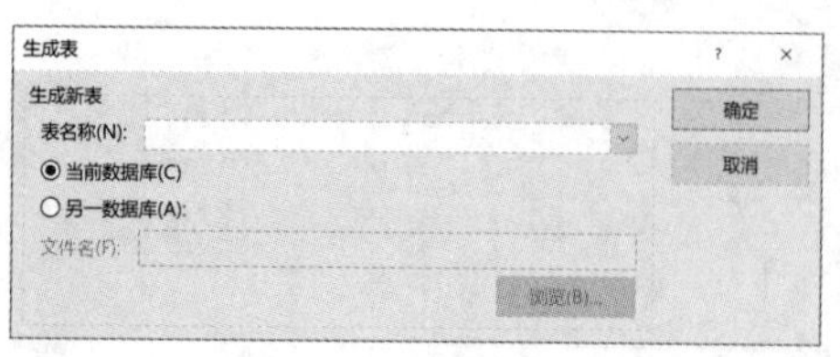

图 2.63 “生成表”对话框

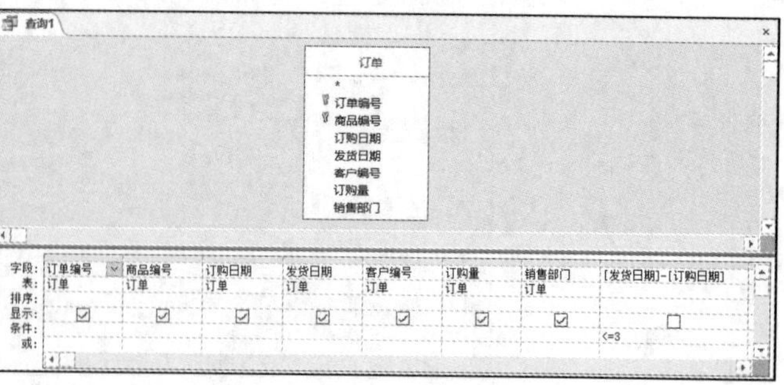

图 2.64 构造生成表查询

提示 在这里也可以不添加计算字段，将条件设置在“订购日期”字段下方，条件为“>=[发货日期]-3”，如图 2.65 所示；或者将条件设置在“发货日期”字段下方，条件为“<=[订购日期]+3，如图 2.66 所示。

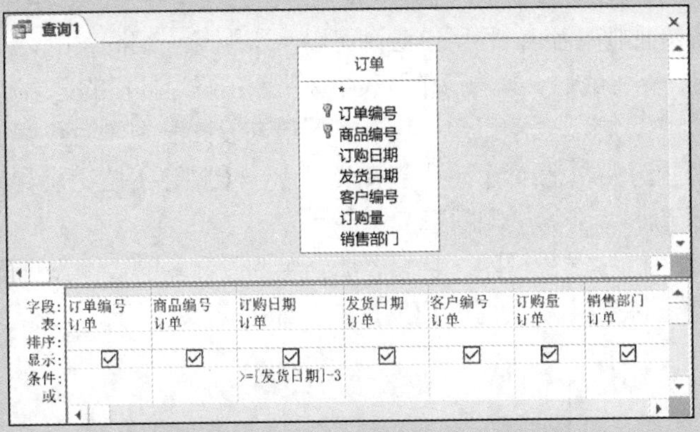

图 2.65 在“订购日期”下方设置条件

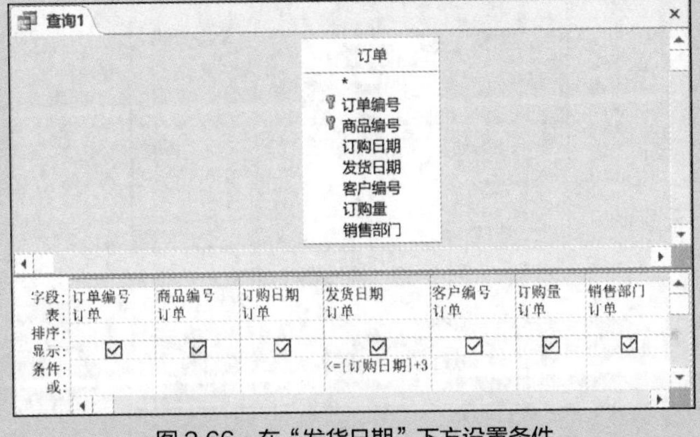

图 2.66 在“发货日期”下方设置条件

（5）将查询保存为“生成备货期等于或少于 3 日的‘紧急订单’表”。

（6）运行查询，弹出图 2.67 所示的粘贴提示框，单击【是】按钮，执行生成表操作。

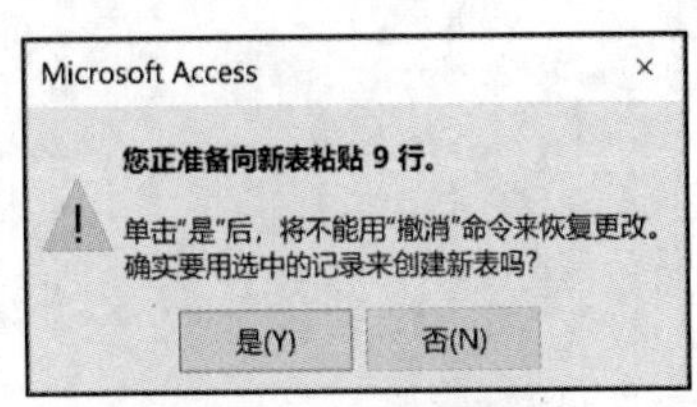

图 2.67 粘贴提示框

（7）在数据库窗口中选择“表”对象，即可看见新生成的“紧急订单”表。打开该表，可看见查询结果，如图 2.68 所示。

紧急订单

订单编号	商品编号	订购日期	发货日期	客户编号	订购量	销售部门
23-06004	0011	2023-6-12	2023-6-15	HB-1001	3	A部
23-06005	0007	2023-6-26	2023-6-27	HB-1039	5	A部
23-06006	0002	2023-6-29	2023-7-2	XN-1012	14	A部
23-07001	0005	2023-7-7	2023-7-8	XB-1025	6	B部
23-07003	0002	2023-7-16	2023-7-19	HD-1027	8	A部
23-07003	0006	2023-7-16	2023-7-17	HD-1027	3	A部
23-07005	0022	2023-7-27	2023-7-29	HD-1032	8	B部
23-08004	0008	2023-8-19	2023-8-20	DB-1010	3	A部
23-08005	0011	2023-8-21	2023-8-22	XN-1008	4	B部

记录: 第 1 项(共 9 项) 无筛选器 搜索

图 2.68 生成的“紧急订单”表

6.4.8 删除“紧急订单”表中备货期为 3 日的订单

在数据库的维护过程中，经常需要删除表中过时或无用的记录。尽管用户可以比较容易地从数据表中删除某条记录，但如果要删除符合某些条件的一组记录，可以使用 Access 提供的删除查询，利用该查询可以一次删除一组同类的记录。

微课 2-11 删除“紧急订单”表中备货期为 3 日的订单

下面通过删除查询，将生成的“紧急订单”表中备货期正好为 3 日的记录删除。

（1）打开查询设计器，将“紧急订单”表添加到查询设计器中作为数据源。

（2）单击【查询工具】→【设计】→【查询类型】→【删除】按钮，将默认的查询类型由“选择查询”变为“删除查询”。

（3）将作为控制条件的“发货日期”字段添加到查询设计器的查询设计网格窗口中，在“发货日期”字段的下方设置删除条件为“[订购日期]+3”，如图 2.69 所示。

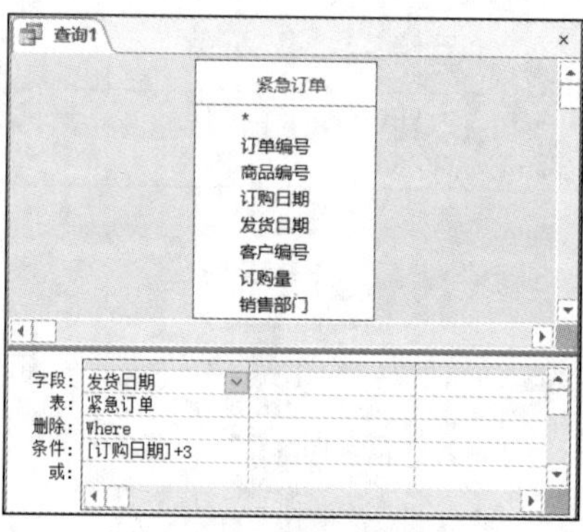

图 2.69 构造删除查询

提示 在这里，也可将“订购日期”字段设置为条件字段，条件为“[发货日期]-3”，如图 2.70 所示。

图 2.70 在“订购日期”字段下方设置条件

（4）将查询保存为“删除‘紧急订单’表中备货期为 3 日的订单”。

（5）运行查询，弹出图 2.71 所示的删除提示框，单击【是】按钮，执行删除操作。

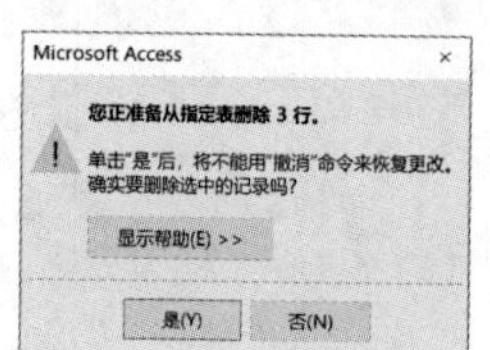

图 2.71 删除提示框

（6）从数据库窗口中选择“表”对象，打开“紧急订单”表即可看见查询结果，表中备货期正好为 3 日的订单已被删除，如图 2.72 所示。

紧急订单

订单编号	商品编号	订购日期	发货日期	客户编号	订购量	销售部门
23-06005	0007	2023-6-26	2023-6-27	HB-1039	5	A部
23-07001	0005	2023-7-7	2023-7-8	XB-1025	6	B部
23-07003	0006	2023-7-16	2023-7-17	HD-1027	3	A部
23-07005	0022	2023-7-27	2023-7-29	HD-1032	8	B部
23-08004	0008	2023-8-19	2023-8-20	DB-1010	3	A部
23-08005	0011	2023-8-21	2023-8-22	XN-1008	4	B部

记录：第 1 项(共 6 项) 无筛选器 搜索

图 2.72 删除备货期为 3 日的订单后的“紧急订单”表

提示 使用删除查询可以从一个或多个数据表中删除符合指定条件的记录。注意所做的删除操作是无法撤销的，就像在表中直接删除记录一样，因此操作时一定要小心。

6.5 任务拓展

6.5.1 查询某价格区间内的商品信息

在“商店管理系统”数据库的实际应用中，有时客户需要查询的条件可能不太确定，例如，客户 A 需要购买某一价格区间内的商品。这时可以通过参数查询来帮助其找到满意的商品，设置条件时，将条件中的常量值以参数的方式取代。

微课 2-12 查询某价格区间内的商品信息

（1）打开“商店管理系统”数据库。

（2）单击【创建】→【查询】→【查询设计】按钮，打开查询设计器。

（3）在“显示表”对话框中选择“商品”表作为查询数据源。

（4）在查询设计器下方的“字段”行中添加“商品”表的所有字段。

（5）在“单价”字段下方的“条件”行中输入条件“Between [最低单价] And [最高单价]”，如图 2.73 所示。

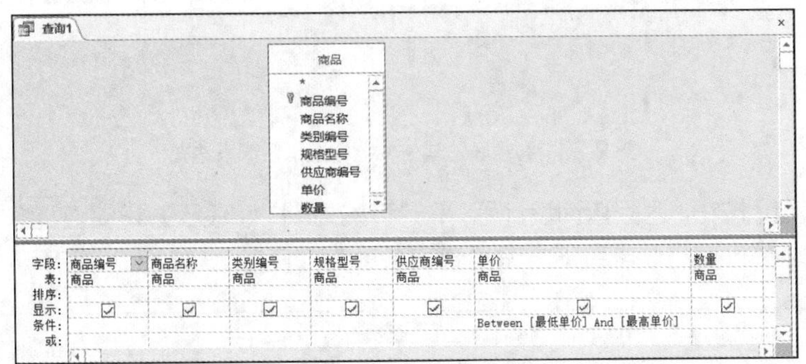

图 2.73 设置双参数查询

提示 这里也可将条件写为“>=[最低单价] And <=[最高单价]”，该条件表达式与“Between [最低单价] And [最高单价]”等价。

（6）将查询保存为“查询某价格区间的商品信息”。

（7）运行查询时，先后弹出两个“输入参数值”对话框，如图 2.74 所示。如果客户想查询单价在 200～500 元的商品，则在第一个对话框的文本框中输入“200”，单击【确定】按钮后，在第二个对话框的文本框中输入“500”，再次单击【确定】按钮，得到图 2.75 所示的查询结果。

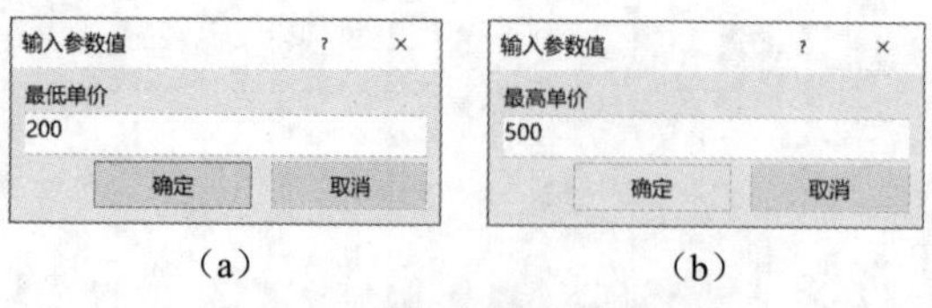

（a）　　（b）

图 2.74 “输入参数值”对话框

图 2.75　指定价格区间的商品信息查询

6.5.2　查询 B 部 6 月的销售额

在公司的销售管理过程中，经常需要查看各部门的销售记录和销售额，以便了解各部门的销售情况。可综合利用计算查询和条件查询来查询部门销售额。

微课 2-13　查看 B 部 6 月的销售额

（1）利用查询设计器新建查询，并将“订单”表和“商品”表作为数据源。

（2）将“订单”表中的全部字段加入下方的查询设计网格窗口中。

（3）构造计算型字段“销售额”。用鼠标右键单击“销售部门”字段右侧的空白网格，在弹出的快捷菜单中选择【生成器】命令，弹出“表达式生成器”对话框，然后在其中构造图 2.76 所示的表达式。

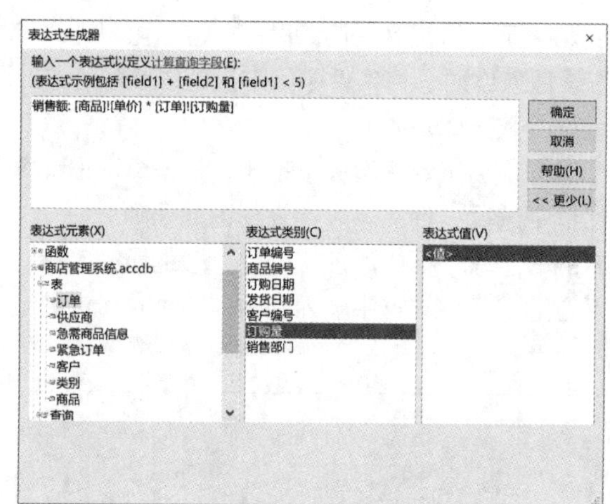

图 2.76　利用表达式生成器构造销售额表达式

（4）单击【确定】按钮，返回查询设计器。在“订购日期”字段下方设置查询条件为“Month([订购日期])=6”，在“销售部门”字段下方设置查询条件为“B 部”，如图 2.77 所示。

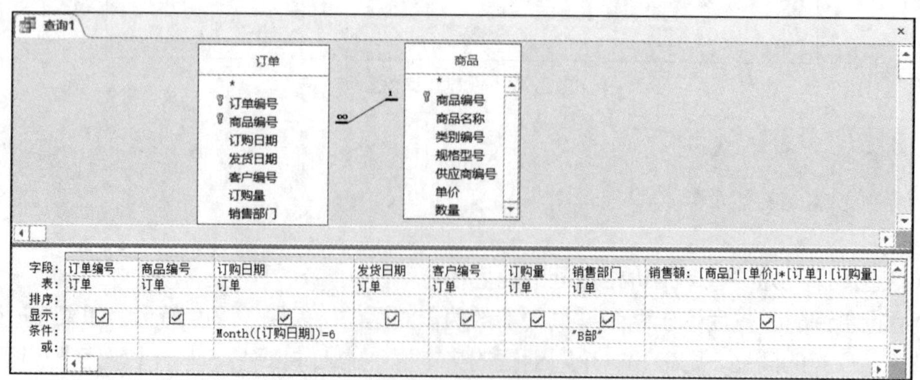

图 2.77　构造 B 部 6 月销售额查询条件

（5）将查询保存为“查询 B 部 6 月的销售额”。运行查询，得到图 2.78 所示的查询结果。

查询B部6月的销售额

订单编号	商品编号	订购日期	发货日期	客户编号	订购量	销售部门	销售额
23-06001	0010	2023-6-2	2023-6-6	HN-1030	1	B部	¥3,099.00
23-06003	0001	2023-6-8	2023-6-12	DB-1009	4	B部	¥996.00
23-06003	0008	2023-6-8	2023-6-15	DB-1009	2	B部	¥10,374.00

记录：第 1 项(共 3 项)　无筛选器　搜索

图 2.78　B 部 6 月的销售额查询结果

6.5.3　查询供应商地址中不含“路”的信息

6.4.3 小节使用 Like 运算符进行了模糊条件查询。在实际查询中，除了可以查询匹配条件的记录外，也可排除不匹配条件的记录。下面查询供应商地址中不含“路”的记录。

（1）利用查询设计器新建查询，并将“供应商”表作为数据源。

（2）将“供应商”表的全部字段加入下方的查询设计网格窗口中。

（3）在“地址”字段的下方设置条件为“Not Like"*路*"”。

（4）将查询保存为“查询供应商地址中不含‘路’的信息”。运行查询，得到图 2.79 所示的查询结果。

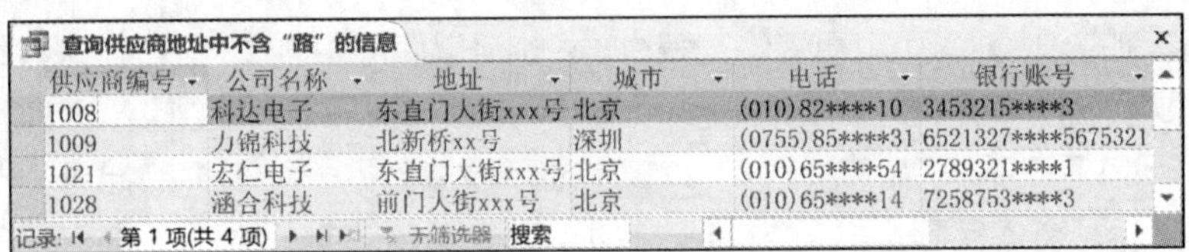

查询供应商地址中不含“路”的信息

供应商编号	公司名称	地址	城市	电话	银行账号
1008	科达电子	东直门大街xxx号	北京	(010)82****10	3453215****3
1009	力锦科技	北新桥xx号	深圳	(0755)85****31	6521327****5675321
1021	宏仁电子	东直门大街xxx号	北京	(010)65****54	2789321****1
1028	涵合科技	前门大街xxx号	北京	(010)65****14	7258753****3

记录：第 1 项(共 4 项)　无筛选器　搜索

图 2.79　供应商地址中不含“路”的查询结果

6.6　任务检测

（1）打开“商店管理系统”，选择“查询”对象，查看数据库窗口是否如图 2.80 所示包含 11 个查询。

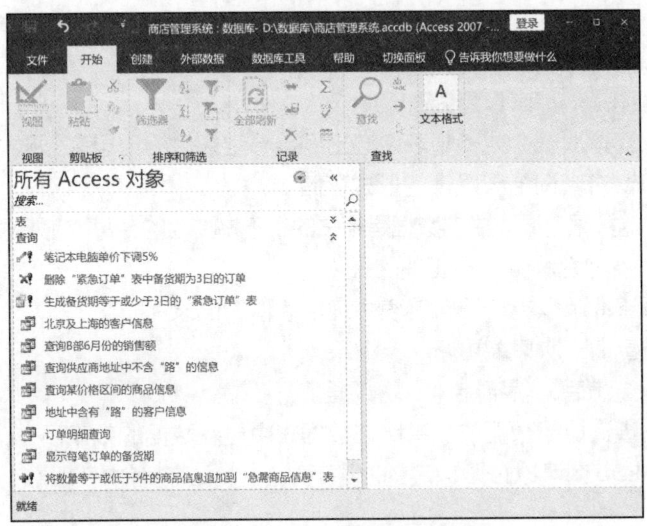

图 2.80　包含 11 个查询的数据库窗口

（2）分别运行其中的 7 个选择查询，查看查询运行的结果是否如图 2.49、图 2.51、图 2.53、图 2.55、图 2.75、图 2.78 和图 2.79 所示。

（3）选择“表”对象，查看商品数据是否已更新、急需商品信息是否已追加、是否生成了“紧急订单”表、“紧急订单”表中是否包含备货期为 3 日的订单。

6.7 任务总结

本任务通过创建“订单明细查询”“北京及上海的客户信息”“地址中含有‘路’的客户信息”等查询，介绍了多表查询、多条件复合查询、模糊条件查询以及计算型查询的设计和创建方法。本任务通过更新查询、追加查询、生成表查询和删除查询完成了更新商品价格、追加急需商品信息、生成“紧急订单”表、删除备货期为 3 日的订单等操作。此外，任务拓展还进一步介绍了使用多参数查询、使用表达式生成器构造表达式等操作。

6.8 巩固练习

一、填空题

1. 在设置查询的准则时，可以直接输入表达式，也可以使用表达式________来帮助创建表达式。

2. 如果需要运行操作查询，则先在设计视图中将其打开，对于每个操作查询，会有不同的显示。________显示包括在新表中的字段；________显示添加到另一个表中的记录。

3. 创建查询时，有些实际需要的内容（字段）在数据源的字段中并不存在，但可以在查询中增加________来完成。

4. 以“图书馆管理系统”为例，当读者从图书馆借出一本书（在“借出图书”表中新增一条记录）时，就可以运行________来改变“图书”表中该书的“已借本数”字段的值。

5. 操作查询有________、________、________和________4 种。

6. 在特殊运算符中，________用于指定一个字段为空。

7. 若要查询 1993 年出生的职员的记录，可使用的准则是________。

二、选择题

1. 下列关于生成表查询的叙述中，错误的是（　　）。

A．生成表查询是一种操作查询

B．生成表查询是从一个或多个表中选出满足一定条件的记录来创建一个新表

C．生成表查询将查询结果以表的形式存储

D．生成表中的数据与原表中的数据是相关的，不是独立的，每次都必须在生成以后才能使用

2. 下列关于更新查询说法中，不正确的是（　　）。

A．使用更新查询可以更新已有的表中满足条件的记录

B．使用更新查询一次只能更新一条记录

C．使用更新查询后，就不能再恢复数据了

D．使用更新查询更新数据的效率比在数据表中更新数据的效率高

3. Access 的选择查询可以按照指定的准则，从（　　）个表中获取数据，并将其按照所需的次序排列。

A．1　　　　B．2　　　　C．8　　　　D．多

4. “利用查询得到的结果可以创建一个新表”是查询的（　　）功能。

A. 选择字段　　B. 创建新表　　C. 选择记录　　D. 编辑记录

5. 下列选项中不属于特殊运算符的是（　　）。

A. In　　B. Like　　C. Between　　D. Int

6. 下列选项中不属于逻辑运算符的是（　　）。

A. Not　　B. In　　C. And　　D. Or

7. 在 Access 中，Between 的含义是（　　）。

A. 用于指定一个字段值的列表，列表中的任意一个值都可与查询的字段值相匹配

B. 用于指定一个字段值的范围，指定的范围之间用 And 连接

C. 用于指定查找文本字段的字符模式

D. 用于指定一个字段为空

8. 在准则中，字段名称必须用（　　）括起来。

A. 圆括号　　B. 方括号　　C. 引号　　D. 花括号

9. 创建单参数查询时，在查询设计网格窗口中输入“条件”单元格的内容为（　　）。

A. 查询字段的字段名称　　B. 用户任意指定的内容

C. 查询的条件　　D. 参数对话框中的提示文本

10. 下列查询中，（　　）查询可以从多个表中提取数据，然后将其组合起来生成一个新表永久保存。

A. 参数　　B. 生成表　　C. 追加　　D. 更新

11. 创建参数查询时，在查询设计视图“条件”行中应将参数提示文本放置在（　　）。

A. {}中　　B. ()中　　C. []中　　D. <>中

12. 在成绩表中要查询成绩≥80 且成绩≤90 的学生，正确的条件表达式是（　　）。

A. 成绩 Between 80 And 90　　B. 成绩 Between 80 To 90

C. 成绩 Between 79 And 91　　D. 成绩 Between 79 To 91

三、思考题

1. 操作查询有哪些类型？它们的功能各是什么？

2. 在查询中怎样构建计算型字段？

四、设计题

1. 创建“全体学生综合信息”查询，用于查询“学生信息”表的所有字段，以及“班级”表的“班级名称”字段和“系别”字段的值。

2. 创建“归属班级”查询，用于查询学生的“学号”、“姓名”和“班级名称”。

3. 查询“学生管理系统”中姓“张”“王”“李”的男生的基本信息。

4. 查询入学成绩低于 450 分和高于 500 分的学生的基本信息。

5. 创建查询，能在查看学生的基本信息时显示学生的年龄。

6. 创建查询，为生源地是甘孜、阿坝和凉山的学生增加 10 分入学成绩。

7. 创建查询，生成“川外学生的基本信息”表。

8. 创建查询，将政治面貌是党员的学生基本信息添加到“学生信息表-党员”中。

9. 创建查询，删除“川籍学生信息”表中生源地不是四川的学生的记录。

工作任务7 设计和制作窗体

07

7.1 任务描述

在应用程序中，通常使用窗口作为用户界面的载体。Access 数据库管理系统支持面向对象的程序设计，用户可以使用窗体设计用户界面。本任务将通过“窗体”工具、“窗体向导”工具、“空白窗体”工具、“分割窗体”工具、“数据表”工具以及“多个项目”工具来创建订单信息、商品信息、供应商信息、客户信息、订单明细信息和类别信息窗体，创建用户与“商店管理系统”交互的界面，从而实现显示、输入和编辑数据等功能。

7.2 任务目标

- 理解窗体的概念，了解窗体的类型。
- 熟悉窗体的不同视图在窗体设计和使用中的作用。
- 能根据应用目的，选用合适的方法创建不同类型的窗体。
- 熟练使用“窗体”工具和“窗体向导”工具快速创建简单窗体。
- 能利用窗体设计视图创建简单窗体。

7.3 知识储备

7.3.1 窗体的概念

窗体是 Access 数据库的重要对象之一。窗体既是管理数据库的窗口，又是用户和数据库之间的桥梁。用户通过窗体可以方便地输入数据、编辑数据，对数据进行排序、筛选和浏览等。Access 可以利用窗体将整个数据库组织起来，构成完整的数据库应用系统。窗体的主要功能可分为以下两类。

1. 用于编辑和显示数据

这一类窗体称为“绑定窗体”。它是直接链接到数据源（如表或查询）的窗体，可用于输入、编辑或显示来自该数据源的数据。但该窗体并不保存数据，数据只保存在表中，该窗体运行时需从表或查询中获取数据。

2. 用作自定义对话框和切换面板

这一类窗体称为“未绑定窗体”。该窗体没有直接链接到数据源，但仍然包含操作应用程序所需的命令按钮、标签或其他控件。自定义对话框的窗体可用来接收用户的输入及根据输入执行操作。

切换面板窗体可用来打开数据库中的其他窗体和报表等。用户可以使用切换面板窗体组织应用程序中的对象，实现类似系统菜单的功能。

7.3.2 窗体的类型

Access 窗体通常可以按功能、数据的显示方式及显示关系等分类。按数据的显示方式分有 4 种基本类型的窗体，分别为单页窗体、多页窗体、连续窗体和主/子窗体。下面介绍这 4 种常见窗体。

1. 单页窗体

图 2.81 所示为一个显示“商品”数据的单页窗体，其特点是一屏只显示一条记录。单页窗体可用于显示或输入数据，窗体中的文本框或组合框用于显示或输入数据，其左边是字段名称。

2. 多页窗体

多页窗体中的记录信息显示在不同的页中，每一页只显示一条记录的部分信息，通过切换页选项卡来查看其他页的信息。这种窗体适合每一条记录的字段很多，或者对记录的信息进行分类查看的情况。图 2.82 所示的“订单信息管理”窗体，在不同的页中分别显示每笔订单的订单信息、商品信息和客户信息。

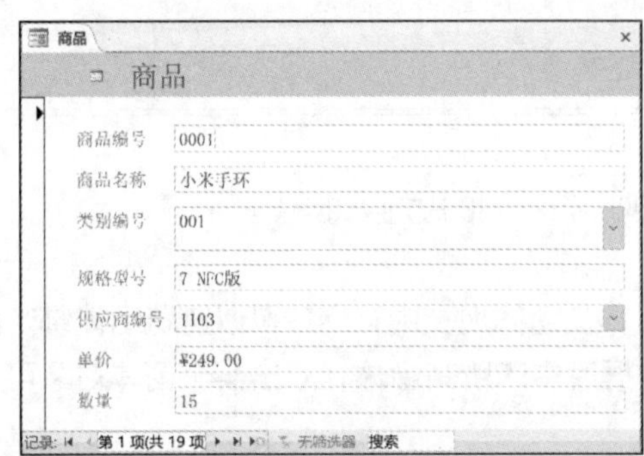

图 2.81 单页窗体

图 2.82 多页窗体

3. 连续窗体

图 2.83 所示为一个显示商品数据的表格式窗体，其特点是一次可以连续显示多条记录，所以也称为连续窗体。窗体显示的记录数视显示器的分辨率和窗体大小而定。虽然数据表也可以显示多条记录，但数据表的格式只能是定制的行、列方式，连续窗体可以按照自定义方式排列字段、对字段重新布局、按定制格式显示数据。

商品

商品编	商品名称	类别编号	规格型号	供应商编号	单价	数量
0001	小米手环	001	7 NFC版	1103	¥249.00	15
0002	内存条	003	金士顿DDR4 3200 32GB	1006	¥589.00	26
0005	移动硬盘	003	WDBEPK0020BBK	1020	¥460.00	9
0006	无线网卡	004	普联TL-WN823N免驱版	1011	¥59.00	16
0007	惠普打印	005	HP OfficeJet 100	1205	¥4,399.00	5
0008	宏碁笔记	002	SF314-512 14英寸	1018	¥5,187.00	3
0009	电子书阅	001	Kindle Paperwhite5	1008	¥1,060.00	5

记录: 第 1 项(共 19 项) 无筛选器 搜索

图 2.83 表格式窗体

4. 主/子窗体

当用来创建窗体的数据表含有关联的子数据表时，所创建的窗体通常为主/子窗体，窗体中包含的窗体称为子窗体，包含子窗体的窗体称为主窗体。这类窗体适用于显示来自多表中的具有一对多关系的数据。图 2.84 所示的主窗体为“商品”信息，主窗体中还包含一个显示该商品被订购的相关信息的子窗体。

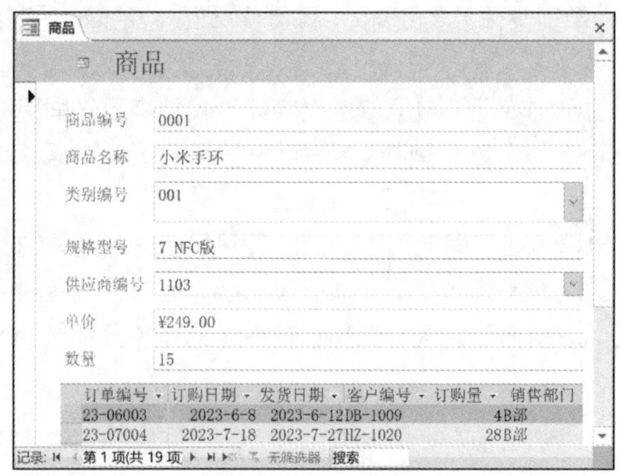

图 2.84　主/子窗体

7.3.3　窗体的视图

Access 2019 为窗体提供了多种视图。不同的视图有不同的功能和操作。

1. 窗体视图

窗体视图是窗体运行时的视图，如图 2.81 所示，在窗体视图中，用户可以浏览窗体绑定的数据源中的记录。导航窗格的窗体对象列表包含当前数据库中的所有窗体，双击某个窗体对象可打开该窗体的窗体视图。

2. 布局视图

布局视图是用于修改窗体的最直观的视图之一，可用于在 Access 中对窗体进行几乎所有需要的修改。在布局视图中，窗体实际正在运行，因此，用户在布局视图中可以看到数据在窗体视图中显示的样子。此外，用户还可以在此视图中修改窗体设计。由于该窗体可以使用户在修改窗体的同时看到数据，因此，它是非常有用的视图，可用于设置控件大小或执行几乎所有其他影响窗体外观和可用性的任务，如图 2.85 所示。

3. 设计视图

设计视图是 Access 数据库对象都具有的一种视图。在窗体的设计视图中，用户不仅可以创建窗体，还可以编辑和修改窗体，它显示了窗体的组成结构：窗体页眉、主体和窗体页脚等，如图 2.86 所示。窗体在设计视图中显示时实际并没有运行，因此，在对窗体进行设计方面的修改时，无法看到基础数据。不过，有些任务在设计视图中执行要比在布局视图中执行容易，如向窗体添加更多类型的控件（如绑定对象框架、分页符和图表）；在文本框中编辑文本框控件来源，而不使用属性表；调整窗体部分（如窗体页眉或细节部分）的大小；修改某些无法在布局视图中修改的窗体属性。

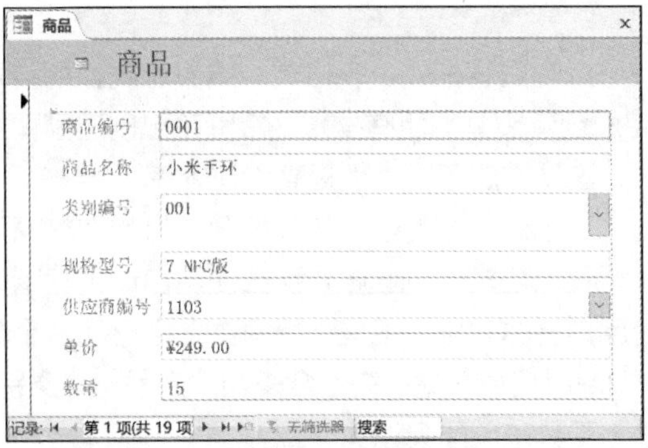

图 2.85　布局视图

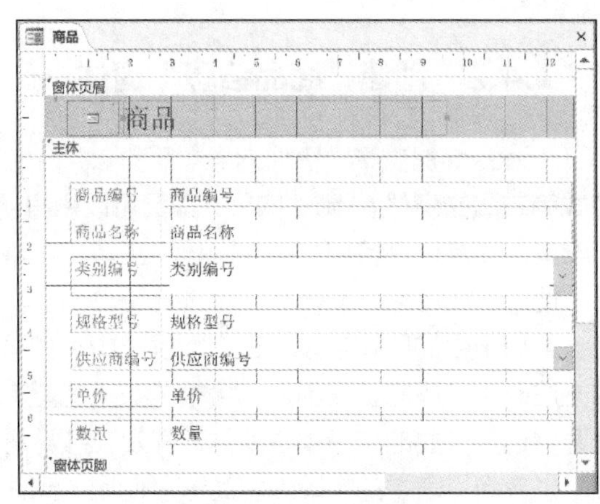

图 2.86　设计视图

7.4 任务实施

7.4.1 创建“订单”窗体

使用 Access 提供的“窗体”工具，可以快速创建单页窗体，这类窗体每次显示一条记录的信息。用户只需先选定创建窗体的数据源，然后在创建窗体的工具中单击【窗体】按钮，就可以快速创建需要的窗体了。

（1）打开“商店管理系统”数据库。

（2）在导航窗格中选择“表”对象列表中的“订单”表作为窗体的数据源。

（3）单击【创建】→【窗体】→【窗体】按钮，快速创建图 2.87 所示的窗体。

（4）单击快速访问工具栏中的【保存】按钮，以“订单信息”为名保存窗体。

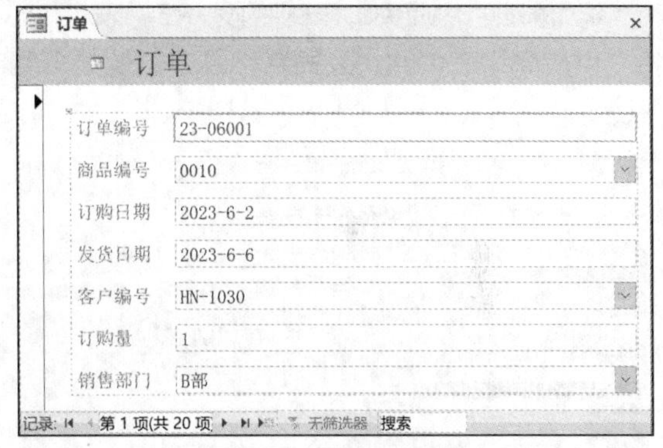

图 2.87　“订单”窗体

提示　采用“窗体”工具，Access 将快速创建窗体，并以布局视图显示该窗体。在布局视图中，可以在窗体显示数据的同时更改窗体的设计，如调整文本框的大小，使其与数据相适应。若要使用窗体，可单击【开始】→【视图】按钮，然后选择“窗体视图”。

（5）单击窗体中的【关闭】按钮，关闭创建好的窗体。

提示　使用“窗体”工具快速创建窗体时，如果 Access 发现某个表与用来创建窗体的表或查询之间有一对多关系，它将向基于相关表或查询的窗体添加一个子窗体。例如，如果创建了一个基于“客户”表的简单窗体，并且“客户”表与“订单”表之间定义了一对多关系，该子窗体就会显示“订单”表中与当前客户记录有关的所有记录。如果不希望窗体上有子窗体，可以删除该子窗体，操作方法是切换到布局视图，选择要删除的子窗体，然后按【Delete】键。

7.4.2 创建“商品信息”窗体

Access 提供了“窗体向导”工具，用户使用它可以创建纵栏式、表格式、数据表式和两端对齐式等布局的窗体。“窗体向导”工具可以引导用户完成创建窗体的所有操作。希望自己创建窗体的初学者，通常选择使用“窗体向导”工具来创建窗体，这种方法可以大大提高工作效率。

此外，在使用“窗体”工具创建窗体时，只能选择一个对象作为窗体的数据源，且创建的窗体包含数据源中的所有字段。在实际操作中，如果窗体需要包含多个数据源，那么使用自动创建窗体的方法时，一般需要先创建包含相关数据的查询。使用“窗体向导”工具创建窗体，则可从多个数据源中选择需要的字段创建窗体。例如，将要创建的“商品信息”窗体需包含来自“商品”、“类别”和“供应商”表中的字段，因此这里使用“窗体向导”工具来创建窗体。

（1）打开“商店管理系统”数据库。

（2）单击【创建】→【窗体】→【窗体向导】按钮，打开“窗体向导”第 1 步对话框。

（3）添加窗体需要的字段。

① 添加“商品”表的字段。在窗体向导第 1 步对话框中，从“表/查询”下拉列表中选择“表：商品”，如图 2.88 所示。选中“可用字段”列表框中的字段，单击 > 按钮可以将“可用字段”列表框中选中的字段添加到右边的“选定字段”列表框中。将“商品”表中的“商品编号”、“商品名称”、“规格型号”和“单价”字段从“可用字段”列表框添加到“选定字段”列表框中。

② 添加“供应商”表的字段。在“表/查询”下拉列表中选择“表：供应商”，如图 2.89 所示，将“供应商”表中的“公司名称”字段从“可用字段”列表框添加到“选定字段”列表框中。

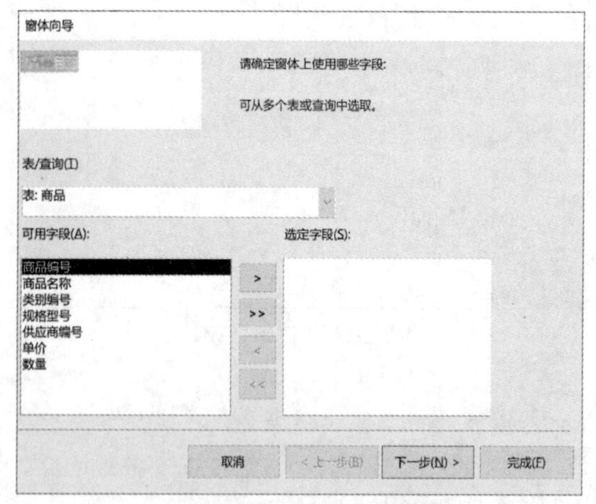

图 2.88 添加“商品”表的字段

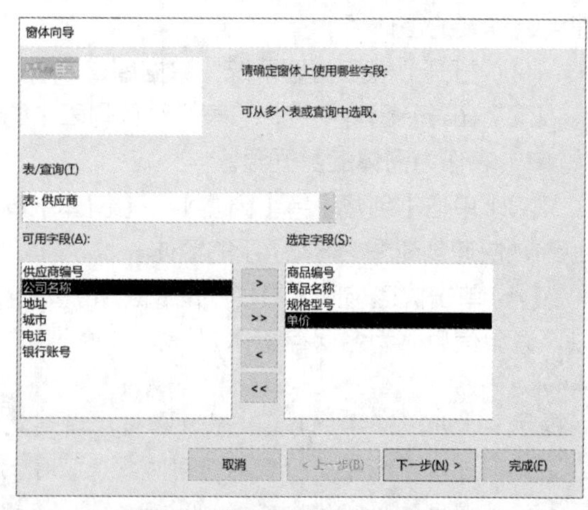

图 2.89 添加“供应商”表的字段

③ 添加“类别”表的字段。在“表/查询”下拉列表中选择“表：类别”，将“类别”表中的“类别名称”和“图片”字段从“可用字段”列表框添加到“选定字段”列表框中，如图 2.90 所示。

（4）单击【下一步】按钮，弹出图 2.91 所示的窗体向导第 2 步对话框。由于该窗体的数据源为 3 个表，因此需要选择查看数据的方式。这里选择“通过 商品”来查看。

（5）单击【下一步】按钮，弹出图 2.92 所示的窗体向导第 3 步对话框，指定窗体布局。这里选择“纵栏表”窗体布局。

（6）单击【下一步】按钮，弹出窗体向导第 4 步对话框，为窗体指定标题。在“请为窗体指定标题”文本框中输入窗体标题为“商品信息”，然后选中【打开窗体查看或输入信息】单选按钮，如

图 2.93 所示。

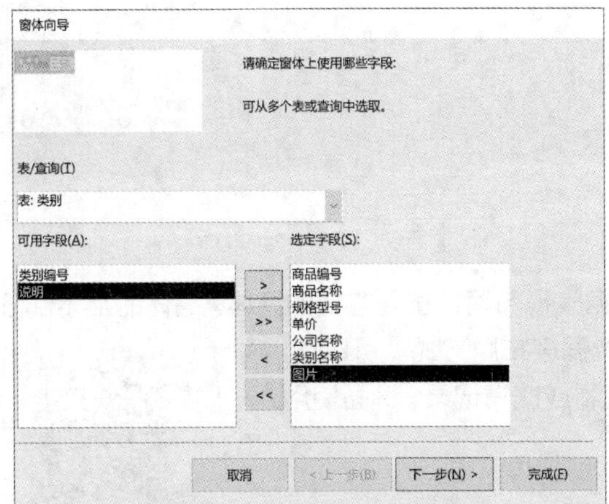

图 2.90 添加“类别”表的字段

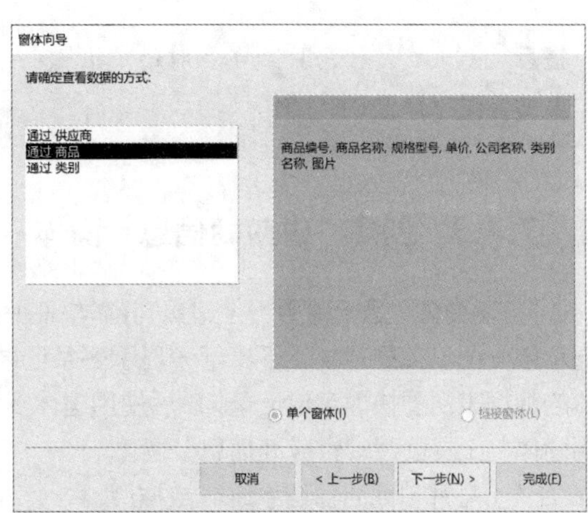

图 2.91 确定查看数据的方式

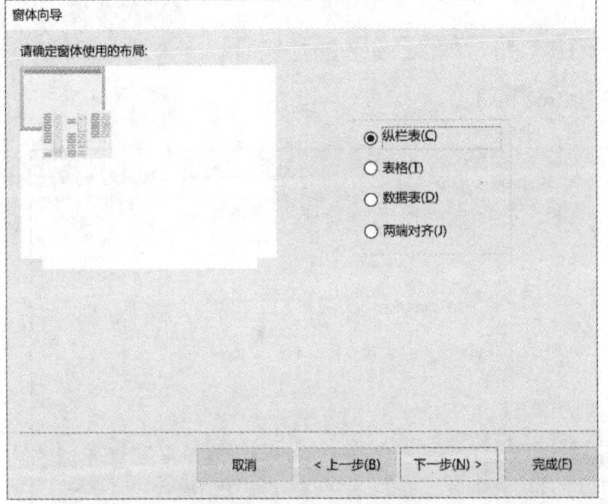

图 2.92 指定窗体布局

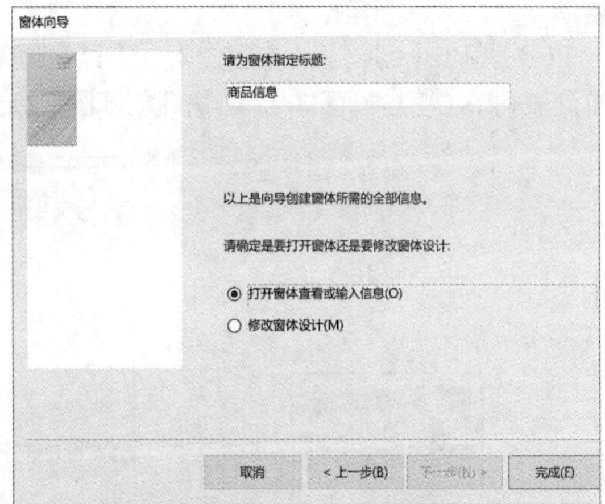

图 2.93 为窗体指定标题

（7）单击【完成】按钮，结束创建窗体的操作。窗体运行的结果如图 2.94 所示。

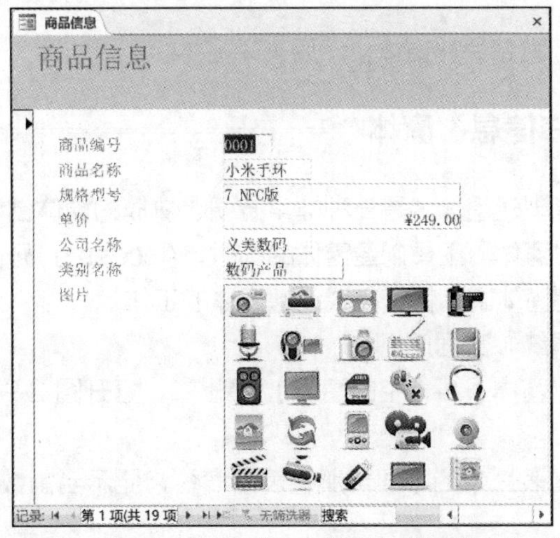

图 2.94 使用“窗体向导”工具创建的“商品信息”窗体

（8）关闭窗体，完成窗体的创建。

提示 如果在窗体向导第 4 步对话框中选中【修改窗体设计】单选按钮，则可以打开窗体设计器进一步修改窗体设计。

7.4.3 创建“供应商信息”窗体

“分割窗体”是一种用于创建具有窗体视图和数据表视图两种布局方式的窗体。窗体的上半部分显示单一记录布局方式，下半部分显示多条记录的数据表布局方式。可以使用窗体的数据表视图快速定位记录，然后使用窗体视图查看或编辑记录。下面使用“分割窗体”工具创建“供应商信息”窗体。

微课 2-14 创建“供应商信息”窗体

（1）打开“商店管理系统”数据库。

（2）在导航窗格中选择“表”对象列表中的“供应商”表作为窗体的数据源。

（3）单击【创建】→【窗体】→【其他窗体】按钮，打开图 2.95 所示的下拉列表，单击【分割窗体】，可快速创建图 2.96 所示的窗体。

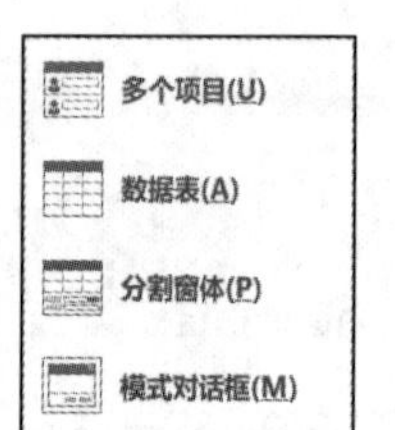

图 2.95 “其他窗体”下拉列表

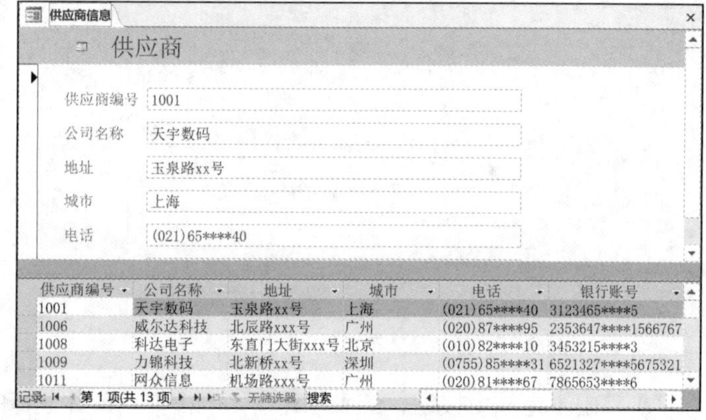

图 2.96 新建的窗体

（4）以“供应商信息”为名保存窗体，然后关闭窗体。

7.4.4 创建“客户信息”窗体

使用“空白窗体”工具创建窗体，是一种非常方便、快捷的窗体创建方法，该方法是在布局视图中创建窗体。使用“空白窗体”工具创建窗体的同时，Access 打开窗体的数据源表，用户根据需要可以将表中的字段拖到窗体上，快速完成创建窗体的工作。

（1）打开“商店管理系统”数据库。

（2）单击【创建】→【窗体】→【空白窗体】按钮，打开图 2.97 所示的空白窗体布局视图及“字段列表”窗格。

（3）单击右侧“字段列表”中的【显示所有表】命令，显示当前数据库包含的表，如图 2.98 所示。

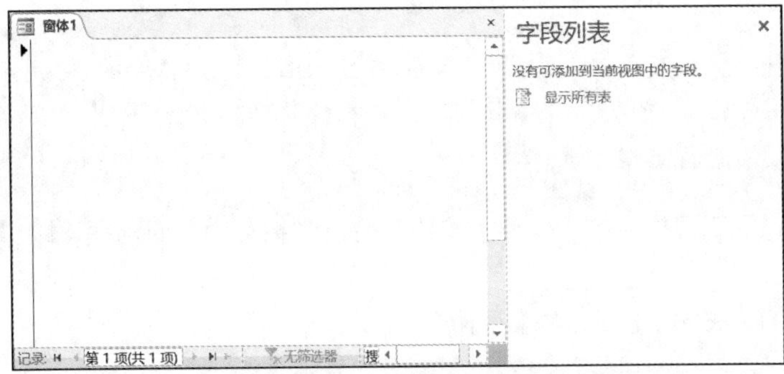

图 2.97　空白窗体布局视图及“字段列表”窗体

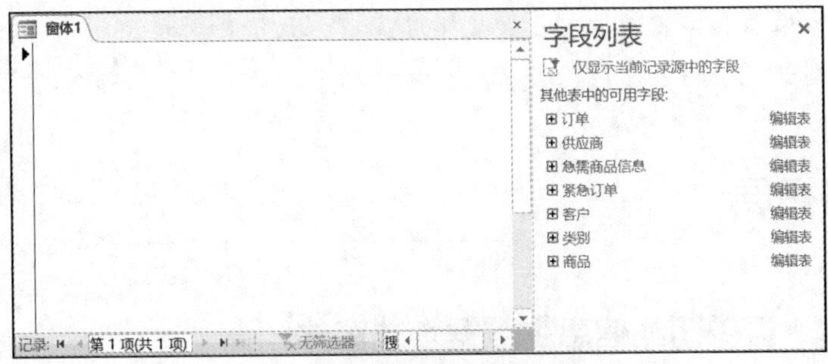

图 2.98　显示数据库包含的表

（4）单击“客户”表前面的“⊞”，展开“客户”表包含的字段，如图 2.99 所示。

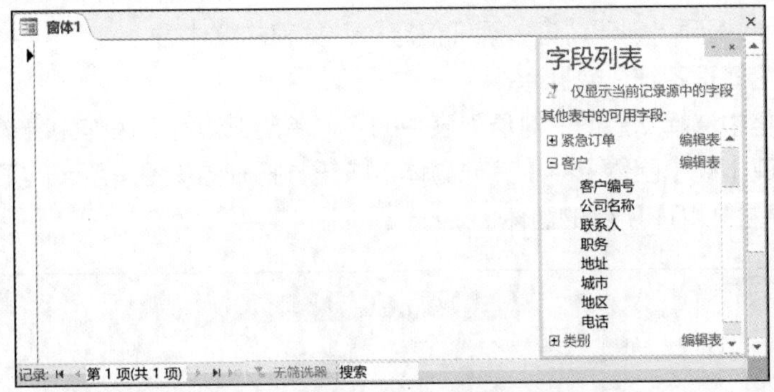

图 2.99　展开“客户”表包含的字段

（5）依次双击“客户”表中的“客户编号”等所有字段，这些字段被添加到空白窗体中。此时窗体中显示“客户”表的第一条记录，如图 2.100 所示。

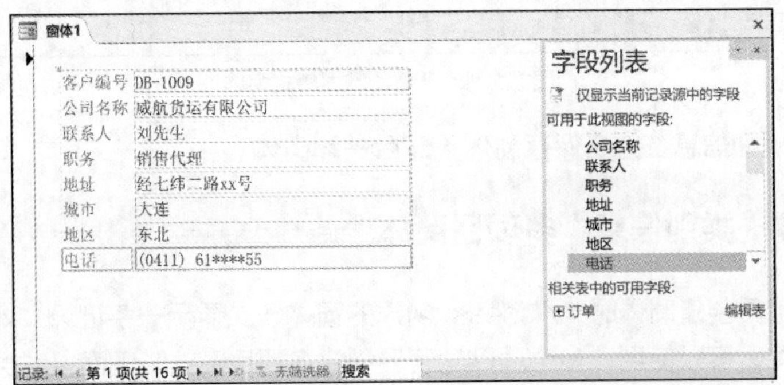

图 2.100　添加了字段的空白窗体布局视图及“字段列表”窗格

提示 当双击第一个字段后，“字段列表”窗格中显示图 2.100 所示的“可用于此视图的字段”和“相关表中的可用字段”小窗格。用户可在按【Ctrl】键的同时，单击所需的多个字段，然后将它们同时拖到窗体上。

（6）单击快速访问工具栏中的【保存】按钮，弹出“另存为”对话框，以“客户信息”为名保存窗体。

（7）单击窗体的【关闭】按钮，关闭窗体。

提示  使用“空白窗体”工具创建窗体是在布局视图下的一种所见即所得的创建窗体的方法，当向空白窗体添加字段后，可立即显示具体的记录信息，非常直观，切换不同视图也可以立即看到创建后的效果。在当前的布局视图中，还可以删除字段。

7.5 任务拓展

7.5.1 创建“订单明细信息”数据表式窗体

数据表式窗体是一种以数据表形式显示多条记录的窗体，其中每条记录占一行。该窗体的外观与数据表对象的外观基本相似，通常作为一个子窗体出现在其他窗体中。下面以 6.4.1 小节创建的“订单明细查询”为数据源，创建“订单明细信息”数据表式窗体。

（1）打开“商店管理系统”数据库。

（2）在导航窗格中选择“查询”对象列表中的“订单明细查询”表作为窗体的数据源。

（3）单击【创建】→【窗体】→【其他窗体】按钮，打开图 2.95 所示的下拉列表，单击【数据表】，可快速创建图 2.101 所示的窗体。

订单明细信息

订单编号	商品名称	规格型号	订购日期	发货日期	单价	订购量	销售部门	公司名称	地址
23-06001	Intel酷睿处理器	i7-13700F 13代	2023-6-2	2023-6-6	¥3,099.00	1	B部	凯诚国际顾问公司	威刚街xx号
23-06002	移动硬盘	WDBEPK0020BBK	2023-6-5	2023-6-9	¥460.00	3	A部	立日股份有限公司	惠安大路xx号
23-06002	无线网卡	普联TL-WN823N免驱版	2023-6-5	2023-6-11	¥59.00	7	A部	立日股份有限公司	惠安大路xx号
23-06003	小米手环	7 NFC版	2023-6-8	2023-6-12	¥249.00	4	B部	威航货运有限公司	经七纬二路xx号
23-06003	宏碁笔记本电脑	SF314-512 14英寸	2023-6-8	2023-6-15	¥5,187.00	2	B部	威航货运有限公司	经七纬二路xx号
23-06004	佳能数码相机	EOS 200D Ⅱ	2023-6-12	2023-6-15	¥5,200.00	3	A部	东南实业	承德西路xx号
23-06005	惠普打印机	HP OfficeJet 100	2023-6-26	2023-6-27	¥4,399.00	5	A部	志远有限公司	光明北路xxx号
23-06006	内存条	金士顿DDR4 3200 32GB	2023-6-29	2023-7-2	¥589.00	14	A部	嘉元实业	东湖大街xx号
23-07001	移动硬盘	WDBEPK0020BBK	2023-7-7	2023-7-8	¥460.00	6	B部	凯旋科技	使馆路xxx号
23-07002	Intel酷睿处理器	i7-13700F 13代	2023-7-12	2023-7-17	¥3,099.00	2	B部	通恒机械	东园西甲xx号
23-07003	内存条	金士顿DDR4 3200 32GB	2023-7-16	2023-7-19	¥589.00	8	A部	学仁贸易	辅城路xxx号
23-07003	无线网卡	普联TL-WN823N免驱版	2023-7-16	2023-7-17	¥59.00	3	A部	学仁贸易	辅城路xxx号
23-07003	U盘	SanDisk CZ73	2023-7-16	2023-7-20	¥150.00	20	A部	学仁贸易	辅城路xxx号
23-07004	小米手环	7 NFC版	2023-7-18	2023-7-27	¥249.00	28	B部	宇欣实业	大峪口街xxx号
23-07005	存储卡	SanDisk 256GB TF	2023-7-27	2023-7-29	¥155.00	8	B部	椅天文化事业	花园西路xxx号
23-08001	无线路由器	华为 B311B-853	2023-8-3	2023-8-8	¥330.00	6	A部	通恒机械	东园西甲xx号
23-08002	联想笔记本电脑	YOGA Pro 14s	2023-8-3	2023-8-8	¥8,265.00	1	B部	凯旋科技	使馆路xxx号
23-08003	戴尔笔记本电脑	Ins 15-3520-R1828S	2023-8-4	2023-8-9	¥5,890.00	2	B部	国银贸易	辅城街xx号
23-08004	宏碁笔记本电脑	SF314-512 14英寸	2023-8-19	2023-8-20	¥5,187.00	3	A部	三捷实业	英雄山路xx号
23-08005	佳能数码相机	EOS 200D Ⅱ	2023-8-21	2023-8-22	¥5,200.00	4	B部	光明杂志	黄石路xx号

图 2.101　新建的数据表式窗体

（4）以“订单明细信息”为名保存窗体，然后关闭窗体。

7.5.2 创建“类别信息”多项目窗体

使用“窗体”工具创建窗体时，Access 创建的窗体一次显示一条记录。如果需要一个一次可显示多条记录的窗体，可以使用“多个项目”工具创建多项目窗体。下面以“类别”表为数据源，创建“类别信息”多项目窗体。

（1）打开“商店管理系统”数据库。

（2）在导航窗格中选择“表”对象列表中的“类别”表作为窗体的数据源。

（3）单击【创建】→【窗体】→【其他窗体】按钮，打开图 2.95 所示的下拉列表，单击【多个项目】，快速创建图 2.102 所示的窗体。

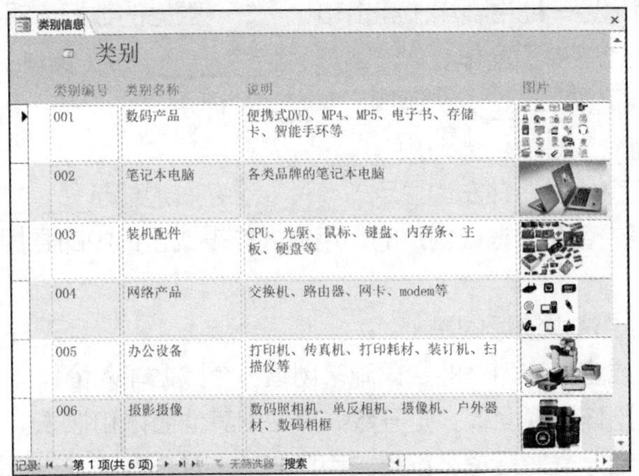

图 2.102 多项目窗体

（4）以“类别信息”为名保存窗体，然后关闭窗体。

7.6 任务检测

（1）打开“商店管理系统”数据库，选择“窗体”对象，查看数据库窗口中是否如图 2.103 所示包含 6 个窗体。

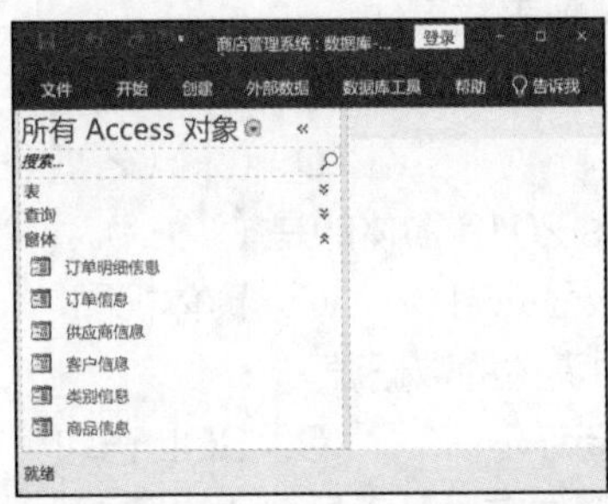

图 2.103 包含 6 个窗体的数据库窗口

（2）分别打开其中的 6 个窗体，查看结果是否如图 2.87、图 2.94、图 2.96、图 2.100、图 2.101 和图 2.102 所示。

7.7 任务总结

本任务使用“窗体”工具创建了“订单信息”窗体；使用“窗体向导”工具创建了基于“商品”、“供应商”和“类别”表的“商品信息”窗体；使用“分割窗体”工具创建了“供应商信息”窗体，使用“空白窗体”工具创建了“客户信息”窗体；使用“数据表”工具创建了“订单明细信息”窗体；使用“多个项目”工具创建了“类别信息”多项目窗体，为用户使用“商店管理系统”数据库创建了交互界面。

7.8 巩固练习

一、填空题

1. Access 中的窗体是一种主要用于编辑和________数据的数据库对象。
2. 窗体的基本类型包括单页窗体、________、________、主/子窗体。
3. 通过窗体可以查看、________、添加、________记录。
4. 窗体的数据源有________、查询和________。
5. 纵栏式窗体显示窗体时，在左边显示________，在右边显示________。
6. ________是以表或查询为基础创建的，用来操作表或查询中的数据的界面。

二、选择题

1. 下列关于窗体的说法中错误的是（　　）。
   A. 可以利用表或查询作为表的数据源来创建一个数据输入窗体
   B. 可以将窗体用作切换面板，打开数据库中的其他窗体和报表
   C. 窗体可用作自定义对话框，以接收用户的输入及根据输入执行操作
   D. 在窗体的数据表视图中不能修改记录
2. 如果要在窗体上每次只显示一条记录，应该创建（　　）。
   A. 纵栏式窗体　B. 图表式窗体　C. 表格式窗体　D. 数据表式窗体
3. 用于显示窗体的标题和说明、打开相关窗体或运行某些命令的控件应该放在窗体的（　　）中。
   A. 窗体页眉　B. 主体　C. 页面页眉　D. 页面页脚
4. 下列窗体中可以通过“窗体向导”工具创建的是（　　）。
   （1）纵栏式窗体　（2）表格式窗体　（3）数据表式窗体
   （4）主/子窗体　（5）图表式窗体
   A.（1）（2）（3）　B.（1）（2）（5）
   C.（1）（2）（3）（5）　D.（1）（2）（3）（4）（5）
5. 下列视图中不属于 Access 2019 窗体的是（　　）。
   A. 设计视图　B. 版面视图　C. 窗体视图　D. 布局视图
6. （　　）不属于 Access 中窗体的数据源。
   A. 表　B. 查询　C. SQL 语句　D. 信息
7. 下列窗体中不可以通过“窗体向导”工具创建的是（　　）。
   A. 纵栏式窗体　B. 表格式窗体　C. 图表式窗体　D. 数据表式窗体
8. 下列视图中用于创建和修改窗体的是（　　）。
   A. 设计视图　B. 窗体视图
   C. 数据表视图　D. 数据透视表视图
9. 在一个窗体中显示多条记录的是（　　）窗体。
   A. 纵栏式　B. 图表式　C. 表格式　D. 数据透视表
10. Access 2019 的窗体有（　　）种视图。
    A. 2　B. 3　C. 4　D. 6

三、思考题

1. 按照数据的显示方式可将窗体分为哪几类?

2. 常见的几种窗体各有什么特点?

四、设计题

1. 以“学生管理系统”中的“学生信息”表为数据源，使用“窗体”工具创建“学生信息管理”纵栏式窗体。

2. 以“全体学生综合信息”查询中包含的字段为数据源，使用“窗体向导”工具创建窗体“学生基本情况”。

3. 以“学生信息”表查询为数据源，使用“分割窗体”工具创建“学生信息”窗体。

4. 以“班级”表为数据源，使用“空白窗体”工具创建“编辑班级信息”窗体。

项目实训 2　图书管理系统

某高校为了规范图书借阅管理，要设计和开发一个实用的图书管理系统，对读者、图书、图书借阅等信息进行管理。该系统不仅需要实现通过用户界面录入、增加和修改信息的功能，而且需要实现多功能的查询、数据统计及分析操作。

一、创建数据库

创建一个名为“图书管理系统”的数据库文件，将其保存到“D:\数据库”文件夹中。

二、创建数据表

1. 在“图书管理系统”数据库中创建“读者类型”表，按表 2.15 所示的信息定义并设计合适的数据类型和字段属性，然后输入数据。

表 2.15 “读者类型”表

类别名称	限借册数	可借天数
本科	6	10
博士	15	30
教职工	15	45
硕士	10	15

2. 在“图书管理系统”数据库中创建“读者信息”表，按表 2.16 所示的信息定义并设计合适的数据类型和字段属性，然后输入数据。

表 2.16 “读者信息”表

读者编号	读者级别	姓名	性别	办证日期	有效日期	照片	备注
B20180908100	本科	邓国建	男	2018-9-8	2022-6-30		
B20201090701	本科	周佛霞	女	2020-9-7	2024-7-5		
B20210910032	本科	潘爱民	女	2021-9-10	2025-7-1		
B20211008003	本科	李陵明	男	2021-10-8	2025-7-1		
B20220915006	本科	张恒	男	2022-9-15	2026-6-30		
B20221103012	本科	叶劲峰	男	2022-11-3	2026-7-5		
D20210315005	博士	方天戟	男	2021-3-15	2026-6-30		
D20210905001	博士	陈刚	男	2021-9-5	2026-3-15		
D20221207010	博士	丁浩蓉	女	2022-12-7	2027-6-30		
M20220901015	硕士	王秋林	女	2022-9-1	2025-7-30		
M20210307006	硕士	刘欣雨	女	2021-3-7	2024-7-5		
M20220919025	硕士	张广泰	男	2022-9-19	2025-6-25		
T20180520112	教职工	苏秦	女	2018-5-20	2028-12-31		
T20201019003	教职工	方大国	男	2020-10-19	2030-12-31		
T20210526001	教职工	代雷	男	2021-5-26	2031-6-30		

3. 在“图书管理系统”数据库中创建“图书类别”表，按表 2.17 所示的信息定义并设计合适的数据类型和字段属性，然后输入数据。

表 2.17 “图书类别”表

图书类别	限借天数	超期罚款/天
电子信息类	30	¥0.30
工具类	7	¥0.50
工科类	30	¥0.25
计算机类	20	¥0.30
经济管理类	25	¥0.20
语言类	35	¥0.15

4. 在“图书管理系统”数据库中创建“图书”表，按表 2.18 所示的信息定义并设计合适的数据类型和字段属性，然后输入数据。

表 2.18 “图书”表

图书编号	图书类别	书　名	作者	出　版　社	出版日期	价格	入库时间	库存总数	在库数量	借出数量
A000001	电子信息类	模拟电路基础	何松柏等	高等教育出版社	2018-5-18	¥34.60	2018-8-30	6	5	
A000002	电子信息类	PLC 原理与应用技术	刘爽等	电子工业出版社	2015-8-1	¥42.00	2016-3-6	5	2	
A000003	电子信息类	工业预测控制	丁宝苍	机械工业出版社	2016-8-1	¥79.00	2017-1-25	8	5	
A000004	电子信息类	电器控制与 PLC(西门子 S7-300 机型)	柳春生	机械工业出版社	2015-12-1	¥58.00	2019-12-9	6	2	
B000001	工科类	理论力学	刘川	北京大学出版社	2019-9-1	¥43.00	2019-12-1	5	4	
B000002	工科类	结构力学	王邵臻等	清华大学出版社	2016-12-1	¥39.00	2017-9-13	7	6	
B000003	工科类	建筑工程项目管理	杨霖华等	清华大学出版社	2019-3-1	¥49.00	2019-5-1	4	4	
C000001	计算机类	C 程序设计	谭浩强	清华大学出版社	2017-8-1	¥59.90	2017-10-15	8	6	
C000002	计算机类	信息安全与技术	朱海波等	清华大学出版社	2019-6-1	¥59.00	2019-9-20	6	2	
C000003	计算机类	Java 程序设计入门与实战	张毅恒等	人民邮电出版社	2023-2-1	¥69.80	2023-3-1	5	3	
D000001	经济管理类	会计学基础	程培先	人民邮电出版社	2020-8-1	¥49.80	2020-9-9	8	6	
D000002	经济管理类	财务管理	肖侠	清华大学出版社	2023-3-1	¥59.80	2023-6-10	6	6	
D000003	经济管理类	财政与金融	赵立华	清华大学出版社	2022-1-1	¥66.00	2022-4-10	5	2	
E000001	语言类	新大学英语·综合教程 1	黄怡等	华东师范大学出版社	2020-8-1	¥59.00	2020-2-5	7	5	
E000002	语言类	大学语文与写作	陈世杰等	中国经济出版社	2019-8-1	¥45.00	2019-10-9	5	5	
F000001	工具类	牛津高阶英汉双解词典	霍恩比	商务印书馆	2018-3-1	¥169.00	2018-5-18	4	3	

5. 在“图书管理系统”数据库中创建“图书借阅”表，按表 2.19 所示的信息定义并设计合适的数据类型和字段属性，然后输入数据。

表 2.19 “图书借阅”表

借阅编号	图书编号	读者编号	借阅日期	还书日期	罚款已缴	备注
1	E000002	B20180908100	2022-3-10	2022-4-25	是	
2	A000001	B20201090701	2022-4-17	2022-4-23		
3	C000001	B20180908100	2022-5-9		是	
4	A000003	B20211008003	2022-9-15	2022-10-25	是	
5	B000001	B20221103012	2022-10-20	2022-10-30		
6	A000002	D20221207010	2022-11-9	2022-11-10		
7	C000003	M20220901015	2022-11-25	2022-12-7		
8	D000002	B20210910032	2022-11-25	2022-11-30		
9	A000002	T20180520112	2022-11-25	2022-12-9		
10	F000001	B20211008003	2022-12-1	2022-12-4		
11	D000002	M20220901015	2022-12-2			
12	E000001	B20221103012	2022-12-15	2022-12-23		
13	D000003	D20210905001	2023-1-5	2023-1-12		
14	A000004	T20201019003	2023-1-10	2023-3-30	是	
15	B000003	B20220915006	2023-1-12			
16	E000002	D20210315005	2023-2-23	2023-3-8		
17	A000003	M20220919025	2023-3-9	2023-4-30	是	
18	B000003	B20220915006	2023-3-12	2023-3-20		
19	F000001	M20220919025	2023-4-8			
20	A000004	B20220915006	2023-4-25	2023-5-3		

三、建立表间关系

将 5 个表分别按合适的字段建立起“实施参照完整性”的一对一或一对多关系。

四、设计和创建查询

1. 创建查询“读者基本信息和借阅情况”，查看读者的基本信息和图书借阅的情况，如图 2.104 所示。

2. 创建“人民邮电出版社计算机类图书”查询，以查询人民邮电出版社出版的计算机类图书信息。

3. 创建“PLC 图书”查询，查询有关 PLC 的图书。

4. 创建“查询指定时间段的图书借阅信息”查询，查看某时间段内的图书借阅历史记录。

5. 创建“查看图书超期借阅应缴罚款金额”查询，如图 2.105 所示。

6. 创建查询，统计“图书”表中各种图书的借出数量。

7. 创建查询，生成所有超期借阅的读者信息表“超期借阅的读者信息”。

读者基本信息和借阅情况

读者编号	读者级别	姓名	性别	办证日期	有效日期	图书编号	书名	借阅日期	还书日期
B20180908100	本科	邓国建	男	2018-9-8	2022-6-30	E000002	大学语文与写作	2022-3-10	2022-4-25
B20201090701	本科	周佛霞	女	2020-9-7	2024-7-5	A000001	模拟电路基础	2022-4-17	2022-4-23
B20180908100	本科	邓国建	男	2018-9-8	2022-6-30	C000001	C程序设计	2022-5-9	
B20211008003	本科	李陵明	男	2021-10-8	2025-7-1	A000003	工业预测控制	2022-9-15	2022-10-25
B20221103012	本科	叶劲峰	男	2022-11-3	2026-7-5	B000001	理论力学	2022-10-20	2022-10-30
D20221207010	博士	丁浩蓉	女	2022-12-7	2027-6-30	A000002	PLC原理与应用技术	2022-11-9	2022-11-10
M20220901015	硕士	王秋林	女	2022-9-1	2025-7-30	C000003	Java程序设计入门与实战	2022-11-25	2022-12-7
B20210910032	本科	潘爱民	女	2021-9-10	2025-7-1	D000002	财务管理	2022-11-25	2022-11-30
T20180520112	教职工	苏秦	女	2018-5-20	2028-12-31	A000002	PLC原理与应用技术	2022-11-25	2022-12-9
B20211008003	本科	李陵明	男	2021-10-8	2025-7-1	F000001	牛津高阶英汉双解词典	2022-12-1	2022-12-4
M20220901015	硕士	王秋林	女	2022-9-1	2025-7-30	D000002	财务管理	2022-12-2	
B20221103012	本科	叶劲峰	男	2022-11-3	2026-7-5	E000001	新大学英语·综合教程1	2022-12-15	2022-12-23
D20210905001	博士	陈刚	男	2021-9-5	2026-3-15	D000003	财政与金融	2023-1-5	2023-1-12
T20201019003	教职工	方大国	男	2020-10-19	2030-12-31	A000004	电器控制与PLC(西门子S7-300机型)	2023-1-10	2023-3-30
B20220915006	本科	张恒	男	2022-9-15	2026-6-30	B000003	建筑工程项目管理	2023-1-12	
D20210315005	博士	方天戟	男	2021-3-15	2026-6-30	E000002	大学语文与写作	2023-2-23	2023-3-8
M20220919025	硕士	张广泰	男	2022-9-19	2025-6-25	A000003	工业预测控制	2023-3-9	2023-4-30
B20220915006	本科	张恒	男	2022-9-15	2026-6-30	B000003	建筑工程项目管理	2023-3-12	2023-3-20
M20220919025	硕士	张广泰	男	2022-9-19	2025-6-25	F000001	牛津高阶英汉双解词典	2023-4-8	
B20220915006	本科	张恒	男	2022-9-15	2026-6-30	A000004	电器控制与PLC(西门子S7-300机型)	2023-4-25	2023-5-3

记录: 第 1 项(共 20 项) 无筛选器 搜索

图 2.104 “读者基本信息和借阅情况”查询

查看图书超期借阅应缴罚款金额

读者编号	姓名	图书编号	书名	借阅日期	还书日期	限借天数	应缴罚款
B20211008003	李陵明	A000003	工业预测控制	2022-9-15	2022-10-25	30	¥3.00
M20220919025	张广泰	A000003	工业预测控制	2023-3-9	2023-4-30	30	¥6.60
T20201019003	方大国	A000004	电器控制与PLC(西门子S7-300机型)	2023-1-10	2023-3-30	30	¥14.70
B20180908100	邓国建	E000002	大学语文与写作	2022-3-10	2022-4-25	35	¥1.65

图 2.105 “查看图书超期借阅应缴罚款金额”查询

8. 先复制“超期借阅的读者信息”表的结构和数据，将其粘贴为“超期未还的读者”表，再创建查询，删除“超期未还的读者”表中已还书的读者信息。

9. 复制“读者信息”表的结构，将其粘贴为“证件过期读者”表，再通过查询将“读者信息”表中证件已超过有效期的读者信息添加到“证件过期读者”表中。

五、设计和制作窗体

1. 以“读者信息”表为数据源，使用“窗体”工具创建图 2.106 所示的“读者信息”纵栏式窗体。

2. 以“读者类型”表为数据源，使用“窗体向导”工具创建图 2.107 所示的“读者类型”表格式窗体。

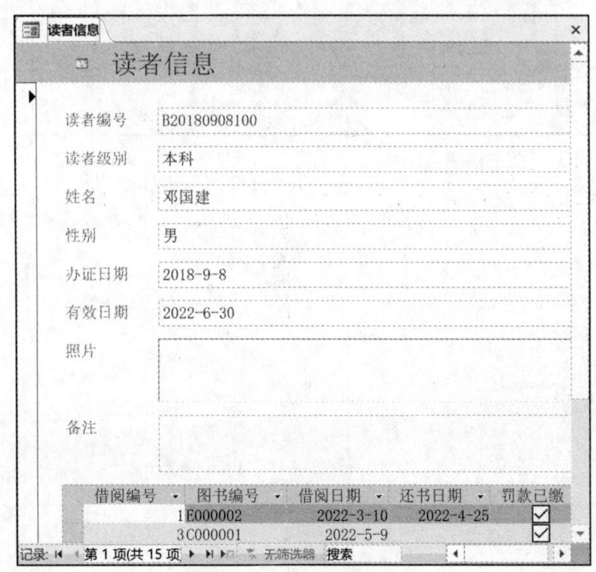

图 2.106 “读者信息”窗体

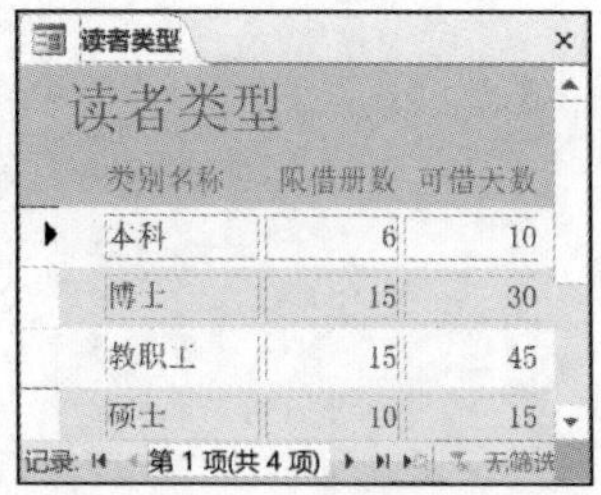

读者类型
读者类型
类别名称 限借册数 可借天数
本科 6 10
博士 15 30
教职工 15 45
硕士 10 15
记录: 第 1 项(共 4 项) 无筛选

图 2.107 “读者类型”窗体

3．以“图书借阅”表为数据源，使用“窗体”工具创建图 2.108 所示的“图书借阅”窗体。

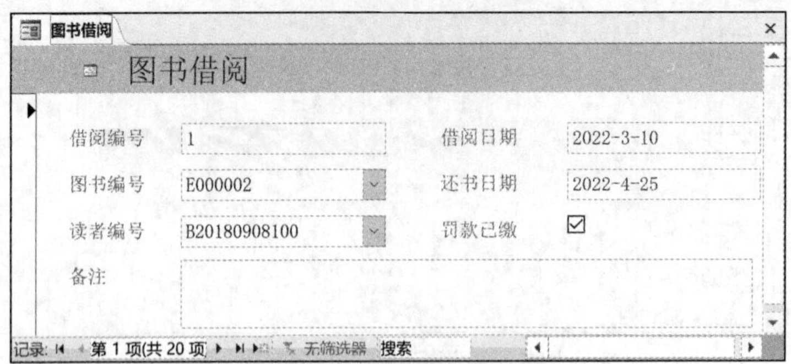

图 2.108 “图书借阅”窗体

4．以“图书类别”表为数据源，使用“空白窗体”工具创建图 2.109 所示的“图书类别”窗体。

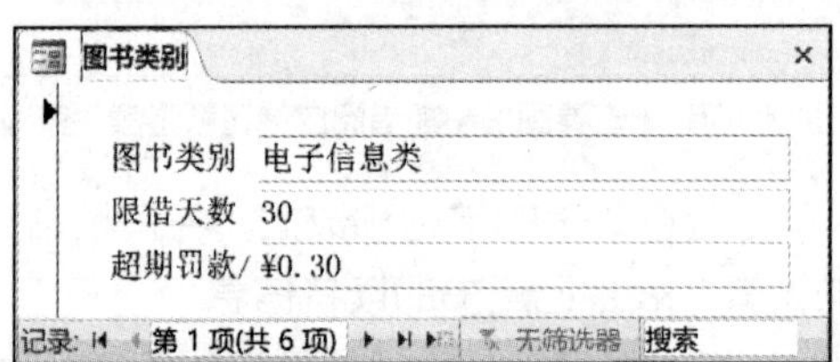

图 2.109 “图书类别”窗体

5．以“图书”表为数据源，使用“数据表”工具创建图 2.110 所示的“图书信息”窗体。

图书编号	图书类别	书名	作者	出版社	出版日期	价格	入库时间	库存总数	
A000001	电子信息类	模拟电路基础	何松柏等	高等教育出版社	2018-5-18	¥34.60	2018-8-30	6	5
A000002	电子信息类	PLC原理与应用技术	刘爽等	电子工业出版社	2015-8-1	¥42.00	2016-3-6	5	2
A000003	电子信息类	工业预测控制	丁宝苍	机械工业出版社	2016-8-1	¥79.00	2017-1-25	8	5
A000004	电子信息类	电器控制与PLC(西门子S7-300机型)	柳春生	机械工业出版社	2015-12-1	¥58.00	2019-12-9	6	2
B000001	工科类	理论力学	刘川	北京大学出版社	2019-9-1	¥43.00	2019-12-1	5	4
B000002	工科类	结构力学	王邵臻等	清华大学出版社	2016-12-1	¥39.00	2017-9-13	7	6
B000003	工科类	建筑工程项目管理	杨霖华等	清华大学出版社	2019-9-1	¥49.00	2019-5-1	4	4
C000001	计算机类	C程序设计	谭浩强	清华大学出版社	2017-8-1	¥59.90	2017-10-15	8	6
C000002	计算机类	信息安全与技术	朱海波等	清华大学出版社	2019-6-1	¥59.00	2019-9-20	6	2
C000003	计算机类	Java程序设计入门与实战	张毅恒等	人民邮电出版社	2023-2-1	¥69.80	2023-3-1	5	3
D000001	经济管理类	会计学基础	程培先	人民邮电出版社	2020-8-1	¥49.80	2020-9-9	8	6
D000002	经济管理类	财务管理	肖侠	清华大学出版社	2023-3-1	¥59.80	2023-6-10	6	6
D000003	经济管理类	财政与金融	赵立华	清华大学出版社	2022-1-1	¥66.00	2022-4-10	5	2
E000001	语言类	新大学英语·综合教程1	黄怡等	华东师范大学出版社	2020-8-1	¥59.00	2020-2-5	7	5
E000002	语言类	大学语文与写作	陈世杰等	中国经济出版社	2019-8-1	¥45.00	2019-10-9	5	5
F000001	工具类	牛津高阶英汉双解词典	霍恩比	商务印书馆	2018-3-1	¥169.00	2018-5-18	4	3

记录: 第 1 项(共 16 项) 无筛选器 搜索

图 2.110 “图书信息”窗体

学习情境3

商贸管理系统

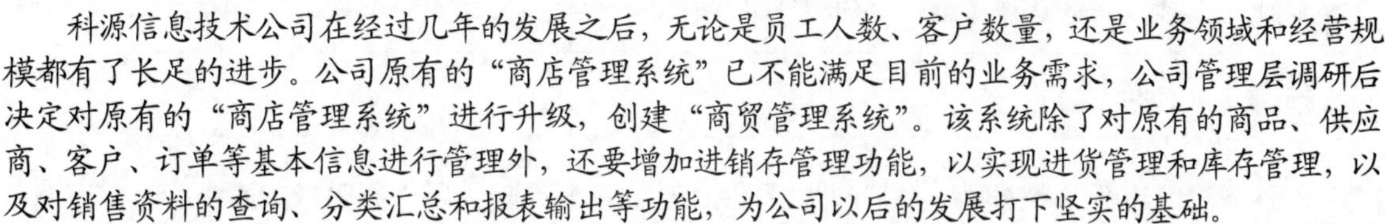

科源信息技术公司在经过几年的发展之后，无论是员工人数、客户数量，还是业务领域和经营规模都有了长足的进步。公司原有的“商店管理系统”已不能满足目前的业务需求，公司管理层调研后决定对原有的“商店管理系统”进行升级，创建“商贸管理系统”。该系统除了对原有的商品、供应商、客户、订单等基本信息进行管理外，还要增加进销存管理功能，以实现进货管理和库存管理，以及对销售资料的查询、分类汇总和报表输出等功能，为公司以后的发展打下坚实的基础。

【学习目标】

📖 知识点

- 了解数据库应用系统的设计流程。
- 掌握数据库安全设置的方法。
- 理解交叉表查询的概念。
- 了解 SQL 查询的基本语法格式。
- 理解报表的功能和结构。
- 掌握设计、创建和修改报表的各种方法。
- 了解控件在报表设计中的使用方法和基本操作。
- 能正确对窗体属性进行设置。
- 理解宏的概念、分类和视图，理解模块和 VBA 的基本概念。

📖 技能点

- 能熟练、正确地导入数据库中的各个表。
- 熟练使用表设计器创建和修改表结构。
- 能根据查询要求选择并设计查询。
- 能熟练使用交叉表查询对数据表进行统计和分析。
- 会使用 SQL 语句进行简单的数据查询。
- 能按所需设计、创建和美化报表。
- 能正确设计和运行宏、宏组。
- 能熟练使用窗体工具进行窗体的设计和修改。
- 能通过按钮调用设计的宏、利用 VBA 代码完成对象的操作。
- 掌握数据库对象的集成操作。

📖 素养点

- 增强学生的责任感，培养学生的大局意识、核心意识和团结协作的精神。
- 培养学生的信息安全意识，引导学生遵守正确的职业道德和职业操守。
- 培养学生认真负责的工作态度、一丝不苟的工匠精神和求真务实的科学精神。
- 培养学生的专业自信、职业理想，以及坚韧执着、刻苦钻研的品质。

【拓展阅读】

棱镜门事件

拓展阅读 3

工作任务8 创建数据库和表

08

8.1 任务描述

本任务将创建新的数据库——“商贸管理系统”。本任务除了导入原有数据库中的“供应商”、“类别”、“客户”、“商品”和“订单”表外，还将修改和维护“商品”表、“订单”表，然后创建新的“进货”表和“库存”表，为数据库系统升级做好准备。

8.2 任务目标

- 了解数据库应用系统的开发流程。
- 掌握数据库安全的设置方法。
- 能熟练、正确地从其他数据库中导入数据表。
- 熟练使用表设计器创建和修改表结构。
- 熟练进行数据的编辑，正确编辑表间关系。

8.3 知识储备

8.3.1 数据库应用系统的开发流程

数据库应用系统的开发流程一般采用生命周期理论。生命周期理论是应用系统从提出需求、形成概念开始，经过分析论证、系统开发、使用维护，直到被淘汰或被新的应用系统取代的过程。数据库应用系统的开发流程可以分为6个阶段，分别为需求分析阶段、概念设计阶段、逻辑设计阶段、物理设计阶段、数据库实施阶段、数据库的运行和维护阶段。其中，与数据库设计关系最密切的4个阶段如图3.1所示。

1. 需求分析

（1）调查用户的需求，包括以下需求。

① 信息需求。

② 处理需求。

③ 安全性和完整性需求。

（2）分析和表达用户的需求，可使用如下工具。

① 数据流图。

② 数据字典。

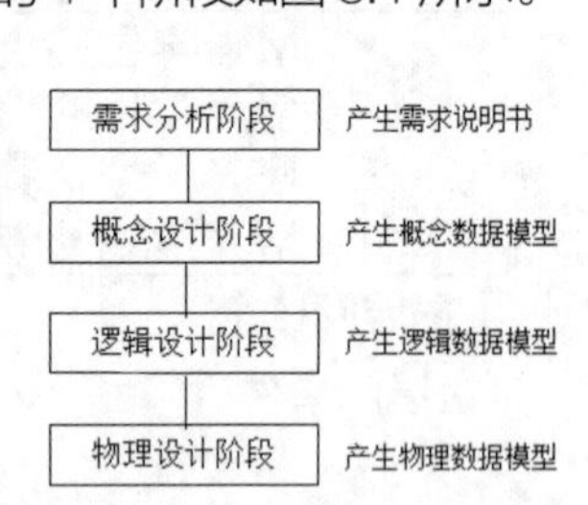

图3.1　与数据库设计关系最密切的4个阶段

2. 概念设计

概念设计最常用的工具之一是 E-R 图，具体的设计步骤如下。

（1）确定实体。

（2）确定实体的属性。

（3）确定实体的主键。

（4）确定实体间的关系类型。

（5）画出 E-R 图。

3. 逻辑设计

逻辑设计的任务就是把概念数据模型转换为选用的 DBMS 支持的逻辑数据模型的过程。逻辑设计首先应选择对某个概念结构最好的数据模型，然后对转换结果进行规范化处理。关系数据库的逻辑数据模型由一组关系模型组成，这个阶段就是将 E-R 图转换为关系模型的过程。

4. 物理设计

物理设计的步骤如下。

（1）确定数据的存储结构。

（2）选择和调整存取路径。

（3）确定数据存储位置。

（4）确定存储分配。

5. 数据库实施

运用 DBMS 提供的数据语言、工具及宿主语言，根据逻辑设计和物理设计的结果建立数据库，编制与调试应用程序，组织数据入库并试运行。

6. 数据库的运行和维护

数据库应用系统经过试运行后即可投入正式运行。在数据库应用系统运行过程中，相关人员必须不断地对其进行评价、调整与修改。

8.3.2 数据库安全

为了保证数据库系统安全、可靠地运行，创建好的数据库必须考虑安全方面的管理和保护。数据库安全一般分为数据库系统的运行安全和数据库系统的数据安全。在 Access 数据库系统中，可以通过多种方法来保存数据，进而强化数据库安全。

1. Access 安全性

在早期的 Access 版本中，如果将安全级别设置为“高”，则必须先对数据库进行代码签名并信任数据库，才能查看数据。使用 Access 2019 则可以直接查看数据，无须决定是否信任数据库。

（1）更高的易用性。

如果将数据库文件放在受信任位置（例如，指定为安全位置的文件夹或网络共享），那么这些文件将直接打开并运行，而不会显示警告消息或要求启用任何禁用的内容。此外，如果在 Access 2019 中打开由早期版本的 Access 创建的数据库（如.mdb 或 .mde 文件），并且这些数据库已进行了数字签名、已选择了信任发布者，那么系统将运行这些文件而不需要决定是否信任它们。

（2）信任中心。

信任中心用于设置和更改 Access 的安全设置。使用信任中心可以为 Access 创建或更改受信任位置并设置安全选项。在 Access 实例中打开新的和现有的数据库时，这些设置将影响它们的行为。信任中心包含的逻辑还可以评估数据库中的组件，确定打开数据库是否安全，或者信任中心是否应禁用数据库，并让用户判断是否启用它。

（3）更少的警告消息。

早期版本的 Access 强制用户处理各种警告消息，宏安全性和沙盒模式就是其中的两个例子。默认情况下，如果用户打开一个非信任的 .accdb 文件，将看到一个称为“消息栏”的工具，如图 3.2 所示。当打开的数据库中包含一个或多个禁用的数据库内容，如宏、ActiveX 控件、表达式以及 VBA 代码时，若要信任该数据库，可以使用消息栏来启用任何这样的数据库内容。

图 3.2　安全警告消息栏

（4）使用更强的算法来加密使用数据库密码功能的 .accdb 文件格式的数据库。

加密数据库将打乱表中的数据，有助于防止“不请自来”的用户读取数据。

（5）新增了一个在禁用数据库时运行的宏操作子类。

这些更安全的宏包含错误处理功能，可以直接将宏嵌入任何窗体、报表或控件属性。

2．数据库权限控制

数据库权限用于指定用户对数据库中的数据或对象拥有的访问权限类型。一种简单的数据库权限控制方法是为 Access 数据库设置密码。设置密码后，每次打开数据库时都将显示要求输入密码的对话框。只有输入正确密码的用户才可以打开数据库，数据库中的所有对象对用户都是可用的。若要对数据库实施安全措施，那么最灵活、最广泛的方法之一是用户级安全机制，包括创建工作组管理员，设置用户和组权限、用户和组账户。

3．数据库的压缩和修复

为确保实现数据库的最佳性能，应该定期压缩和修复 Access 数据库文件。用户可压缩和修复当前的 Access 数据库文件，也可选择【文件】→【选项】命令，打开“Access 选项”对话框。单击左侧的“当前数据库”选项，在右侧的“应用程序选项”下勾选【关闭时压缩】复选框，这样每次关闭 Access 时，都对其进行压缩和修复。

4．数据库备份

除可以采取上面的策略来保存数据库以外，最重要、最直接的做法之一是可以对整个数据库进行备份操作。遇到意外情况时，可用备份副本还原数据库。

5．生成 accde 文件

为了保护 Access 数据库系统中创建的各类对象不被他人擅自修改或查看，以及隐藏并保护数据库包含的 VBA 代码，可将设计好并完成测试的 Access 数据库保存为 accde 文件，以保证数据库安全。生成 accde 文件的操作也称为数据库打包。生成 accde 文件的过程是对数据库系统进行编译，自动删除所有可编辑的 VBA 源代码并压缩数据库系统。

8.4 任务实施

8.4.1　设计“商贸管理系统”数据库

1．需求分析

科源信息技术公司经过几年的发展，经营规模进一步扩大，除了对商品、供应商、客户、订单等基本信息进行管理外，还增加了进销存管理功能，实现进货、销售和库存管理。因此需要修改原有的“商品”表和“订单”表，新增“进货”表和“库存”表，实现方便地查询、汇总销售资料和输出报表等功能。

2. 概念设计

根据需求分析，“商贸管理系统”的实体包括商品、供应商、类别、客户、订单、进货和库存。

（1）商品实体及其属性的 E-R 图如图 3.3 所示。

（2）供应商实体及其属性的 E-R 图如图 3.4 所示。

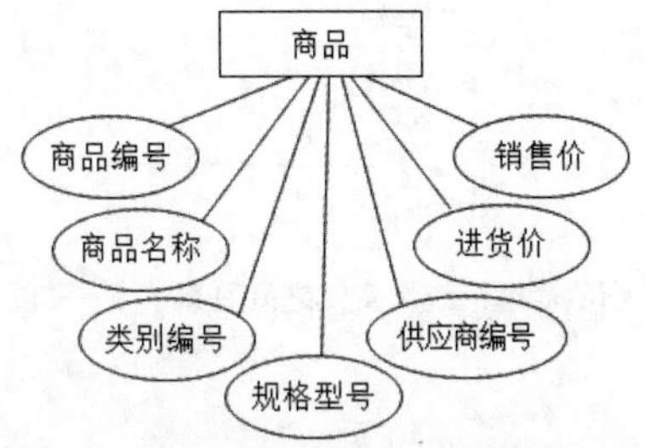

图 3.3　商品实体及其属性的 E-R 图

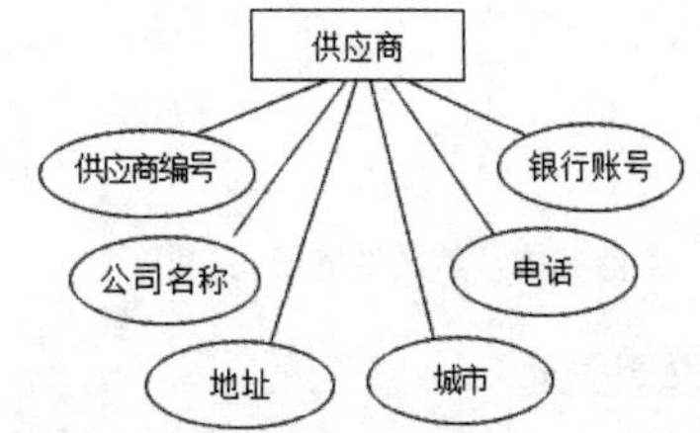

图 3.4　供应商实体及其属性的 E-R 图

（3）类别实体及其属性的 E-R 图如图 3.5 所示。

（4）客户实体及其属性的 E-R 图如图 3.6 所示。

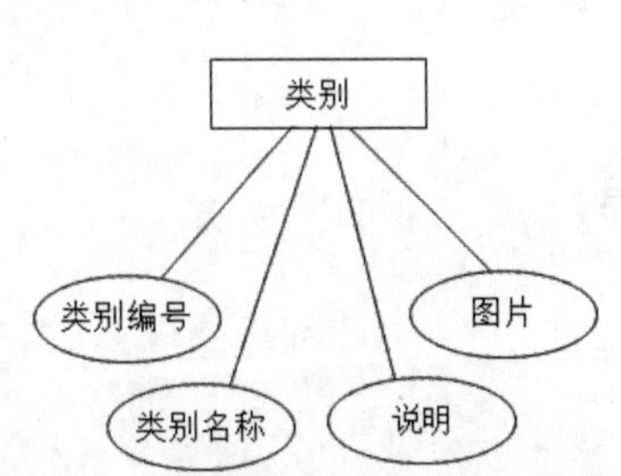

图 3.5　类别实体及其属性的 E-R 图

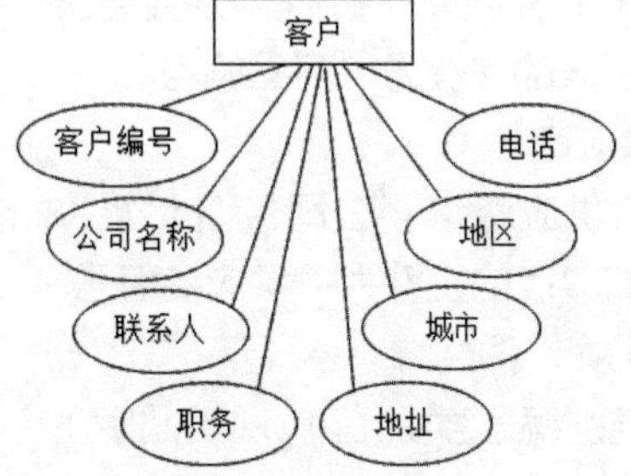

图 3.6　客户实体及其属性的 E-R 图

（5）订单实体及其属性的 E-R 图如图 3.7 所示。

（6）进货实体及其属性的 E-R 图如图 3.8 所示。

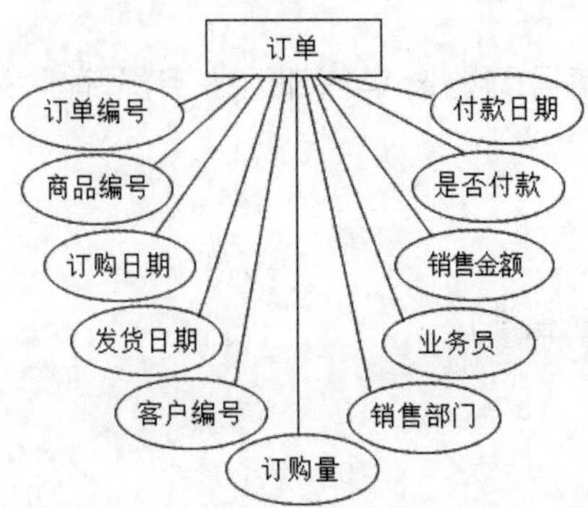

图 3.7　订单实体及其属性的 E-R 图

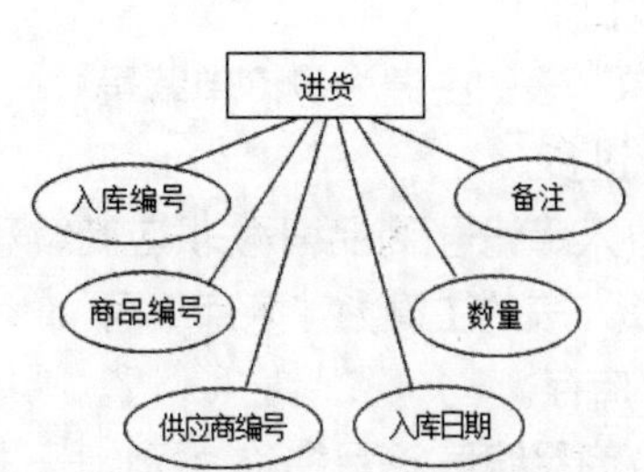

图 3.8　进货实体及其属性的 E-R 图

（7）库存实体及其属性的 E-R 图如图 3.9 所示。

（8）“商贸管理系统”实体之间联系的 E-R 图如图 3.10 所示。

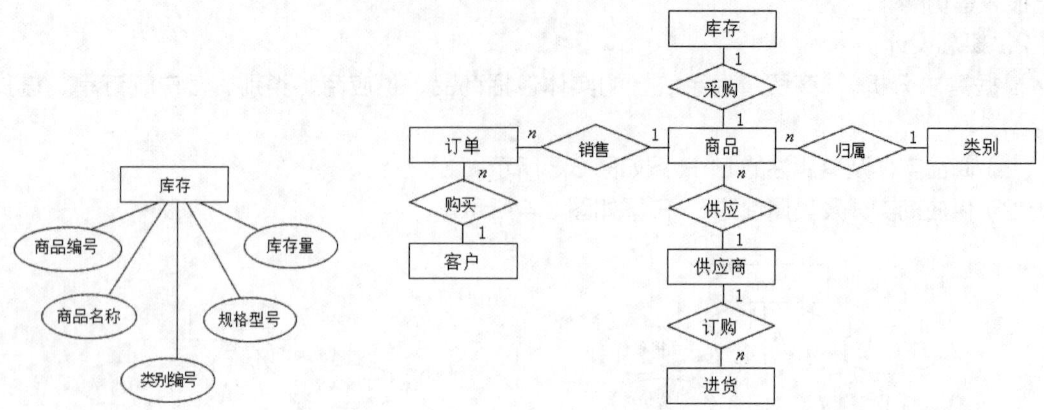

图 3.9　库存实体及其属性的 E-R 图　　　　图 3.10　“商贸管理系统”实体之间联系的 E-R 图

3. 逻辑设计

关系数据库的逻辑设计实际上就是把 E-R 图转换为关系模式。对于 Access 关系数据库来说，关系就是二维表，关系模式也称为表模式，可表示为：表名(字段名 1,字段名 2,…,字段名 *n*)。

“商贸管理系统”的表模式如下。

（1）商品。

商品(商品编号,商品名称,类别编号,规格型号,供应商编号,进货价,销售价)

“商品”表的主键为“商品编号”。

（2）供应商。

供应商(供应商编号,公司名称,地址,城市,电话,银行账号)

“供应商”表的主键为“供应商编号”。

（3）类别。

类别(类别编号,类别名称,说明,图片)

“类别”表的主键为“类别编号”。

（4）客户。

客户(客户编号,公司名称,联系人,职务,地址,城市,地区,电话)

“客户”表的主键为“客户编号”。

（5）订单。

订单(订单编号,商品编号,订购日期,发货日期,客户编号,订购量,销售部门,业务员,销售金额,是否付款,付款日期)

“订单”表的主键为“订单编号”+“商品编号”。

（6）进货。

进货(入库编号,商品编号,供应商编号,入库日期,数量,备注)

“进货”表的主键为“入库编号”。

（7）库存。

库存(商品编号,商品名称,类别编号,规格型号,库存量)

“库存”表的主键为“商品编号”。

8.4.2 创建“商贸管理系统”数据库

（1）启动 Access 程序，进入 Access 启动界面。

（2）新建数据库文件。

① 单击启动界面右侧列表中的“空白数据库”选项，打开“空白数据库”对话框。

② 在“文件名”文本框中输入新建数据库文件的名称“商贸管理系统”。

③ 单击“文件名”文本框右侧的【浏览到某个位置来存放数据库】按钮 ，打开“文件新建数据库”对话框。

④ 设置数据库文件的保存位置为“D:\数据库”。

⑤ 设置保存类型。在“保存类型”下拉列表中选择“Microsoft Access 2007 - 2016 数据库”类型，即扩展名为“.accdb”，单击【确定】按钮，返回“空白数据库”对话框。

⑥ 单击【创建】按钮，屏幕上显示“商贸管理系统”数据库窗口。

8.4.3 创建数据表

1. 导入“订单”“供应商”“客户”“类别”“商品”表

（1）打开“商贸管理系统”数据库。

（2）导入“商店管理系统”中的“订单”“供应商”“客户”“类别”“商品”表。

① 单击【外部数据】→【导入并链接】→【新数据源】按钮，打开“新数据源”菜单，单击“从数据库”选项，展开其子菜单，选择【Access】命令，弹出“获取外部数据-Access 数据库”对话框，选择数据源和目标，单击【浏览】按钮，指定要导入文件为“D:\数据库\商店管理系统.accdb”，指定数据在当前数据库中的存储方式和存储位置为“将表、查询、窗体、报表、宏和模块导入当前数据库”，如图 3.11 所示。

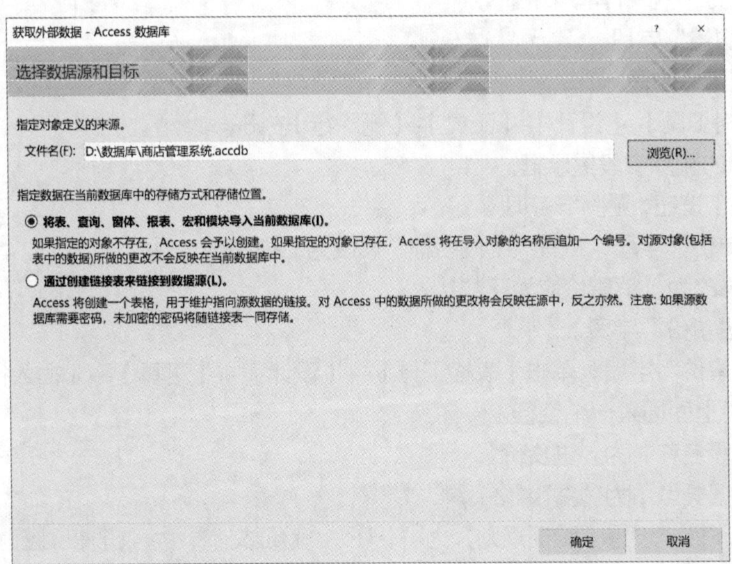

图 3.11 “获取外部数据-Access 数据库”对话框

② 单击【确定】按钮，弹出图 3.12 所示的“导入对象”对话框。

（3）在“表”选项卡中分别选中“订单”“供应商”“客户”“类别”“商品”表。

（4）单击【确定】按钮，完成表的导入。单击【关闭】按钮，返回“商贸管理系统”数据库，导入表后的数据库如图 3.13 所示。

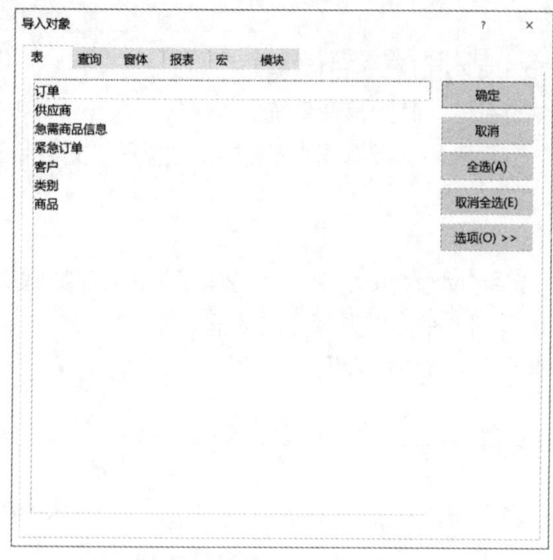

图 3.12 “导入对象”对话框

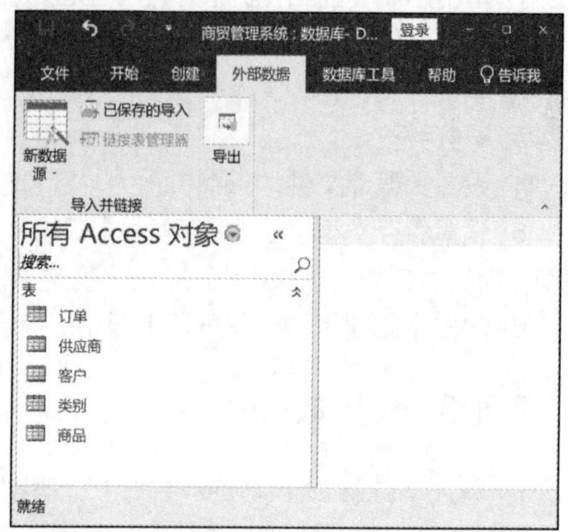

图 3.13 导入数据表后的“商贸管理系统”数据库

2. 修改“商品”表

根据“商贸管理系统”数据库的应用需要，删除“商品”表中的“数量”字段，将“单价”字段名称修改为“销售价”，并新增“进货价”字段，其字段属性同“销售价”字段属性。

微课 3-1 修改“商品”表

（1）在导航窗格中用鼠标右键单击“商品”表，从弹出的快捷菜单中选择【设计视图】命令，打开表设计器。

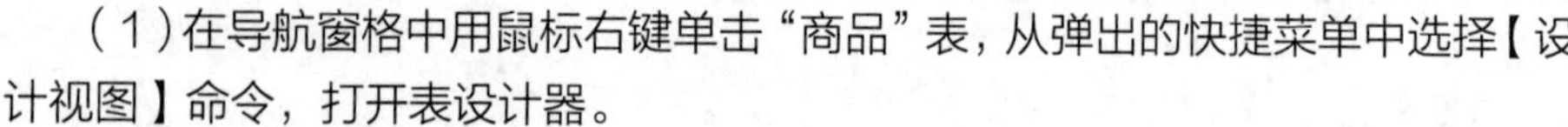

（2）删除“数量”字段。

① 选择“数量”字段。

② 单击【表格工具】→【设计】→【工具】→【删除行】按钮 删除行，弹出图 3.14 所示的删除字段提示框。

③ 单击【是】按钮，删除该字段。

Microsoft Access
是否永久删除选中的字段及其所有数据?
如要永久删除字段，请选择"是"。
是(Y)　否(N)

图 3.14 删除字段提示框

（3）选中“单价”字段，将其“字段名称”修改为“销售价”，并将“验证文本”修改为“销售价应为正数！”。

（4）添加“进货价”字段。

① 选中“销售价”字段，单击【表格工具】→【设计】→【工具】→【插入行】按钮 插入行，在“销售价”字段上面插入一个空行。

② 输入“字段名称”为“进货价”。

③ 设置“数据类型”为“货币”。

④ 设置字段属性。设置“验证规则”为“>0”，“验证文本”为“进货价应为正数！”。

⑤ 单击快速访问工具栏中的【保存】按钮，弹出图 3.15 所示的数据完整性规则已经更改的提示框。

⑥ 单击【是】按钮。修改后的“商品”表的结构如图 3.16 所示，关闭表设计器。

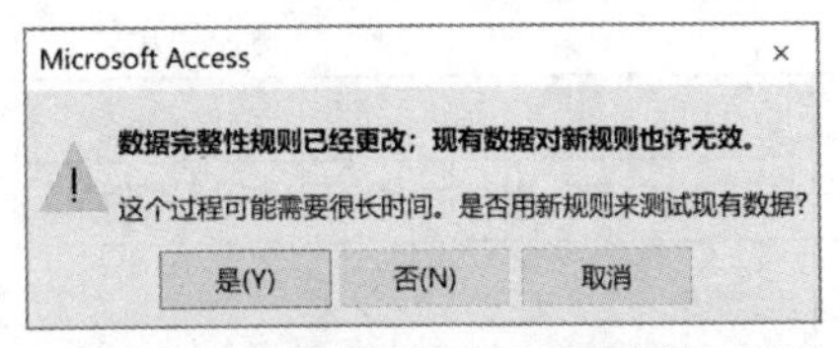

图 3.15　数据完整性规则已经更改的提示框

商品

字段名称	数据类型	说明(可选)
商品编号	短文本	4位文本型数字的商品编号
商品名称	短文本	
类别编号	短文本	引用“类别”表中的“类别编号”
规格型号	短文本	
供应商编号	短文本	引用“供应商”表中的“供应商编号”
进货价	货币	
销售价	货币	

图 3.16　修改后的“商品”表的结构

3. 修改“订单”表

在“订单”表中增加“业务员”、“销售金额”、“是否付款”和“付款日期”字段，新增字段的属性如表 3.1 所示。

表 3.1　“订单”表新增字段的属性

字 段 名 称	数 据 类 型	字 段 大 小	其 他 设 置	说　明
业务员	短文本	5	有（有重复）索引	
销售金额	货币			销售价×订购量
是否付款	是/否			
付款日期	日期/时间			

（1）打开“订单”表的设计视图。

（2）在字段行最后增加“业务员”字段，设置“数据类型”为“短文本”，“字段大小”为“5”，“索引”为“有（有重复）”。

（3）增加“销售金额”字段，设置“数据类型”为“货币”，输入字段“说明”为“销售价*订购量”。

（4）增加“是否付款”字段，设置“数据类型”为“是/否”。

（5）增加“付款日期”字段，设置“数据类型”为“日期/时间”。

（6）修改后的“订单”表的结构如图 3.17 所示，保存后关闭表设计器。

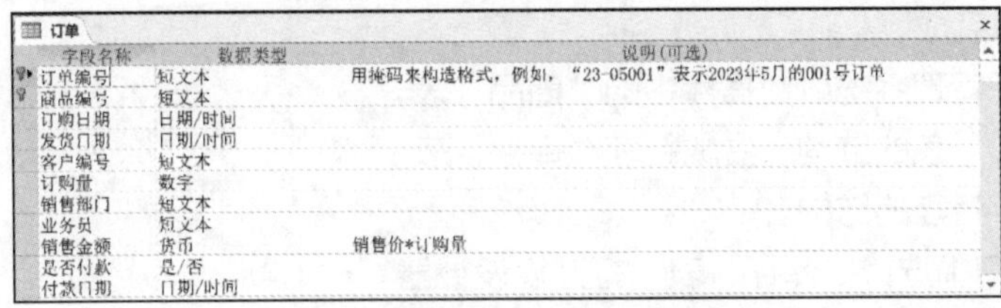

图 3.17　修改后的“订单”表的结构

4. 创建“进货”表

“进货”表的字段包括入库编号、商品编号、供应商编号、入库日期、数量和备注。

“进货”表主要用于记录入库信息，结合实际工作的特点，确定表中各字段的基本属性，如表 3.2 所示。

表 3.2　“进货”表的结构

字段名称	数据类型	字段大小	其 他 设 置	说　明
入库编号	短文本	8	主键、有（无重复）索引、输入掩码格式为“00\-00000”	用输入掩码来构造格式，例如，“23-06001”表示 2023 年 6 月的 001 号进货单
商品编号	查阅向导	4	有（有重复）索引	与“商品”表中的“商品编号”相同

续表

字段名称	数据类型	字段大小	其他设置	说明
供应商编号	查阅向导	4	有（有重复）索引	与“供应商”表中的“商品编号”相同
入库日期	日期/时间			
数量	数字	整型	默认值为 0，必须输入大于 0 的整数，输入无效数据时提示“数量应为正整数！”，必填字段	
备注	长文本			

（1）单击【创建】→【表格】→【表设计】按钮，打开表设计器。

（2）创建“入库编号”字段。按表 3.2 所示的属性设置“字段名称”、“数据类型”、“说明”、“字段大小”、“输入掩码”格式及“索引”，并将该字段设置为主键。

（3）创建“商品编号”字段。由于“商品编号”字段在“商品”表中已存在，因此这里的“商品编号”字段的属性设置与“商品”表中的“商品编号”相同。将该字段的“数据类型”设置为“查阅向导”，引用“商品”表中的“商品编号”字段。

（4）创建“供应商编号”字段。创建该字段的方法与创建“商品编号”字段的方法相同，该字段引用“供应商”表中的“供应商编号”字段。

（5）创建“入库日期”字段，将“数据类型”设置为“日期/时间”，其余属性为默认值。

（6）创建“数量”字段。设置“数据类型”为“数字”，“字段大小”为“整型”，“默认值”为“0”，“验证规则”为“>0”，“验证文本”为“数量应为正整数！”，“必需”属性为“是”。

（7）创建“备注”字段，设置“数据类型”为“长文本”，其余属性为默认值。

（8）保存“进货”表的结构。

5. 创建“库存”表

根据实际工作情况，定义“库存”表包括以下字段：商品编号、商品名称、类别编号、规格型号、库存量。由于该表的字段类似于“商品”表的字段，因此该表的创建可通过对复制的“商品”表的结构稍做修改来完成。

（1）选中“商贸管理系统”数据库中的“商品”表。

（2）复制“商品”表的结构，生成新表“库存”表。

（3）修改“库存”表的结构。

① 在数据库窗口中选择“库存”表，打开表设计器。

② 删除“供应商编号”、“进货价”和“销售价”字段。

③ 添加“库存量”字段。设置“数据类型”为“数字”，“字段大小”为“整型”，“验证规则”为“>=0”，“验证文本”为“库存量不能为负数！”。

（4）保存后关闭表设计器。

8.4.4 维护数据表

1. 修改“商品”表的数据

由于“商品”表中新增了字段“进货价”，下面需要为该字段对应的列输入相应的数据。

（1）双击“商品”表，在数据表视图下打开表。

（2）为“进货价”列添加图 3.18 所示的数据。

商品编号	商品名称	类别编号	规格型号	供应商编号	进货价	销售价
0001	小米手环	001	7 NFC版	1103	¥199.00	¥249.00
0002	内存条	003	金士顿DDR4 3200 32GB	1006	¥478.00	¥589.00
0005	移动硬盘	003	WDBEPK0020BBK	1020	¥375.00	¥460.00
0006	无线网卡	004	普联TL-WN823N免驱版	1011	¥43.00	¥59.00
0007	惠普打印机	005	HP OfficeJet 100	1205	¥3,380.00	¥4,399.00
0008	宏碁笔记本电脑	002	SF314-512 14英寸	1018	¥4,569.00	¥5,187.00
0009	电子书阅读器	001	Kindle Paperwhite 5	1008	¥818.00	¥1,060.00
0010	Intel酷睿处理器	003	i7-13700F 13代	1006	¥2,380.00	¥3,099.00
0011	佳能数码相机	006	EOS 200D Ⅱ	1001	¥4,050.00	¥5,200.00
0012	戴尔笔记本电脑	002	Ins 15-3520-R1828S	1028	¥4,980.00	¥5,890.00
0015	索尼数码摄像机	006	HDR-CX450	1001	¥2,958.00	¥3,700.00
0016	随行WiFi	004	华为e5576	1028	¥208.00	¥259.00
0017	U盘	001	SanDisk CZ73	1020	¥112.00	¥150.00
0018	佳能打印机	005	Canon G3812	1015	¥810.00	¥1,050.00
0021	联想笔记本电脑	002	YOGA Pro 14s	1009	¥6,980.00	¥8,265.00
0022	存储卡	001	SanDisk 256GB TF	1015	¥118.00	¥155.00
0025	固态硬盘	003	SL700 SATA3 1TB	1021	¥380.00	¥480.00
0026	移动电源	001	小米 30000mAh	1011	¥138.00	¥178.00
0030	无线路由器	004	华为 B311B-853	1011	¥268.00	¥330.00

记录: 第 1 项(共 19 项) 无筛选器 搜索

图 3.18　修改“商品”表的数据

2. 修改“订单”表的数据

（1）打开“订单”表的数据表视图。

（2）为“订单”表中的“业务员”、“是否付款”和“付款日期”列添加图 3.19 所示的数据。

订单编号	商品编号	订购日期	发货日期	客户编号	订购量	销售部门	业务员	销售金额	是否付款	付款日期
23-06001	0010	2023-6-2	2023-6-6	HN-1030	1	B部	夏蓝		☑	2023-6-2
23-06002	0005	2023-6-5	2023-6-9	HD-1022	3	A部	白瑞林		☑	2023-6-6
23-06002	0006	2023-6-5	2023-6-11	HD-1022	7	A部	杨立		☑	2023-6-8
23-06003	0001	2023-6-8	2023-6-12	DB-1009	4	B部	方艳芸		☑	2023-6-8
23-06003	0008	2023-6-8	2023-6-15	DB-1009	2	B部	李陵		☐	
23-06004	0011	2023-6-12	2023-6-15	HB-1001	3	A部	张勇		☑	2023-6-12
23-06005	0007	2023-6-26	2023-6-27	HB-1039	5	A部	张勇		☐	
23-06006	0002	2023-6-29	2023-7-2	XN-1012	14	A部	杨立		☑	2023-6-29
23-07001	0005	2023-7-7	2023-7-8	XB-1025	6	B部	夏蓝		☑	2023-7-7
23-07002	0010	2023-7-12	2023-7-17	HD-1006	2	B部	方艳芸		☐	
23-07003	0002	2023-7-16	2023-7-19	HD-1027	8	A部	白瑞林		☑	2023-7-18
23-07003	0006	2023-7-16	2023-7-17	HD-1027	3	A部	白瑞林		☑	2023-7-18
23-07003	0017	2023-7-16	2023-7-20	HD-1027	20	A部	杨立		☑	2023-7-18
23-07004	0001	2023-7-18	2023-7-27	HZ-1020	28	B部	方艳芸		☑	2023-7-20
23-07005	0022	2023-7-27	2023-7-29	HD-1032	8	B部	李陵		☐	
23-08001	0030	2023-8-3	2023-8-8	HD-1006	6	A部	张勇		☑	2023-8-4
23-08002	0021	2023-8-3	2023-8-8	XB-1025	1	B部	李陵		☐	
23-08003	0012	2023-8-4	2023-8-9	XN-1015	2	B部	李陵		☑	2023-8-4
23-08004	0008	2023-8-19	2023-8-20	DB-1010	3	A部	白瑞林		☑	2023-8-20
23-08005	0011	2023-8-21	2023-8-22	XN-1008	4	B部	夏蓝		☑	2023-8-22

记录: 第 1 项(共 20 项) 无筛选器 搜索

图 3.19　修改“订单”表的数据

3. 输入“进货”表的数据

（1）打开“进货”表的数据表视图。

（2）为“进货”表输入图 3.20 所示的数据。

入库编号	商品编号	供应商编号	入库日期	数量	备注
23-08001	0002	1006	2023-8-5	25	
23-08002	0006	1001	2023-8-5	10	
23-08003	0011	1011	2023-8-6	8	
23-08004	0008	1020	2023-8-8	10	
23-08005	0007	1009	2023-8-10	5	
23-08006	0001	1018	2023-8-12	12	
23-08007	0022	1105	2023-8-15	6	
23-08008	0015	1103	2023-8-16	9	
23-08009	0005	1021	2023-8-17	15	
23-08010	0021	1205	2023-8-20	35	
23-08011	0030	1015	2023-8-23	20	
23-08012	0012	1028	2023-8-25	8	
23-08013	0017	1205	2023-8-26	11	
23-08014	0010	1103	2023-8-28	7	
23-08015	0025	1015	2023-8-29	38	
23-08016	0016	1028	2023-8-30	8	

记录: 第 1 项(共 16 项) 无筛选器 搜索

图 3.20　输入“进货”表的数据

提示 由于“商品编号”和“供应商编号”字段分别设置了查阅列引用“商品”表及“供应商”表中的相应字段，因此输入数据时可直接从值列表中选择需要的数据。

4. 输入“库存”表的数据

（1）打开“库存”表的数据表视图。

（2）为“库存”表输入图 3.21 所示的数据。

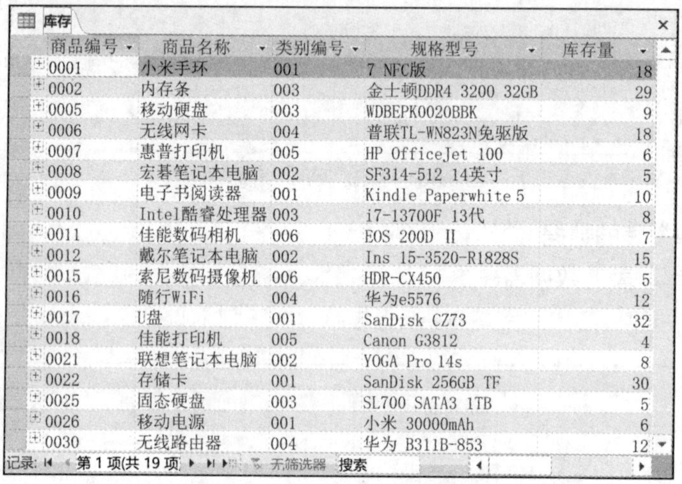

库存

商品编号	商品名称	类别编号	规格型号	库存量
0001	小米手环	001	7 NFC版	18
0002	内存条	003	金士顿DDR4 3200 32GB	29
0005	移动硬盘	003	WDBEPK0020BBK	9
0006	无线网卡	004	普联TL-WN823N免驱版	18
0007	惠普打印机	005	HP OfficeJet 100	6
0008	宏碁笔记本电脑	002	SF314-512 14英寸	5
0009	电子书阅读器	001	Kindle Paperwhite 5	10
0010	Intel酷睿处理器	003	i7-13700F 13代	8
0011	佳能数码相机	006	EOS 200D Ⅱ	7
0012	戴尔笔记本电脑	002	Ins 15-3520-R1828S	15
0015	索尼数码摄像机	006	HDR-CX450	5
0016	随行WiFi	004	华为e5576	12
0017	U盘	001	SanDisk CZ73	32
0018	佳能打印机	005	Canon G3812	4
0021	联想笔记本电脑	002	YOGA Pro 14s	8
0022	存储卡	001	SanDisk 256GB TF	30
0025	固态硬盘	003	SL700 SATA3 1TB	5
0026	移动电源	001	小米 30000mAh	6
0030	无线路由器	004	华为 B311B-853	12

记录：第 1 项(共 19 项) 无筛选器 搜索

图 3.21 输入“库存”表的数据

8.4.5 建立表间关系

“商贸管理系统”中新增了“进货”表和“库存”表，因此需要修改数据库中的表间关系。

（1）单击【数据库工具】→【关系】→【关系】按钮，打开图 3.22 所示的“关系”窗口。

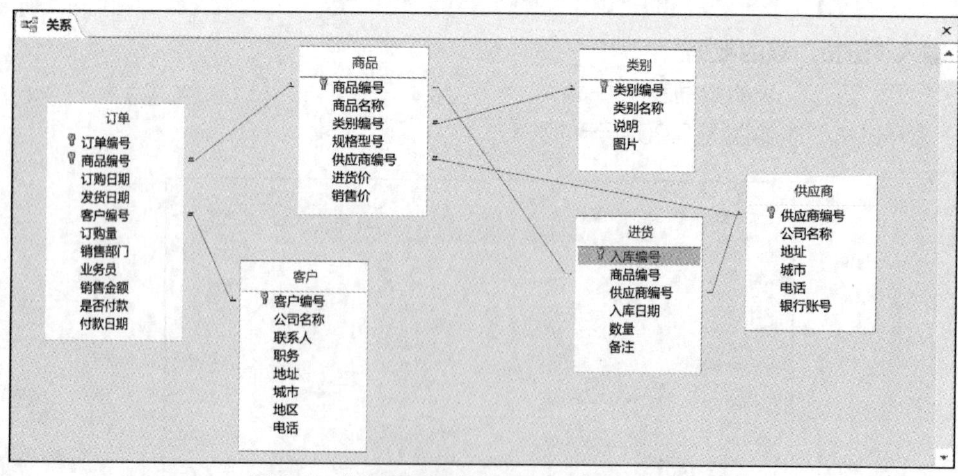

图 3.22 “商贸管理系统”中已有的数据表间关系

（2）编辑“进货”和“商品”、“供应商”表间的关系。

提示 在"进货"表的创建过程中，由于"商品编号"和"供应商编号"字段分别设置了查阅列引用"商品"表及"供应商"表中的相应字段，因此已经建立了这 3 个表之间的关系。这里只需编辑这 3 个表之间的关系。

① 编辑"进货"表和"商品"表之间的关系，勾选【实施参照完整性】复选框和【级联更新相关字段】复选框。

② 编辑"进货"表和"供应商"表之间的关系，勾选【实施参照完整性】复选框和【级联更新相关字段】复选框。

（3）在"关系"窗口中添加"库存"表。

① 用鼠标右键单击"关系"窗口的空白位置，在弹出的快捷菜单中选择【显示表】命令，弹出图 3.23 所示的"显示表"对话框。

② 选中"库存"表，单击【添加】按钮，将"库存"表添加到"关系"窗口中。

（4）建立"库存"表和"商品"表间的关系。

① 将"商品"表中的"商品编号"字段拖到"库存"表中的"商品编号"字段处，释放鼠标左键，弹出图 3.24 所示的"编辑关系"对话框。

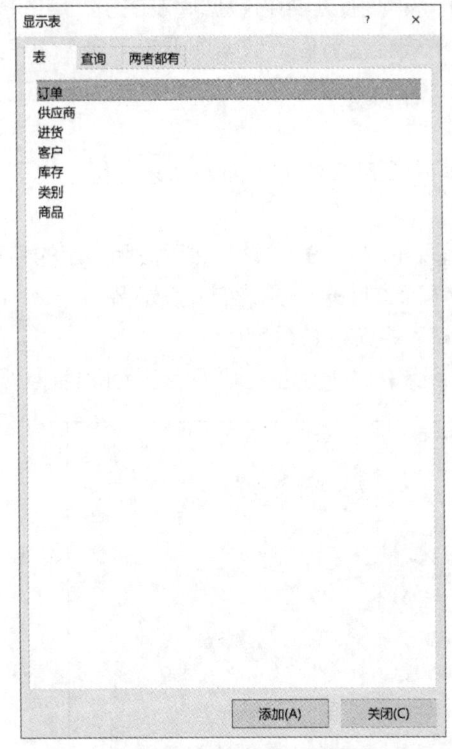

图 3.23 "显示表"对话框

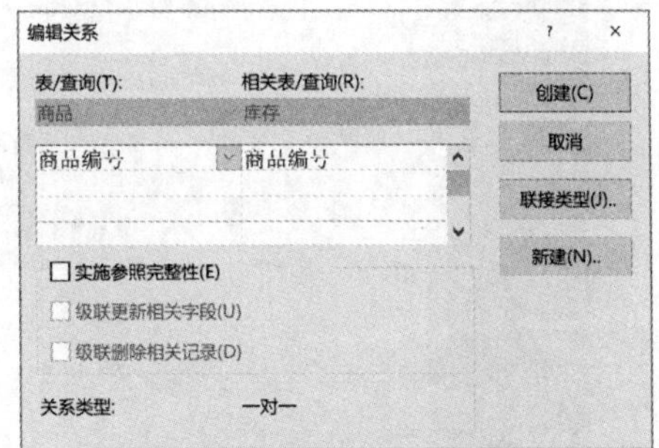

图 3.24 "编辑关系"对话框

② 勾选【实施参照完整性】复选框和【级联更新相关字段】复选框。

③ 单击【创建】按钮，即可建立"库存"表和"商品"表之间的一对一关系。

（5）编辑好的关系如图 3.25 所示，保存关系后关闭"关系"窗口。

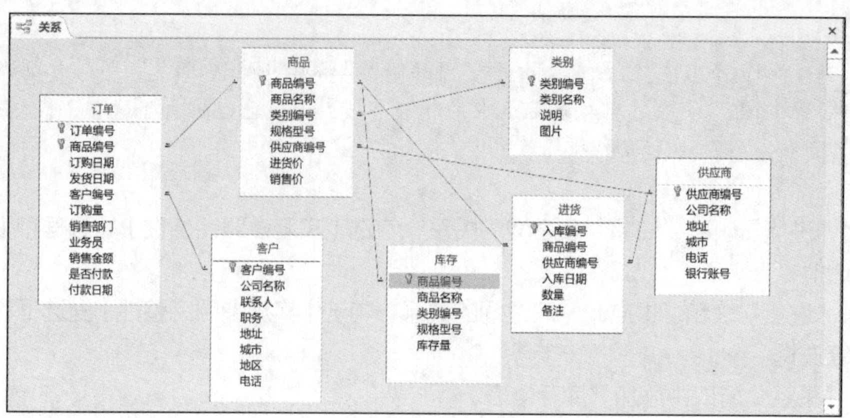

图 3.25 “商贸管理系统”的关系

8.5 任务拓展

8.5.1 备份数据库

Access 的数据库修复功能可以解决数据库损坏的一般问题，但如果数据库发生了严重的损坏，那么修复功能也不能修复所有受损的部分。增强数据库的安全性，保证数据库系统不会因为意外情况而损坏的最有效方法之一是经常备份数据库文件。Access 数据库损坏时，可以使用创建的备份来还原数据库。

备份数据库文件时，既可以使用在 Windows 环境中复制文件的一般方法来备份，也可以在 Access 环境中备份。

备份数据库时，Access 首先会保存并关闭在设计视图中打开的对象，然后使用指定的名称和位置保存数据库文件的副本。在 Access 环境中备份数据库文件的一般操作步骤如下。

（1）启动 Access，打开指定的数据库，如“商贸管理系统”数据库。

（2）选择【文件】→【另存为】命令，显示图 3.26 所示的 Microsoft Office Backstage 视图。

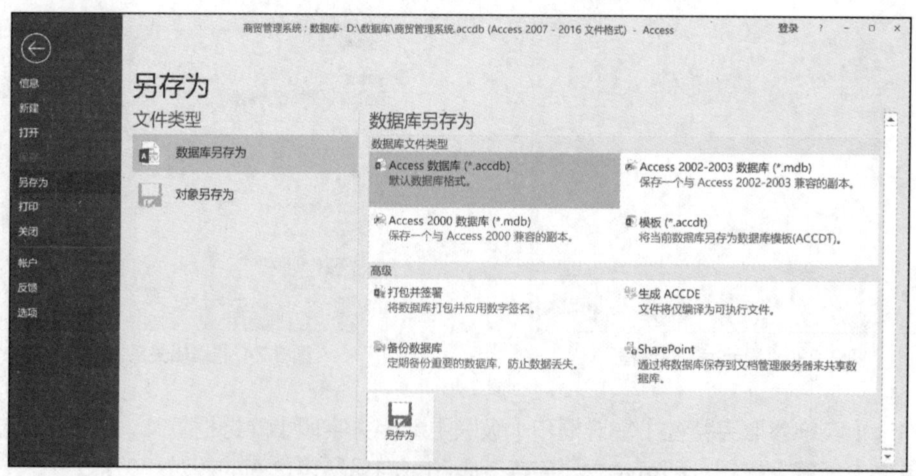

图 3.26　Microsoft Office Backstage 视图

（3）选择【数据库另存为】→【高级】→【备份数据库】，单击【另存为】按钮，打开“另存为”对话框。

（4）保存备份的数据库。

① 在“另存为”对话框中选择备份数据库保存的位置，文件名为默认的“商贸管理系统_2023-09-23”。

② 单击【保存】按钮，完成对“商贸管理系统”数据库的备份。

提示 在备份数据库时，要注意以下两点。
① 备份的文件名默认为“原数据库名_当前日期”。可以根据需要更改该名称，不过默认文件名既包含原始数据库文件的名称，又包含执行备份的日期，一般不需要更改。
② 备份数据库文件时，应尽量将备份文件保存在不同的计算机上，从而保证数据库的安全性。还原 Access 数据库时，只需先删除原来的受损数据库或将其改名，然后将备份的数据库文件复制到原数据库文件所在的文件夹中，并将其改名为原数据库文件名。

8.5.2 设置数据库密码

设置“商贸管理系统”数据库的密码的操作步骤如下。

（1）启动 Access，在启动界面左边的列表中单击【打开其他文件】命令，显示“Microsoft Office Backstage 视图”，单击“浏览”选项，选择“D:\数据库”文件夹中的“商贸管理系统”。

（2）单击【打开】按钮右侧的下拉按钮，选择“以独占方式打开”选项，然后以独占方式打开需设置密码的“商贸管理系统”数据库。

（3）选择【文件】→【信息】命令，在 Backstage 视图中单击【用密码进行加密】按钮，弹出图 3.27 所示的“设置数据库密码”对话框。在“密码”文本框中输入密码，比如，这里将密码设置为“smglxt”，在“验证”文本框中再次输入密码“smglxt”确认。

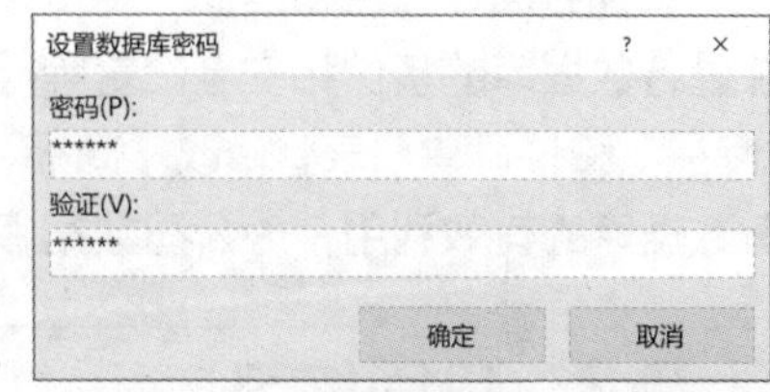

图 3.27 “设置数据库密码”对话框

（4）单击【确定】按钮，完成数据库密码的设置。

提示 （1）记住密码很重要。如果忘记了密码，Microsoft 将无法找回。最好将密码记录下来，保存在安全的地方，这个地方应该尽量远离密码所要保护的信息。
（2）打开设置了密码的数据库时，将弹出“要求输入密码”对话框。只有输入正确的密码，才能打开该数据库。如果输入的密码不正确，那么 Access 将弹出一个“密码无效”提示框，并且不允许打开该数据库。
（3）若要撤销数据库密码，可在独占方式下打开数据库，然后选择【文件】→【信息】命令，在 Backstage 视图中单击【解密数据库】按钮，弹出“撤销数据库密码”对话框，在“密码”文本框中输入原密码，然后单击【确定】按钮。

8.6 任务检测

（1）打开“计算机”窗口，查看“D:\数据库”文件夹中是否已创建好“商贸管理系统”数据库和备份数据库。

（2）打开“商贸管理系统”数据库，在导航窗格中选择“表”对象，查看数据库窗口是否如图 3.28 所示包含 7 个表。

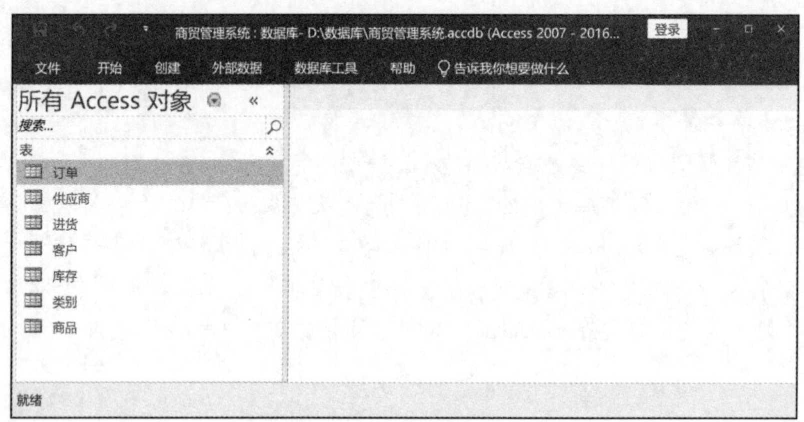

图 3.28　包含 7 个表的数据库窗口

（3）打开“关系”窗口。检查数据库的关系是否如图 3.25 所示，是否存在孤立表。

8.7 任务总结

本任务通过创建和维护“商贸管理系统”数据库，使读者能更加熟练地创建 Access 数据库，并进行数据库的备份和安全设置等操作。在此基础上，本任务通过导入“供应商”、“类别”、“客户”、“商品”和“订单”表，修改“商品”表和“订单”表，新建“进货”表和“库存”表，实现了对原有数据库的有效利用，为公司数据库系统的升级做好准备。

8.8 巩固练习

一、填空题

1. 在关系数据库中，唯一标识一条记录的一个或多个字段为________。

2. 如果在表中创建“基本工资额”字段，那么其数据类型应当是________。

3. 将表中的某一字段定义为主键，其作用是保证字段中的每一个值都必须是________（即不能重复），以便于索引。

4. ________就是修改和删除数据表之间已建立的关系。

5. 在 Access 数据库中设置________，有助于快速查找和访问文本、数字、日期/时间、货币和自动编号数据类型的数据。

6. “数字”数据类型可以设置为________、________、“长整型”、“单精度型”、“双精度型”和“同步复制 ID”等。

7. 短文本数据类型用于控制字段输入的最大字符长度，这种数据类型的字段允许最多包括________个字符或数字，且输入的文本可包含数字、________和符号，也可以输入一些不用于计算和排序的数值数据。

8. 如果定义了表间关系，则在删除主键之前，必须先将________删除。

9. 对记录进行排序时，要从前往后对日期和时间排序，应使用________排序；要从后往前对日期和时间排序，应使用________排序。

10. Access 用参照完整性来确定表中记录之间________的有效性，并不会因意外而删除或更改相关数据。

二、选择题

1. 定义表结构时，不用定义（　　）。

A. 字段名称　　B. 数据库名　　C. 字段类型　　D. 字段大小

2. 多个表之间必须有（　　）才有意义。

A. 查询　　B. 关联　　C. 字段　　D. 以上皆是

3. 在 Access 2019 中，更改字段的数据类型使用的视图是（　　）。

A. 表设计视图　　B. 数据表视图　　C. 查询设计视图　　D. 报表设计视图

4. 数据表中的“行”称为（　　）。

A. 字段　　B. 数据　　C. 记录　　D. 数据视图

5. 定义字段的默认值是指（　　）。

A. 不得使字段为空　　B. 不允许字段的值超出某个范围

C. 在输入数值之前，系统自动提供数值　　D. 系统自动把小写字母转换为大写字母

6. Access 表中的数据类型不包括（　　）。

A. 短文本　　B. 长文本　　C. 通用　　D. 日期/时间

7. 下列选项中完全属于 Access 数据类型的是（　　）。

A. OLE 对象、查阅向导、日期/时间　　B. 数值、自动编号、文字

C. 字母、货币、查阅向导　　D. 是/否、OLE 对象、网络链接

8. 下列有关字段属性的叙述中，错误的是（　　）。

A. 字段大小可用于设置文本、数字或自动编号等数据类型字段的最大容量

B. 可对任意数据类型的字段设置默认值属性

C. 验证规则属性是用于限制此字段输入值的表达式

D. 不同数据类型的字段，其字段属性有所不同

9. 把数据表中的“英语精读”列标题更改为“英语一级”，可在数据表视图中的“(　　)”中完成。

A．总计　　B．字段　　C．准则　　D．显示

10. 把字段定义为（　　），其作用是使字段中的每一个值都是唯一的，以便于索引。

A. 索引　　B. 主键　　C. 必填字段　　D. 验证规则

三、思考题

1. 设置参照完整性的意义是什么?

2. 主键的作用是什么?

四、设计题

1. 新建一个名为“学籍管理系统.accdb”的数据库文件。

2. 在“学籍管理系统.accdb”数据库中新建 3 个表对象，并分别命名为“学生情况”表（见表 3.3）、“学生成绩”表（见表 3.4）和“学生学籍”表（见表 3.5），然后根据以下要求设置合适的结构并输入相应的数据。

表 3.3 “学生情况”表

学　号	姓　名	出生日期	年龄	性别	班　级	评语	照片
20rj01	张小丽	2003-3-16		女	20 软件技术	优	
20rj02	林凯	2001-8-15		男	20 软件技术	良	
20xx01	刘哲	2003-4-16		男	20 计算机信息管理	良	
20xx02	王一琳	2002-9-23		女	20 计算机信息管理	中	
20xx03	王帅	2001-11-12		男	20 计算机信息管理	优	
20xa01	李婷婷	2003-5-12		女	20 信息安全技术应用	中	
20xa02	刘志则	2001-10-26		男	20 信息安全技术应用	优	

表 3.4 “学生成绩”表

学　号	毕业设计	毕业考核
20rj01	88	86
20rj02	50	60
20xx01	65	44
20xx02	90	91
20xx03	75	87
20xa01	0	40
20xa02	85	95

表 3.5 “学生学籍”表

学　号	入学时间	毕业时间	毕业资格
20rj01		2023-7-1	
20rj02		2023-7-1	
20xx01			
20xx02		2023-7-1	
20xx03		2023-7-1	
20xa01			
20xa02		2023-7-1	

（1）在 3 个表中均将“学号”字段设置为主键。

（2）在“学生情况”表中，要求将“性别”字段的“数据类型”设置为“查阅向导”，输入数据时可从下拉列表中选择“男”或“女”；将“出生日期”字段设置为“长日期”格式；要求学号必须输入 6 个字符。

（3）将“学生成绩”表和“学生学籍”表中的“学号”字段设置为查阅字段，以引用“学生情况表”中的相应字段。将“毕业设计”和“毕业考核”字段均设置为单精度型，并且其值不能超过 100，若超过，则报错。

（4）其余未做说明的字段自行设置。

（5）3 个表中的具体数据如表 3.3～表 3.5 所示，根据实际情况将数据输入相应的表中。

（6）复制“学生情况”表的结构，将复制后的表命名为“评语为‘优’的学生名单”。

3. 按合适的字段分别为 3 个表创建“实施参照完整性”的一对一或一对多关系。

工作任务9 设计和创建查询

9.1 任务描述

公司随着销售规模的不断扩大，在经营管理过程中，需要随时方便且快捷地查询商品、订单、客户、进货以及库存信息；同时需要统计订单的销售金额、更新和统计商品的库存量、按时间段查询订单信息、查看各种商品的销售毛利率、统计业务员的销售业绩等。这些数据为公司的销售决策提供可靠的依据。本任务将通过更新查询、多参数查询、交叉表查询和 SQL 查询来实现以上查询功能。

9.2 任务目标

- 理解交叉表查询的概念，能使用交叉表查询对数据表进行统计和分析。
- 了解 SQL 查询的基本语法格式，会使用 SQL 语句进行简单的数据查询。
- 进一步掌握多参数查询的创建。
- 熟练创建更新查询、复合条件查询。
- 正确使用计算型字段创建查询。

9.3 知识储备

9.3.1 交叉表查询

交叉表查询是 Access 支持的另一类查询方式。使用交叉表查询可以计算数据并重新组织数据的结构，这样可以更加方便地分析数据。

交叉表查询将来源于某个表中的字段分组。一组放在交叉表最左端的行标题处，它将某一字段的相关数据放入指定的行中；另一组放在交叉表最上端的列标题处，它将某一字段的相关数据放入指定的列中，并在交叉表行与列的交叉处显示表中某一字段的各种计算值，如总计、平均值及计数等。例如，在“商贸管理系统”数据库的“订单”表中，如果希望得到各个业务员的销售总金额一览表，就需要应用交叉表查询来实现。

在交叉表查询中，最多可以指定 3 个行标题，但只能指定一个列标题和一个总计类型的字段。

创建交叉表查询时，可以使用交叉表查询向导，也可以使用查询设计器。若使用交叉表查询向导，那么其查询的数据源只能有一个；否则，需要先创建包含查询字段的查询，然后利用该查询作为交叉表查询的数据源。

9.3.2 SQL 查询

结构查询语言（Structured Query Language，SQL）是一种数据库查询和程序设计语言，用于存取数据以及查询、更新和管理关系数据库系统。

SQL 是一种一体化语言，提供完整的数据定义、数据查询、数据操纵和数据控制等功能。SQL 查询是用户使用 SQL 语句创建的查询。

在查询设计视图中创建查询时，Access 将在后台构造等效的 SQL 语句。实际上，在查询设计视图的属性表中，大多数查询属性在 SQL 视图中都有等效的可用子句和选项。如果需要，可以在 SQL 视图中查看和编辑 SQL 语句。

1. SQL 查询语句的语法

语法格式如下。

```
SELECT [ALL | * | DISTINCT | TOP]查询项 1 [查询项 2...]
FROM 数据源
[WHERE 条件]
[GROUP BY 分组表达式]
[HAVING 条件]
[ORDER BY 排序项 | [ASC | DESC]]
```

2. 常用选项说明

在上面的语法格式中，[ ]外的语句是必须的，[ ]内的语句是可选的。对于以“|”分隔的操作符，用户必须从中选择一个。

查询项是指要输出的查询项目，通常是字段名称或表达式，也可以是常数。

数据源可以是表，也可以是查询。

排序项指定排序的关键字，关键字可以是一个字段，也可以是多个字段。

（1）SELECT 子句

在 SELECT 子句中，SELECT 指定需要查询的字段，FROM 指定要查询的表，WHERE 指定选择记录的条件，另外，还可以用 ORDER BY 子句来指定排序记录。

① ALL：返回查询到的所有记录，包括重复的记录，ALL 关键字可以省略。

② *：返回数据源中所有字段的信息，如 SELECT * FROM 商品。

③ DISTINCT：对数据表中一个或多个字段重复的数据进行过滤，只返回唯一不同的值。

④ TOP：显示查询结果的头尾若干记录，若返回记录的百分比，则要用 TOP *N* PERCENT 子句（其中 *N* 表示百分比）。

（2）FROM 子句

FROM 子句指定 SELECT 语句中的数据源。FROM 子句后面可以是一个或多个表达式，它们之间用逗号分隔。表达式可为单一表名，也可为已保存的查询或由 INNER JOIN、LEFT JOIN、RIGHT JOIN 得到的复合结果。

（3）WHERE 子句

WHERE 子句是一个行选择说明子句，用这个子句可以指定查询条件，然后限制表中的记录。只有 WHERE 后面的行选择说明为真时，才将这些行作为查询的行，而且在 WHERE 子句中还可以有多种约束条件，这些条件可以通过“AND”“OR”等逻辑运算符连接起来。

（4）GROUP BY 子句

GROUP BY 子句指明了按照哪些字段来对记录进行分组，将记录分组后，用 HAVING 子句过滤这些记录。GROUP BY 子句的语法格式如下。

```
SELECT 字段列表
FROM 数据源
WHERE 条件
[GROUP BY 分组字段 [HAVING 过奖条件]]
```

（5）ORDER BY 子句

ORDER BY 子句按一个或多个（最多 16 个）字段排序查询结果，排序可以是升序（ASC），也可以是降序（DESC），默认为升序。ORDER BY 子句通常放在 SQL 语句的最后。如果 ORDER BY 子句中定义了多个字段，则将查询结果按照字段的先后顺序排列。

9.4 任务实施

9.4.1 统计订单的销售金额

在“订单”表中，“销售金额”字段的数据值可通过“订购量”与“商品”表中的“销售价”相乘计算出。因此，在编辑“订单”表时，该列数据可不用输入。下面使用更新查询填充数据。

微课 3-2 统计订单的销售金额

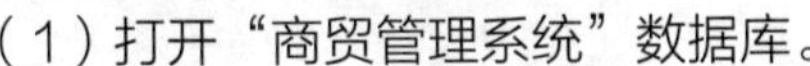

（1）打开“商贸管理系统”数据库。

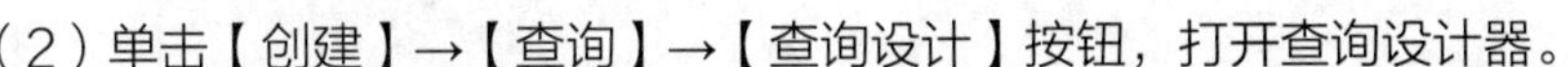

（2）单击【创建】→【查询】→【查询设计】按钮，打开查询设计器。

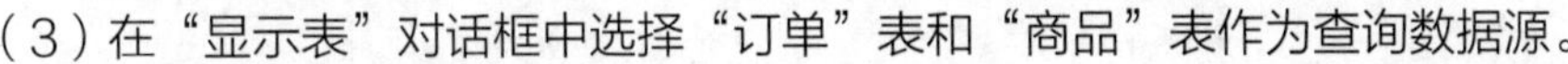

（3）在“显示表”对话框中选择“订单”表和“商品”表作为查询数据源。

（4）单击【查询工具】→【设计】→【查询类型】→【更新】按钮，指定将默认的查询类型由“选择查询”变为“更新查询”。

（5）将“订单”表的“销售金额”字段添加到查询设计器的查询设计网格窗口中。

（6）在“销售金额”字段的“更新到”网格处单击鼠标右键，在弹出的快捷菜单中选择【生成器】命令，打开“表达式生成器”对话框，然后构建图 3.29 所示的“销售金额”计算表达式。

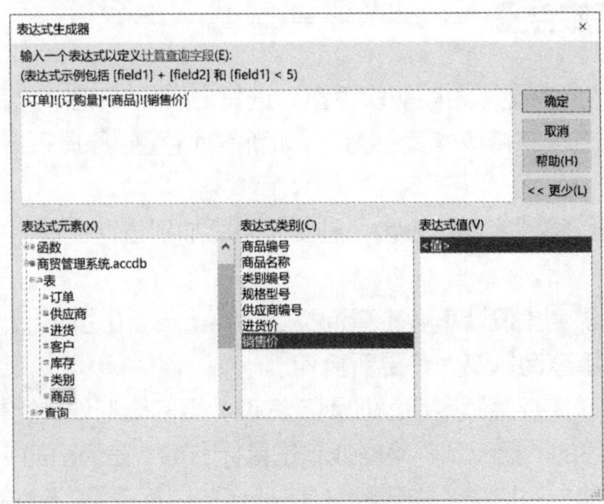

图 3.29 “表达式生成器”对话框

（7）单击【确定】按钮，返回查询设计器，构建出图 3.30 所示的“销售金额”计算表达式。

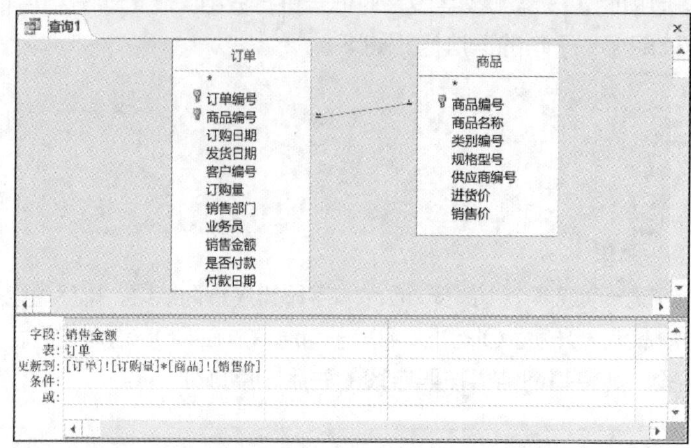

图 3.30　构建“销售金额”计算表达式

（8）将查询保存为“统计订单的销售金额”。

（9）运行查询，执行更新操作。

（10）打开“订单”数据表，即可看见更新后的“订单”表如图 3.31 所示。

订单

订单编号	商品编号	订购日期	发货日期	客户编号	订购量	销售部门	业务员	销售金额	是否付款	付款日期
23-06001	0010	2023-6-2	2023-6-6	HN-1030	1	B部	夏蓝	¥3,099.00	☑	2023-6-2
23-06002	0005	2023-6-5	2023-6-9	HD-1022	3	A部	白瑞林	¥1,380.00	☑	2023-6-6
23-06002	0006	2023-6-5	2023-6-11	HD-1022	7	A部	杨立	¥413.00	☑	2023-6-8
23-06003	0001	2023-6-8	2023-6-12	DB-1009	4	B部	方艳芸	¥996.00	☑	2023-6-8
23-06003	0008	2023-6-8	2023-6-15	DB-1009	2	B部	李陵	¥10,374.00	☐	
23-06004	0011	2023-6-12	2023-6-15	HB-1001	3	A部	张勇	¥15,600.00	☑	2023-6-12
23-06005	0007	2023-6-26	2023-6-27	HB-1039	5	A部	张勇	¥21,995.00	☐	
23-06006	0002	2023-6-29	2023-7-2	XN-1012	14	A部	杨立	¥8,246.00	☑	2023-6-29
23-07001	0005	2023-7-7	2023-7-8	XB-1025	6	B部	夏蓝	¥2,760.00	☑	2023-7-7
23-07002	0010	2023-7-12	2023-7-17	HD-1006	2	B部	方艳芸	¥6,198.00	☐	
23-07003	0002	2023-7-16	2023-7-19	HD-1027	8	A部	白瑞林	¥4,712.00	☑	2023-7-18
23-07003	0006	2023-7-16	2023-7-17	HD-1027	3	A部	白瑞林	¥177.00	☑	2023-7-18
23-07003	0017	2023-7-16	2023-7-20	HD-1027	20	A部	杨立	¥3,000.00	☑	2023-7-18
23-07004	0001	2023-7-18	2023-7-27	HZ-1020	28	B部	方艳芸	¥6,972.00	☑	2023-7-20
23-07005	0022	2023-7-27	2023-7-29	HD-1032	8	B部	李陵	¥1,240.00	☐	
23-08001	0030	2023-8-3	2023-8-8	HD-1006	6	A部	张勇	¥1,980.00	☑	2023-8-4
23-08002	0021	2023-8-3	2023-8-8	XB-1025	1	B部	李陵	¥8,265.00	☐	
23-08003	0012	2023-8-4	2023-8-9	XN-1015	2	B部	李陵	¥11,780.00	☑	2023-8-4
23-08004	0008	2023-8-19	2023-8-20	DB-1010	3	A部	白瑞林	¥15,561.00	☑	2023-8-20
23-08005	0011	2023-8-21	2023-8-22	XN-1008	4	B部	夏蓝	¥20,800.00	☑	2023-8-22

记录：第 1 项(共 20 项) 无筛选器 搜索

图 3.31　更新“销售金额”后的“订单”表

9.4.2　更新商品库存量

“库存”表中原有的“库存量”为期初库存量，进货之后，“库存量”会随之发生变化。可以通过更新查询来修改“库存量”，即新的库存量=原库存量+进货数量。

微课 3-3　更新商品库存量

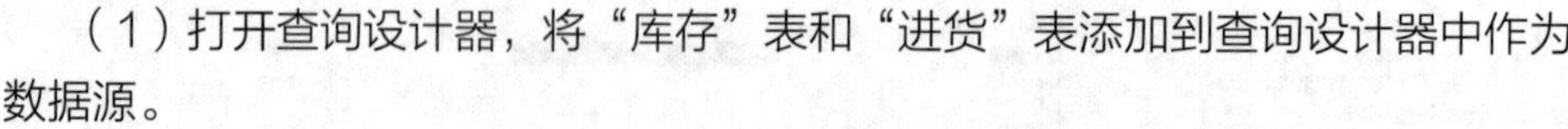

（1）打开查询设计器，将“库存”表和“进货”表添加到查询设计器中作为数据源。

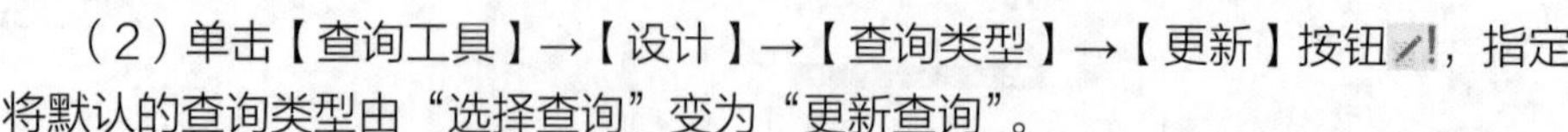

（2）单击【查询工具】→【设计】→【查询类型】→【更新】按钮，指定将默认的查询类型由“选择查询”变为“更新查询”。

（3）将“库存”表的“库存量”字段添加到查询设计器的查询设计网格窗口中。

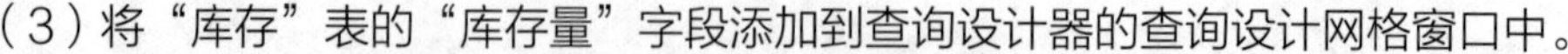

（4）在“库存量”字段的“更新到”网格处单击鼠标右键，在弹出的快捷菜单中选择【生成器】命令，弹出“表达式生成器”对话框，构建图 3.32 所示的“库存量”计算表达式。

（5）单击【确定】按钮，返回查询设计器，构建出“库存量”计算表达式。

（6）将查询保存为“更新商品库存量”。

（7）运行查询，执行更新操作。

（8）打开“库存”表，即可看见更新后的“库存”表如图 3.33 所示。

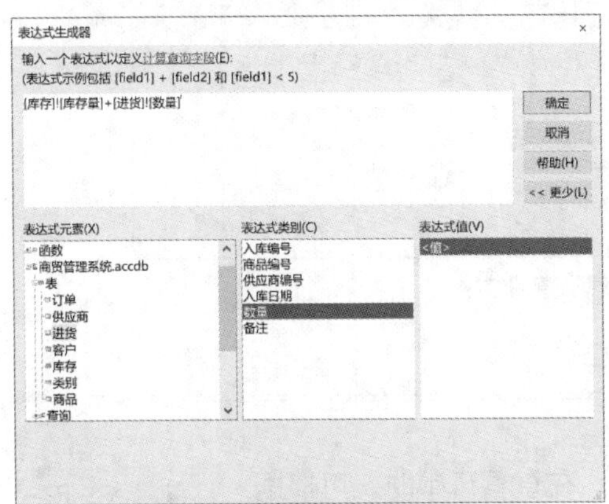

图 3.32　“库存量”计算表达式

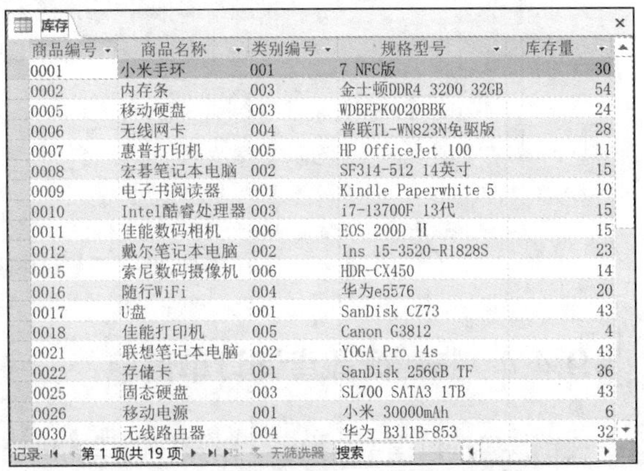

库存

商品编号	商品名称	类别编号	规格型号	库存量
0001	小米手环	001	7 NFC版	30
0002	内存条	003	金士顿DDR4 3200 32GB	54
0005	移动硬盘	003	WDBEPK0020BBK	24
0006	无线网卡	004	普联TL-WN823N免驱版	28
0007	惠普打印机	005	HP OfficeJet 100	11
0008	宏碁笔记本电脑	002	SF314-512 14英寸	15
0009	电子书阅读器	001	Kindle Paperwhite 5	10
0010	Intel酷睿处理器	003	i7-13700F 13代	15
0011	佳能数码相机	006	EOS 200D II	15
0012	戴尔笔记本电脑	002	Ins 15-3520-R1828S	23
0015	索尼数码摄像机	006	HDR-CX450	14
0016	随行WiFi	004	华为e5576	20
0017	U盘	001	SanDisk CZ73	43
0018	佳能打印机	005	Canon G3812	4
0021	联想笔记本电脑	002	YOGA Pro 14s	43
0022	存储卡	001	SanDisk 256GB TF	36
0025	固态硬盘	003	SL700 SATA3 1TB	43
0026	移动电源	001	小米 30000mAh	6
0030	无线路由器	004	华为 B311B-853	32

记录: 第 1 项(共 19 项)　无筛选器　搜索

图 3.33　更新“库存量”后的“库存”表

9.4.3　查看订单明细信息

为了查看订单明细信息，下面通过多表查询和字段别名，在“查看订单明细信息”查询中显示“订单编号”、“商品名称”、“销售价”、“订购日期”、“发货日期”、“订购量”、“销售金额”、“销售部门”、“业务员”、“公司名称”以及“地址”等信息。

（1）打开查询设计器，将“订单”、“商品”和“客户”表添加到查询设计器中作为数据源。

（2）依次添加“订单编号”、“商品名称”、“销售价”、“订购日期”、“发货日期”、“订购量”、“销售金额”、“销售部门”、“业务员”、“公司名称”和“地址”字段到查询设计器的查询设计网格窗口中。

（3）在“字段”行中，将最后的“地址”字段修改为“客户地址:地址”，以作为“地址”字段的别名，如图 3.34 所示。

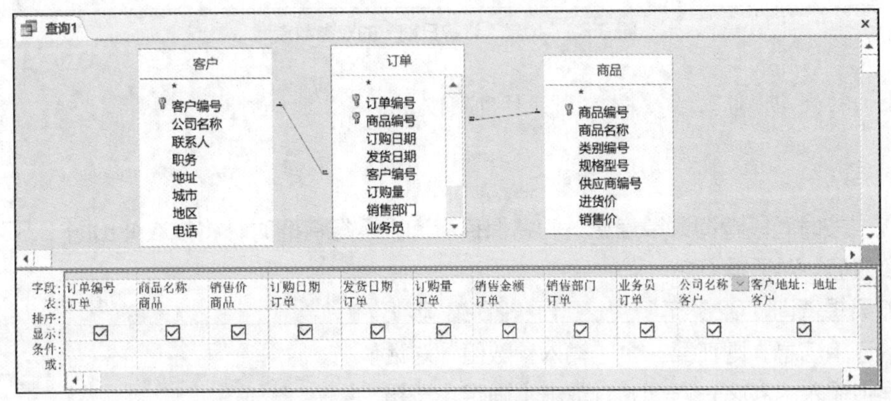

图 3.34　构建订单明细信息查询

（4）以“查看订单明细信息”为名保存查询。运行查询后得到图 3.35 所示的查询结果。

查看订单明细信息

订单编号	商品名称	销售价	订购日期	发货日期	订购量	销售金额	销售部门	业务员	公司名称	客户地址
23-06001	Intel酷睿处理器	¥3,099.00	2023-6-2	2023-6-6	1	¥3,099.00	B部	夏蓝	凯诚国际顾	威刚街xx号
23-06002	移动硬盘	¥460.00	2023-6-5	2023-6-9	3	¥1,380.00	A部	白瑞林	立日股份有	惠安大路xx号
23-06002	无线网卡	¥59.00	2023-6-5	2023-6-11	7	¥413.00	A部	杨立	立日股份有	惠安大路xx号
23-06003	小米手环	¥249.00	2023-6-8	2023-6-12	4	¥996.00	B部	方艳芸	威航货运有	经七纬二路xx号
23-06003	宏碁笔记本电脑	¥5,187.00	2023-6-8	2023-6-15	2	¥10,374.00	B部	李陵	威航货运有	经七纬二路xx号
23-06004	佳能数码相机	¥5,200.00	2023-6-12	2023-6-15	3	¥15,600.00	A部	张勇	东南实业	承德西路xx号
23-06005	惠普打印机	¥4,399.00	2023-6-26	2023-6-27	5	¥21,995.00	A部	张勇	志远有限公	光明北路xxx号
23-06006	内存条	¥589.00	2023-6-29	2023-7-2	14	¥8,246.00	A部	杨立	嘉元实业	东湖大街xx号
23-07001	移动硬盘	¥460.00	2023-7-7	2023-7-8	6	¥2,760.00	B部	夏蓝	凯旋科技	使馆路xxx号
23-07002	Intel酷睿处理器	¥3,099.00	2023-7-12	2023-7-17	2	¥6,198.00	B部	方艳芸	通恒机械	东园西甲xx号
23-07003	内存条	¥589.00	2023-7-16	2023-7-19	8	¥4,712.00	A部	白瑞林	学仁贸易	辅城路xxx号
23-07003	无线网卡	¥59.00	2023-7-16	2023-7-17	3	¥177.00	A部	白瑞林	学仁贸易	辅城路xxx号
23-07003	U盘	¥150.00	2023-7-16	2023-7-20	20	¥3,000.00	A部	杨立	学仁贸易	辅城路xxx号
23-07004	小米手环	¥249.00	2023-7-18	2023-7-27	28	¥6,972.00	B部	方艳芸	宇欣实业	大峪口街xxx号
23-07005	存储卡	¥155.00	2023-7-27	2023-7-29	8	¥1,240.00	B部	李陵	椅天文化事	花园西路xxx号
23-08001	无线路由器	¥330.00	2023-8-3	2023-8-8	6	¥1,980.00	A部	张勇	通恒机械	东园西甲xx号
23-08002	联想笔记本电脑	¥8,265.00	2023-8-3	2023-8-8	1	¥8,265.00	B部	李陵	凯旋科技	使馆路xxx号
23-08003	戴尔笔记本电脑	¥5,890.00	2023-8-4	2023-8-9	2	¥11,780.00	B部	李陵	国银贸易	辅城街xx号
23-08004	宏碁笔记本电脑	¥5,187.00	2023-8-19	2023-8-20	3	¥15,561.00	A部	白瑞林	三捷实业	英雄山路xx号
23-08005	佳能数码相机	¥5,200.00	2023-8-21	2023-8-22	4	¥20,800.00	B部	夏蓝	光明杂志	黄石路xx号

记录: 第 1 项(共 20 项) 无筛选器 搜索

图 3.35 “查看订单明细信息”查询结果

9.4.4 按时间段查询订单信息

在销售管理过程中，为了了解某一时段的销售情况，在查看订单时，可根据给出的时间段，使用双参数查询动态显示指定时间段内的订单信息。

微课 3-4 按时间段查询订单信息

（1）打开查询设计器，将“订单”表添加到查询设计器中作为数据源。

（2）将“订单”表的所有字段添加到查询设计器的查询设计网格窗口中。

（3）在“订购日期”字段下方设置“条件”为“Between[起始日期]And [结束日期]”，如图 3.36 所示。

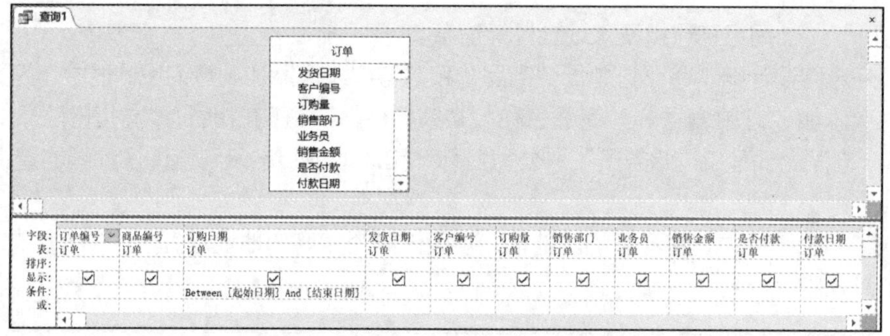

图 3.36 构建“订购日期”的双参数查询

提示 上面的查询条件也可写为“>=[起始日期] And <=[结束日期]”。

（4）以“按时间段查询订单信息”为名保存查询。运行查询时，将依次弹出图 3.37 所示的两个“输入参数值”对话框。

（5）如果想查询 2023 年 7 月 20 日—2023 年 8 月 20 日的订单信息，则在第一个“输入参数值”对话框的文本框中输入“2023-7-20”，单击【确定】按钮后，在第二个“输入参数值”对话框的文本框中输入“2023-8-20”，再次单击【确定】按钮后，得到图 3.38 所示的查询结果。

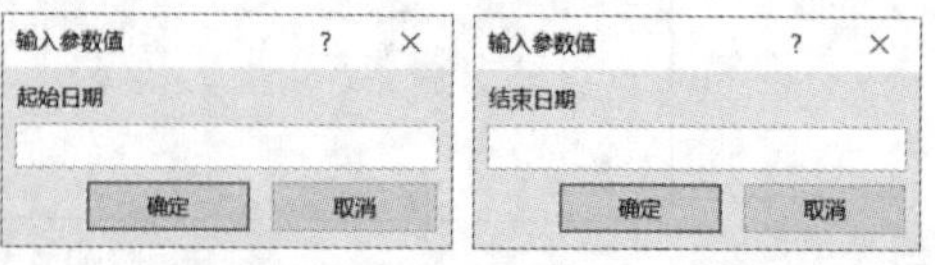

图 3.37 “输入参数值”对话框

按时间段查询订单信息

订单编号	商品编号	订购日期	发货日期	客户编号	订购量	销售部门	业务员	销售金额	是否付款	付款日期
23-07005	0022	2023-7-27	2023-7-29	HD-1032	8	B部	李陵	¥1,240.00	☐	
23-08001	0030	2023-8-3	2023-8-8	HD-1006	6	A部	张勇	¥1,980.00	☑	2023-8-4
23-08002	0021	2023-8-3	2023-8-8	XB-1025	1	B部	李陵	¥8,265.00	☐	
23-08003	0012	2023-8-4	2023-8-9	XN-1015	2	B部	李陵	¥11,780.00	☑	2023-8-4
23-08004	0008	2023-8-19	2023-8-20	DB-1010	3	A部	白瑞林	¥15,561.00	☑	2023-8-20

记录: 第 1 项(共 5 项) 无筛选器 搜索

图 3.38　按时间段查询订单信息

9.4.5　查看各种商品的销售毛利率

在商品的销售管理过程中，为了分析商品的销售毛利率，可以利用表中已有字段的数据，添加计算型字段“销售毛利率”，并构建“销售毛利率”的计算表达式，即销售毛利率=(销售价–进货价)/销售价×100%，然后运行查询来实现。

微课 3-5　查看各种商品的销售毛利率

（1）打开查询设计器，将“商品”表添加到查询设计器中作为数据源。

（2）将“商品”表的所有字段添加到查询设计器的查询设计网格窗口中。

（3）构建“销售毛利率”字段。

① 用鼠标右键单击“字段”行右边的空白网格，从弹出的快捷菜单中选择【生成器】命令，弹出“表达式生成器”对话框。

② 构建图 3.39 所示的“销售毛利率”计算表达式。

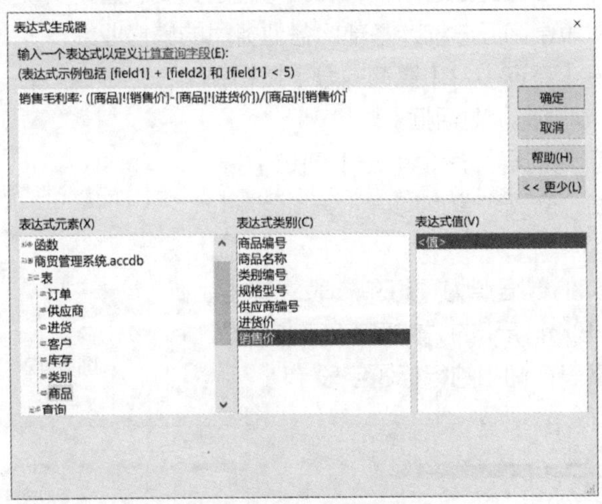

图 3.39　“销售毛利率”计算表达式

提示　在 Access 中，“%”作为通配符使用，与任何个数的字符匹配。因此，不能将图 3.39 所示的表达式写作“销售毛利率：([商品]![销售价]-[商品]![进货价])/[商品]![销售价]*100%”。销售毛利率需要显示为百分比格式时，可设置该字段的数据格式来实现。

③ 单击【确定】按钮，返回查询设计器。

④ 设置“销售毛利率”字段为百分比格式。

a. 用鼠标右键单击新建的计算型字段“销售毛利率”，从弹出的快捷菜单中选择【属性】命令，弹出“属性表”对话框。

b. 选择“常规”选项卡，从“格式”下拉列表中选择“百分比”，然后设置“小数位数”为 1，如图 3.40 所示。

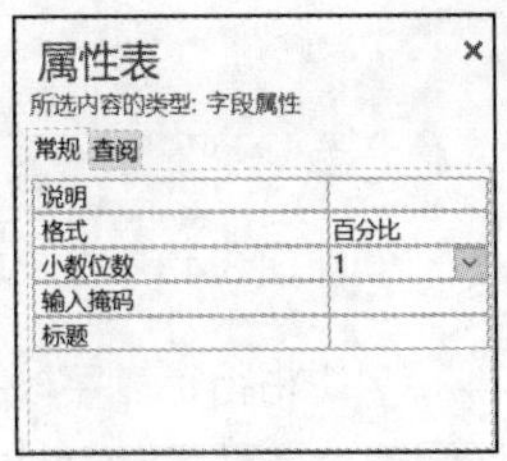

图 3.40　“属性表”对话框

c. 关闭“属性表”对话框，返回查询设计器。

（4）以“查看各种商品的销售毛利率”为名保存查询。运行查询，得到图 3.41 所示的查询结果。

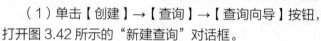

查看各种商品的销售毛利率

商品编号	商品名称	类别编号	规格型号	供应商编号	进货价	销售价	销售毛利率
0001	小米手环	001	7 NFC版	1103	¥199.00	¥249.00	20.1%
0002	内存条	003	金士顿DDR4 3200 32GB	1006	¥478.00	¥589.00	18.8%
0005	移动硬盘	003	WDBEPK0020BBK	1020	¥375.00	¥460.00	18.5%
0006	无线网卡	004	普联TL-WN823N免驱版	1011	¥43.00	¥59.00	27.1%
0007	惠普打印机	005	HP OfficeJet 100	1205	¥3,380.00	¥4,399.00	23.2%
0008	宏基笔记本电脑	002	SF314-512 14英寸	1018	¥4,569.00	¥5,187.00	11.9%
0009	电子书阅读器	001	Kindle Paperwhite5	1008	¥818.00	¥1,060.00	22.8%
0010	Intel酷睿处理器	003	i7-13700F 13代	1006	¥2,380.00	¥3,099.00	23.2%
0011	佳能数码相机	006	EOS 200D2	1001	¥4,050.00	¥5,200.00	22.1%
0012	戴尔笔记本电脑	002	Ins 15-3520-R1828S	1028	¥4,980.00	¥5,890.00	15.4%
0015	索尼数码摄像机	006	HDR-CX450	1001	¥2,958.00	¥3,700.00	20.1%
0016	随身移动Wi-Fi	004	华为e5576	1028	¥208.00	¥259.00	19.7%
0017	U盘	001	SanDisk CZ73	1020	¥112.00	¥150.00	25.3%
0018	佳能打印机	005	Canon G3812	1015	¥810.00	¥1,050.00	22.9%
0021	联想笔记本电脑	002	Yoga Pro14s	1009	¥6,980.00	¥8,265.00	15.5%
0022	存储卡	001	SanDisk 256GB TF	1015	¥118.00	¥155.00	23.9%
0025	固态硬盘	003	SL700 SATA3 1TB	1021	¥380.00	¥480.00	20.8%
0026	移动电源	001	MI 30000mAh	1011	¥138.00	¥178.00	22.5%
0030	无线路由器	004	HW B311B-853	1011	¥268.00	¥330.00	18.8%

记录：第 1 项(共 19 项) 无筛选器 搜索

图 3.41 “查看各种商品的销售毛利率”查询结果

9.4.6 汇总统计各部门各业务员的销售业绩

微课 3-6 汇总各部门各业务员的销售业绩

在前面创建的查询中，查询的结果是从数据表中显示满足条件的记录或显示部分字段的明细数据。如果想得到汇总结果，那么可通过交叉表查询实现数据的汇总统计。下面利用交叉表查询汇总统计各部门各业务员的销售业绩。

（1）单击【创建】→【查询】→【查询向导】按钮，打开图 3.42 所示的“新建查询”对话框。

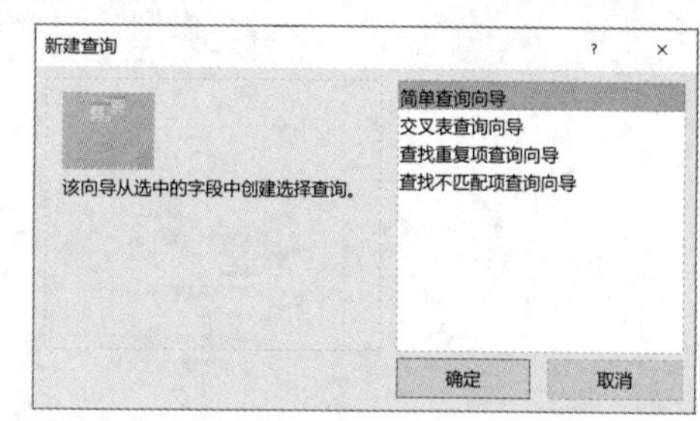

图 3.42 “新建查询”对话框

（2）选择“交叉表查询向导”后，单击【确定】按钮，弹出图 3.43 所示的“交叉表查询向导”第 1 步对话框。

（3）指定交叉表查询的数据源为“订单”表，单击【下一步】按钮，弹出图 3.44 所示的“交叉表查询向导”第 2 步对话框，确定交叉表查询中的行标题字段。

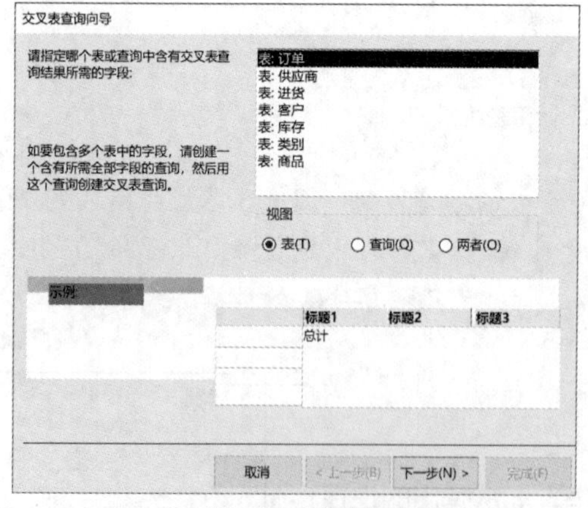

图 3.43 “交叉表查询向导”对话框

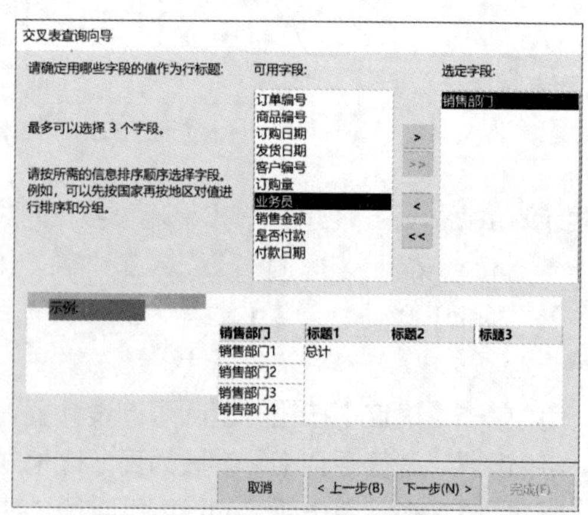

图 3.44 确定交叉表查询中的行标题字段

（4）将行标题字段“销售部门”添加到“选定字段”列表框中，单击【下一步】按钮，弹出图 3.45 所示的“交叉表查询向导”第 3 步对话框，确定交叉表查询中的列标题字段。

（5）将“业务员”字段作为列标题，单击【下一步】按钮，弹出图 3.46 所示的“交叉表查询向导”第 4 步对话框，确定行列交叉点的值字段及函数。

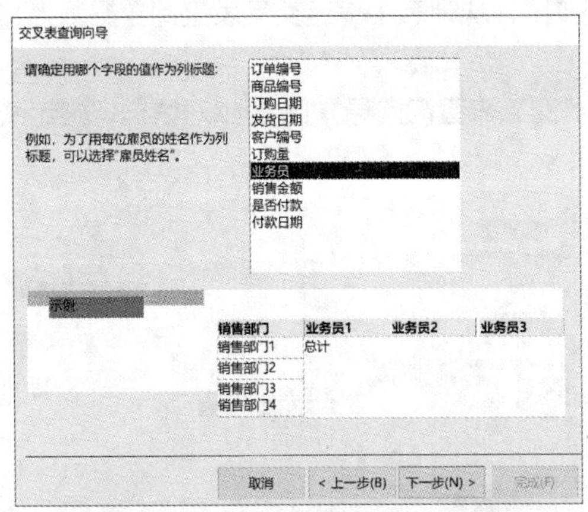

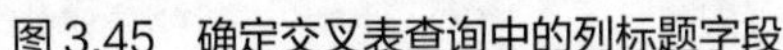

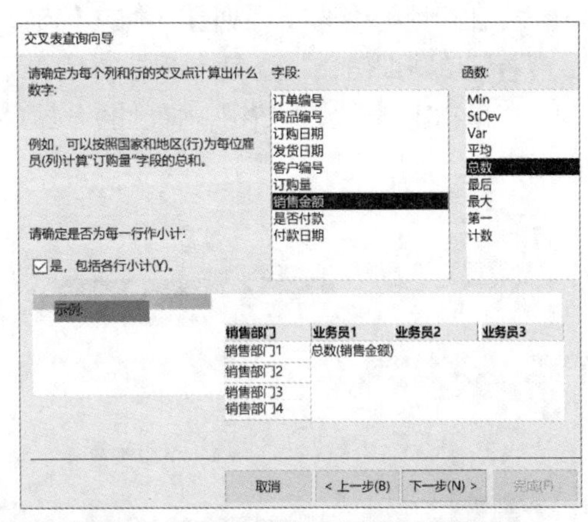

图 3.45　确定交叉表查询中的列标题字段

图 3.46　确定行列交叉点的值字段及函数

（6）选择“销售金额”字段作为行列交叉点的值字段，并设置“函数”为“总数”。

（7）单击【下一步】按钮，弹出图 3.47 所示的“交叉表查询向导”第 5 步对话框。输入“汇总统计各部门各业务员的销售业绩”作为查询的名称。

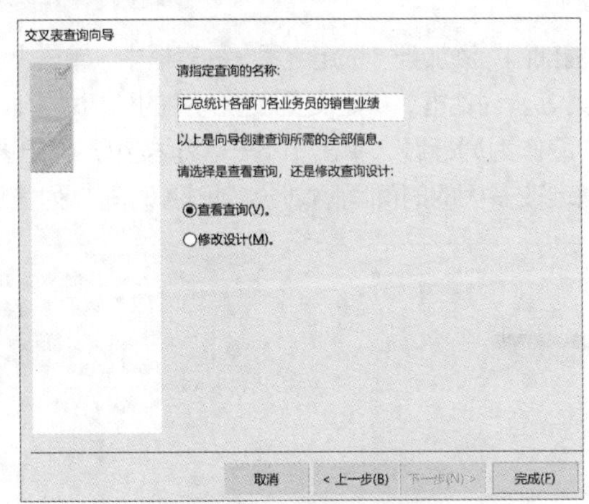

图 3.47　指定查询的名称

（8）选择【查看查询】单选按钮，单击【完成】按钮，显示图 3.48 所示的查询结果。

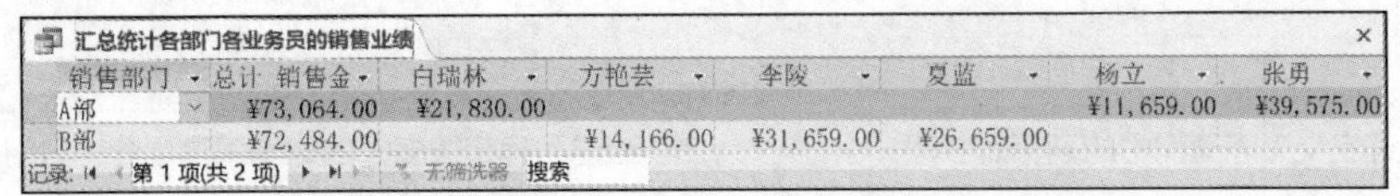
汇总统计各部门各业务员的销售业绩

销售部门	总计 销售金	白瑞林	方艳芸	李陵	夏蓝	杨立	张勇
A部	¥73,064.00	¥21,830.00				¥11,659.00	¥39,575.00
B部	¥72,484.00		¥14,166.00	¥31,659.00	¥26,659.00		

记录: 第 1 项(共 2 项)　无筛选器　搜索

图 3.48　汇总统计各部门各业务员的销售业绩的结果

（9）关闭查询，完成交叉表查询的创建。

9.4.7　汇总统计各部门每季度的销售金额

为了查看各部门每季度的销售金额，下面使用交叉表查询汇总统计各部门每季度的销售金额。

（1）单击【创建】→【查询】→【查询向导】按钮，打开“新建查询”对话框。

（2）选择“交叉表查询向导”后，单击【确定】按钮，弹出“交叉表查询向导”第 1 步对话框。

（3）在对话框中选择“视图”中的【查询】单选按钮，从列表中指定交叉表查询数据源为“查询：查看订单明细信息”查询，如图 3.49 所示。

（4）单击【下一步】按钮，弹出图 3.50 所示的“交叉表查询向导”第 2 步对话框，确定交叉表查询中的行标题字段。

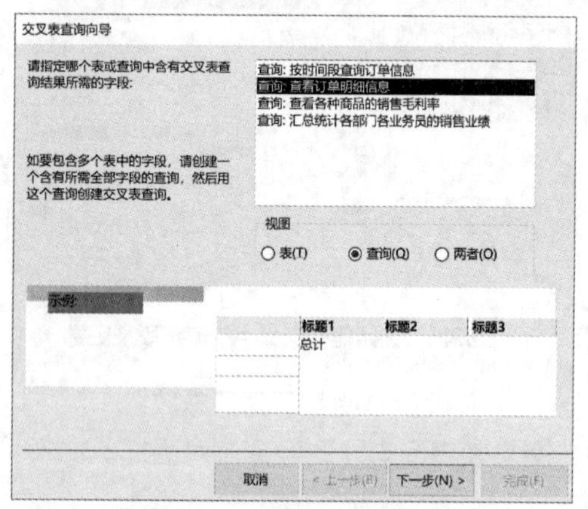

图 3.49　指定查询的数据源

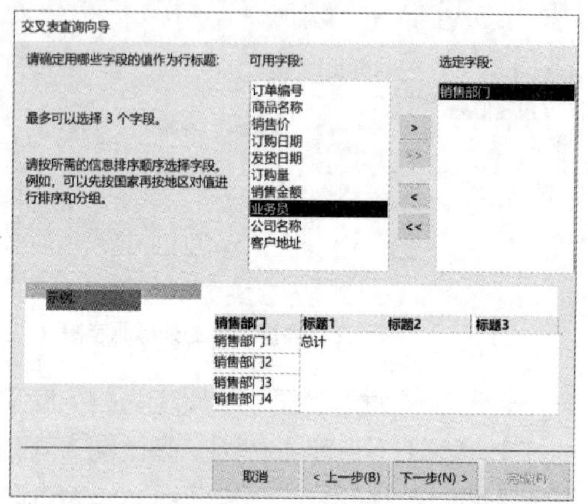

图 3.50　确定交叉表查询中的行标题字段

（5）将行标题字段“销售部门”添加到“选定字段”列表框中，单击【下一步】按钮，弹出图 3.51 所示的“交叉表查询向导”第 3 步对话框，确定交叉表查询中的列标题字段。

（6）将“订购日期”字段作为列标题，单击【下一步】按钮，弹出图 3.52 所示的“交叉表查询向导”第 4 步对话框，确定按多大的时间间隔划分“日期/时间”列信息。

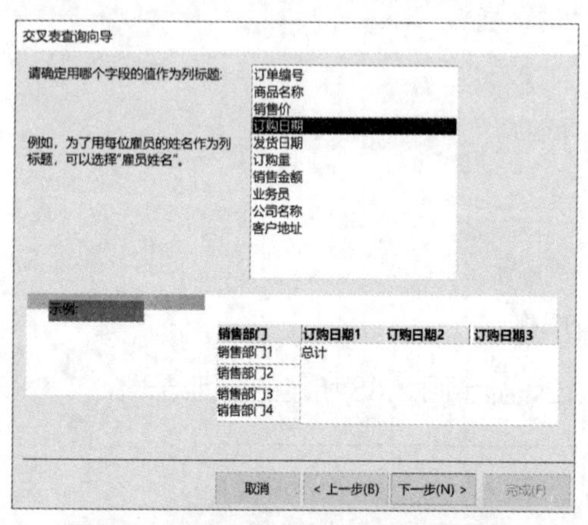

图 3.51　确定交叉表查询中的列标题字段

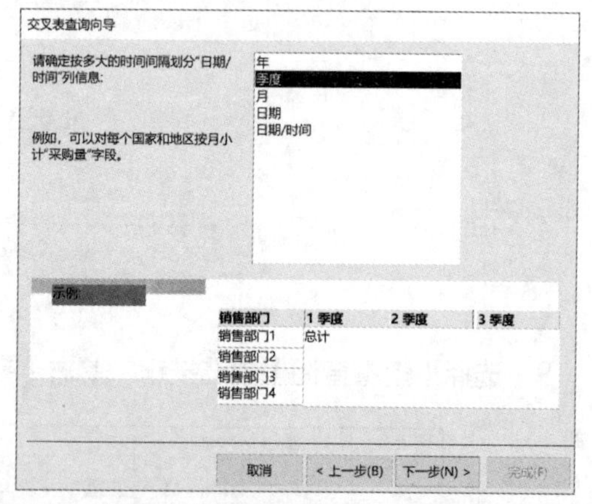

图 3.52　确定按多大的时间间隔划分“日期/时间”列信息

（7）选择按“季度”划分，单击【下一步】按钮，弹出图 3.53 所示的“交叉表查询向导”第 5 步对话框，确定行和列交叉点的值字段及函数。

（8）选择“销售金额”字段作为行和列交叉点的值字段，并设置“函数”为“总数”。

（9）单击【下一步】按钮，弹出“交叉表查询向导”第 6 步对话框，指定查询名称，输入“汇总统计各部门每季度的销售金额”。

（10）选择【查看查询】单选按钮，单击【完成】按钮，显示图 3.54 所示的查询结果。

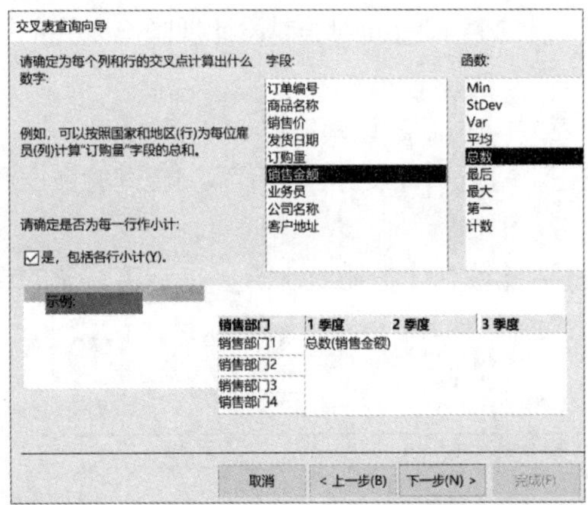

图 3.53　确定行和列交叉点的值字段及函数

汇总统计各部门每季度的销售金额

销售部门	总计 销售金额	季度2	季度3
A部	¥73,064.00	¥47,634.00	¥25,430.00
B部	¥72,484.00	¥14,469.00	¥58,015.00

记录: 第 1 项(共 2 项)　无筛选器　搜索

图 3.54　显示查询结果

提示　从图 3.54 看出，显示的列标题“季度 2”“季度 3”不太符合我们的常规习惯，可切换到“设计视图”修改查询。

（11）单击【开始】→【视图】按钮，打开图 3.55 所示的查询设计器。

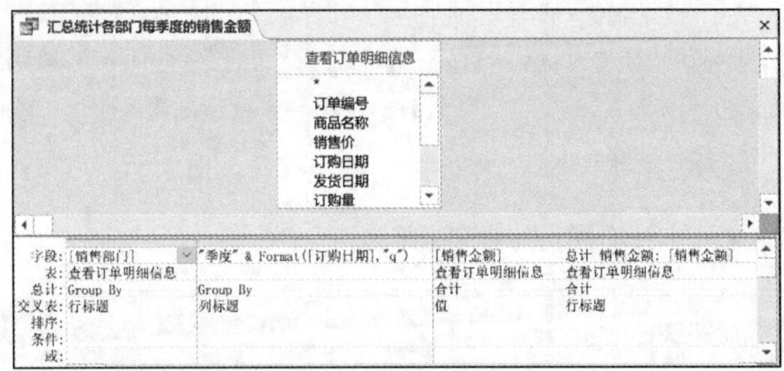

图 3.55　查询设计器

（12）将列标题的字段修改为"第" & Format([订购日期],"q") & "季度"，如图 3.56 所示。

（13）运行查询，显示图 3.57 所示的查询结果。

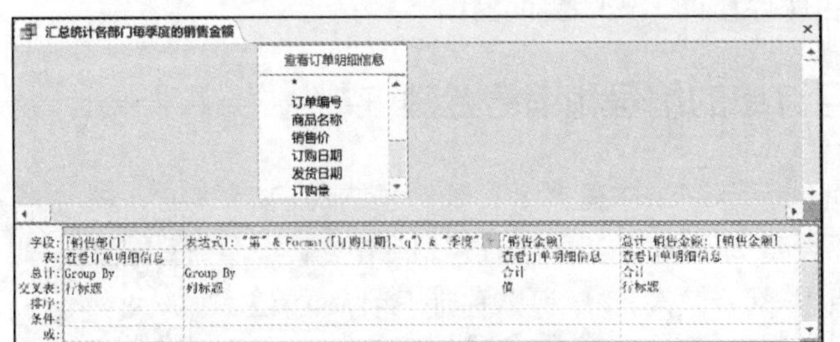

图 3.56　修改查询的列标题字段

汇总统计各部门每季度的销售金额

销售部门	总计 销售金额	第2季度	第3季度
A部	¥73,064.00	¥47,634.00	¥25,430.00
B部	¥72,484.00	¥14,469.00	¥58,015.00

记录: 第 1 项(共 2 项)　无筛选器　搜索

图 3.57　汇总统计各部门每季度的销售金额

（14）保存查询，关闭查询窗口。

9.4.8　查询未付款的订单信息

除了选择查询、参数查询、操作查询及交叉表查询，Access 还支持用 SQL 语句进行查询，从而使查询更方便、快捷。在查询中使用 SQL 语句可以完成简单查询向导或设计视图难以完成的查询，如传递查询、数据定义查询等。

下面使用 SQL 的 SELECT 语句，查询“订单”表中未付款的订单信息。

（1）单击【创建】→【查询】→【查询设计】按钮，打开查询设计器，不添加查询的数据源，直接关闭“显示表”对话框。

（2）单击【查询工具】→【设计】→【查询类型】→【联合】按钮 联合，指定将默认的查询类型由“选择查询”变为“联合查询”，弹出 SQL 联合查询窗口编辑器，如图 3.58 所示。

（3）在窗口编辑器中输入图 3.59 所示的语句。

图 3.58　SQL 联合查询窗口编辑器

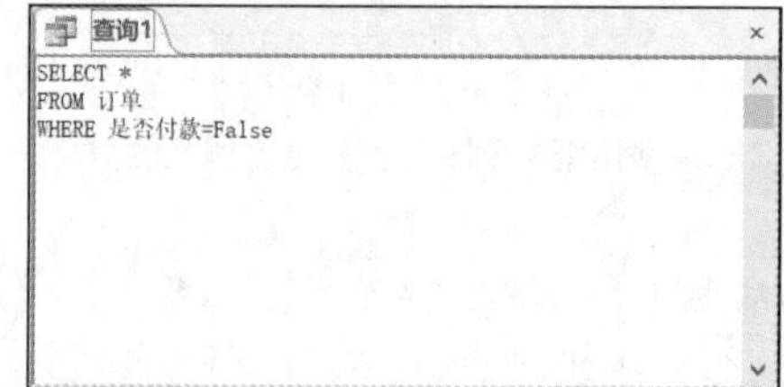

图 3.59　“订单”表中未付款的订单信息的 SQL 查询语句

提示　其中 SELECT 子句后面的“*”表示查询显示所有字段；FROM 子句中的“订单”表示引用“订单”表作为查询的数据源；WHERE 子句中的“是否付款=False”表示查询条件为字段“是否付款”的值为“False”。对于“是/否”数据类型的字段，在数据表中，用“□”表示“否”，用☑表示“是”；在语句中，则用“False”表示“否”，用“True”表示“是”。

（4）运行查询，得到图 3.60 所示的查询结果。

订单编号	商品编号	订购日期	发货日期	客户编号	订购量	销售部门	业务员	销售金额	是否付款	付款日期
23-06003	0008	2023-6-8	2023-6-15	DB-1009	2	B部	李陵	¥10,374.00	□	
23-06005	0007	2023-6-26	2023-6-27	HB-1039	5	A部	张勇	¥21,995.00	□	
23-07002	0010	2023-7-12	2023-7-17	HD-1006	2	B部	方艳芸	¥6,198.00	□	
23-07005	0022	2023-7-27	2023-7-29	HD-1032	8	B部	李陵	¥1,240.00	□	
23-08002	0021	2023-8-3	2023-8-8	XB-1025	1	B部	李陵	¥8,265.00	□	

记录：第 1 项(共 5 项)　无筛选器　搜索

图 3.60　未付款的订单信息

（5）以“查询未付款的订单信息”为名保存查询，关闭查询窗口。

9.4.9　查询 A 部 2023 年 6 月订单的编号和销售金额

在 SQL 查询中，当进行复合条件查询时，查询条件有多个，条件表达式之间可以通过“And”或“Or”来连接。下面要查询 A 部 2023 年 6 月订单的编号和销售金额，涉及的条件有两个，分别为销售部门=“A 部”、订购日期 Between #2023-6-1# And #2023-6-30#。

微课 3-7　查询 A 部 2023 年 6 月订单的编号和销售金额

（1）单击【创建】→【查询】→【查询设计】按钮，打开查询设计器，不添加查询的数据源，直接关闭“显示表”对话框。

（2）单击【查询工具】→【设计】→【查询类型】→【联合】按钮 联合，指定将默认的查询类型由“选择查询”变为“联合查询”。

（3）在窗口编辑器中输入图 3.61 所示的语句。

提示 在 SQL 语句中，使用日期/时间型常量时，需使用“#”符号；使用文本型常量时，需使用英文状态下的双引号""。

（4）运行查询，得到图 3.62 所示的查询结果。

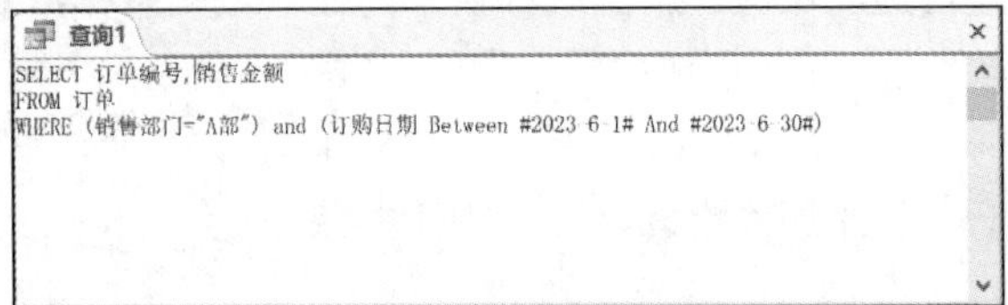

图 3.61　SQL 查询语句

订单编号	销售金额
23-06002	¥1,380.00
23-06002	¥413.00
23-06004	¥15,600.00
23-06005	¥21,995.00
23-06006	¥8,246.00

记录: 第 1 项(共 5 项)

图 3.62　A 部 2023 年 6 月份订单的编号和销售金额 SQL 查询结果

（5）以“A 部 2023 年 6 月份订单的编号和销售金额”为名保存查询，关闭查询窗口。

9.5 任务拓展

9.5.1 统计各地区的客户数

在 Access 中，系统提供了用于对查询中的记录组或全部记录进行“汇总”的计算功能，即预定义计算，包括合计、平均值、最大值、最小值、计数、标准偏差、变量等。下面使用“计数”统计各地区的客户数。

微课 3-8　统计各地区的客户数

（1）打开查询设计器，将“客户”表添加到查询设计器中作为数据源。

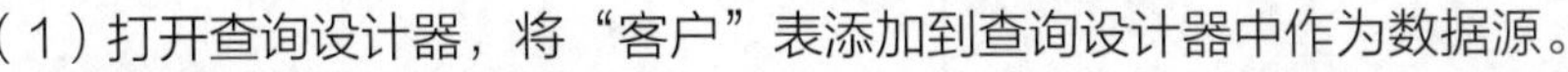

（2）将“客户”表的“地区”和“客户编号”字段添加到查询设计器的查询设计网格窗口中。

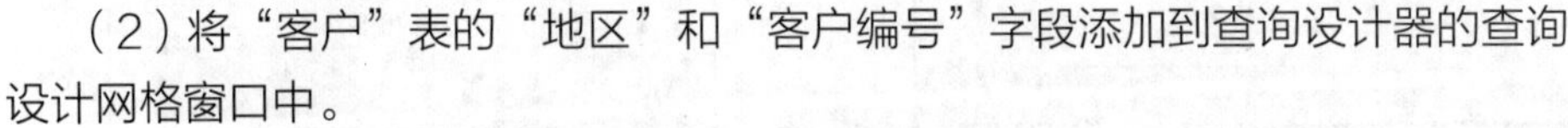

（3）单击【查询工具】→【设计】→【显示/隐藏】→【汇总】按钮Σ，查询设计器中出现“总计”行，在“客户编号”字段下方的“总计”下拉列表中选择“计数”，如图 3.63 所示。

（4）为“客户编号”字段设置别名。将“客户编号”字段名改为“客户数:客户编号”。

（5）运行查询，得到图 3.64 所示的查询结果。

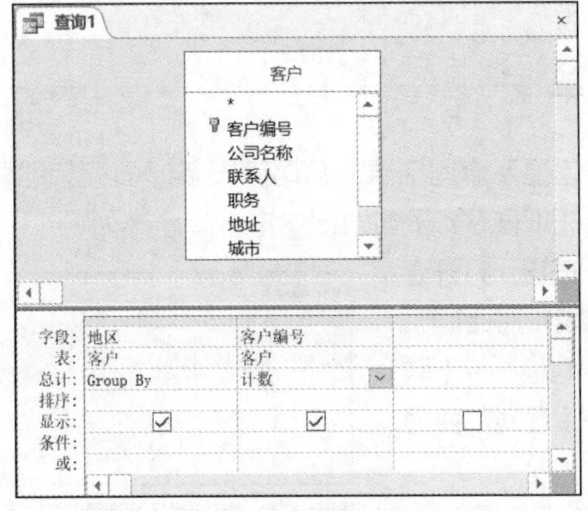

图 3.63　在查询设计器中添加“总计”行

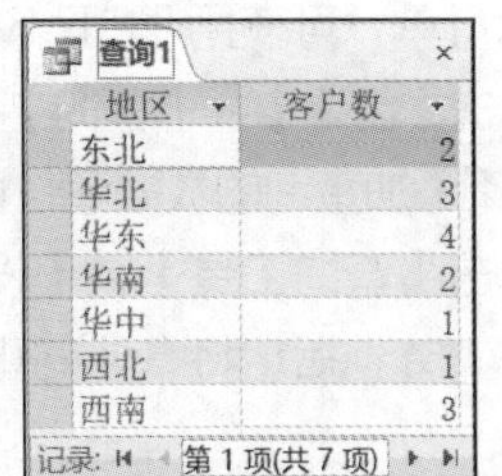

图 3.64　统计各地区的客户数结果

（6）以“统计各地区的客户数”为名保存查询，关闭查询窗口。

9.5.2 统计各部门在各地区的销售业绩

在创建交叉表查询时，可以使用交叉表查询向导和设计视图。当数据源字段不在同一个表或查询中时，采用设计视图来创建会更加快捷。下面统计各部门在各地区的销售业绩，需要“订单”表中的“销售部门”和“销售金额”字段，“客户”表中的“地区”字段。

微课 3-9 统计各部门在各地区的销售业绩

（1）打开查询设计器，将“订单”和“客户”表添加到查询设计器中作为数据源。

（2）单击【查询工具】→【设计】→【查询类型】→【交叉表】按钮，指定将默认的查询类型由“选择查询”变为“交叉表查询”。

（3）将“订单”表中的“销售部门”和“销售金额”字段，“客户”表中的“地区”字段添加到查询设计器的查询设计网格窗口中。

（4）在“交叉表”行中将“销售部门”设置为“列标题”，“销售金额”设置为“值”，“地区”设置为“行标题”；在“总计”行中将“销售金额”设置为“合计”，如图 3.65 所示。

（5）以“统计各部门在各地区的销售业绩”为名保存查询。运行查询，得到图 3.66 所示的查询结果。

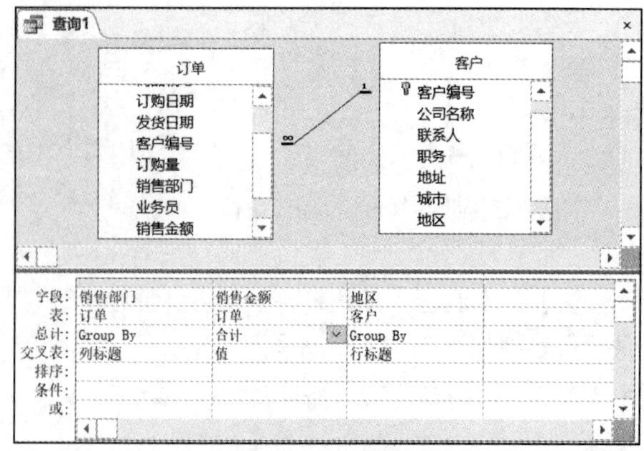

图 3.65 构建交叉表查询

统计各部门在各地区的销售业绩

地区	A部	B部
东北	¥15,561.00	¥11,370.00
华北	¥37,595.00	
华东	¥11,662.00	¥7,438.00
华南		¥3,099.00
华中		¥6,972.00
西北		¥11,025.00
西南	¥8,246.00	¥32,580.00

记录: 第 1 项(共 7 项) 无筛选器

图 3.66 统计各部门在各地区的销售业绩结果

9.5.3 查询销售金额最高的 5 笔订单

在 SQL 的 SELECT 语句中，使用 TOP 子句显示查询结果的头尾若干条记录。查询销售金额最高的 5 笔订单，可使用 TOP 5 子句，且用 ORDER BY 子句对记录进行降序排列。

（1）单击【创建】→【查询】→【查询设计】按钮，打开查询设计器，不添加查询的数据源，直接关闭“显示表”对话框。

（2）单击【查询工具】→【设计】→【查询类型】→【联合】按钮 联合，指定将默认的查询类型由“选择查询”变为“联合查询”。

（3）在窗口编辑器中输入图 3.67 所示的语句。

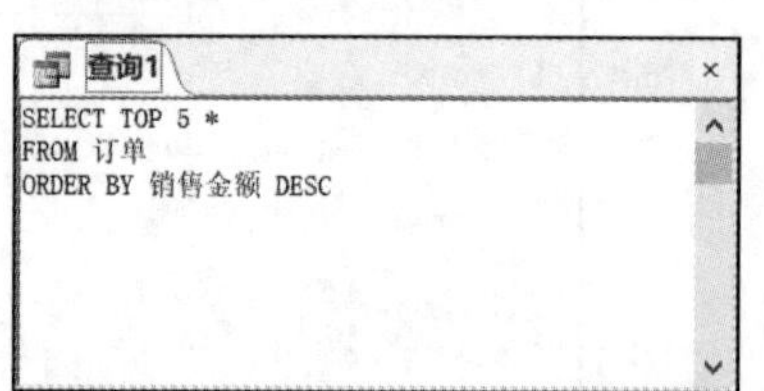

图 3.67 查询销售金额最高的 5 笔订单

（4）运行查询，得到图 3.68 所示的查询结果。

查询1

订单编号	商品编号	订购日期	发货日期	客户编号	订购量	销售部门	业务员	销售金额	是否付款	付款日期
23-06005	0007	2023-6-26	2023-6-27	HB-1039		5A部	张勇	¥21,995.00	☐	
23-08005	0011	2023-8-21	2023-8-22	XN-1008		4B部	夏蓝	¥20,800.00	☑	2023-8-22
23-06004	0011	2023-6-12	2023-6-15	HB-1001		3A部	张勇	¥15,600.00	☑	2023-6-12
23-08004	0008	2023-8-19	2023-8-20	DB-1010		3A部	白瑞林	¥15,561.00	☑	2023-8-20
23-08003	0012	2023-8-4	2023-8-9	XN-1015		2B部	李陵	¥11,780.00	☑	2023-8-4

记录: 第 1 项(共 5 项) 无筛选器 搜索

图 3.68　查询销售金额最高的 5 笔订单的结果

（5）以“查询销售金额最高的 5 笔订单”为名保存查询，关闭查询窗口。

9.5.4　查询“笔记本电脑”的进货信息

在 SQL 查询中，当查询的数据源来源于多个表时，可使用连接关系实现多表查询。查询“笔记本电脑”的进货信息，数据源来自“进货”表和“商品”表。在 FROM 子句中要使用连接运算符连接多个数据源。FROM 子句的语法格式为 FROM 表 1 INNER JOIN 表 2 ON 表 1.字段 1 比较运算符表 2. 字段 2，此处的 FROM 子句为“FROM 商品 INNER JOIN 进货 ON 商品.商品编号=进货.商品编号”。

微课 3-10　查询“笔记本电脑”的进货信息

（1）单击【创建】→【查询】→【查询设计】按钮，打开查询设计器，不添加查询的数据源，直接关闭“显示表”对话框。

（2）单击【查询工具】→【设计】→【查询类型】→【联合】按钮 联合，指定将默认的查询类型由“选择查询”变为“联合查询”。

（3）在窗口编辑器中输入图 3.69 所示的语句。

（4）运行查询，得到图 3.70 所示的查询结果。

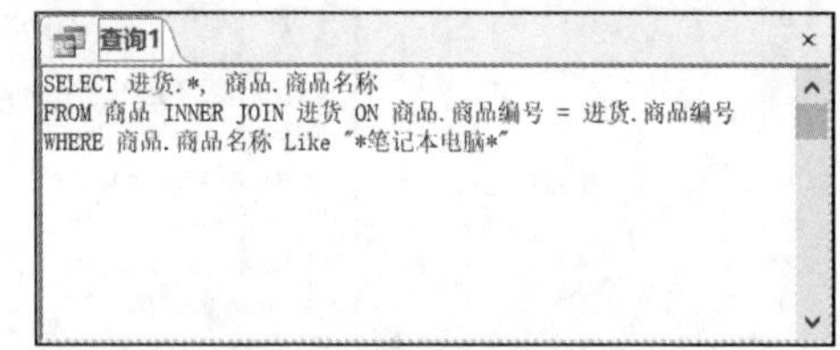
查询1
SELECT 进货.*, 商品.商品名称
FROM 商品 INNER JOIN 进货 ON 商品.商品编号 = 进货.商品编号
WHERE 商品.商品名称 Like "*笔记本电脑*"

图 3.69　SQL 查询语句

查询“笔记本电脑”的进货信息

入库编号	商品编号	供应商编号	入库日期	数量	备注	商品名称
23-08004	0008	1020	2023-8-8	10		宏碁笔记本电脑
23-08010	0021	1205	2023-8-20	35		联想笔记本电脑
23-08012	0012	1028	2023-8-25	8		戴尔笔记本电脑

记录: 第 1 项(共 3 项) 无筛选器 搜索

图 3.70　查询“笔记本电脑”的进货信息

（5）以“查询‘笔记本电脑’的进货信息”为名保存查询，关闭查询窗口。

9.5.5　创建其他查询

在数据库管理的实际操作中，除了一般的带条件查询外，为了满足更多用户不同的查询需求，增强系统的查询功能，系统支持用户根据查询内容的不同使用参数查询。为后面工作任务 11 中的数据查询窗体创建以下查询。

（1）按商品名称查询商品信息。

（2）按类别名称查询商品信息。

（3）按公司名称查询客户信息。

（4）按地区查询客户信息。

（5）按公司名称查询供应商信息。

（6）按商品名称查询库存信息。

（7）按商品名称查询进货信息。

（8）按客户公司名称查询客户订单信息。

（9）按业务员姓名查询订单信息。

9.6 任务检测

（1）打开“商贸管理系统”数据库，在导航窗格中选择“查询”对象，查看数据库窗口中的查询是否如图 3.71 所示包含 22 个查询。

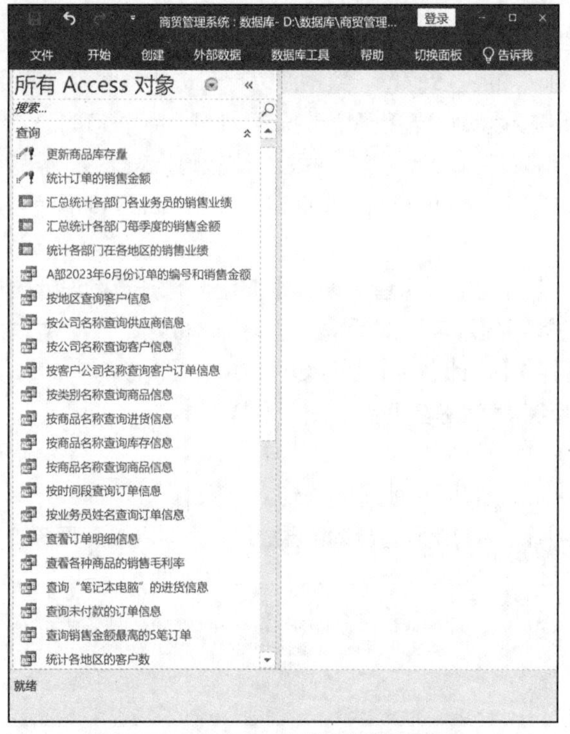

图 3.71　包含 22 个查询的数据库窗口

（2）分别运行其中的 8 个选择查询和 3 个交叉表查询，查看查询运行结果是否如图 3.35、图 3.38、图 3.41、图 3.48、图 3.57、图 3.60、图 3.62、图 3.64、图 3.66、图 3.68 和图 3.70 所示。

（3）选择“表”对象，查看“库存”表中的“库存量”，以及“订单”表中的“销售金额”是否已更新。

9.7 任务总结

本任务通过统计订单的销售金额和更新商品的库存量，使读者进一步掌握更新查询在数据库维护中的操作。通过查看订单明细信息和按时间段查询订单信息，读者可实现多表查询和多参数查询。通过查看各种商品的销售毛利率和统计各地区的客户数，读者进一步熟悉了预定义计算和自定义计算在查询中的使用。通过汇总统计各部门各业务员的销售业绩、汇总统计各部门每季度销售金额、统计各部门在各地区的销售业绩，本任务介绍了运用交叉表查询向导和设计视图创建交叉表查询，实现数据分类汇总统计的方法。通过查询未付款的订单信息、A 部 2023 年 6 月份订单的编号和销售金额、销售金额最高的 5 笔订单及“笔记本电脑”的进货信息，读者初步了解了 SQL 查询语句的构成和使用方法，为以后使用 SQL 查询语句进行数据库管理及开发奠定了基础。

9.8 巩固练习

一、填空题

1. 要获得今天的日期，可使用________函数；要获得当前的日期及时间，可使用________函数。

2. 假设某个表中有 10 条记录，要筛选前 5 条记录，可在查询属性“上限值”中输入________或________。

3. 交叉表查询中只能有一个________和值，但________可以有一个或多个。

4. 创建交叉表查询有两种方法，一种是使用简单________创建交叉表查询，另一种是使用________创建交叉表查询。

二、选择题

1. SQL 的含义是（　　）。
   A. 结构查询语言　　B. 数据定义语言
   C. 数据库查询语言　　D. 数据库操纵与控制语言

2. 在 SQL 查询中，使用 FROM 子句指出的是（　　）。
   A. 查询数据源　　B. 查询结果　　C. 查询视图　　D. 查询条件

3. 在 SQL 查询中，使用 WHERE 子句指出的是（　　）。
   A. 查询目标　　B. 查询结果　　C. 查询视图　　D. 查询条件

4. 在 SQL 查询中，要取得“学生”数据表中的所有记录和字段，SQL 语句应为（　　）。
   A. SELECT 姓名 FROM 学生
   B. SELECT * FROM 学生
   C. SELECT 姓名 FROM 学生 WHILE 学号=02650
   D. SELECT * FROM 学生 WHILE 学号=02650

5. （　　）是交叉表查询必须搭配的功能。
   A. 总计　　B. 上限值　　C. 参数　　D. 以上都不是

6. （　　）是交叉表查询的必要组件。
   A. 行标题　　B. 列标题　　C. 值　　D. 以上都是

7. 要在某数据表中查找文本型字段中内容以“S”开头，以“L”结尾的所有记录，应该使用的查询条件是（　　）。
   A. Like'S*L'　　B. Like'S#L'　　C. Like'S?L'　　D. Like'S$L'

8. （　　）是利用表中的行和列来统计数据的。
   A. 选择查询　　B. 交叉表查询　　C. 参数查询　　D. SQL 查询

9. （　　）是利用 SQL 语句来创建的。
   A. 选择查询　　B. 交叉表查询　　C. 参数查询　　D. SQL 查询

10. 下列选项中，不属于 SQL 查询的是（　　）。
   A. 联合查询　　B. 传递查询　　C. 操作查询　　D. 定义查询

11．下列函数中，表示“返回字符表达式中值的最大值”的是（　　）。
A．Sum　　B．Count　　C．Max　　D．Min

12．总计项中的 GROUP BY 表示（　　）。
A．定义要执行计算的组　　B．求表或查询中第一条记录的字段值
C．指定不用于分组的字段准则　　D．创建表达式中包含统计函数的计算型字段

13．要统计员工人数，需在“总计”下拉列表中选择函数（　　）。
A．Sum　　B．Count　　C．Min　　D．Average

14．（　　）是指根据一个或多个表中的一个或多个字段，使用表达式创建新字段。
A．总计　　B．计算字段　　C．查询　　D．添加字段

15．创建交叉表查询时，行标题最多可以选择（　　）字段。
A．1 个　　B．2 个　　C．3 个　　D．多个

16．如果创建交叉表的数据源来自多个表，那么可以先创建（　　）。
A．一个表　　B．查询　　C．窗体　　D．以上都不对

17．下列关于 SQL 查询的说法中，不正确的是（　　）。
A．SQL 查询是用户使用 SQL 语句直接创建的一种查询
B．Access 的所有查询都可以认为是一个 SQL 查询
C．使用 SQL 可以修改查询中的准则
D．使用 SQL 不能修改查询中的准则

18．要计算各类职称的教师人数，需要设置“职称”和“（　　）”字段，对记录进行分组统计。
A．工作职称　　B．性别　　C．姓名　　D．以上都不是

三、思考题

1．举例说明在什么情况下需要设计生成表查询。

2．举例说明在什么情况下需要设计追加查询。

3．阅读下面的 SQL 语句，思考查询的运行结果是什么。

```
SELECT  姓名,性别,期中成绩,期末成绩,总分
FROM  学生信息
WHERE  姓名  LIKE "刘*"
```

四、设计题

打开“学籍管理系统”数据库，创建以下查询。

1．创建“多表查询”，要求只显示“学号”、“姓名”、“毕业设计”和“毕业考核”字段的查询。

2．创建查询“所有学生的信息”（包含 3 个表中的所有字段）。

3．创建“按输入班级查询”，根据输入的“班级”字段值，查询该班学生的“姓名”、“毕业设计”和“毕业考核”字段。

4．创建查询“2003 年出生的学生记录”（数据源为学生全部信息，包括所有字段）。

5．创建查询“计算学生年龄”，将“年龄”字段的值计算出来并填入“学生情况”表中。

6．创建查询“填充入学时间”，将“入学时间”字段的值填充为“2020-9-1”。

7．创建查询“填充毕业资格”，根据“毕业设计”和“毕业考核”字段的值填充“毕业资格”字段，若两个字段的值都大于等于 60，则可取得毕业资格，填充“是”。

8．创建查询“取得毕业资格学生名单”，将“学生学籍”表中可以取得毕业资格的学生的“学号”和“姓名”放入新表“可毕业学生名单”中。

9. 创建查询“查看在校时间”，以第 2 题创建的“所有学生的信息”查询为数据源，在一个新的字段“在校时间”中查看学生在校学习的年数。

10. 创建查询“查看毕业年龄”，以第 2 题创建的“所有学生的信息”查询为数据源，在一个新的字段“毕业年龄”中查看学生毕业时的年龄。

11. 创建查询“删除无毕业时间的记录”，将“学生学籍”表中“毕业时间”字段为空的学生记录删除。

12. 创建查询“追加评语为优的学生名单”，将“学生情况”表中评语为“优”的学生记录追加到“评语为‘优’的学生”表中。

13. 创建交叉表查询“查看各班级不同性别的学生人数”，以学生的“性别”字段作为分行的标志，以“班级”字段作为分列的标志，统计查看各班级不同性别学生的人数。

14. 创建交叉表查询“查看不同班级的学生各评语等级的人数”，以学生的“班级”字段作为分行的标志，以“评语”字段作为分列的标志，统计查看各班级学生取得不同评语的人数。

工作任务10 设计和制作报表

10

10.1 任务描述

在公司的经营管理过程中，制作和输出报表是数据管理的日常工作。公司员工除了需要输出简单的表格式报表外，常常需要对公司的经营情况进行统计、汇总和分析，最后将这些数据以美观、实用的格式输出。本任务将通过报表向导和设计视图制作有关库存、进货、商品和订单等一系列满足经营管理需求的报表。

10.2 任务目标

- 了解报表的功能和结构。
- 能使用报表向导和设计视图创建报表。
- 掌握在设计视图中修改报表的方法。
- 了解控件在报表设计中的使用方法，能使用报表控件修饰和美化报表。
- 能对报表页面进行具体设置，按所需格式输出报表。

10.3 知识储备

10.3.1 报表的定义

报表是将数据信息以输出形式输出的一种有效形式。报表的数据源大多数是表、查询和 SQL 语句。编辑报表可以控制报表上所有内容的外观，可以按照所需方式显示要查看的信息。有了报表，用户就可以控制数据格式、汇总数据，并以所需的任意顺序对数据进行排序。报表是输出和复制数据库管理数据的最佳方式之一，可以帮助用户以更好的方式表示数据。报表既可以在屏幕上输出，又可以传送到打印设备中输出。

10.3.2 报表的功能

报表是数据查阅和输出的较好方式。与直接从表、查询或窗体中查阅和输出数据相比，报表不仅可以对数据执行查阅和输出功能，还可以提供更多的控制数据格式的方法，包括对记录进行排序、分组，对数据进行比较、总结和小计，以及控制报表的布局和外观，如定义页面的页眉、页脚及报表的页眉和页脚等。报表作为 Access 2019 数据库的一个重要组成部分，还提供了以下功能。

（1）可以制成各种丰富的格式，从而使用户的报表更易于阅读和理解。

（2）可以插入图片、图表以及其他 OLE 对象美化报表。

（3）可以在每页的开头和末尾处输出标识信息的页眉及页脚。

（4）可以利用图表和图形帮助说明数据的含义。

（5）可以包含子窗体和子报表。

（6）能按其他所需输出内容，例如，可生成发票、电话和标签等。

（7）能输出所有表达式的值。

报表与窗体在设计与使用上有许多类似之处，它们的数据源都是表、查询或 SQL 语句，两者之间可以相互转换。窗体的设计方法、技巧可作为报表设计的一面镜子。窗体设计中提到的控件的添加、复制、移动、删除及布局等操作，都可以应用在报表的设计过程中。两者不同的是，在窗体中可以输入数据，而报表侧重于按指定格式来输出数据。

10.3.3 报表的结构

报表的结构一般分为“报表页眉”、“页面页眉”、“主体”、“页面页脚”和“报表页脚”，如图 3.72 所示。分组报表中还有组页眉和组页脚两个节，它们是报表特有的。报表中的内容以节来划分，每一节都有特定的用途，并按照一定的顺序输出在页面和报表上。

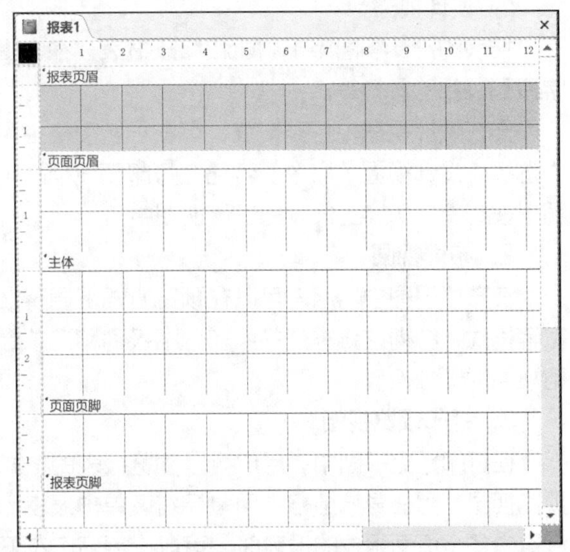

图 3.72 报表的结构

1. 报表页眉

报表页眉出现在整个报表的开头处，而且只出现一次。报表页眉显示整个报表的一般性说明文字，以及报表的标题、图标等，让用户一眼就能看出报表的主要内容。报表页眉一般和页面页眉一起显示在首页。报表页眉显示在首页的页面页眉之前。但如果报表很大，则有必要把报表页眉单独设置成一页来作为封面。

要向报表添加报表页眉/页脚，可用鼠标右键单击报表设计器的任意一节，在弹出的快捷菜单中选择【报表页眉/页脚】命令。当报表中已经具有报表页眉/页脚时，执行上述命令，将同时删除报表页眉/页脚以及其中的控件。

2. 页面页眉

页面页眉显示在报表每一页的最上方，其显示的信息包括报表的字段名称等。如果要向报表添加页面页眉/页脚，则可以按照添加报表页眉/页脚的方法，用鼠标右键单击报表设计器的任意一节，在弹出的快捷菜单中选择【页面页眉/页脚】命令。

3. 组页眉

组页眉出现在报表每一个分组字段的开头处，用于显示该组的标题及相关信息，还可用于显示分组字段名称等。如果报表有多个层次性的分组，则对应的组页眉也有多个，而且从上到下按分组级别从高到低依次排列。

4．主体

主体是报表的主要内容。该节对于数据源中的每一条记录只显示一次，是构成报表主要部分的控件所在的位置。

5．组页脚

在报表中，页眉和页脚总是对应出现的。组页脚对应组页眉。组页脚出现在报表每一个分组的末尾，用于显示该组的总结性信息。

6．页面页脚

页面页脚和页面页眉对应，出现在报表每一页的末尾，其显示的信息包括报表页码、日期等。值得注意的是，页面页脚和页面页眉显示在同一页，因此要避免两者显示信息的重复。页面页脚与页面页眉使用同样的命令，成对地添加或删除。

7．报表页脚

报表页脚用于在报表的末尾显示信息，如报表总结和总计数等。

10.3.4　报表的视图

报表有 4 种视图，分别为设计视图、布局视图、打印预览视图和报表视图。

1．设计视图

报表的设计视图用于创建和修改报表。在编辑报表时，设计视图可显示报表的各种控件布局、字段列表和工具箱等。

要在设计视图中打开报表，可在导航窗格中用鼠标右键单击要打开的报表，在弹出的快捷菜单中选择【设计视图】命令。若已在打印预览视图中打开了报表，则可以单击状态栏右侧的【设计视图】按钮，切换到报表的设计视图中。

2．布局视图

在布局视图中，用户可以在预览方式下调整报表的设计，可以根据报表数据的实际情况调整列宽等格式，将列重新排列并添加分组级别和汇总等。报表的布局视图的功能和操作方法和窗体的布局视图的十分相似。

3．打印预览视图

在打印预览视图中，用户可以预览报表的格式，查看报表每一页的数据。若要显示报表的打印预览视图，则在导航窗格中用鼠标右键单击报表，在弹出的快捷菜单中选择【输出预览】命令。当查看由多个页面组成的报表时，可以使用窗口左下方的【浏览】按钮在不同的页面之间切换，查看不同页面的数据。

4．报表视图

报表视图是报表设计完成后，最终输出的视图。在报表视图中，用户可以筛选、查找报表中的记录，也可方便地设置格式。

10.3.5　报表的分类

常见的报表有纵栏式报表、表格式报表、图表报表和标签报表。

1．纵栏式报表

纵栏式报表在每页中从上到下按字段输出一条或多条记录，其中每个字段占一行。这类似于纵栏式窗体，只不过纵栏式报表可以显示多条记录，且记录与记录之间用一条横线隔开。

2. 表格式报表

表格式报表以表格（即行和列）的形式显示和输出表或查询中的数据。与普通表格不同的是，表格式报表还可以对数据记录进行分组、对分组结果进行汇总等。因此，这类报表很常用。

3. 图表报表

图表报表是 Access 的一种特殊格式的报表，它通过图表的形式输出数据源中两组数据之间的关系。图表报表可以更方便、更直观地表示数据间的关系。

4. 标签报表

标签报表一般很小，类似于一个标签。一张 A4 纸往往可以输出几个到几十个标签报表。

10.3.6 控件的使用

控件是构成窗体和报表的基本元素。Access 2019 提供了多种类型的控件，主要用于显示窗体和报表、修改数据、执行操作以及编辑窗体和报表。同类控件具有相同的属性。用户对同类控件设置不同的属性值，可得到不同的屏幕对象。

1. 控件的类型

Access 的控件组中列出了全部类型的控件，按控件与数据源的关系可以将控件分成以下 3 类。

（1）绑定型控件

绑定型控件是以表或者查询中的一个字段作为数据源的控件，用于显示、输入以及修改字段的值。控件的内容会随当前记录的改变而动态变化。

（2）未绑定型控件

没有指定数据源的控件为未绑定型控件。未绑定型控件分为两类，一类是没有控件来源属性，无法指定数据源的控件，如标签、图片、线条或矩形等控件，运行时，不能向这类控件输入数据；另一类是有控件来源属性，但没有指定数据源的控件，如文本框控件，运行时，可以向这类控件输入数据，输入的数据保留在缓冲区中。

（3）计算型控件

计算型控件有控件来源属性，但这类控件的来源是表达式，而不是表或者查询的一个字段。运行时，计算型控件的值不能编辑，只用于显示表达式的值。当试图向计算型控件输入数据时，Access 状态栏将显示“控件无法被编辑”。

2. 控件组

设计器中的各种控件都放在控件组中，如图 3.73 所示。

控件组中各个控件的功能说明如表 3.6 所示。

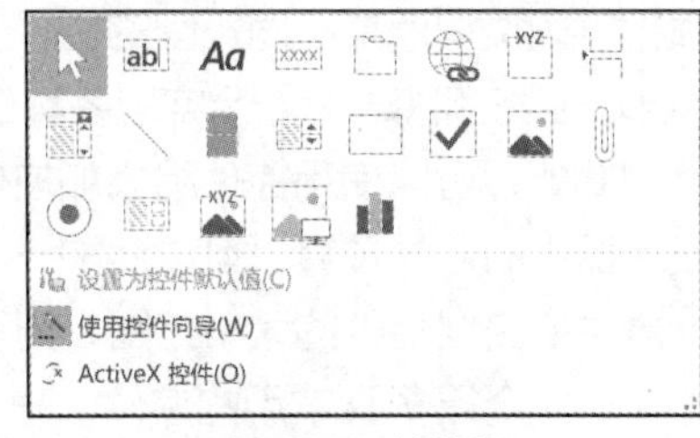

图 3.73 控件组

表 3.6 控件组中各个控件的功能说明

控　件	名　称	功能说明
	选择对象	用于选择窗体设计器中的控件、节和窗体
	文本框	最常用的控件之一，用于显示、输入和编辑数据，也可用于显示表达式运算后的结果或接收用户输入的数据
	标签	用于显示说明文本，如窗体或报表的标题和其他控件的附加标签
	按钮	也称命令按钮，用于完成各种操作
	选项卡控件	创建一个多页的带选项卡的窗体，可在选项卡上添加其他对象

续表

控件	名称	功能说明
	超链接	用于创建一个超链接控件
	选项组	与复选框、选项按钮或切换按钮等配合使用，显示一组可选值
	插入分页符	使窗体或报表在分页符所在位置开始新页
	组合框	结合列表框和文本框的特性，既可以在文本框中输入，又可以从列表框中选择值
	图表	用于在窗体或报表中添加图表对象
	直线	绘制直线，用于突出显示数据或者分隔不同的控件
	切换按钮	单击时可在开/关两种状态之间切换
	列表框	显示数值列表，可从列表中选择值
	矩形	绘制矩形，将一组相关的控件组织在一起
	复选框	绑定到是/否型字段，可以从一组值中选择多个
	未绑定对象框	添加未绑定的对象，如 Word 文档、Excel 表格等
	附件	用于向窗体添加附件控件
	选项按钮	绑定到是/否型字段，可以从一组值中选择一个
	子窗体/子报表	在当前窗体/报表中嵌入另一个窗体/报表
	绑定对象框	添加 OLE 对象
	图像	用于显示静态的图形/图像
	使用控件向导	用于打开或关闭控件向导，帮助用户设计复杂的控件
	ActiveX 控件	打开一个 ActiveX 控件列表，插入 Windows 提供的更多控件

3. 常用的控件

窗体和报表通常包含各种控制，如按钮、标签、文本框和复选框等。在 Access 中，用户可以使用窗体和报表的数据源字段列表和控件组向设计器添加控件。

新建或编辑窗体及报表时，将数据源字段列表中的字段拖到窗体或报表设计器中，Access 将根据字段类型添加不同类型的控件，并且把对应的数据源绑定到控件上。使用这种方法添加控件时，Access 将添加一个显示字段名称的标签控件和一个其他控件，并且这两个控件是有关联的。

此外，可以使用控件组添加控件。添加一个控件时，先单击控件组中的控件按钮，再单击窗体设计器中的适当位置，可以添加一个默认大小的控件。如果先单击控件组中的控件按钮，然后在设计器中拖曳出控件的大小范围，则可以添加一个自定义大小的控件。

下面介绍 7 种常用的控件。

（1）文本框

文本框控件常用于显示、输入和编辑数据。它可以显示、输入和编辑一行或者多行数据。运行窗体或报表时，用户可以在文本框控件中输入数据、编辑数据。表中的数字、短文本、日期、货币、长文本和超链接等类型的字段值也常常使用文本框输入。

文本框控件可以是绑定型、未绑定型或者计算型控件。它是窗体和报表中功能最强大和灵活的控件之一。每一个文本框一般都应该有一个标签对其进行说明。

（2）标签

标签用于在窗体或报表上显示说明文本，如标题、简短的说明等。标签是未绑定型控件，运行时不能向标签控件中输入数据。使用控件组添加文本框控件、选项组控件、选项按钮控件、复选框控件、组合框控件、列表框控件、绑定对象框控件、子窗体/子报表控件时，Access 会自动添加与之关联的标签控件，我们称这种标签为附加到其他控件上的标签。用户也可单独使用标签显示信息，这种标签称为独立标签。

（3）按钮

Access 提供了许多类型的控件，每种类型的控件又有非常多的属性，因此初学者使用控件组添加控件时，可以使用 Access 的控件向导来帮助设置控件的属性。先单击控件组中的“使用控件向导”命令，再添加控件。如果指定控件带控件向导，则 Access 自动打开对应的控件向导，引导用户设置控件的常用属性。

按钮属于带控件向导的控件之一，它常用来完成一些操作，如打开另一个窗体、打开相关的报表、启动其他程序等。用户可以用控件向导指定按钮完成的操作，或编写宏命令和 VBA 代码来完成指定的操作。

（4）复选框、切换按钮和选项按钮

复选框、切换按钮和选项按钮常用于输入是/否型的数据。当它们取值为“是”时，返回值是-1，当它们取值为“否”时，返回值是 0。

复选框常用于在一组选项中可以选择多个的情形，切换按钮常用于在开/关两种状态之间切换，选项按钮常用于在一组选项中只能选择一个的情形。

（5）列表框

列表框常用于从选项列表中选择一个选项的情形。运行窗体或报表时，用户可以选择选项列表中的选项。

创建列表框时，通常使用控件向导来帮助设置列表框的属性。

（6）组合框

组合框可以看成是一个文本框与一个列表框的组合。它常用于既可输入数据，又可选择选项的情形。运行窗体或报表时，用户既可以在组合框中直接输入数据，又可以单击组合框的下三角按钮，打开下拉列表后选择其中的选项。

创建组合框时，通常使用控件向导来帮助设置组合框的属性。

（7）选项卡

选项卡控件用于展示单个集合的多页信息，这对于处理可能分为两类或多类的信息尤为有用。

4．使用控件

编辑窗体和报表时常用的控件操作是选择控件、移动控件、对齐控件、改变控件大小、复制控件、删除控件等。

（1）选择控件

要对窗体或报表设计器中的控件进行移动、对齐和删除等编辑操作，通常需要先选择它。用户可以选择一个控件，也可以选择多个控件。

① 选择一个控件。

单击控件即可选择该控件。选定控件的边框将出现控制柄（橙色的小矩形）。

> **提示** 如果某个控件有与之关联的标签控件，则选择该控件时，与之关联的标签控件的左上角也将出现控制柄。选择一个控件后，如果使用相同的方法选择下一个控件，那么将取消对上一个控件的选择。如果单击报表的其他位置，则取消对控件的选择。

② 选择多个控件。

a. 与在 Windows 环境中选择多个文件的方法相同，在报表设计器中拖曳鼠标画一个矩形的选择框，选择框内部的控件和选择框边框经过的控件将全部被选中。这种方法常用于选择连续的多个控件。

b. 先按住【Shift】键，再单击需要选择的控件。这种方法常用于选择不连续的多个控件。

c. 按【Ctrl】+【A】组合键，可以选择全部控件。

提示 选择多个控件后，如果单击报表设计器中被选择的控件以外的其他位置，那么将取消对所有控件的选择。选择多个控件后，如果在按住【Shift】键的同时，单击选择的控件，那么将取消对该控件的选择。

（2）移动控件

设计报表的布局时，经常需要移动控件。用户可以利用鼠标快速移动控件，也可以利用键盘细微地移动控件，还可以利用属性窗口精确设置控件的位置。其中，利用鼠标和键盘移动控件的操作如下。

① 利用鼠标移动控件。

先选择需要移动的一个或多个控件，再将鼠标指针指向选择的控件。当鼠标指针变成“✥”状态时，按住鼠标左键进行拖曳，就可以移动所有选择控件。

提示 如果只移动一个控件，则直接拖动该控件即可快速移动该控件。有的控件有与之关联的标签控件，默认情况下这两个控件将同时被移动。选择控件后，将鼠标指针指向控件左上角的控件控制柄，当鼠标指针变成“✥”状态时，拖曳鼠标可以移动鼠标指针指向的一个控件。

② 利用键盘移动控件。

先选择需要移动的一个或多个控件，再按【Ctrl】+方向键即可细微地移动选择的控件。

（3）对齐控件

设计报表时，常常需要使控件按行或列对齐。因为使用鼠标和键盘移动控件时很难精确对齐控件，所以通常使用菜单命令来对齐控件。

先选择需要对齐的控件，再单击【报表设计工具】→【排列】→【调整大小和排序】→【对齐】按钮，打开图 3.74 所示的“对齐”下拉菜单，选择相应的命令，即可精确对齐控件。

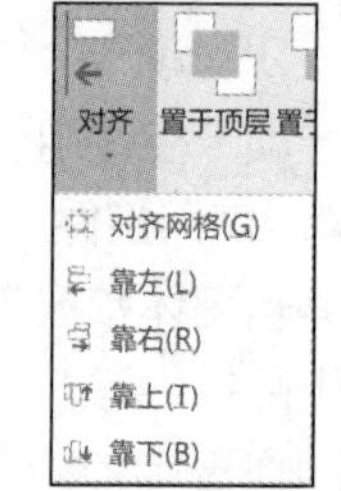

图 3.74 “对齐”下拉菜单

（4）设置多个控件大小相同

设计报表时，常常需要使一组控件具有相同的宽度或高度。因为使用鼠标和键盘很难精确设置控件的大小，所以通常使用菜单命令设置多个控件的大小，从而使它们大小相同。

先选择需要设置相同大小的控件，然后单击【报表设计工具】→【排列】→【调整大小和排序】→【大小/空格】按钮，打开图 3.75 所示的“大小/空格”下拉菜单，再选择“大小”下的【至最高】、【至最短】、【至最宽】和【至最窄】命令，即可设置多个控件具有相同大小。

（5）设置控件的间距

设计报表时，常常需要调整控件的水平间距或垂直间距。只需先选择需要使水平间距或垂直间距相等的多个控件，然后单击【报表设计工具】→【排列】→【调整大小和排序】→【大小/空格】按钮，打开图 3.75 所示的“大小/空格”下拉菜单，再选择“间距”下的相应命令，即可设置控件的水平间距或垂直间距。

（6）改变控件的大小

在报表设计器中可以利用鼠标快速改变控件的大小，也可以利用键盘细微地改变控件的大小，还可以利用属性窗口精确设置控件的大小。其中，利用鼠标和键盘改变控件大小的操作如下。

① 利用鼠标改变控件的大小。

利用鼠标改变控件的大小时，先选择需要改变大小的控件，再将鼠标指针指向选择控件的控制柄。当鼠标指针变成“↕”或“↔”状态时，拖动选择控件的控制柄，即可方便地改变所有选择控件的大小。

如果控件有与之关联的标签控件，默认情况下将改变其中某个控件的大小，而不改变另一个控件的大小。

② 利用键盘改变控件的大小。

利用键盘改变控件的大小时，只需先选择需要改变大小的控件，再按【Shift】+方向键，即可细微地改变选择控件的大小。

（7）复制控件

如果报表中有多个相同的控件，则创建其中一个控件后，可以使用复制的方法创建其他控件，以提高工作效率。复制报表控件的操作步骤如下。

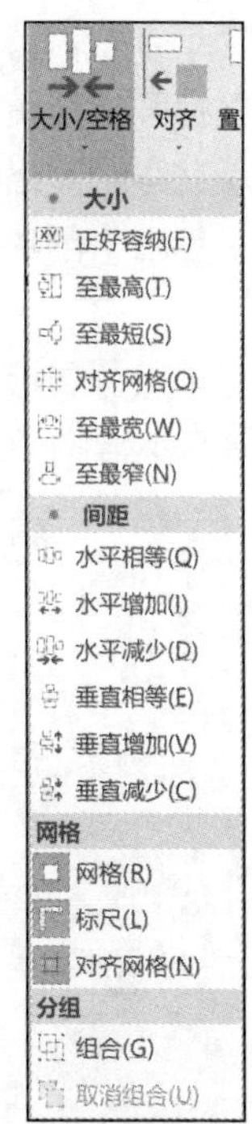

图 3.75 “大小/空格”下拉菜单

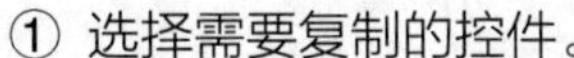

① 选择需要复制的控件。

② 单击【开始】→【剪贴板】→【复制】按钮，把控件复制到剪贴板上。

③ 单击【开始】→【剪贴板】→【粘贴】按钮。

完成以上操作后，复制出的报表控件将出现在选择控件附近。用户可以把复制出的控件移动到目标位置。

提示 使用相似的方法还可以在报表之间复制控件。在完成第②步操作后，先选择目标报表，再进行“粘贴”操作，即可在不同报表之间复制控件。

（8）删除控件

报表中不需要的控件必须删除。先选择需要删除的控件，再按【Delete】键，即可删除所选择的控件。

（9）设置控件外观

控件外观包括前景色、背景色、字体、字形、边框、特殊效果等格式属性。在属性表中，设置格式属性可以设置控件外观。

10.4 任务实施

10.4.1 创建“库存报表”

【报表】按钮提供了创建报表的快捷方式，它既不用向用户提示信息，又不需要用户做任何其他操作就能快速创建报表。创建的报表将显示选中数据源中的所有字段。下面使用【报表】按钮创建表格式“库存报表”。

（1）打开“商贸管理系统”数据库。

（2）在导航窗格中选择“库存”表作为报表的数据源。

（3）单击【创建】→【报表】→【报表】按钮，快速创建图 3.76 所示的报表，并显示布局视图。

（4）单击快速访问工具栏中的【保存】按钮，弹出图 3.77 所示的“另存为”对话框。在“报表名称”文本框中输入“库存报表”，单击【确定】按钮保存报表。

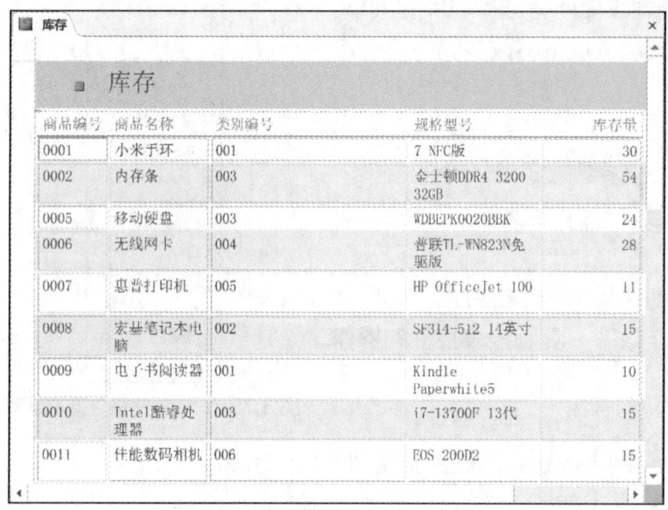

商品编号	商品名称	类别编号	规格型号	库存量
0001	小米手环	001	7 NFC版	30
0002	内存条	003	金士顿DDR4 3200 32GB	54
0005	移动硬盘	003	WDBEPK0020BBK	24
0006	无线网卡	004	普联TL-WN823N免驱版	28
0007	惠普打印机	005	HP OfficeJet 100	11
0008	宏碁笔记本电脑	002	SF314-512 14英寸	15
0009	电子书阅读器	001	Kindle Paperwhite5	10
0010	Intel酷睿处理器	003	i7-13700F 13代	15
0011	佳能数码相机	006	EOS 200D2	15

图 3.76　新建的“库存报表”

图 3.77　“另存为”对话框

（5）单击报表中的【关闭】按钮，关闭创建好的报表。

10.4.2　制作“商品详细清单”

在使用【报表】按钮的方法创建“库存报表”时，只能选择一个对象作为报表的数据源，且创建的报表包含数据源中的所有字段。在实际操作中，如果报表的数据源有多个，要想使用自动创建报表的方法，则一般需要先创建包含相关数据的查询。使用报表向导创建报表，可从多个数据源中选择需要的字段创建报表。例如，要创建的“商品详细清单”报表中包含“商品”、“类别”和“供应商”表中的字段，因此使用报表向导来创建报表。

（1）打开“商贸管理系统”数据库。

（2）单击【创建】→【报表】→【报表向导】按钮，打开“报表向导”第 1 步对话框。

（3）添加报表需要的字段。

① 添加“商品”表中的字段。在“报表向导”第 1 步对话框中，从“表/查询”下拉列表中选择“商品”表，如图 3.78 所示。选中“可用字段”列表框中的字段，单击 > 按钮可以将“可用字段”列表框中选中的字段添加到右边的“选定字段”列表框中。将“商品”表中的“商品编号”、“商品名称”、“规格型号”、“进货价”和“销售价”字段从“可用字段”列表框添加到“选定字段”列表框中。

② 添加“供应商”表中的字段。在“表/查询”下拉列表中选择“供应商”表，将“供应商”

表中的“公司名称”字段从“可用字段”列表框添加到“选定字段”列表框中。

③ 添加“类别”表中的字段。在“表/查询”下拉列表中选择“类别”表，将“类别”表中的“类别名称”字段从“可用字段”列表框添加到“选定字段”列表框中，添加字段后的结果如图 3.79 所示。

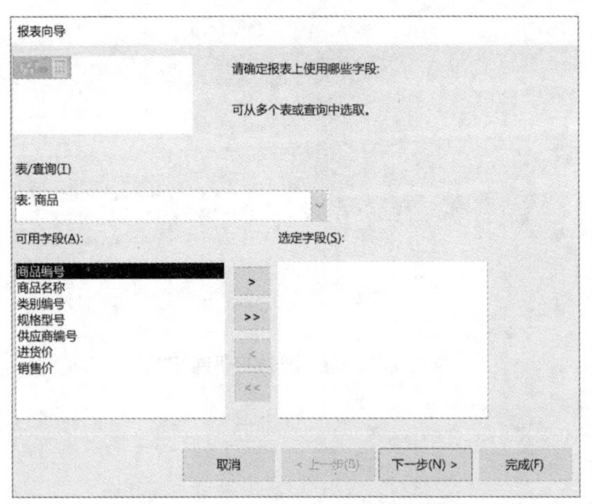

图 3.78 “报表向导”第 1 步对话框

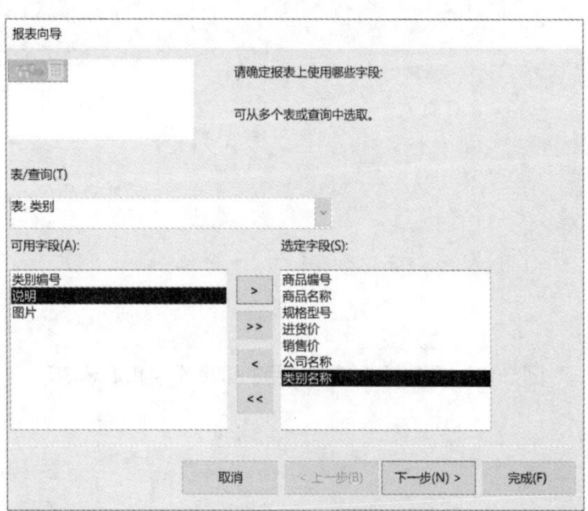

图 3.79 添加报表字段

（4）单击【下一步】按钮，弹出图 3.80 所示的“报表向导”第 2 步对话框。由于该报表的数据源为 3 个表，因此需要选择查看数据的方式。这里选择“通过 类别”来查看。

（5）单击【下一步】按钮，弹出图 3.81 所示的“报表向导”第 3 步对话框，确定是否添加分组级别。这里保持默认设置，即不添加分组级别。

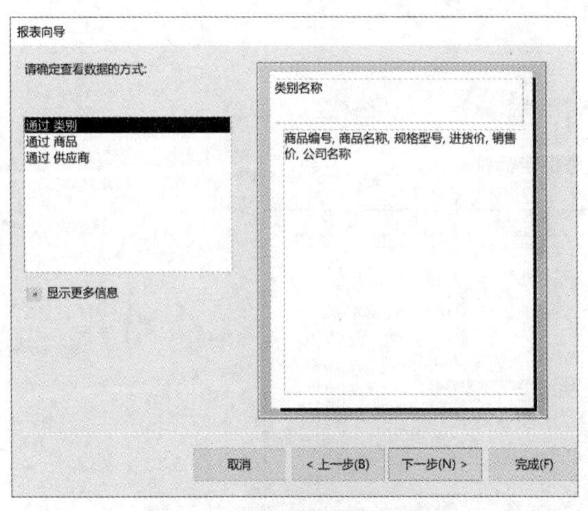

图 3.80 选择查看数据的方式

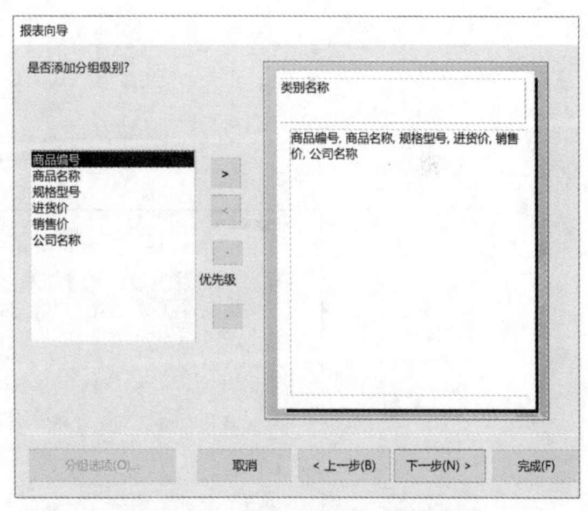

图 3.81 确定是否添加分组级别

（6）单击【下一步】按钮，弹出图 3.82 所示的“报表向导”第 4 步对话框，确定明细信息使用的排序次序和汇总信息。这里选择按“商品编号”升序排列报表记录，并且不指定“汇总选项”。

（7）单击【下一步】按钮，弹出图 3.83 所示的“报表向导”第 5 步对话框，确定报表的布局方式。这里选择“布局”中的【递阶】单选按钮，并且设置页面方向为【纵向】。

（8）单击【下一步】按钮，弹出图 3.84 所示的“报表向导”第 6 步对话框，为报表指定标题。在“请为报表指定标题”文本框中输入报表标题“商品详细清单”，然后选择【预览报表】单选按钮。

（9）单击【完成】按钮，报表的打印预览结果如图 3.85 所示。

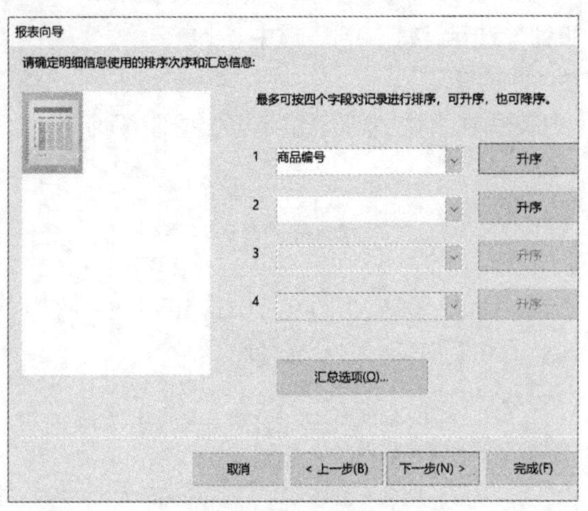

图 3.82　确定明细信息使用的排序次序和汇总信息

图 3.83　确定报表的布局方式

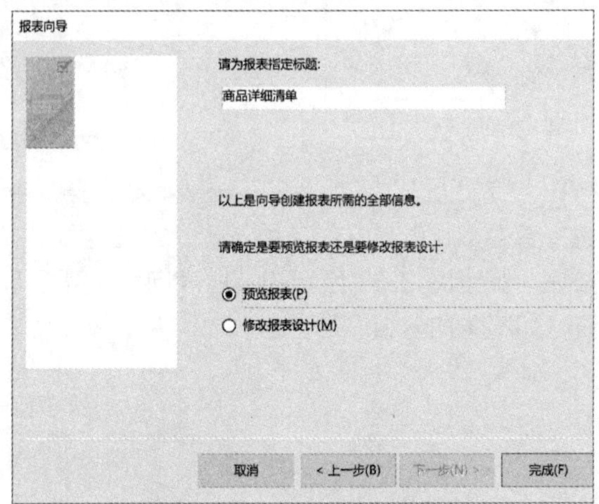

图 3.84　为报表指定标题

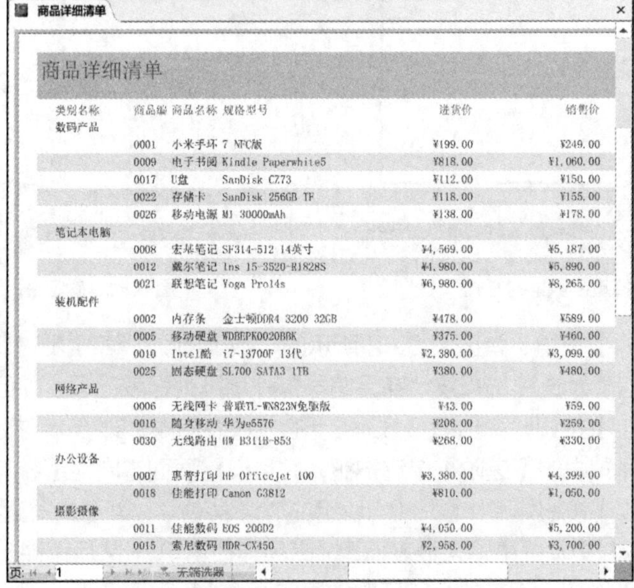

商品详细清单

类别名称	商品编	商品名称	规格型号	进货价	销售价
数码产品					
	0001	小米手环	7 NFC版	¥199.00	¥249.00
	0009	电子书阅	Kindle Paperwhite5	¥818.00	¥1,060.00
	0017	U盘	SanDisk CZ73	¥112.00	¥150.00
	0022	存储卡	SanDisk 256GB TF	¥118.00	¥155.00
	0026	移动电源	MI 30000mAh	¥138.00	¥178.00
笔记本电脑					
	0008	宏基笔记	SF314-512 14英寸	¥4,569.00	¥5,187.00
	0012	戴尔笔记	Ins 15-3520-R1828S	¥4,980.00	¥5,890.00
	0021	联想笔记	Yoga Pro14s	¥6,980.00	¥8,265.00
装机配件					
	0002	内存条	金士顿DDR4 3200 32GB	¥478.00	¥589.00
	0005	移动硬盘	WDBEPK0020BBK	¥375.00	¥460.00
	0010	Intel酷	i7-13700F 13代	¥2,380.00	¥3,099.00
	0025	固态硬盘	SL700 SATA3 1TB	¥380.00	¥480.00
网络产品					
	0006	无线网卡	普联TL-WN823N免驱版	¥43.00	¥59.00
	0016	随身移动	华为e5576	¥208.00	¥259.00
	0030	无线路由	HW B311B-853	¥268.00	¥330.00
办公设备					
	0007	惠普打印	HP OfficeJet 100	¥3,380.00	¥4,399.00
	0018	佳能打印	Canon G3812	¥810.00	¥1,050.00
摄影摄像					
	0011	佳能数码	EOS 200D2	¥4,050.00	¥5,200.00
	0015	索尼数码	HDR-CX450	¥2,958.00	¥3,700.00

图 3.85　使用报表向导创建的“商品详细清单”

（10）关闭报表预览窗口，完成报表的创建。

提示 如果在“报表向导”第 6 步对话框中选择了【修改报表设计】单选按钮，则可以打开报表设计器进一步修改报表设计。

10.4.3 制作“商品标签”

标签报表是 Access 报表的一种特殊类型。在日常的工作中，用户经常需要制作标签式的短信息，如商品的标签、客户的邮件地址等。利用“标签向导”可以快速创建各种规格的标签报表。

（1）打开“商贸管理系统”数据库。

（2）在导航窗格中选择“商品”数据表作为报表的数据源。

（3）单击【创建】→【报表】→【标签】按钮 标签，弹出图 3.86 所示的“标签向导”第 1 步对话框。

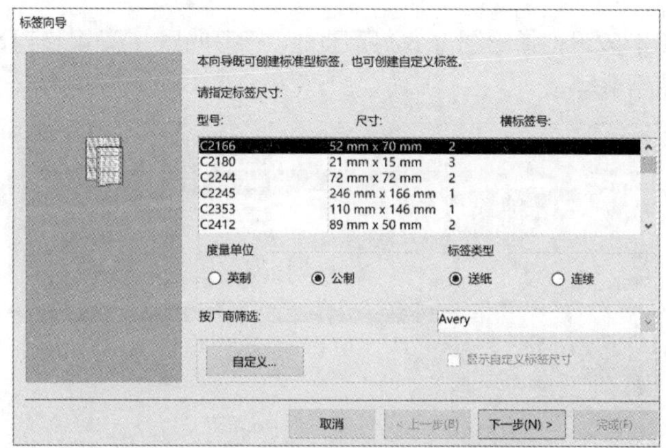

图 3.86 “标签向导”第 1 步对话框

（4）指定标签报表的型号及尺寸，也可以单击【自定义】按钮自行设计，这里指定标签报表的型号为“L7415”，尺寸为“52mm × 90mm”。

（5）单击【下一步】按钮，弹出图 3.87 所示的“标签向导”第 2 步对话框，设置标签报表文本的字体、字号、粗细和颜色等。

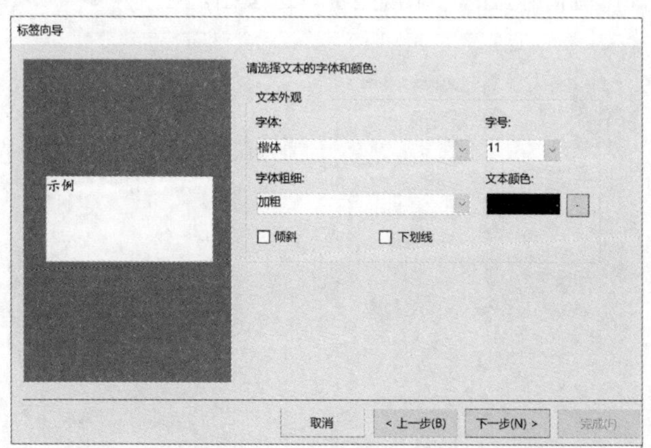

图 3.87 设置标签报表文本的字体、字号、粗细和颜色

（6）单击【下一步】按钮，弹出图 3.88 所示的“标签向导”第 3 步对话框，确定标签报表的显示内容。可以从左边选择需要的字段，也可以直接在“原型标签”文本框中输入所需的文本。

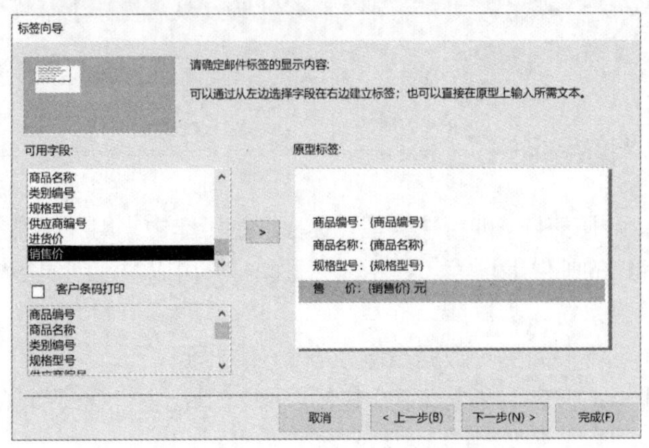

图 3.88　确定标签报表的显示内容

（7）单击【下一步】按钮，弹出图 3.89 所示的“标签向导”第 4 步对话框，选择标签报表中记录的排序依据为“商品编号”。

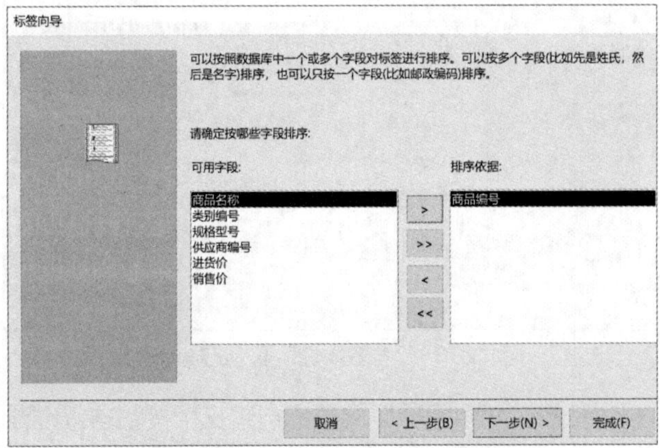

图 3.89　选择标签报表中记录的排序依据

（8）单击【下一步】按钮，弹出图 3.90 所示的“标签向导”第 5 步对话框。指定报表的名称为“商品标签”，再选择【查看标签的打印预览】单选按钮。

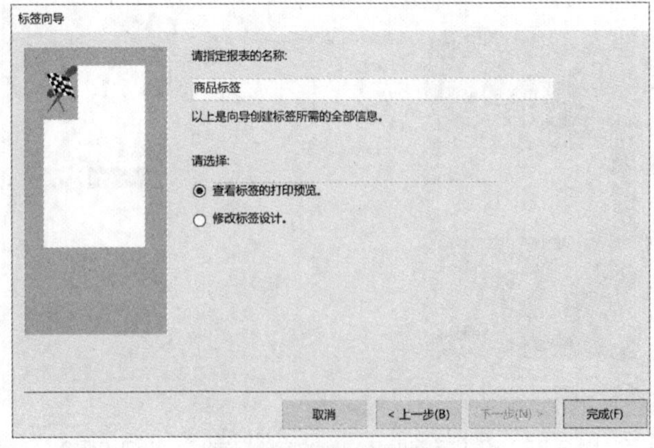

图 3.90　指定报表的名称

（9）单击【完成】按钮，标签报表的打印预览视图如图 3.91 所示。

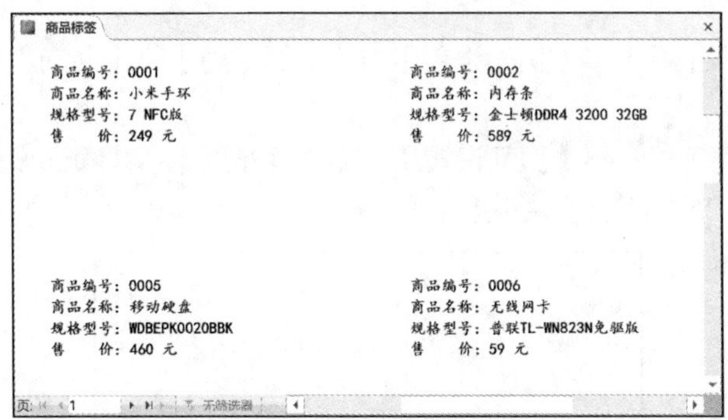

图 3.91 “商品标签”报表

（10）关闭报表预览窗口，完成报表的创建。

10.4.4 制作“订单明细表”

在制作报表的过程中，除了可以使用表作为其数据源外，当要制作的报表涉及多个数据表的字段或要输出由查询生成的记录集时，也可以将创建好的查询作为报表数据源。下面用工作任务 9 中创建的“查看订单明细信息”查询作为数据源制作“订单明细表”。

微课 3-11 制作“订单明细表”

（1）打开“商贸管理系统”数据库。

（2）在导航窗格中选择“查看订单明细信息”查询作为报表的数据源。

（3）单击【创建】→【报表】→【报表】按钮，可快速创建图 3.92 所示的报表，并显示其布局视图。

查看订单明细信息

2023年10月4日
16:01:30

订单编号	商品名称	销售价	订购日期	发货日期	订购量	销售金额	销售部门	业务员	公司名称	客户地址
23-06003	小米手环	¥249.00	2023-6-8	2023-6-12	4	¥996.00	B部	方艳芸	威航货运有限公司	经七纬二路xx号
23-07004	小米手环	¥249.00	2023-7-18	2023-7-27	28	¥6,972.00	B部	方艳芸	宇欣实业	大峪口街xxx号
23-06006	内存条	¥589.00	2023-6-29	2023-7-2	14	¥8,246.00	A部	杨立	嘉元实业	东湖大街xx号
23-07003	内存条	¥589.00	2023-7-16	2023-7-19	8	¥4,712.00	A部	白瑞林	学仁贸易	辅城路xxx号
23-06002	移动硬盘	¥460.00	2023-6-5	2023-6-9	3	¥1,380.00	A部	白瑞林	立日股份有限公司	惠安大路xx号
23-07001	移动硬盘	¥460.00	2023-7-7	2023-7-8	6	¥2,760.00	B部	夏颖	凯旋科技	使馆路xxx号
23-06002	无线网卡	¥59.00	2023-6-5	2023-6-11	7	¥413.00	A部	杨立	立日股份有限公司	惠安大路xx号
23-07003	无线网卡	¥59.00	2023-7-16	2023-7-17	3	¥177.00	A部	白瑞林	学仁贸易	辅城路xxx号
23-06005	惠普打印机	¥4,399.00	2023-6-26	2023-6-27	5	¥21,995.00	A部	张勇	志远有限公司	光明北路xxx号
23-06003	宏碁笔记本电脑	¥5,187.00	2023-6-8	2023-6-15	2	¥10,374.00	B部	李陵	威航货运有限公司	经七纬二路xx号
23-08004	宏碁笔记本电脑	¥5,187.00	2023-8-19	2023-8-20	3	¥15,561.00	A部	白瑞林	三捷实业	英雄山路xx号

图 3.92 新建的“订单明细表”

（4）以“订单明细表”为名保存创建好的报表。

提示 从图 3.92 可以看出，采用“报表”工具创建的报表，无论报表的标题、文本格式，还是页面格式均为默认设置，不一定满足用户的实际需求。因此，要想生成美观、适用的报表，可以使用自动方式快速生成基本报表，然后借助设计视图、布局视图对报表进行美化和修饰。

（5）美化和修饰报表格式。

① 设置页面格式。

a. 单击【报表布局工具】→【页面设置】→【页面布局】→【横向】按钮，将页面纸张方向设置为“横向”。

b. 单击【报表布局工具】→【页面设置】→【页面布局】→【页面设置】按钮，打开“页面设置”对话框，按照图 3.93 所示设置页边距。

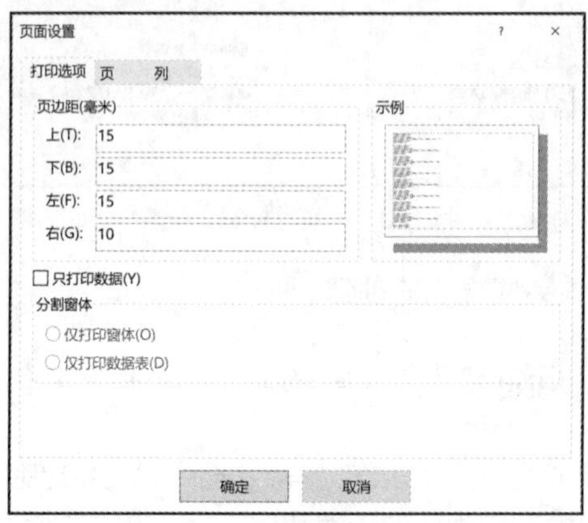

图 3.93 “页面设置”对话框

c. 单击【确定】按钮，返回布局视图。

② 修改报表标题。

a. 单击窗口右下角的【设计视图】按钮，切换到图 3.94 所示的设计视图。

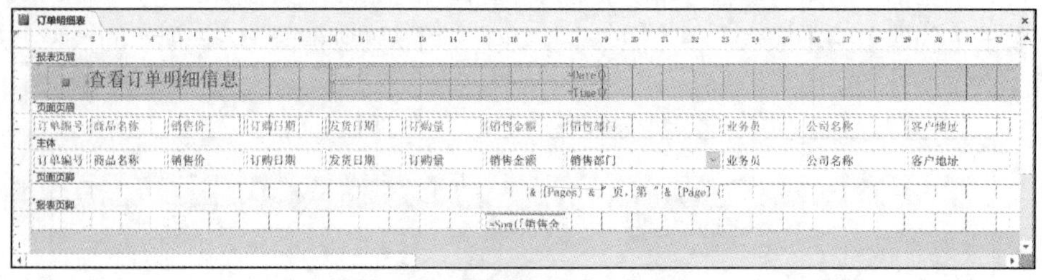

图 3.94 “订单明细表”设计视图

b. 将报表页眉中默认的标题“查看订单明细信息”修改为“订单明细表”。

c. 将标题的文本格式设置为“华文行楷”“28 磅”“黑色”。

d. 选中标题控件，单击【开始】→【文本格式】→【居中】按钮，设置标题文本居中对齐。

③ 修改字段标题格式。选中页面页眉中的所有报表字段标题控件，将标题的文本格式设置为“宋体”“12 磅”“加粗”“居中”“黑色”。

④ 修改报表记录格式。选中主体中的控件，将文本格式设置为“宋体”“10 磅”。

⑤ 删除报表页脚中的“销售金额汇总”控件。

提示

在设计视图中，尽管用户可以灵活改变报表的设置和格式，但该视图不能直观显示记录在报表汇总中的效果，如列宽、文本格式、页边距等。使用布局视图就可以很好地解决这个问题。

⑥ 单击窗口右下角的【布局视图】按钮，切换到布局视图，以便于调整报表的页面整体效果。

a. 将日期和时间控件移至页面右侧，将标题控件移至页面正上方。

b. 调整各字段的列宽，使各字段的列宽能适应记录的内容。

（6）保存报表，并预览报表，效果如图 3.95 所示。

订单明细表

2023年10月4日
16:05:34

订单编号	商品名称	销售价	订购日期	发货日期	订购量	销售金额	销售部门	业务员	公司名称	客户地址
23-06003	小米手环	¥249.00	2023-6-8	2023-6-12	4	¥996.00	B部	方艳芸	威航货运有限公司	经七纬二路xx号
23-07004	小米手环	¥249.00	2023-7-18	2023-7-27	28	¥6,972.00	B部	方艳芸	宇欣实业	大峪口街xxx号
23-06006	内存条	¥589.00	2023-6-29	2023-7-2	14	¥8,246.00	A部	杨立	嘉元实业	东湖大街xx号
23-07003	内存条	¥589.00	2023-7-16	2023-7-19	8	¥4,712.00	A部	白瑞林	学仁贸易	辅城路xxx号
23-06002	移动硬盘	¥460.00	2023-6-5	2023-6-9	3	¥1,380.00	A部	白瑞林	立日股份有限公司	惠安大路xx号
23-07001	移动硬盘	¥460.00	2023-7-7	2023-7-8	6	¥2,760.00	B部	夏蓝	凯旋科技	使馆路xxx号
23-06002	无线网卡	¥59.00	2023-6-5	2023-6-11	7	¥413.00	A部	杨立	立日股份有限公司	惠安大路xx号
23-07003	无线网卡	¥59.00	2023-7-16	2023-7-17	3	¥177.00	A部	白瑞林	学仁贸易	辅城路xxx号
23-06005	惠普打印机	¥4,399.00	2023-6-26	2023-6-27	5	¥21,995.00	A部	张勇	志远有限公司	光明北路xxx号
23-06003	宏碁笔记本电脑	¥5,187.00	2023-6-8	2023-6-15	2	¥10,374.00	B部	李陵	威航货运有限公司	经七纬二路xx号
23-08004	宏碁笔记本电脑	¥5,187.00	2023-8-19	2023-8-20	3	¥15,561.00	A部	白瑞林	三捷实业	英雄山路xx号
23-06001	Intel酷睿处理器	¥3,099.00	2023-6-2	2023-6-6	1	¥3,099.00	B部	夏蓝	凯诚国际顾问公司	威刚街xx号
23-07002	Intel酷睿处理器	¥3,099.00	2023-7-12	2023-7-17	2	¥6,198.00	B部	方艳芸	通恒机械	东园西甲xx号
23-06004	佳能数码相机	¥5,200.00	2023-6-12	2023-6-15	3	¥15,600.00	A部	张勇	东南实业	承德西路xx号
23-08005	佳能数码相机	¥5,200.00	2023-8-21	2023-8-22	4	¥20,800.00	B部	夏蓝	光明杂志	黄石路xx号
23-08003	戴尔笔记本电脑	¥5,890.00	2023-8-4	2023-8-9	2	¥11,780.00	B部	李陵	国银贸易	临城街xx号
23-07003	U盘	¥150.00	2023-7-16	2023-7-20	20	¥3,000.00	A部	杨立	学仁贸易	辅城路xxx号
23-08002	联想笔记本电脑	¥8,265.00	2023-8-3	2023-8-8	1	¥8,265.00	B部	李陵	凯旋科技	使馆路xxx号
23-07005	存储卡	¥155.00	2023-7-27	2023-7-29	8	¥1,240.00	B部	李陵	椅天文化事业	花园西路xxx号
23-08001	无线路由器	¥330.00	2023-8-3	2023-8-8	6	¥1,980.00	A部	张勇	通恒机械	东园西甲xx号

共 1 页，第 1 页

图 3.95 美化和修饰后的“订单明细表”

10.4.5 制作“销售业绩统计表”

通过“订单明细表”，公司员工可以了解公司订单的整体情况。如果想进一步统计和分析业务员的销售业绩，可利用“订单明细表”，通过数据分组和汇总来实现。

微课 3-12 制作“销售业绩统计表”

（1）打开“订单明细表”的设计视图，单击【文件】→【另存为】→【对象另存为】命令，在“数据库文件类型”选项中选择“将对象另存为”，然后单击【另存为】按钮，将报表另存为“销售业绩统计表”。

（2）在报表的设计视图中，将报表页眉中的报表标题修改为“销售业绩统计表”。

（3）按“业务员”字段对报表进行分组和排序。

① 单击【报表设计工具】→【设计】→【分组和汇总】→【分组和排序】按钮，在报表下方出现【添加组】和【添加排序】两个按钮，如图 3.96 所示。

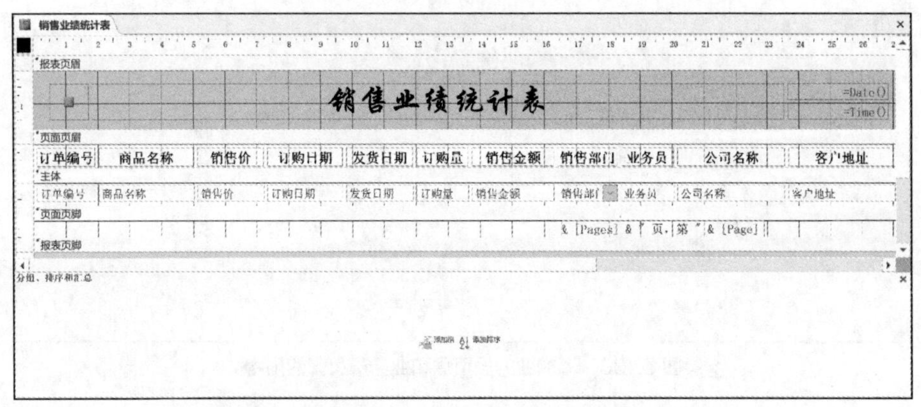

图 3.96 报表中出现【添加组】和【添加排序】两个按钮

② 单击【添加组】按钮，打开图 3.97 所示的“选择字段”列表，在列表中可以选择分组依据的字段。此外，还可以依据表达式分组。

③ 在“选择字段”列表中单击“业务员”字段，在报表的主体上面添加了业务员页眉，在添加业务员页眉时，并不自动添加业务员页脚。若要添加业务员页脚，可在报表下方的“分组、排序和汇总”窗格中单击图 3.98 所示的“分组形式”栏右侧的【更多】按钮更多▶，展开“分组形式”栏，单击“无页脚节”右侧的下拉按钮，在打开的下拉列表中选择“有页脚节”，如图 3.99 所示，添加业务员页脚。

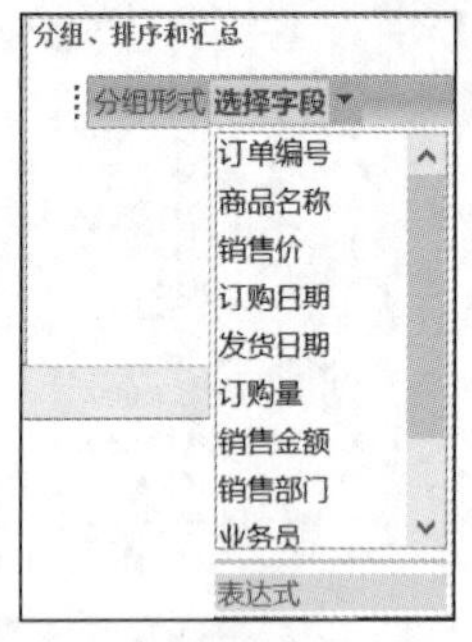

图 3.97 “选择字段”列表

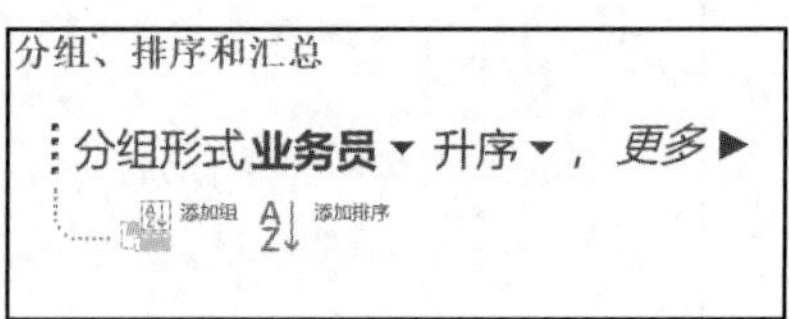

图 3.98 “分组形式”栏

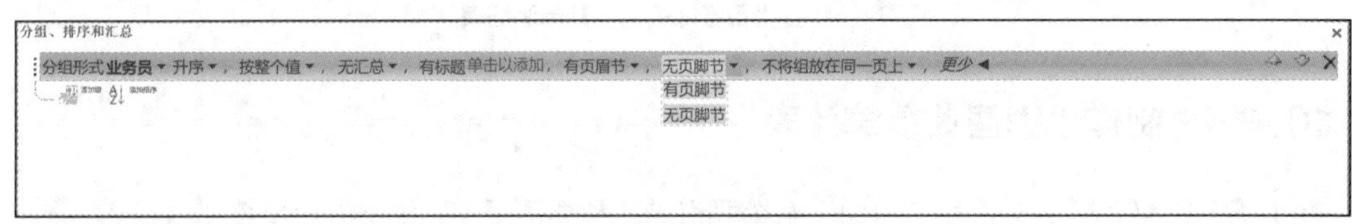

图 3.99 展开的“分组形式”栏

④ 单击“分组、排序和汇总”窗格右侧的【关闭】按钮×，关闭该窗格。

⑤ 单击【报表设计工具】→【设计】→【工具】→【添加现有字段】按钮，显示字段列表，将“订单”表中的“业务员”字段拖到业务员页眉中。

⑥ 单击【报表设计工具】→【设计】→【控件】→【文本框】按钮ab|，选中文本框控件，在业务员页脚中添加一个文本框控件，在文本框中输入计算表达式“=Sum([销售金额])”，并将其标签文本修改为“销售金额”，如图 3.100 所示。

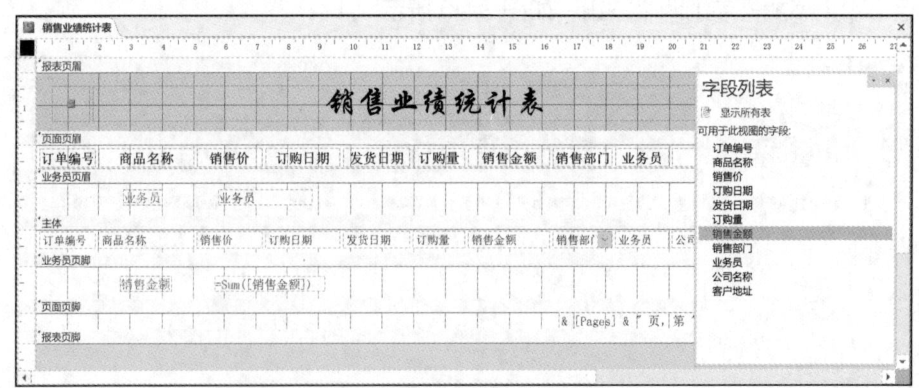

图 3.100 添加业务员页眉和业务员页脚的内容

⑦ 将添加的业务员页眉和业务员页脚控件的文本格式设置为“宋体”“12 磅”“加粗”“黑色”，

控件大小设置为“正好容纳”。

⑧ 设置业务员页脚中“销售金额”文本框控件的数据格式。

a．用鼠标右键单击业务员页脚中的“销售金额”文本框控件，在弹出的快捷菜单中选择【属性】命令，弹出“属性表”对话框。

b．选择“格式”选项卡，在“格式”下拉列表中选择“货币”格式，其余参数保持默认值不变，如图 3.101 所示。

c．关闭“属性表”对话框。

⑨ 设置业务员页眉和页脚的控件格式。选中业务员页眉和页脚的两个文本框控件，单击【报表设计工具】→【格式】→【控件格式】→【形状轮廓】按钮，设置其轮廓为“透明”。

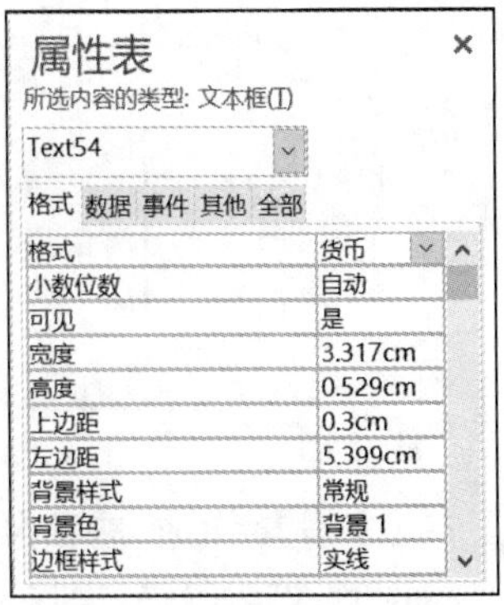

图 3.101 “属性表”对话框

（4）保存报表，切换到打印预览视图，效果如图 3.102 所示。

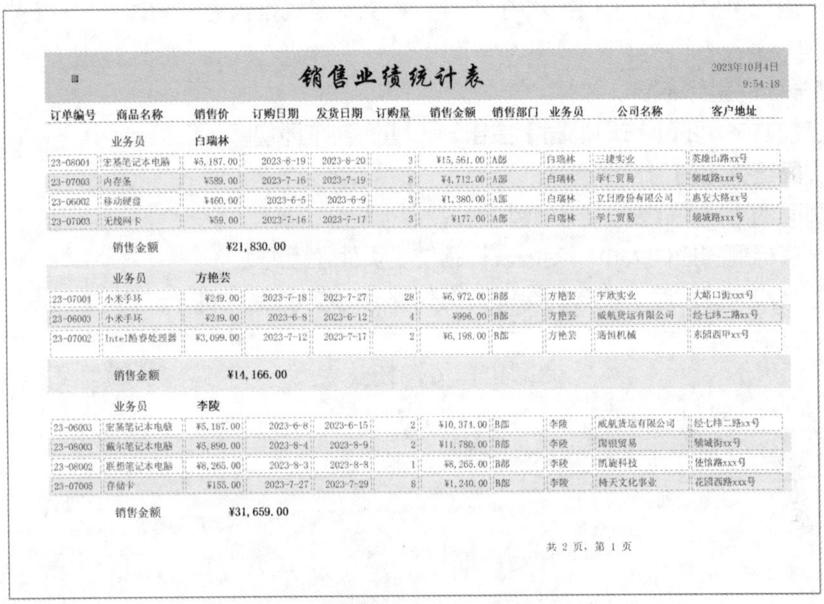

图 3.102 创建的“销售业绩统计表”

10.4.6 制作“商品销售情况统计表”

为了进一步了解各种商品的销售情况，下面制作能反映各种商品销售量、销售金额和毛利润的“商品销售情况统计表”。

（1）打开“商贸管理系统”数据库。

（2）使用报表向导创建包含“商品”表和“订单”表的“订单编号”“商品编号”“商品名称”“类别编号”“规格型号”“进货价”“销售价”“订购量”字段的表格式报表“商品销售情况统计表”，如图 3.103 所示。

（3）切换到“商品销售情况统计表”的设计视图。

（4）设置报表标题格式。

① 将报表页眉中的报表标题文本格式设置为“宋体”“24 磅”“加粗”“黑色”。

② 选中标题控件，将其大小设置为“正好容纳”，并适当增加报表页眉的高度。

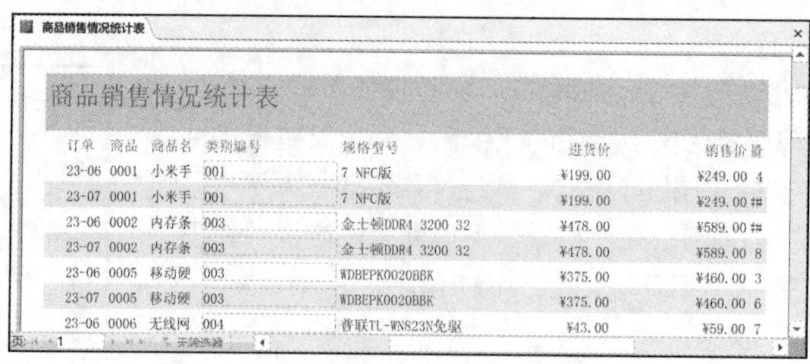
商品销售情况统计表

订单	商品	商品名	类别编号	规格型号	进货价	销售价 量
23-06	0001	小米手	001	7 NFC版	¥199.00	¥249.00 4
23-07	0001	小米手	001	7 NFC版	¥199.00	¥249.00 ##
23-06	0002	内存条	003	金士顿DDR4 3200 32	¥478.00	¥589.00 ##
23-07	0002	内存条	003	金士顿DDR4 3200 32	¥478.00	¥589.00 8
23-06	0005	移动硬	003	WDBEPK0020BBK	¥375.00	¥460.00 3
23-07	0005	移动硬	003	WDBEPK0020BBK	¥375.00	¥460.00 6
23-06	0006	无线网	004	普联TL-WN823N免驱	¥43.00	¥59.00 7

图 3.103　新建的“商品销售情况统计表”

（5）设置字段标题和报表记录格式。

① 修改字段标题格式。选中页面页眉中的所有报表字段标题控件，将标题文本格式设置为“宋体”“12 磅”“加粗”“居中”“黑色”，控件大小设置为“正好容纳”。

② 修改报表记录格式。选中主体中的控件，将文本格式设置为“宋体”“10 磅”，将控件的轮廓设置为“透明”。

（6）调整报表的整体布局。

① 单击窗口右下角的【布局视图】按钮，切换到布局视图。

② 设置页面纸张方向为“横向”。

③ 设置页面的上、下、左、右边距均为“20”。

④ 调整报表标题的控件大小，使报表标题位于页面正上方。

⑤ 调整各字段列的宽度，使各记录的数据列都能完整显示，如图 3.104 所示。

商品销售情况统计表

订单编号	商品编号	商品名称	类别编号	规格型号	进货价	销售价	订购量
23-07004	0001	小米手环	001	7 NFC版	¥199.00	¥249.00	28
23-06003	0001	小米手环	001	7 NFC版	¥199.00	¥249.00	4
23-06006	0002	内存条	003	金士顿DDR4 3200 32GB	¥478.00	¥589.00	14
23-07003	0002	内存条	003	金士顿DDR4 3200 32GB	¥478.00	¥589.00	8
23-06002	0005	移动硬盘	003	WDBEPK0020BBK	¥375.00	¥460.00	3
23-07001	0005	移动硬盘	003	WDBEPK0020BBK	¥375.00	¥460.00	6
23-06002	0006	无线网卡	004	普联TL-WN823N免驱版	¥43.00	¥59.00	7
23-07003	0006	无线网卡	004	普联TL-WN823N免驱版	¥43.00	¥59.00	3
23-06005	0007	惠普打印机	005	HP OfficeJet 100	¥3,380.00	¥4,399.00	5
23-08004	0008	宏碁笔记本电脑	002	SF314-512 14英寸	¥4,569.00	¥5,187.00	3
23-06003	0008	宏碁笔记本电脑	002	SF314-512 14英寸	¥4,569.00	¥5,187.00	2
23-06001	0010	Intel酷睿处理器	003	i7-13700F 13代	¥2,380.00	¥3,099.00	1
23-07002	0010	Intel酷睿处理器	003	i7-13700F 13代	¥2,380.00	¥3,099.00	2
23-06004	0011	佳能数码相机	006	EOS 200D Ⅱ	¥4,050.00	¥5,200.00	3
23-08005	0011	佳能数码相机	006	EOS 200D Ⅱ	¥4,050.00	¥5,200.00	4
23-08003	0012	戴尔笔记本电脑	002	Ins 15-3520-R1828S	¥4,980.00	¥5,890.00	2
23-07003	0017	U盘	001	SanDisk CZ73	¥112.00	¥150.00	20

图 3.104　修饰后的“商品销售情况统计表”

（7）按“商品名称”字段对报表进行分组和排序。

微课 3-13　对“商品销售情况统计表”进行排序和分组

① 将报表切换到设计视图。

② 单击【报表设计工具】→【设计】→【分组和汇总】→【分组和排序】按钮，在报表下方出现“分组、排序和汇总”窗格。

③ 单击【添加组】按钮，打开“选择字段”列表，选择分组字段“商品名称”，保持默认的“升序”排序。为报表添加商品名称页眉和商品名称页脚这两节。

④ 关闭“分组、排序和汇总”窗格。

⑤ 单击【报表设计工具】→【设计】→【工具】→【添加现有字段】按钮，显示字段列表，将“可用于此视图的字段”列表中的“商品名称”字段拖到商品名称页眉中。

⑥ 在商品名称页脚中添加需要的控件。

a．添加一个标签控件，并且输入“小计”。

b．添加第一个文本框控件，在文本框中输入计算表达式“=Sum([订购量])”，并将其标签文本修改为“销售量”。

c．添加第二个文本框控件，在文本框中输入计算表达式“=Sum([销售价]*[订购量])”，并将其标签文本修改为“销售金额”。

d．添加第三个文本框控件，在文本框中输入计算表达式“=Sum(([销售价]-[进货价])*[订购量])”，并将其标签文本修改为“毛利润”。

（8）在报表页脚中添加需要的控件。

① 选中商品名称页脚中添加的全部控件，单击【开始】→【剪贴板】→【复制】按钮。

② 适当调整报表页脚的高度。

③ 选中报表页脚，单击【开始】→【剪贴板】→【粘贴】按钮，将选中的控件复制到报表页脚中。

④ 将“小计”标签文本修改为“总计”，如图 3.105 所示。

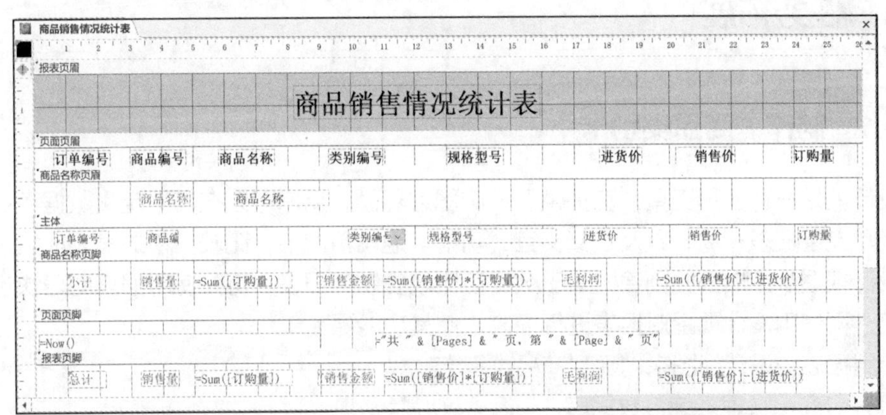

图 3.105　添加商品名称页眉、商品名称页脚和报表页脚后的报表

（9）修饰添加的控件。

① 将添加的商品名称页眉、商品名称页脚中控件的文本格式设置为“宋体”“10 磅”“加粗”“黑色”，控件大小设置为“正好容纳”“左对齐”。

② 将添加的报表页脚中控件的文本格式设置为“宋体”“11 磅”“加粗”“黑色”，控件大小设置为“正好容纳”“左对齐”。

③ 将添加的“销售金额”和“毛利润”文本框的数据格式设置为“货币”格式。

④ 将添加的商品名称页眉、商品名称页脚和报表页脚中的控件轮廓设置为“透明”。

（10）保存报表，切换到打印预览视图，效果如图 3.106 所示。

提示　虽然在商品名称页脚和报表页脚中添加了内容相同的计算型文本框，但两者的意义完全不同。商品名称页脚的文本框中的“=Sum([订购量])”表示对商品名称相同的一组记录中的“订购量”进行求和，而报表页脚的文本框中的“=Sum([订购量])”表示对报表中所有记录的“订购量”进行求和。

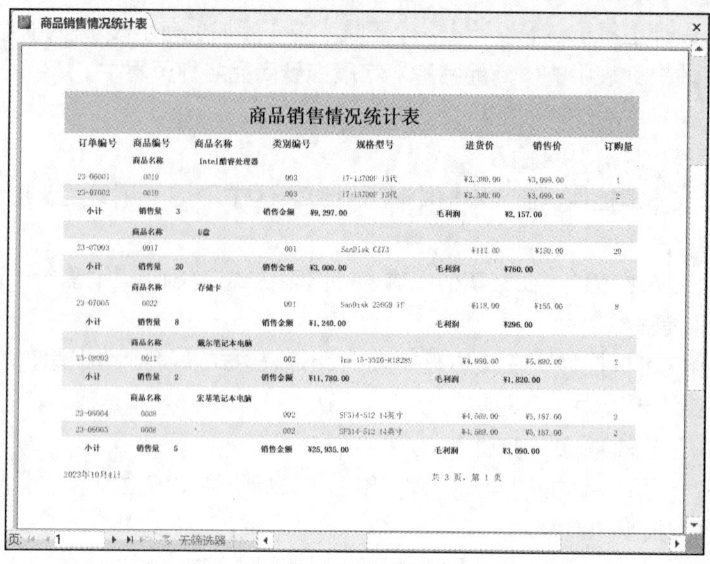

图 3.106　完成后的“商品销售情况统计表”

10.5 任务拓展

10.5.1 制作“商品类别卡”

报表设计器是一种图形工具。它提供了一个图形界面，用户可以在其中定义数据源、放置数据区域和字段、完善报表布局，以及定义交互式功能。通常情况下，比较简单的报表或报表封面等可直接使用设计视图从空白开始创建。对于数据源比较复杂的报表，可先使用报表向导快速创建报表的基本框架，再使用设计视图对报表进行修改，使其功能更完善。

下面使用报表的设计视图来创建“商品类别卡”。

（1）打开“商贸管理系统”数据库。

（2）单击【创建】→【报表】→【报表设计】按钮，打开图 3.107 所示的报表设计器。

（3）单击【报表设计工具】→【设计】→【工具】→【添加现有字段】按钮，显示图 3.108 所示的字段列表。

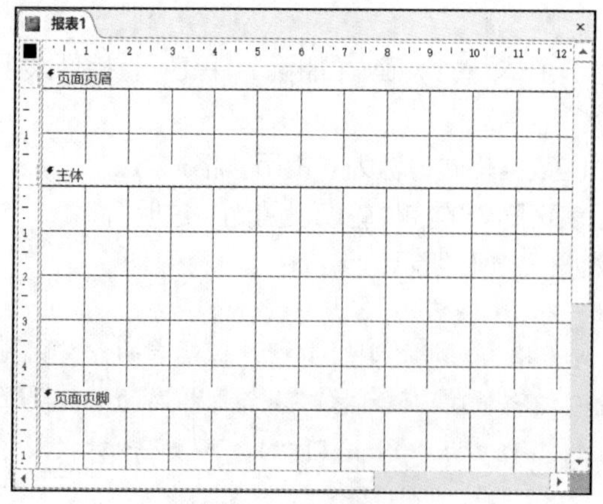

图 3.107　报表设计器

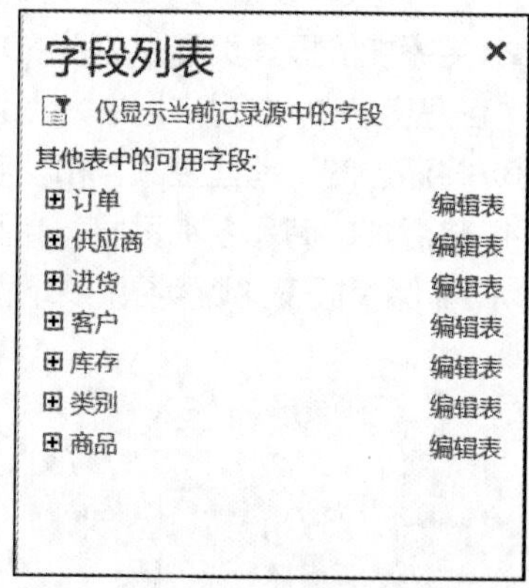

图 3.108　字段列表

（4）用鼠标右键单击报表的任意节，在弹出的快捷菜单中选择【页面页眉/页脚】命令，取消显示页面页眉/页脚，并适当增加主体的高度。

（5）依次双击字段列表中“类别”表的“类别编号”、“类别名称”、“说明”和“图片”字段，将其添加到主体中，以创建报表需要的控件，如图 3.109 所示。

（6）调整主体中的控件。

① 减小左侧各文本框控件和与其关联的标签控件之间的水平间距，并增加它们的垂直间距；将“说明”文本框宽度减小，高度适当增加。

② 选中与“图片”控件关联的标签控件，删除该标签，适当缩小“图片”控件的大小后，将其移至主体右侧，如图 3.110 所示。

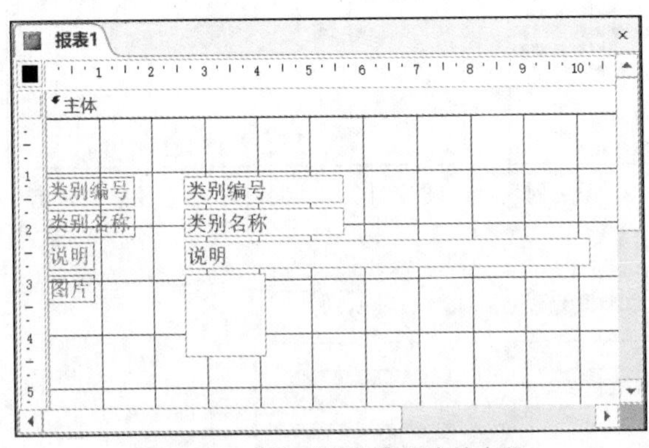

图 3.109　添加“类别”表中的字段

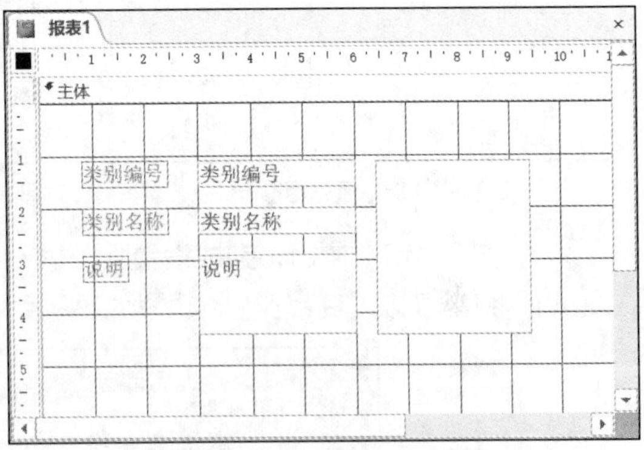

图 3.110　调整控件的布局

③ 选中各文本框控件及与其关联的标签控件，将控件的文本格式设置为“加粗”“黑色”，轮廓设置为“透明”。

④ 设置“图片”控件的属性。

a. 用鼠标右键单击“图片”控件，在弹出的快捷菜单中选择【属性】命令，弹出“属性表”对话框。

b. 选择“格式”选项卡，将“缩放模式”属性设置为“缩放”，其余参数保持默认值不变，如图 3.111 所示。

图 3.111　“属性表”对话框

（7）在控件组中选择标签控件，在主体上方添加一个标签控件，在标签内输入“商品类别卡”，并将其文本格式设置为“华文行楷”“24 磅”“黑色”，控件大小设置为“正好容纳”。

（8）选择控件中的“矩形”工具，拖曳鼠标在主体内画出一个矩形，将所有控件包含在其中，并将矩形的填充色设置为“透明”，如图 3.112 所示。

（9）设置主体背景颜色。

① 单击“主体”节名称，选中主体。

② 单击【报表设计工具】→【格式】→【背景】→【可选行颜色】按钮，打开图 3.113 所示的颜色列表，选择“无颜色”。

（10）设置报表页面格式。

① 单击【报表设计工具】→【页面设置】→【页面布局】→【页面设置】按钮，弹出“页面设置”对话框。

② 选择“页”选项卡，将纸张方向设置为“横向”。

③ 选择“列”选项卡，如图 3.114 所示。将“列数”设置为“2”，“列间距”设置为“0.5cm”，“列布局”设置为“先行后列”，其余参数保持默认值不变，这样，可将“报表”设置为“两列式报表”。

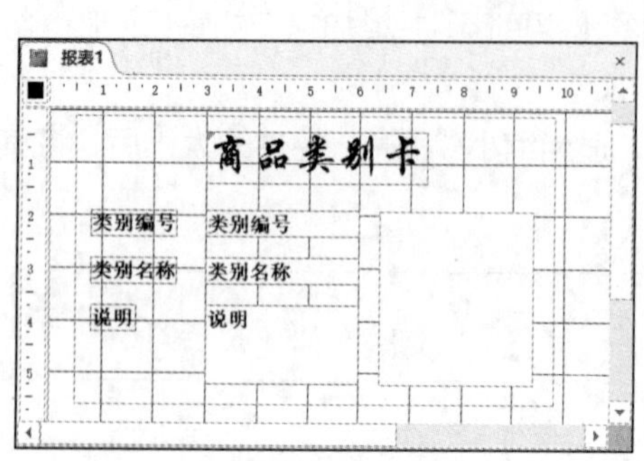

图 3.112 填充矩形

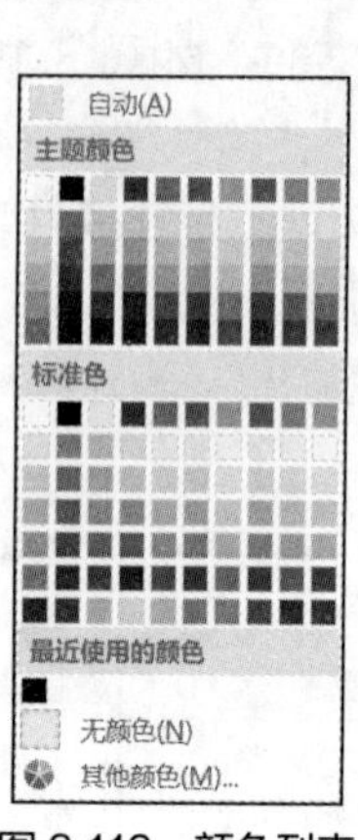

图 3.113 颜色列表

图 3.114 “页面设置”的“列”选项卡

④ 单击【确定】按钮，完成设置。

（11）将报表以“商品类别卡”为名保存，打印预览视图如图 3.115 所示。

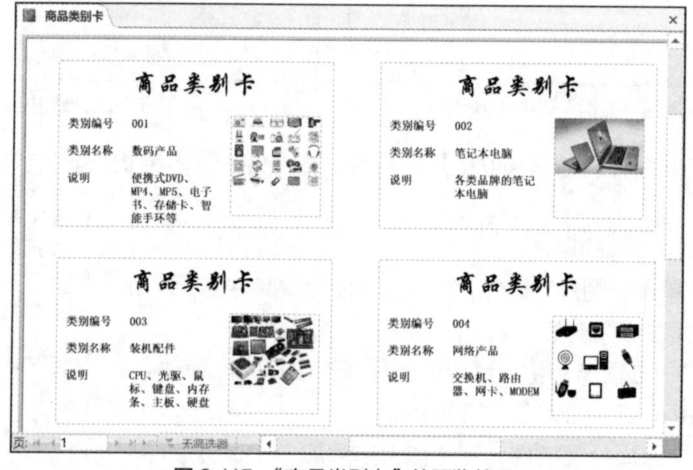

图 3.115 “商品类别卡”的预览效果

10.5.2 制作“各城市供应商占比图”

如果需要将数据以图表的形式表示出来，使其更加直观，那么可以使用图表向导来创建报表。图表向导的功能十分强大，它提供了 20 多种图表形式，用户据此可创建出美观的图表报表。

下面使用图表向导来创建“各城市供应商占比图”，并在图表中展示供应商所在城市及占比。

（1）打开“商贸管理系统”数据库。

（2）单击【创建】→【报表】→【报表设计】按钮，打开报表设计器。

（3）用鼠标右键单击报表的任意节，在弹出的快捷菜单中选择【页面页眉/页脚】命令，取消显示页面页眉/页脚。

（4）单击【报表设计工具】→【设计】→【控件】组中的【图表】按钮，在报表主体中放置控件，弹出图 3.116 所示的“图表向导”第 1 步对话框。

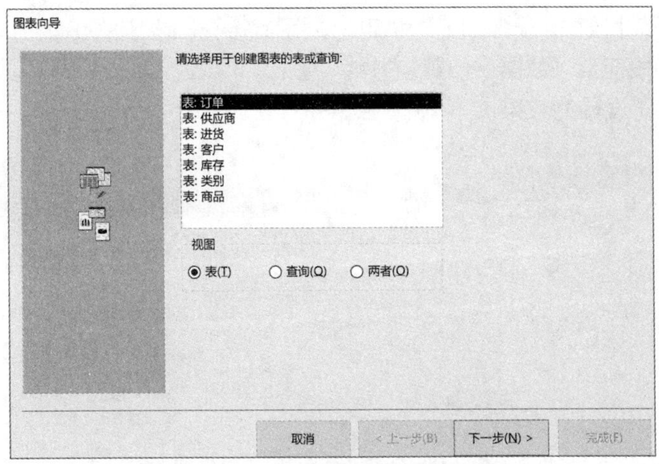

图 3.116 “图表向导”第 1 步对话框

（5）选择“供应商”表作为报表的数据源，单击【下一步】按钮，打开图 3.117 所示的“图表向导”第 2 步对话框，选择“供应商编号”和“城市”字段作为创建图表的字段。

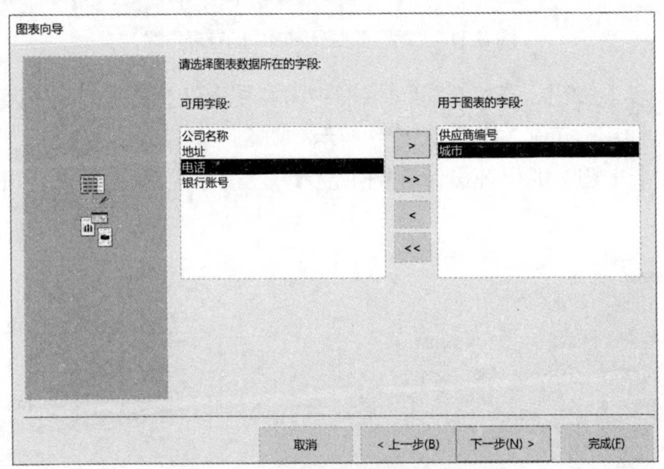

图 3.117 选择图表数据所在的字段

（6）单击【下一步】按钮，在弹出的对话框中选择图表类型为“三维饼图”，如图 3.118 所示。

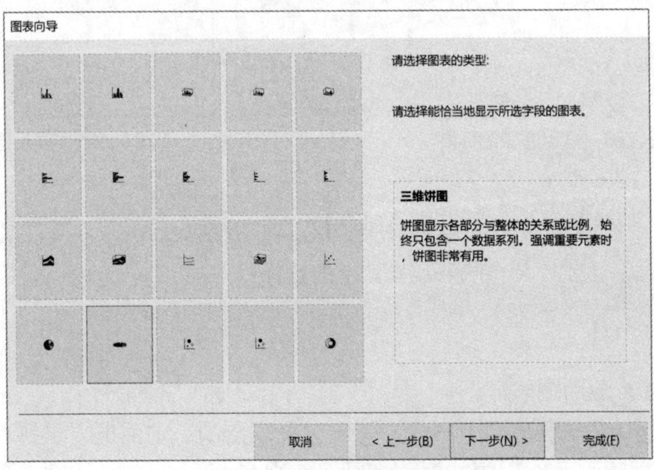

图 3.118 选择图表类型

（7）单击【下一步】按钮，在弹出的对话框中指定数据在图表中的布局方式，如图 3.119 所示。将“供应商编号”字段拖至“数据”位置，并将“城市”字段作为“系列”项。单击左上角的【预览图表】按钮，可预览设计的效果。

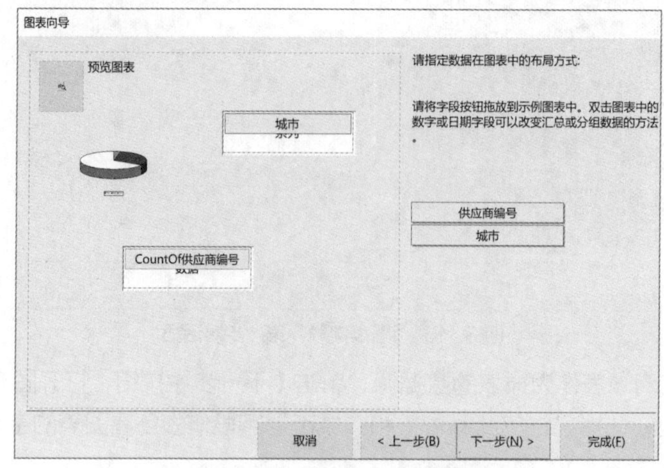

图 3.119　指定数据在图表中的布局方式

（8）单击【下一步】按钮，在弹出的对话框中设置图表的标题为“各城市供应商占比图”，并选择【是，显示图例】单选按钮，如图 3.120 所示。

（9）单击【完成】按钮，即可在设计视图中显示图表报表的示例效果，如图 3.121 所示。

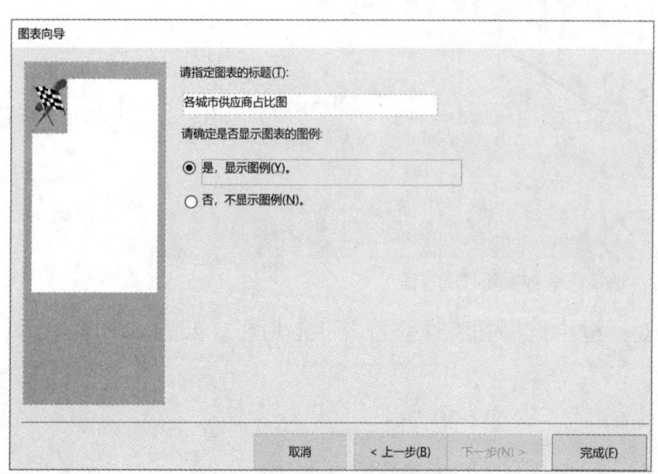

图 3.120　指定图表的标题

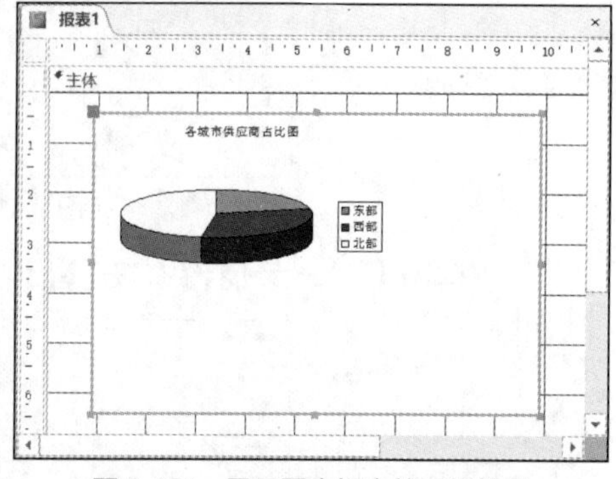

图 3.121　显示图表报表的示例效果

提示　在设计视图中查看图表时，并不显示图表本身的数据，而仅显示该图表生成的示例数据的效果，在布局视图、打印预览视图和报表视图中均可查看实际的图表效果。

（10）修改图表。

① 双击图表区域，激活图表。

② 选择【图表】→【图表选项】命令，弹出“图表选项”对话框。选择“数据标签”选项卡，勾选【百分比】和【显示引导线】复选框，如图 3.122 所示。

③ 单击【确定】按钮，返回报表设计器。

④ 选中图表，然后将图表适当放大。

（11）切换到打印预览视图，预览图表，效果如图 3.123 所示。

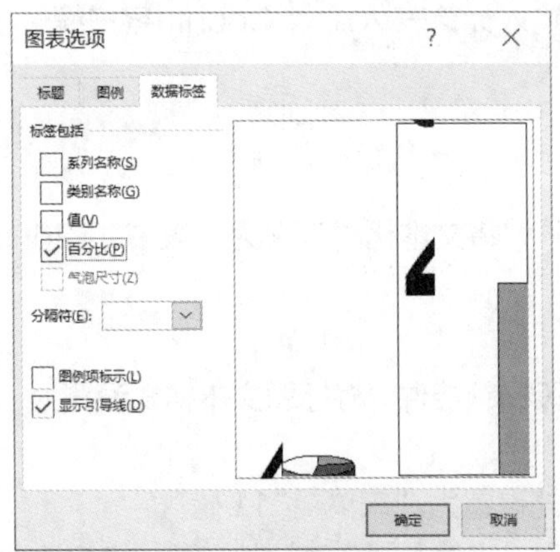

图 3.122 “图表选项”对话框

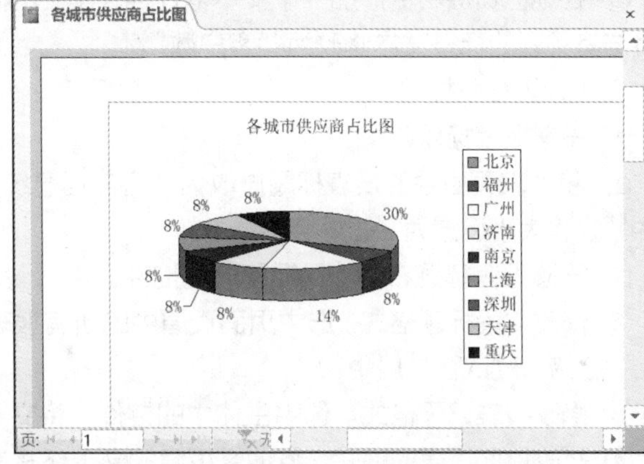

图 3.123 修改后的“各城市供应商占比图”

（12）以“各城市供应商占比图”为名保存图表。

10.5.3 制作“客户信息统计表”

客户信息管理是公司经营管理过程中的一项重要工作，科学、有效地管理客户信息，不仅能提高日常工作的效率，而且能增强公司的市场竞争力。下面制作一个“客户信息统计表”，用来分析和统计各地区客户的数据。

（1）在导航窗格中选择“客户”表作为报表数据源。

（2）单击【创建】→【报表】→【报表】按钮，快速创建图 3.124 所示的报表。

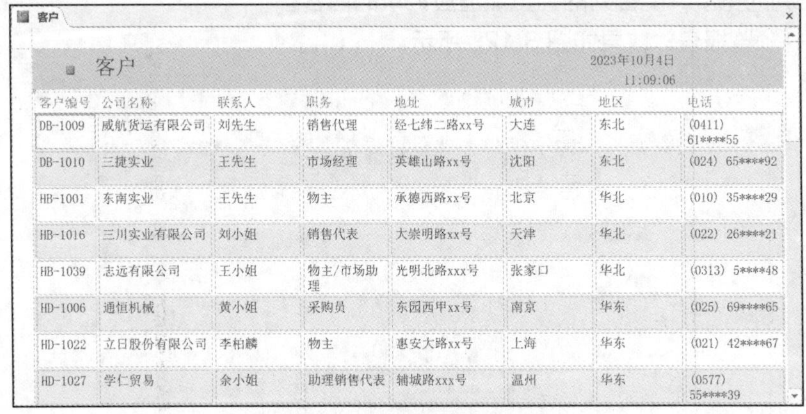

客户　　2023年10月4日 11:09:06

客户编号	公司名称	联系人	职务	地址	城市	地区	电话
DB-1009	威航货运有限公司	刘先生	销售代理	经七纬二路xx号	大连	东北	(0411) 61****55
DB-1010	三捷实业	王先生	市场经理	英雄山路xx号	沈阳	东北	(024) 65****92
HB-1001	东南实业	王先生	物主	承德西路xx号	北京	华北	(010) 35****29
HB-1016	三川实业有限公司	刘小姐	销售代表	大崇明路xx号	天津	华北	(022) 26****21
HB-1039	志远有限公司	王小姐	物主/市场助理	光明北路xxx号	张家口	华北	(0313) 5****48
HD-1006	通恒机械	黄小姐	采购员	东园西甲xx号	南京	华东	(025) 69****65
HD-1022	立日股份有限公司	李柏麟	物主	惠安大路xx号	上海	华东	(021) 42****67
HD-1027	学仁贸易	余小姐	助理销售代表	辅城路xxx号	温州	华东	(0577) 55****39

图 3.124 新建的客户报表

（3）以“客户信息统计表”为名保存建好的报表。

（4）按“地区”对报表进行分组和排序

① 切换到报表的设计视图，单击【报表设计工具】→【设计】→【分组和汇总】→【分组和排序】按钮，在报表下方显示“分组、排序和汇总”窗格。

② 单击【添加组】按钮，在“选择字段”列表中选择“地区”，保持默认的“升序”排序。

③ 关闭“分组、排序和汇总”窗格。

④ 单击【报表设计工具】→【设计】→【工具】→【添加现有字段】按钮，显示字段列表，将“客户”表中的“地区”字段拖到地区页眉中。

⑤ 在地区页眉右侧添加一个文本框控件，在文本框中输入计算表达式“=Count([客户编号])”，并将与其关联的标签文本修改为“客户数”。

（5）设置报表格式。

① 设置报表标题。

a. 将报表页眉中的报表标题修改为“客户信息统计表”，将文本格式设置为“隶书”“26 磅”“居中”，将大小设置为“正好容纳”。

b. 删除报表标题右侧的日期和时间控件。

② 修改字段标题格式。选中页面页眉中的所有报表字段标题控件，将标题文本格式设置为“宋体”“12 磅”“加粗”“居中”。

③ 修改报表记录格式。选中主体中的控件，将文本格式设置为“宋体”“11 磅”。

④ 修改地区页眉的格式。将地区页眉的文本格式设置为“宋体”“12 磅”“加粗”，将控件大小设置为“正好容纳”。

⑤ 删除报表页脚中的计数控件，并在该节中部添加标签控件，输入文本“制表人：×××”，将文本格式设置为“宋体”“11 磅”“加粗”。

⑥ 选中报表中的所有控件，将控件的轮廓设置为“透明”。

⑦ 将地区页眉、主体的“可选行颜色”设置为“无颜色”。

（6）调整报表的布局。

① 将报表切换到布局视图。

② 页面设置。设置页面纸张方向为“横向”，上、下、左、右页边距均为“20”。

③ 调整报表标题控件的大小，使标题位于报表页面的正上方。

④ 调整各列的宽度，使各列的列宽能适应记录的内容。

（7）保存并预览报表，效果如图 3.125 所示。

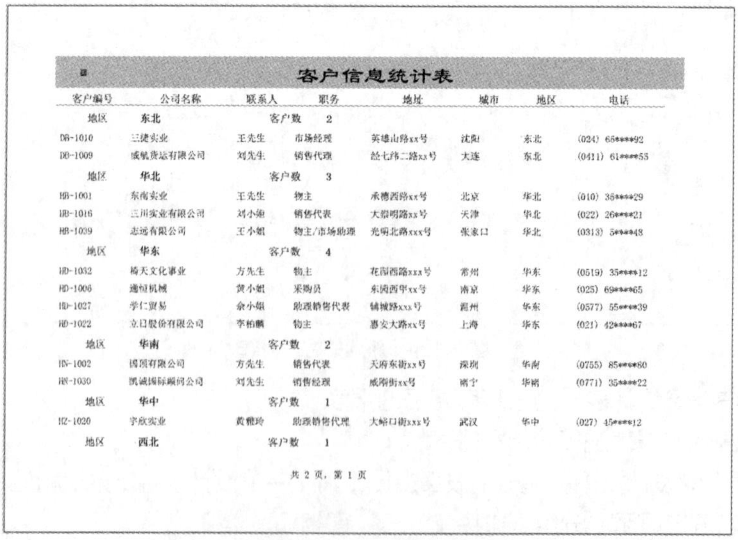

客户信息统计表

客户编号	公司名称	联系人	职务	地址	城市	地区	电话
地区	东北	客户数	2				
DB-1010	三捷实业	王先生	市场经理	英雄山路xx号	沈阳	东北	(024) 65****92
DB-1009	威航货运有限公司	刘先生	销售代理	经七纬二路xx号	大连	东北	(0411) 61****55
地区	华北	客户数	3				
HB-1001	东南实业	王先生	物主	承德西路xx号	北京	华北	(010) 35****29
HB-1016	三川实业有限公司	刘小姐	销售代表	大崇明路xx号	天津	华北	(022) 26****21
HB-1039	志远有限公司	王小姐	物主/市场助理	光明北路xxx号	张家口	华北	(0313) 5****48
地区	华东	客户数	4				
HD-1032	椅天文化事业	方先生	物主	花园西路xxx号	常州	华东	(0519) 35****12
HD-1006	通恒机械	黄小姐	采购员	东园西甲xx号	南京	华东	(025) 69****65
HD-1027	学仁贸易	余小姐	助理销售代表	铺城路xxx号	温州	华东	(0577) 55****39
HD-1022	立日股份有限公司	李柏麟	物主	惠安大路xx号	上海	华东	(021) 42****67
地区	华南	客户数	2				
HN-1002	国顶有限公司	方先生	销售代表	天府东街xx号	深圳	华南	(0755) 85****80
HN-1030	凯诚国际顾问公司	刘先生	销售经理	威刚街xx号	南宁	华南	(0771) 35****22
地区	华中	客户数	1				
HZ-1020	宇欣实业	黄雅玲	助理销售代理	大峪口街xxx号	武汉	华中	(027) 45****12
地区	西北	客户数	1				

共 2 页，第 1 页

图 3.125　制作完毕的“客户信息统计表”

10.5.4 按时间段输出订单信息

在实际工作中，有时并不需要输出整个数据源中的记录，只需要输出满足条件的记录，这时可以用条件查询筛选出需要的记录，然后以创建好的查询为数据源制作报表。同前面介绍的查询一样，除了使用固定条件的查询外，用参数查询可创建动态的查询条件。使用参数查询作为数据源制作报表后，输出报表时可设置条件参数后再输出。下面将工作任务 9 中的“按时间段查询订单信息”查询作为数据源，制作一个按输入的起始日期和结束日期输出某一时间段的订单信息的报表。

（1）在导航窗格中选择“按时间段查询订单信息”查询作为报表的数据源。

（2）单击【创建】→【报表】→【报表】按钮，将先后出现图 3.126 所示的两个“输入参数值”对话框。分别输入要输出的订单信息的“起始日期”和“结束日期”后，打开新建报表的打印预览视图，如图 3.127 所示。

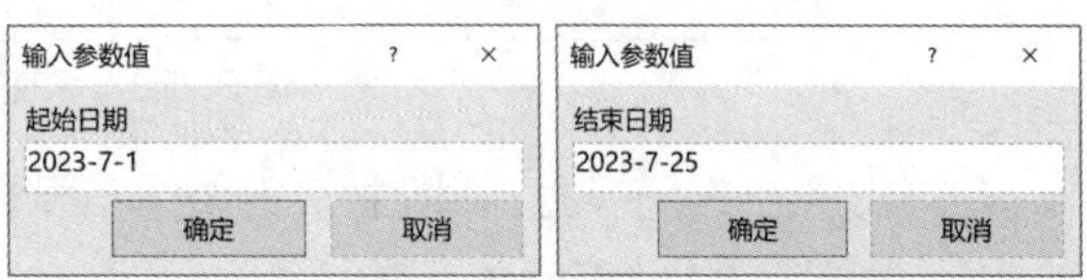

图 3.126 两个“输入参数值”对话框

按时间段查询订单信息

2023年10月4日 11:19:11

订单编号	商品编号	订购日期	发货日期	客户编号	订购量	销售部门	业务员	销售金额
23-07001	0005	2023-7-7	2023-7-8	XB-1025	6	B部	夏蓝	¥2,760.00
23-07002	0010	2023-7-12	2023-7-17	HD-1006	2	B部	方艳芸	¥6,198.00
23-07003	0002	2023-7-16	2023-7-19	HD-1027	8	A部	白瑞林	¥4,712.00
23-07003	0006	2023-7-16	2023-7-17	HD-1027	3	A部	白瑞林	¥177.00
23-07003	0017	2023-7-16	2023-7-20	HD-1027	20	A部	杨立	¥3,000.00
23-07004	0001	2023-7-18	2023-7-27	HZ-1020	28	B部	方艳芸	¥6,972.00

图 3.127 按时间段输出订单信息

（3）以“按时间段输出订单信息”为名保存创建好的报表。

（4）设置报表格式。

① 将报表切换到设计视图。

② 设置报表标题。

a. 将报表页眉中的报表标题修改为“订单信息表”，将文本格式设置为“宋体”“26 磅”“加粗”。

b. 选中标题控件，将其大小设置为“正好容纳”，居中对齐。

③ 删除报表页眉中的日期和时间控件。

④ 修改字段标题格式。选中页面页眉中的所有报表字段标题控件，将标题文本格式设置为“宋体”“12 磅”“加粗”“居中”。

⑤ 修改报表记录格式。选中主体中的控件，将文本格式设置为“宋体”“11 磅”，将控件的大小设置为“正好容纳”。

⑥ 在报表页眉中报表标题的左下方添加一个文本框控件，并输入“="订单: 从" & [起始日期] &" 到" & [结束日期]”。将附在文本框控件前的标签删除，将文本框文本格式设置为“宋体”“12 磅”“加粗”“倾斜”，将控件大小设置为“正好容纳”，将控件填充和轮廓均设置为“透明”。

⑦ 删除页面页脚中的页码控件。

⑧ 删除报表页脚中原有的所有控件，添加一个文本框控件，并输入“=Sum([销售金额])”，将附在文本框前的标签文本修改为“合计金额”，将添加的控件文本格式设置为“宋体”“12 磅”“加粗”“倾斜”，将文本框控件的数据格式设置为“货币”，将控件轮廓设置为“透明”。

修改后的报表设计器如图 3.128 所示。

图 3.128　修改后的报表设计器

（5）切换到布局视图，调整报表的整体布局。

① 设置页面纸张方向为“横向”。

② 将报表标题置于页面正上方。

③ 调整各字段列的列宽。

（6）保存并预览报表，效果如图 3.129 所示。

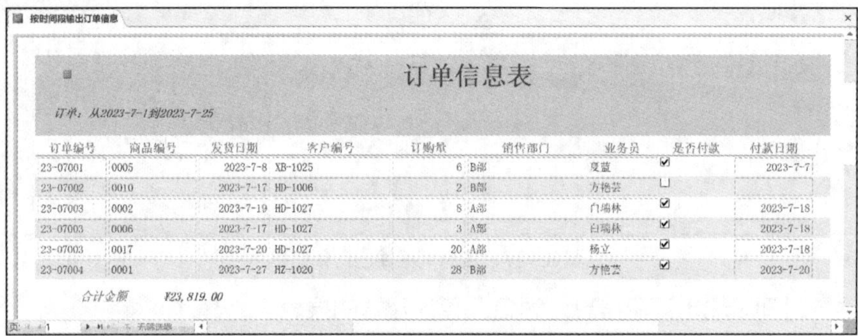

按时间段输出订单信息

订单信息表

订单：从2023-7-1到2023-7-25

订单编号	商品编号	发货日期	客户编号	订购量	销售部门	业务员	是否付款	付款日期
23-07001	0005	2023-7-8	XB-1025	6	B部	夏蓝	☑	2023-7-7
23-07002	0010	2023-7-17	HD-1006	2	B部	方艳芸	☐	
23-07003	0002	2023-7-19	HD-1027	8	A部	门瑞林	☑	2023-7-18
23-07003	0006	2023-7-17	HD-1027	3	A部	白瑞林	☑	2023-7-18
23-07003	0017	2023-7-20	HD-1027	20	A部	杨立	☑	2023-7-18
23-07004	0001	2023-7-27	HZ-1020	28	B部	方艳芸	☑	2023-7-20

合计金额　¥23, 819. 00

图 3.129　制作完毕的“按时间段输出订单信息”报表

10.6 任务检测

（1）打开“商贸管理系统”数据库，选择“报表”对象，查看导航窗格是否包含 10 个报表，如图 3.130 所示。

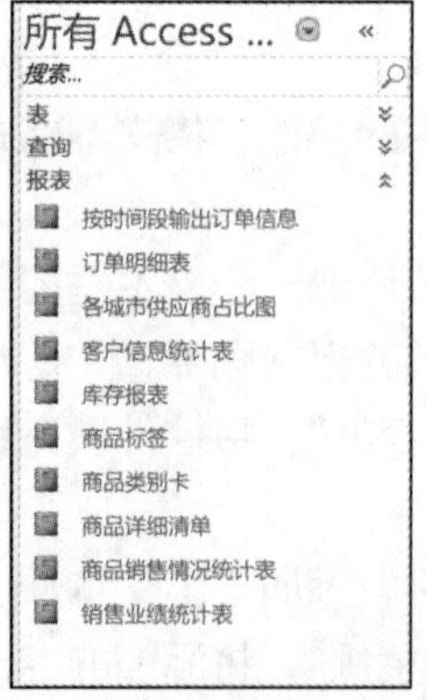

图 3.130　包含 10 个报表的导航窗格

（2）分别打开其中的 10 个报表，查看结果是否如图 3.76、图 3.85、图 3.91、图 3.95、图 3.102、图 3.106、图 3.115、图 3.123、图 3.125 和图 3.129 所示。

10.7 任务总结

本任务通过制作“库存报表”、“商品详细清单”和“订单明细表”，使读者初步了解和掌握使用“报表”工具和报表向导快速创建报表的方法；通过制作“商品标签”，使读者掌握利用标签向导生成标签的方法；通过制作“商品类别卡”，使读者掌握使用设计视图创建报表、实现多列式报表的方法；通过制作“各城市供应商占比图”，使读者了解和掌握利用图表向导进行数据分析的方法；通过制作“按时间段输出订单信息”，使读者了解使用参数查询作为数据源可以动态地输出报表；通过制作“销售业绩统计表”、“商品销售情况统计表”、“客户信息统计表”，使读者进一步熟悉对报表进行排序、分组，利用报表控件和函数实现报表数据汇总统计等高级报表操作。在此基础上，本任务还通过设置报表中控件的属性，美化和修饰报表。

10.8 巩固练习

一、填空题

1. 报表与窗体最大的区别在于，报表可以对记录进行排序和________，而不能添加、删除及修改记录。

2. ________式报表是一个简单的横向列表，按照表或查询中字段排列的顺序，从左到右在一行中列出一条记录的所有字段的内容。该报表一般应用于表或查询中的字段不多，在一行中能够全部排列的情况。

3. 报表的视图有 4 种，分别是设计视图、________、________和打印预览视图。

4. 报表的计算型控件的控件来源属性值中的计算表达式是以________开头的。

5. 在报表中设置字段的排序方式有两种方法，即________和________，默认的方法是前者。

6. 报表主要用于对数据库中的数据进行分组、________、________和________。

7. ________用来显示报表的标题、图形和说明文字。

8. 对于较复杂的报表，可以首先使用________或报表向导快速创建报表，然后在设计视图中修改其外观、功能。

9. 在 Access 中，除了可以使用“报表”工具和报表向导来创建报表外，还可以从________、________开始创建一个新报表。

10. 在 Access 中，通过________可以将数据以图表形式显示出来。

11. 单击控件组中的________控件可以在报表中添加直线。

12. Access 的报表要实现排序和分组统计功能，应使用________操作。

二、选择题

1. 如果要显示的记录和字段较多，并且希望可以同时浏览多条记录，以及方便地比较相同字段，则应该创建（　　）报表。

A. 纵栏式　　B. 标签　　C. 表格式　　D. 图表

2. 创建报表时，使用报表向导创建方式可以创建（　　）。

A. 纵栏式报表和表格式报表　　B. 标签报表和表格式报表

C．纵栏式报表和标签报表　　D．表格式报表和图表报表

3．报表的视图不包括（　　）。

A．打印预览视图　　B．布局视图

C．版面预览视图　　D．设计视图

4．报表的数据源不包括（　　）。

A．表　　B．窗体　　C．查询　　D．SQL 语句

5．下列关于窗体和报表的说法中，正确的是（　　）。

A．窗体和报表的数据源都是表、查询和 SQL 语句

B．窗体和报表都可以修改数据源的数据

C．窗体和报表的控件组中的控件不一样

D．窗体可以作为报表的数据源

6．报表的作用不包括（　　）。

A．分组数据　　B．汇总数据　　C．格式化数据　　D．输入数据

7．要设置只在报表最后一页主体内容之后输出的信息，正确的设置是（　　）。

A．报表页眉　　B．页面页眉　　C．报表页脚　　D．页面页脚

8．报表中不能缺少的部分是（　　）。

A．主体　　B．页面页眉　　C．报表页眉　　D．页面页脚

9．每个报表最多包含（　　）种节。

A．5　　B．6　　C．7　　D．8

10．用来显示报表中本页的汇总说明的是（　　）。

A．报表页眉　　B．主体　　C．页面页脚　　D．报表页脚

11．用来显示整个报表的汇总说明的是（　　）。

A．报表页眉　　B．主体　　C．页面页脚　　D．页面页眉

12．报表的控件不包括（　　）。

A．标签　　B．按钮　　C．图表　　D．标注

13．如果需要制作公司员工的名片，应该使用（　　）。

A．标签报表　　B．图表报表　　C．图表窗体　　D．表格式报表

14．标签控件通常通过（　　）向报表添加。

A．控件组　　B．工具栏　　C．属性表　　D．字段列表

15．图表报表中的图表对象是通过（　　）程序创建的。

A．Microsoft Word　　B．Microsoft Excel

C．Microsoft Graph　　D．Photoshop

16．在图表报表中，若要显示一组数据的记录数，应该用（　　）函数。

A．Count　　B．Sum　　C．Average　　D．Min

17．为报表指定数据源后，在报表设计视图中由（　　）取出数据源的字段。

A．属性表　　B．自动格式　　C．字段列表　　D．工具箱

18．将大量数据按不同的类型分别集中在一起的操作，称为将数据（　　）。

A．合计　　B．分组　　C．筛选　　D．排序

19．下面可用作计算控件的是（　　）。

A．文本框　　B．标签　　C．矩形　　D．按钮

20. 要计算所有学生“英语”成绩的平均分，需设置控件来源属性值为（　　）。

A. =Sum([英语])　　B. =Avg([英语])

C. =Sum[英语]　　D. =Avg[英语]

三、思考题

1. 简述报表的结构及其功能。

2. 怎样在报表中输出已有记录的汇总信息?

四、设计题

按要求为“学籍管理系统”数据库制作“学生毕业情况统计表”报表，要求如下。

1. 报表包括“学号”“姓名”“性别”“年龄”“毕业设计”“毕业考核”“入学时间”“毕业时间”字段。

2. 报表布局为“表格式”。

3. 报表根据“性别”字段分组，体现不同性别学生的最小年龄。

4. 报表页眉为“学生毕业情况统计表”，文本格式为“华文行楷”“24 磅”“加粗”，左边加一张图片（图片任选）。

5. 页面页脚为“制表人：×××（你的姓名）”，并居中显示。

工作任务11 设计和制作用户界面

11.1 任务描述

在数据库应用系统中，用户界面一般可分为系统主控界面和数据操作界面。

“商贸管理系统”的功能包括：商品、客户、类别、供应商、库存、进货和订单信息的录入、浏览、更新、查询和输出。该系统的基本流程是启动“商贸管理系统”时，首先打开启动窗体，然后单击【登录】按钮时，打开“用户登录”窗体，要求输入用户名和密码，若用户名和密码正确，系统最后打开“系统主界面”窗体。“系统主界面”窗体包含控制整个数据库的各项功能，即数据输入、数据维护、数据浏览、数据查询及报表输出等。

11.2 任务目标

- 掌握窗体几种视图的使用方法，能使用设计视图进行窗体设计和修改。
- 熟练掌握按钮、文本框、标签、选项卡等常见控件的使用。
- 能正确使用“属性表”对话框进行窗体对象的设置。
- 理解宏的概念，了解宏的分类和结构，能正确设计和运行宏、宏组。
- 了解模块的基本功能，能编写简单的 VBA 代码。
- 能使用“切换面板管理器”设计“系统主界面”，实现数据库对象集成。

11.3 知识储备

11.3.1 设置对象的属性

Access 允许用户使用多种类型的对象。对同类对象设置不同的属性值，可得到不同的屏幕效果。因此，正确设置对象的属性值，是美化窗体的重要方法之一。

1.“属性表”对话框

“属性表”对话框是显示和设置对象属性值的有用工具。在窗体设计器中编辑窗体时，可单击【窗体设计工具】→【设计】→【工具】→【属性表】按钮或用鼠标右键单击窗体设计器，从弹出的快捷菜单中选择【属性】命令，弹出“属性表”对话框。

“属性表”对话框的标题栏下显示选定对象的类型和名称，标题栏下面有一个对象下拉列表，用户可以从对象下拉列表中选择需要设置属性的对象。对象下拉列表下面是各个选项卡对应的属性设置区。属性设置区分为两栏，左边一栏是选定控件的属性名，右边一栏是用于显示和设置属性值的属性设置框。图 3.131 所示为窗体的“属性表”对话框。

图 3.131 窗体的“属性表”对话框

窗体的“属性表”对话框中有 5 个选项卡，表 3.7 所示为各个选项卡的功能说明。

表 3.7 “属性表”对话框的选项卡功能说明

选项卡名称	功能说明
格式	设置对象外观方面的属性
数据	设置对象数据源和数据显示格式方面的属性
事件	设置对象的事件
其他	设置除“格式”选项卡和“数据”选项卡中的属性以外的其他属性
全部	设置对象所有可用的属性和事件

提示 不同类型控件的属性不同。在窗体设计器中选择某个控件时，“属性表”对话框中会显示该控件的所有属性。在窗体设计器中选择多个控件时，“属性表”对话框中会显示所有选定控件的共同属性，并且“属性表”对话框可以动态显示选定对象的属性值。

2. 在“属性表”对话框中设置属性

窗体的每个对象都有自己的属性，设置不同的属性值可以得到不同的效果。在“属性表”对话框中设置对象属性的操作步骤如下。

（1）在窗体设计器或“属性表”对话框的对象下拉列表中选择需要设置属性的对象。

（2）在“属性表”对话框的属性设置区中选择某个属性。

（3）输入或选择属性值。

11.3.2 宏的概念

1. 宏

宏（Macro）从字面上讲是一组自动化命令的组合。它是一种特殊的代码，是一种操作代码组合，它以操作为单位，将一连串操作有机地组合起来。在运行宏时，这些操作被一个一个地依次执行。宏中的每个操作都可以携带自己的参数，但每个操作执行后都没有返回值。

宏不仅创建简单、使用方便，而且功能十分强大，从简单的打开和关闭窗体操作，到复杂的组合操作，宏几乎无所不能。宏的具体功能如下。

（1）打开或者关闭数据表、窗体，输出报表和执行查询。

（2）弹出提示信息框，显示警告。

（3）实现数据的输入和输出。

（4）在数据库启动时执行操作。

（5）筛选或者查找数据记录。

总之，宏作为一种操作组合，可以方便、有效地执行用户操作。

2. 常用的宏操作

Access 提供了非常丰富的宏操作，它们涵盖了数据库管理工作的全部细节。表 3.8 所示为常用的宏操作。

表 3.8　常用的宏操作

类　别	宏 操 作	说　明
窗口管理	CloseWindow	关闭指定的窗口，如果无指定的窗口，则关闭激活的窗口
	MaximizeWindow	最大化激活的窗口使它充满 Access 窗口
	MinimizeWindow	最小化激活的窗口使它成为 Access 窗口底部的标题栏
	MoveAndSizeWindow	移动并调整激活的窗口。如果不输入参数，则 Access 使用当前设置
	RestoreWindow	将最大化或最小化窗口还原到原来的大小。此操作一直会影响到激活的窗口
宏命令	CancelEvent	取消导致该宏（包括该操作）运行的 Access 事件
	ClearMacroError	清除 MacroError 对象的上一个错误
	OnError	定义错误处理行为
	RunCode	执行 Visual Basic Function 过程
	RunDataMacro	运行数据宏
	RunMacro	执行一个宏，还可以从其他宏中执行宏
	RunMenuCommand	执行 Access 菜单命令
	StopAllMacros	终止所有正在运行的宏
	StopMacro	终止当前正在运行的宏
筛选/查询/搜索	ApplyFilter	在表、窗体或报表中应用筛选、查询或 SQL 的 WHERE 子句，可限制或排序来自表中的记录，或来自窗体、报表的基础表或查询中的记录
	FindNextRecord	查找符合最近 FindRecord 操作或“查找”对话框中指定条件的下一条记录
	FindRecord	在活动的数据表、查询数据表、窗体数据表或窗体中查找符合条件的记录
	OpenQuery	打开选择查询或交叉表查询，或者执行动作查询
	Requery	在激活的对象上实时指定控件的重新查询；如果未指定控件，则重新查询对象本身的数据源。如果指定的控件不基于表或查询，则该操作将重新计算控件
数据导入/导出	AddContactFromOutlook	添加来自 OutLook 中的联系人
	EmailDatabaseObject	将指定的数据库对象包含在电子邮件消息中，对象在其中可以查看和转发
	ExportWithFormatting	将指定数据库对象中的数据导出为 Microsoft Excel 文件（.xls）、格式文件（.rtf）、文本文件（.txt）、HTML（.htm）或快照（.snp）格式
	SaveAsOutLookContact	将当前记录另存为 OutLook 联系人
	WordMailMerge	执行“邮件合并”操作
数据库对象	GoToControl	将焦点移动到激活的数据表、窗体中指定的字段或控件上
	GoToPage	将焦点移动到激活窗体指定页的第一个控件上
	GoToRecord	在表、窗体或查询结果集中指定记录为当前记录

续表

类　别	宏 操 作	说　明
数据库对象	Openform	在窗体视图、窗体设计视图、打印预览视图或数据表视图中打开窗体
	OpenReport	在设计视图或打印预览视图中打开报表，或立即输出该报表
	OpenTable	在数据表视图、设计视图或打印预览视图中打开表
	PrintObject	输出当前对象
	PrintPreview	“打印预览”当前对象
	SelectObject	选定指定的数据库对象
数据输入操作	DeleteRecord	删除当前记录
	EditListitems	编辑查阅列表中的项
	SaveRecord	保存当前记录
系统命令	Beep	使计算机发出“嘟嘟”声
	CloseDatabase	关闭当前数据库
	QuitAccess	退出 Access，可从多种保存选项中选择一种
用户界面命令	AddMenu	为窗体或报表将菜单添加到自定义菜单栏
	MessageBox	显示包含警告信息或其他信息的消息框
	Redo	重复最近的用户操作
	UndoRecord	取消最近的用户操作

11.3.3 宏的分类

1. 根据宏依附的位置分类

根据宏依附的位置，宏可以分为独立宏、嵌入宏和数据宏。

（1）独立宏

独立宏是一个独立的对象，它独立于窗体、报表等对象之外。独立宏在导航窗格中可见。如果希望在应用程序的很多位置重复使用宏，则独立宏是非常有用的，可以避免在多个位置重复相同的代码。

（2）嵌入宏

与独立宏相反，嵌入宏嵌入窗体、报表或控件对象的事件中。嵌入宏是它们所嵌入的对象或控件的一部分。嵌入宏在导航窗格中是不可见的。嵌入宏使得宏的功能更加强大、更加安全。

（3）数据宏

数据宏是指在表中创建的宏，当向表中插入、更新或删除数据时，将触发数据宏。数据宏不显示在导航窗格的“宏”组中。

有两种类型的数据宏，一种是由表事件触发的数据宏（也称“事件驱动的”数据宏），一种是为响应按名称调用而运行的数据宏（也称“已命名的”数据宏）。

在表中插入、更新或删除数据时，都会发生表事件。数据宏是在发生这 3 种事件中的任意一种事件之后，或发生更新或删除事件之前运行的。数据宏是一种触发器，可以用来检查数据表中输入的数据是否合理。当在数据表中输入的数据超出限定的范围时，数据宏会给出提示信息。另外，数据宏可以实现插入记录、修改记录和删除记录，从而更新数据，这种更新的速度比使用查询更新的速度快很多。

2. 根据宏操作命令的组织方式分类

根据宏操作命令的组织方式，宏可以分为操作序列宏、宏组、子宏和条件操作宏。

（1）操作序列宏

操作序列宏是指组成宏的操作命令按照顺序关系依次排列，运行时按顺序从第一个宏操作依次往下执行。如果用户频繁地重复一系列操作，就可以用创建操作序列宏的方式来执行。

（2）宏组

宏组将相关操作分为一组，并为该组指定一个名称，从而提高宏的可读性。分组不会影响宏操作的执行方式，组不能单独调用或运行。分组的主要目的是标识一组操作，帮助用户清楚地了解宏的功能。此外，在编辑大型宏时，可将每个分组块向下折叠为单行，从而减少必须进行的滚动操作。

（3）子宏

子宏是共同存储在一个宏组下的一组宏的集合，该集合通常只作为一个宏引用。一个宏组中含有一个或多个子宏，每个子宏又可以包含多个宏操作，子宏拥有单独的名称来调用。

在使用中，如果希望执行一系列相关的操作，则要创建包含子宏的宏组。例如，可以将同一个窗体上使用的宏组织到一个宏组中。使用子宏可以更方便地操作和管理数据库。

（4）条件操作宏

条件操作宏是在宏中设置条件表达式来判断是否要执行下一个宏命令的宏。只有当条件表达式成立时，该宏命令才会被执行。这样可以加强宏的功能，也使宏的应用更加广泛。利用条件操作宏可以根据不同的条件执行不同的宏操作。具有条件的宏称为条件操作宏。例如，如果在某个窗体中使用宏来校验数据，可能需要某些信息来响应记录的某些输入值，另一些信息来响应不同的值，那么此时可以使用条件操作宏来控制宏的流程。

11.3.4 宏的结构

在宏的设计视图下，窗口被分为 3 个窗格：左侧的导航窗格、中间的宏设计器窗格和右侧的“操作目录”窗格，如图 3.132 所示。其中，中间和右侧窗格介绍如下。

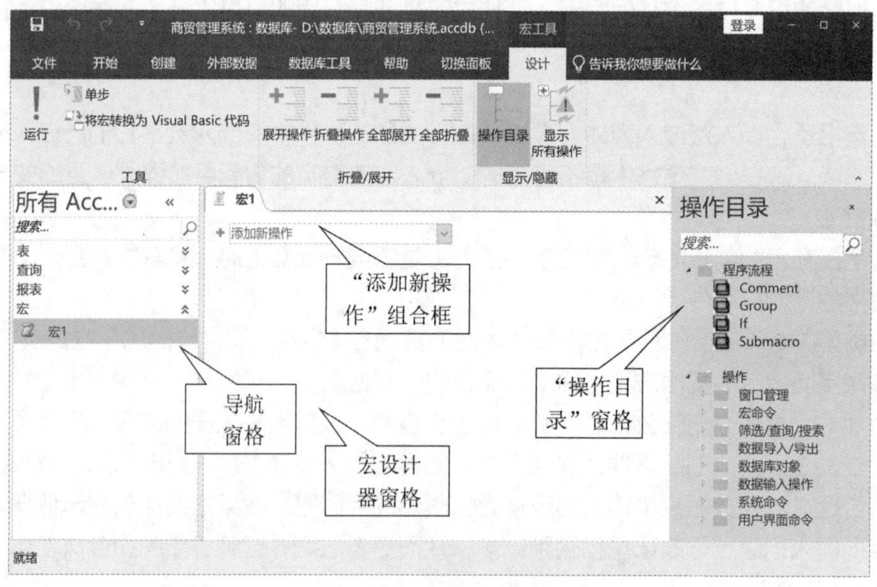

图 3.132 宏的设计视图

1.“宏设计器”窗格

“宏设计器”窗格显示了“添加新操作”组合框，如图 3.133 所示。使用它可以完成添加宏操作、设置参数、删除宏、更改宏操作的顺序、添加注释以及分组等操作。

2.“操作目录”窗格

“操作目录”窗格以树形结构显示“程序流程”“操作”等分支，单击展开按钮，显示下一层的子目录或部分宏对象。“操作目录”窗格中的主要内容如下。

（1）程序流程。

① Comment：是宏运行时不执行的信息，用于提高宏程序代码的可读性。

② Group：允许操作和程序流程在已命名、可折叠、未执行的块中分组，以便宏的结构更清晰、可读性更强。

③ If：通过判断条件表达式的值来控制操作的执行。如果条件表达式的值为“True”，则执行逻辑块内的操作，否则不执行逻辑块内的操作。

图 3.133 宏命令列表

④ Submacro：用于在宏内创建子宏。每一个子宏都需要指定其子宏名。一个宏可以包含若干个子宏，每一个子宏又包含若干个操作。

（2）操作。

“操作”目录包括“窗口管理”“宏命令”“筛选/查询/搜索”“数据导入/导出”“数据库对象”“数据输入操作”“系统命令”“用户界面命令”这 8 个子目录。

11.3.5 运行宏

一旦创建了宏，用户就可以在 Access 的宏窗口、数据库窗口、其他对象窗口及其他宏中运行宏了。如果创建的宏存在错误，那么该宏将不能正常运行。因此在运行宏之前，最好对其进行调试，以消除错误。

1. 调试宏

一般情况下，在运行宏之前，需要调试创建的宏，看其是否存在错误。

通过单步执行宏可以观察宏的流程和每一个操作的结果，并且可以排除导致错误或产生非预测结果的操作。

（1）打开宏的设计视图。

（2）单击【宏工具】→【设计】→【工具】→【单步】按钮单步，再单击“工具”组中的【运行】按钮!。

（3）显示“单步执行宏”对话框，对话框中显示了当前操作的条件、操作名称以及参数等信息。

（4）根据需要确定执行不同的操作。

2. 运行宏

独立宏可以直接在导航窗格中运行、在宏组中运行、从另一个宏中运行、从 VBA 模块中运行，或者通过窗体、报表或控件某个事件的响应运行。

嵌入宏可以在设计视图下单击【运行】按钮!时运行，或者在与它关联的事件被触发时自动运行。

（1）直接运行宏。

① 在导航窗格中双击需要运行的宏名。

② 在宏设计视图中单击【宏工具】→【设计】→【工具】→【运行】按钮。

③ 单击【数据库工具】→【宏】→【运行宏】按钮，显示“执行宏”对话框。在“宏名称”组合框的下拉列表中选择要运行的独立宏或者含有子宏的宏（仅运行该宏中的第一个子宏）。

④ 用鼠标右键单击要运行的宏，从弹出的快捷菜单中选择【运行】命令，可以直接运行该宏，对于含有子宏的宏，仅运行该宏中的第一个子宏。

（2）在窗体或报表中运行宏。

如果宏是事先创建好的，那么要在某控件的某事件触发时调用该宏，可在控件的“属性表”对话框的“事件”选项卡的相应事件处选择该宏。

（3）从另一个宏中运行宏。

一个宏可以由另一个宏调用，以完成复杂的工作。可以先创建一个宏，该宏的“操作”为RunMacro，“宏名称”属性设置为需要调用的宏的名称，在“重复次数”中输入宏重复执行的次数，并保存该宏。以后运行该宏时，即可在该宏中调用另一个宏。

创建调用其他宏的宏时，如果在“重复表达式”中设置重复条件的表达式，则该表达式的结果为“False”时才停止重复。如果“重复次数”和“重复表达式”中没有设置任何内容，则该宏只运行一次。如果“重复次数”中没有设置任何内容但输入了“重复表达式”，则宏将运行，直到表达式的计算结果为“False”。

11.3.6 模块与 VBA

模块是 Access 数据库中的一个重要对象，VBA 是 Visual Basic 语言的一个子集，集成于 Microsoft Office 系列软件之中，Access 使用 VBA 语言作为其代码设计的开发语言。在 Access 中，模块是用 VBA 语言实现的，借助 VBA 程序设计，可以完成复杂的计算和操作。

模块是由 VBA 通用声明和一个或多个过程组成的单元。组成模块的基础是过程，VBA 过程通常分为子过程（Sub 过程）、函数过程（Function 过程）和属性过程（Property 过程）。每个过程作为一个独立的程序段，实现某个特定的功能。模块可以代替宏，并可以执行标准宏不能执行的功能。

1. 模块

模块根据不同的存在方式和使用范围，可以分为标准模块和类模块两种基本类型。标准模块是指与窗体、报表等对象无关的程序模块，在 Access 数据库中是一个独立的模块对象。

类模块是指包含在窗体、报表等对象中的事件过程，这样的程序模块仅在所属对象处于活动状态下有效，也称绑定型程序模块。

2. 关于 VBA

Access 是一种面向对象的数据库，它支持面向对象的程序开发技术。Access 的面向对象的程序开发技术就是通过 VBA 编程来实现的。

（1）VBA 概述

VBA 是 Microsoft Office 系列软件中内置的用来开发应用系统的编程语言，包括各种主要语法结构、函数和命令等。VBA 的语法规则与 Visual Basic 的相似，但是二者又有本质区别。

VBA 主要面向 Office 办公软件进行系统开发，以增强 Word、Excel 等软件的自动能力。它提供了很多 Visual Basic 中没有的函数和对象，这些函数和对象都是针对 Office 应用的。Visual Basic

是 Microsoft 公司推出的可视化 BASIC 语言，是一种编程简单、功能强大的面向对象开发工具，可以像编写 Visual Basic 程序一样来编写 VBA 程序。用 VBA 语言编写的代码将保存在 Access 中的一个模块中，并通过类似在窗体中激发宏的操作来启动这个模块，从而实现相应的功能。

利用 Access 创建的数据库管理应用程序无须编写太多代码。通过 Access 内置的可视界面，用户可以完成足够的程序响应事件，如执行查询、设置宏等，并且 Access 内置了许多计算函数，如 Sum、Count 等。它们可以执行相当复杂的运算，但是由于以下 4 种原因，用户需要使用 VBA 作为程序指令的一部分。

① 定义用户自己的函数。Access 提供了很多计算函数，但是有些特殊的函数 Access 没有提供，需要用户自己定义，比如定义一个函数来计算圆的面积、定义一个函数执行条件判断等。

② 编写包含条件结构或循环结构的表达式。

③ 想要打开两个或者两个以上的数据库。

④ 将宏操作转换成 VBA 代码，可以输出 VBA 源程序，改善文档的质量。

与其他面向对象编程语言一样，VBA 也包括对象、属性、方法、事件等元素。

对象：代码和数据的一个结合单元，如表、窗体、文本框等。对象是由 VBA 语言中的类定义的。

属性：定义的对象特性，如大小、颜色和对象状态等。

方法：对象能够执行的动作，如刷新等。

事件：对象能够辨识的动作，如单击、双击等。

（2）VBA 的开发环境

Access 中包含 VBA，它是 VBA 程序的开发和调试环境。在 Access 中，用户可以通过如下方法进入 VBA 的开发环境。

① 直接进入 VBA 开发环境：单击【数据库工具】→【宏】→【Visual Basic】按钮。

② 新建一个模块进入 VBA 开发环境：单击【创建】→【宏与代码】→【模块】按钮。

③ 以快捷方式进入 VBA 开发环境：按【Alt】+【F11】组合键。

④ 新建用户相应窗体、报表或控件的事件过程以进入 VBA 开发环境。如图 3.134 所示，在“属性表”对话框中选择“事件”选项卡；在任意事件的下拉列表中选择“事件过程”选项，单击后面的生成器按钮 ...，为这个控件添加事件过程。

通过以上方法，可以进入图 3.135 所示的 VBA 开发环境。

图 3.134 事件“属性表”对话框

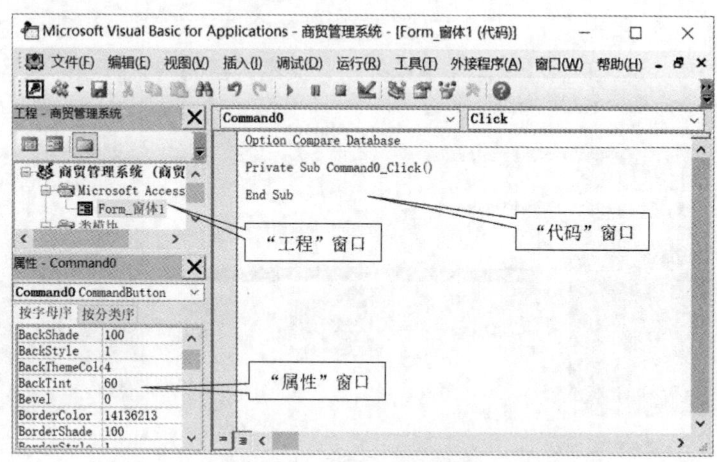

图 3.135 VBA 开发环境

11.4 任务实施

11.4.1 制作“商品信息管理”窗体

“商品信息管理”窗体的主要功能是完成浏览商品信息、添加记录、修改记录、保存记录和删除记录等操作。下面首先使用【窗体】按钮快速创建“商品信息管理”窗体的框架，然后借助 Access 的控件对窗体进行修改和美化。

图 3.136　新建的窗体

（1）打开“商贸管理系统”数据库。

（2）在导航窗格中选择“表”对象列表中的“商品”表作为窗体的数据源。

（3）单击【创建】→【窗体】→【窗体】按钮，快速创建图 3.136 所示的窗体。

（4）以“商品信息管理”为名保存窗体。

（5）切换到窗体的设计视图以修改窗体。

（6）修改窗体标题。

① 将窗体页眉中默认的窗体标题“商品”修改为“商品信息管理”。

② 设置窗体标题的文本格式为“华文行楷”“24 磅”，控件大小为“正好容纳”。

③ 删除创建时自带的窗体图标，将窗体标题控件移至窗体的正上方。

微课 3-14　为“商品信息管理”窗体添加记录导航按钮

（7）添加记录浏览按钮。

① 单击【窗体设计工具】→【设计】→【控件】→【其他】按钮，从“控件”列表中选择“使用控件向导”选项。

② 单击控件组中的“按钮”控件。

③ 在窗体页脚中按住鼠标左键，并在要放置按钮的位置拖曳出适当的区域，释放鼠标左键时，弹出图 3.137 所示的“命令按钮向导”第 1 步对话框。

④ 设置按下按钮时产生的操作的类别为“记录导航”，再选择“转至第一项记录”操作。

⑤ 单击【下一步】按钮，弹出“命令按钮向导”第 2 步对话框，确定按钮上是显示文本还是图片。这里选择【文本】单选按钮，文本内容为“第一项记录”，如图 3.138 所示。

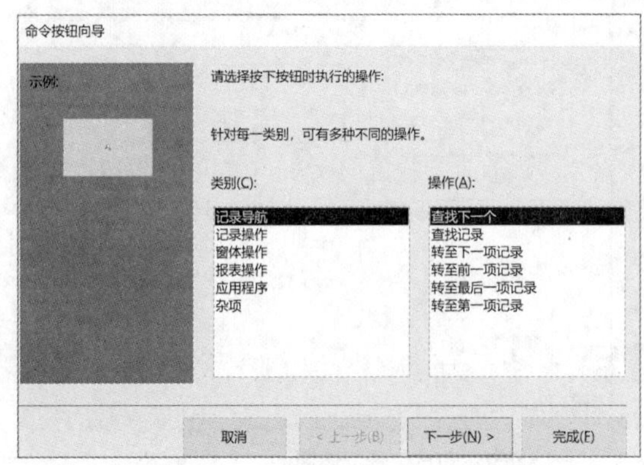

图 3.137　“命令按钮向导”第 1 步对话框

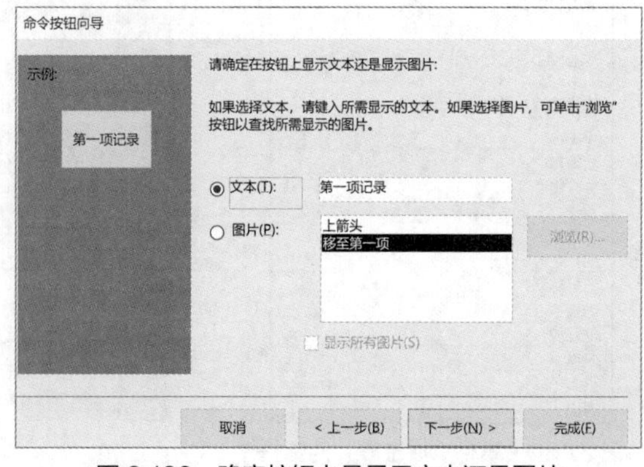

图 3.138　确定按钮上是显示文本还是图片

⑥ 单击【下一步】按钮，弹出“命令按钮向导”第 3 步对话框，如图 3.139 所示，指定按钮名称。这里采用默认的按钮名称。

⑦ 单击【完成】按钮，完成【第一项记录】按钮的添加，如图 3.140 所示。

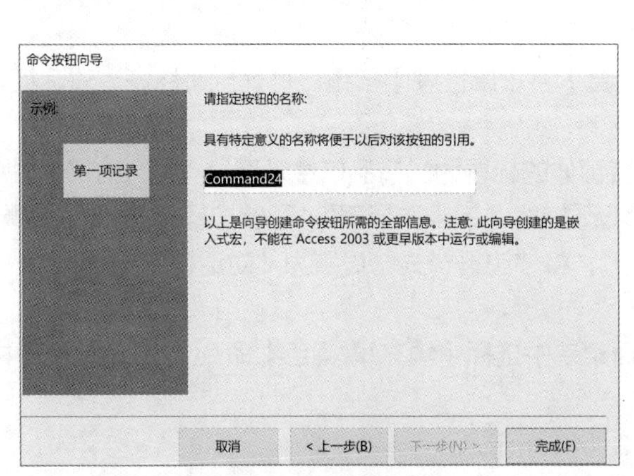

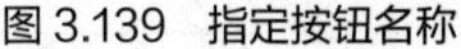

图 3.139　指定按钮名称

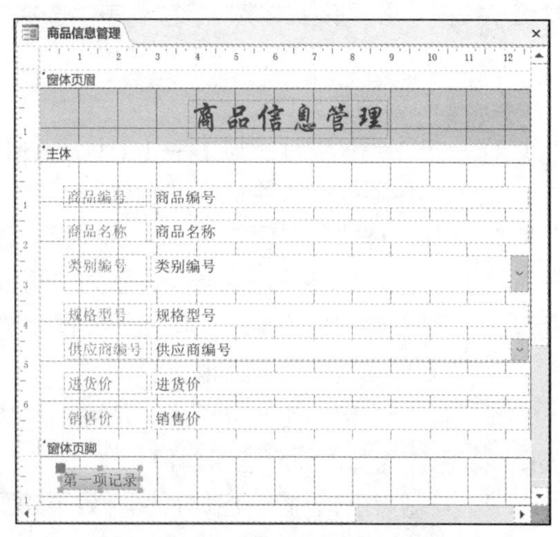

图 3.140　添加【第一项记录】按钮

⑧ 用同样的方法在窗体中添加【前一项记录】、【下一项记录】和【最后一项记录】按钮。

⑨ 设置控件大小为“正好容纳”，将窗体页脚中的按钮对齐，水平间距设置为相等，完成后的窗体如图 3.141 所示。

（8）添加数据维护按钮。

① 选中主体中的所有文本框控件，适当减小文本框控件的宽度，在右侧留出一些空间放置数据维护按钮。

② 使用“命令按钮向导”在窗体的主体右侧添加一组数据维护操作按钮，分别为【添加记录】、【保存记录】和【删除记录】按钮，实现添加新记录、保存记录和删除记录的数据维护操作。

③ 将添加的这组控件左对齐且将其大小调整为“正好容纳”，垂直间距设置为相等，效果如图 3.142 所示。

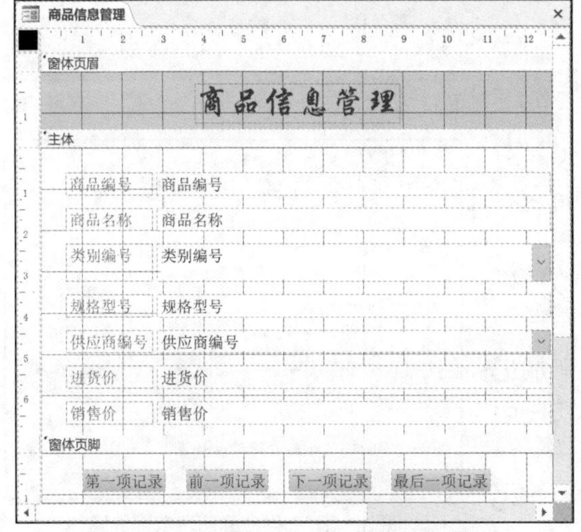

图 3.141　添加记录浏览按钮后的窗体

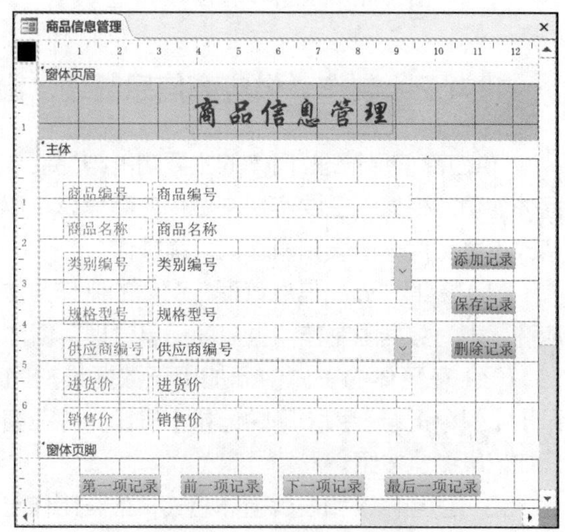

图 3.142　添加数据维护按钮

（9）添加矩形。

① 单击控件组中的“矩形”控件，分别在记录浏览按钮组和数据维护按钮组的外部添加矩形。

② 选中数据维护按钮组外的矩形，单击【窗体设计工具】→【格式】→【控件格式】→【形状轮廓】按钮，从“形状轮廓”下拉列表中选择“线条类型”中的“点划线”，并从“线条宽度”中选择“2pt”。

（10）设置窗体属性。

① 单击【窗体设计工具】→【设计】→【工具】→【属性表】按钮，打开“属性表”对话框。

② 从对象下拉列表中选择“窗体”。

③ 选择“格式”选项卡（见图 3.143），设置窗体的标题为“商品信息管理”，将“允许窗体视图”设置为“是”，将“滚动条”设置为“两者均无”，将“记录选择器”“导航按钮”“分隔线”均设置为“否”，将“最大最小化按钮”设置为“无”，将“边框样式”设置为“对话框边框”。

④ 关闭“属性表”对话框。

⑤ 用鼠标右键单击窗体页脚，从弹出的快捷菜单中选择【填充/背景色】命令，从颜色列表中选择浅灰色作为窗体页脚的背景色。

（11）保存窗体，打开窗体视图，效果如图 3.144 所示。

图 3.143　设置窗体属性

图 3.144　修改后的“商品信息管理”窗体

11.4.2　制作“供应商信息管理”窗体

“供应商信息管理”窗体的主要功能与“商品信息管理”窗体的功能相似，主要实现浏览供应商信息、添加记录、修改记录、保存记录和删除记录等操作。

（1）参照“商品信息管理”窗体的制作方法，以“供应商”表为数据源制作“供应商信息管理”窗体。

（2）在窗体的主体中添加用于数据维护的【添加记录】、【保存记录】和【删除记录】按钮，并在窗体页脚中添加记录浏览按钮。

（3）适当修改和设置窗体格式，最终制作出图 3.145 所示的“供应商信息管理”窗体。

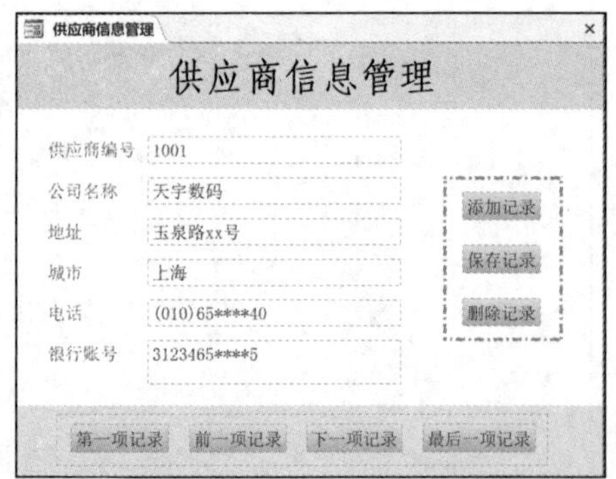

图 3.145　“供应商信息管理”窗体

（4）以“供应商信息管理”为名保存窗体。

11.4.3 制作“客户信息管理”窗体

“客户信息管理”窗体的主要功能是完成浏览客户信息、添加记录、修改记录、保存记录和删除记录等基本操作。同时，用户在浏览客户信息时，能通过子窗体查看该客户的订单基本信息。

（1）打开“商贸管理系统”数据库。

（2）在导航窗格中选择“表”对象列表中的“客户”表作为窗体的数据源。

（3）单击【创建】→【窗体】→【窗体】按钮，快速创建图 3.146 所示的“客户”窗体。

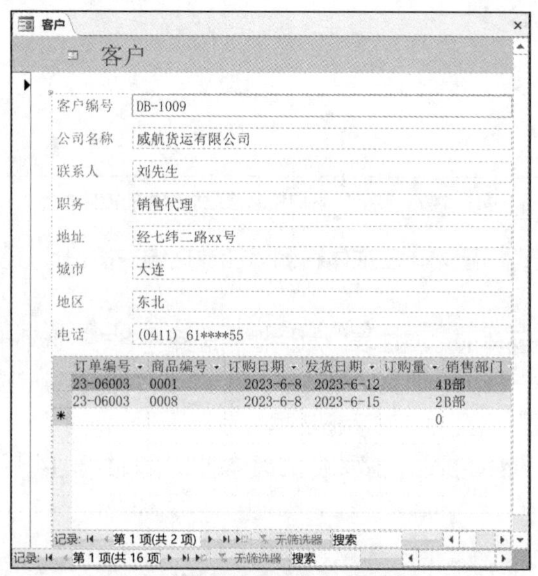

图 3.146 新建的“客户”窗体

提示 由于“客户”表与“订单”表之间存在一对多关系，因此使用【窗体】按钮创建关于“客户”表的窗体时，系统自动将与之关联的“订单”表作为其子窗体，该子窗体为数据表式窗体。

（4）以“客户信息管理”为名保存创建的窗体。

（5）修改“客户信息管理”窗体。

① 切换到“客户信息管理”窗体的设计视图。

② 修改窗体标题。在窗体页眉中修改窗体标题为“客户信息”，适当调整控件大小和文本格式，并将标题移至窗体正上方。

③ 适当增加主体的宽度。

④ 单击【窗体设计工具】→【排列】→【表】→【删除布局】按钮，删除应用于控件的布局，以便调整窗体中各控件的布局方式。

⑤ 增加子窗体的宽度，使其数据表中的数据能完整显示，适当减小子窗体的高度，并减小主体中其他文本框控件的宽度，如图 3.147 所示。

⑥ 参照“商品信息管理”窗体，在窗体页脚中添加记录浏览按钮。

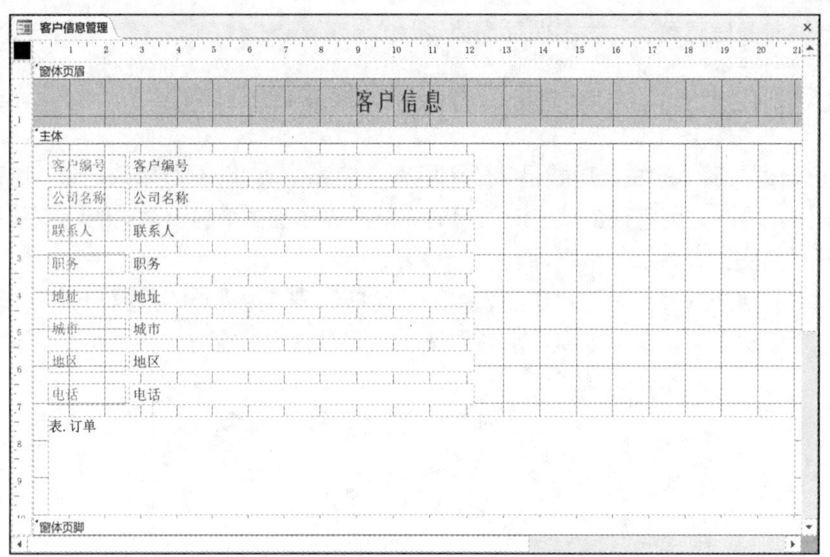

图 3.147　改变“客户信息管理”窗体的控件布局

⑦ 参照“商品信息管理”窗体，在主体右侧添加数据维护按钮，分别为【添加记录】、【保存记录】、【删除记录】按钮。

⑧ 设置窗体属性。在窗体的“属性表”对话框中选择“格式”选项卡，设置窗体的标题为“客户信息管理”，允许“窗体”视图，取消“滚动条”“记录选择器”“导航按钮”“分隔线”“最大最小化按钮”，并将“边框样式”设置为“对话框边框”。

（6）保存窗体，切换到窗体视图，修改后的窗体的效果如图 3.148 所示。

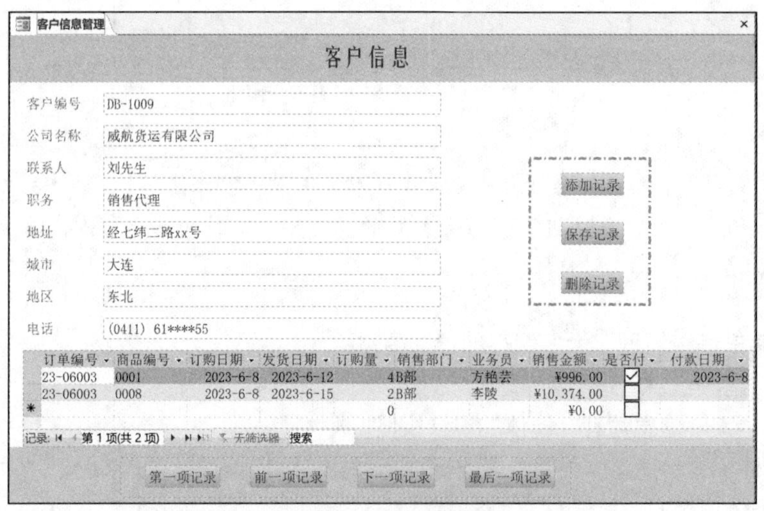

图 3.148　修改后的“客户信息管理”窗体

11.4.4　制作“类别信息管理”窗体

“类别信息管理”窗体的主要功能与“客户信息管理”窗体的功能相似，主要是完成浏览类别信息、添加记录、修改记录、保存记录和删除记录等基本操作。同时，用户在浏览类别信息时，能通过子窗体查看该类别的商品基本信息。

（1）打开“商贸管理系统”数据库。

（2）在导航窗格中选择“表”对象列表中的“类别”表作为窗体的数据源。

（3）单击【创建】→【窗体】→【窗体】按钮，快速创建图 3.149 所示的窗体。

> **提示** 由于“类别”表与“商品”表之间存在一对多关系，因此使用【窗体】按钮创建关于“类别”表的窗体时，系统自动将与之关联的“商品”表作为其子窗体，该子窗体为数据表式窗体。

（4）以“类别信息管理”为名保存创建的窗体。

（5）修改“类别信息管理”窗体。

① 切换到“类别信息管理”窗体的设计视图。

② 按照“客户信息管理”窗体的修改方法，适当修改和设置“类别信息管理”窗体的格式。修改后的窗体的效果如图 3.150 所示。

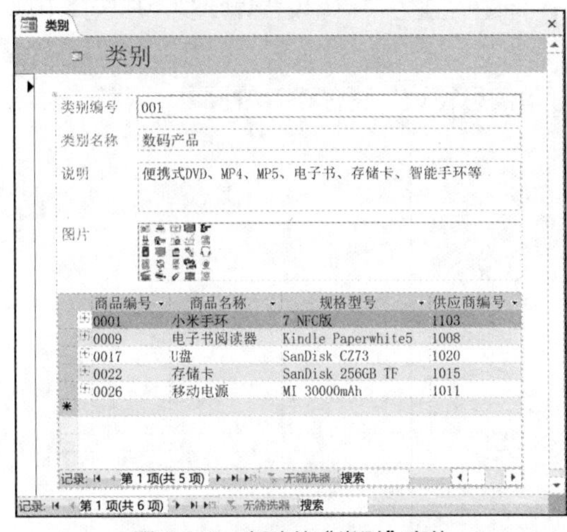

图 3.149　新建的“类别”窗体

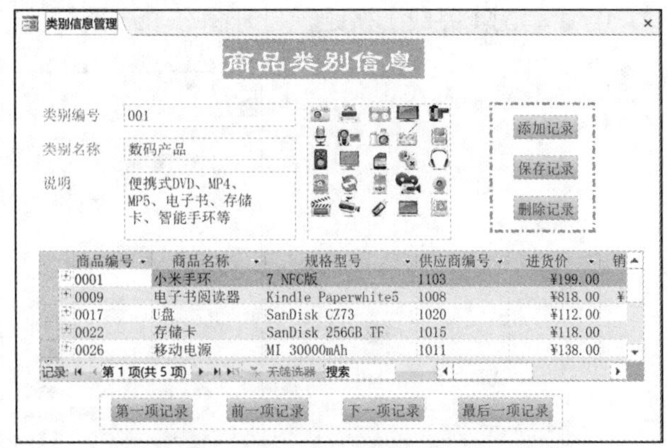

图 3.150　修改后的“类别信息管理”窗体

（6）保存窗体。

11.4.5　制作“订单信息管理”窗体

由于订单信息管理不仅涉及订单信息、商品信息，还涉及该订单的客户基本信息，所以在同一窗体中需要管理多种信息。因此，在窗体中添加选项卡，在每个选项卡中分类显示相关信息；同时，通过该窗体，用户不仅可以浏览订单详细信息，还可以进行添加、修改、保存和删除记录等基本操作。

（1）打开“商贸管理系统”数据库。

（2）单击【创建】→【窗体】→【窗体向导】按钮，打开“窗体向导”对话框。

（3）添加“订单”表的所有字段，将“商品”表中的“商品名称”“类别编号”“规格型号”“供应商编号”“销售价”字段，“客户”表中的“公司名称”“联系人”“地址”“城市”“电话”字段作为数据源，如图 3.151 所示。

（4）单击【下一步】按钮，在弹出的对话框中确定查看数据的方式。这里选择“通过 订单”，如图 3.152 所示。

（5）单击【下一步】按钮，在弹出的对话框中确定子窗体使用的布局，这里选择“纵栏表”。

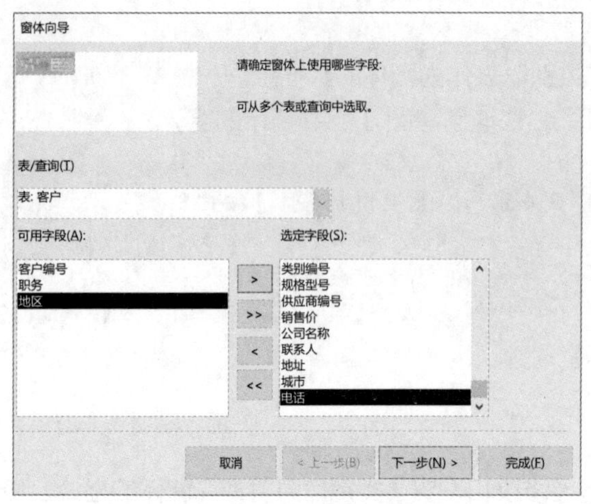

图 3.151　添加所需字段

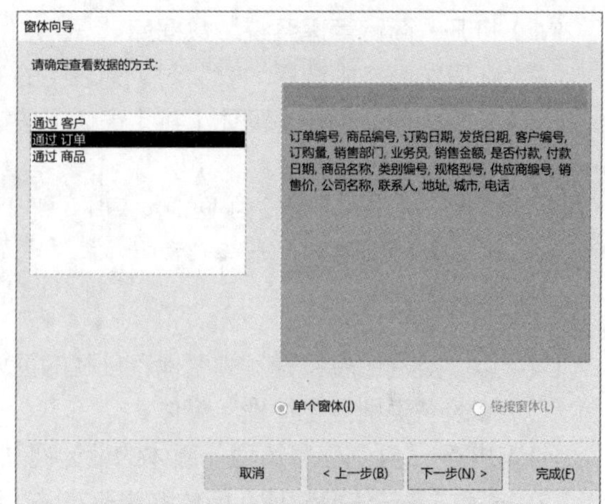

图 3.152　确定查看数据的方式

（6）单击【下一步】按钮，在弹出的对话框中将窗体标题设置为“订单信息管理”，并选择【修改窗体设计】单选按钮。

（7）单击【完成】按钮，打开图 3.153 所示的“订单信息管理”窗体设计视图。

图 3.153　新建的“订单信息管理”窗体的设计视图

（8）修改窗体设计。

① 删除主体中的所有窗体控件。

提示　由于使用“窗体向导”创建窗体时，所有选中的字段均出现在窗体的主体中，所以需要重新将字段分类放置在不同的选项卡中。因此需删除主体中已放置的所有控件，待放置选项卡后再布局。

② 单击【窗体设计工具】→【设计】→【控件】→【选项卡控件】，按住鼠标左键在主体中拖曳出要放置选项卡的区域，释放鼠标左键，出现图 3.154 所示的选项卡控件。

③ 用鼠标右键单击其中的任意一个选项卡，从弹出的快捷菜单中选择【插入页】命令，添加一个选项卡。

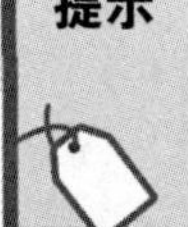

提示 默认情况下，添加选项卡控件时将产生两个选项卡，并显示默认的页名称。可以根据需要插入页。同理，当插入的页太多时，也可以删除页。对于默认的页名称，可在页的“属性表”对话框中修改。

④ 重命名选项卡。用鼠标右键单击页选项卡，从弹出的快捷菜单中选择【属性】命令，打开选项卡页的“属性表”对话框，将“格式”选项卡中的“标题”属性值分别修改为“订单信息”、“商品信息”和“客户信息”。

⑤ 在选项卡中添加数据源字段。

a. 单击【窗体设计工具】→【设计】→【工具】→【添加现有字段】按钮，打开窗体的数据源字段列表。

b. 选择“订单信息”选项卡，从字段列表中选择“订单”表中的字段，将其拖至选项卡中，如图 3.155 所示。

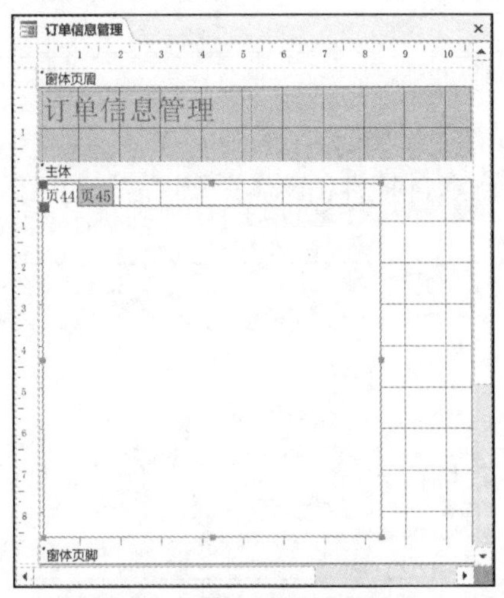

图 3.154　添加的选项卡控件

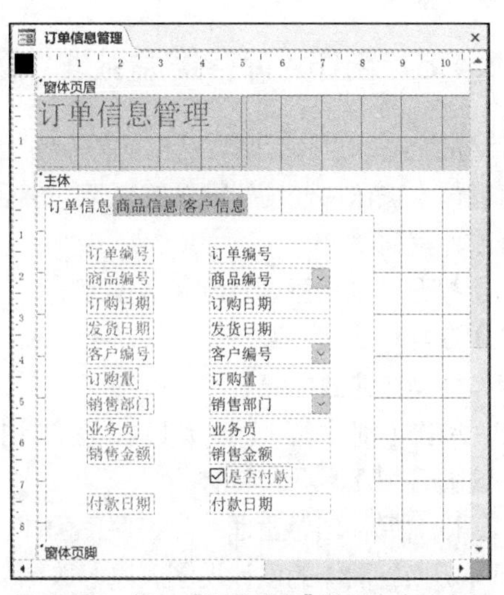

图 3.155　添加“订单信息”选项卡中的字段

c. 选择“商品信息”选项卡，从字段列表中选择“商品名称”、“类别编号”、“规格型号”、“供应商编号”和“销售价”字段，并将其拖至选项卡中。

d. 选择“客户信息”选项卡，从字段列表中选择“公司名称”、“联系人”、“地址”、“城市”和“电话”字段，并将其拖至选项卡中。

⑥ 修改窗体标题格式。选中窗体页眉中的窗体标题“订单信息管理”，并适当设置标题的文本格式。

⑦ 添加记录浏览按钮。参照“商品信息管理”窗体，在窗体页脚中添加记录浏览按钮。

⑧ 添加数据维护按钮。参照“商品信息管理”窗体，在窗体主体中添加数据维护按钮，分别为【添加记录】、【保存记录】和【删除记录】按钮。

⑨ 设置窗体属性。

a. 在窗体的“属性表”对话框中选择“格式”选项卡，设置窗体的标题为“订单信息管理”，允许“窗体”视图，取消“滚动条”“记录选择器”“导航按钮”“分隔线”“最大最小化按钮”，并将“边框样式”设置为“对话框边框”。

b. 适当修改窗体页眉、主体和窗体页脚的背景颜色。

（9）保存窗体，切换到窗体视图，修改后的窗体效果如图 3.156 所示。

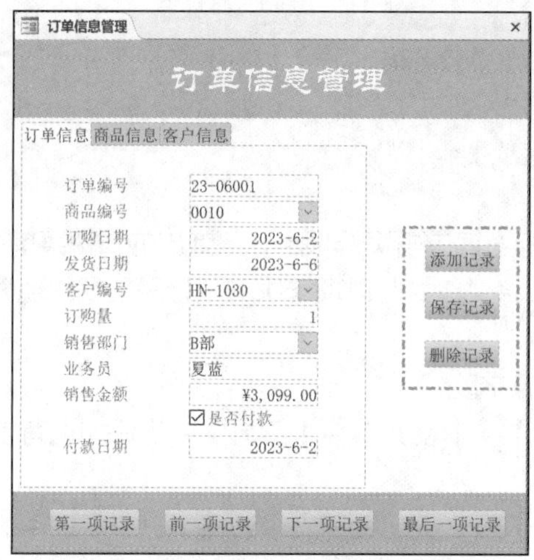

图 3.156 修改后的“订单信息管理”窗体

11.4.6 制作“库存信息管理”窗体

“库存信息管理”窗体的主要功能是完成浏览库存信息、添加记录和删除记录等操作。下面首先使用【窗体】按钮快速创建窗体的框架，然后利用 Access 的控件和窗体“属性表”对话框对窗体进行修改和美化。

（1）打开“商贸管理系统”数据库。

（2）在导航窗格中选择“表”对象列表中的“库存”表作为窗体的数据源。

（3）单击【创建】→【窗体】→【窗体】按钮，快速创建图 3.157 所示的窗体。

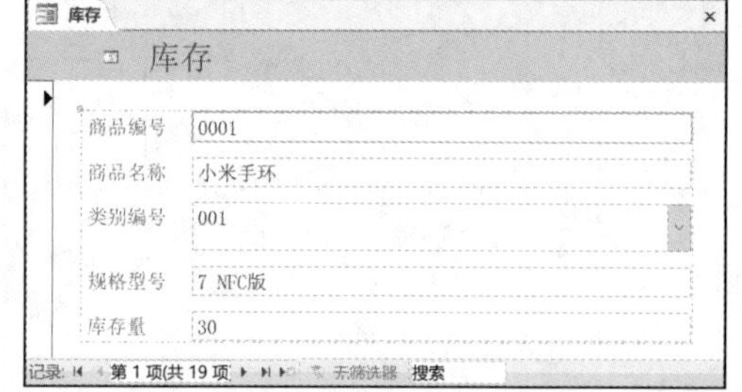

图 3.157 新建的“库存”窗体

（4）以“库存信息管理”为名保存窗体。

（5）切换到窗体的设计视图，以修改窗体。

（6）修改窗体标题。

① 将窗体页眉中的窗体标题修改为“库存信息管理”。

② 设置窗体标题的文本格式为“华文新魏”“24 磅”，控件大小为“正好容纳”。

（7）添加记录浏览和数据维护按钮。

① 在窗体页脚中添加记录浏览按钮，并添加【添加记录】和【删除记录】按钮。

② 调整控件的大小和对齐格式。

（8）设置窗体属性。

① 选中窗体，单击【窗体设计工具】→【设计】→【工具】→【属性表】按钮，打开“属性表”对话框。

② 选择“格式”选项卡，设置窗体的标题为“库存信息管理”，允许“窗体”视图，取消“滚动条”“记录选择器”“导航按钮”“分隔线”“最大最小化按钮”，并将“边框样式”设置为“对话框边框”。

微课 3-15 为“库存信息管理”窗体设置窗体背景

③ 设置窗体背景。

a. 在“格式”选项卡中单击“图片”属性框右侧的生成器按钮，打开图 3.158 所示的“插入图片”对话框，选择“D:\数据库\素材”文件夹中的“picture1”图片。

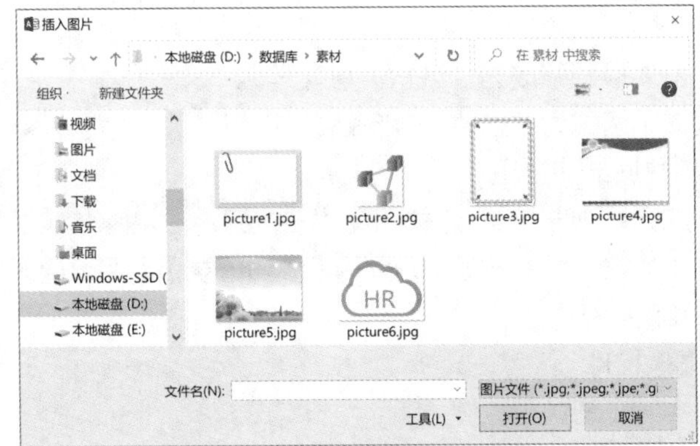

图 3.158 “插入图片”对话框

b. 单击【打开】按钮，插入选定的图片，返回“属性表”对话框。

c. 设置“图片缩放模式”为“拉伸”。

d. 关闭“属性表”对话框，然后适当调整窗体中控件的位置。

（9）保存窗体后，切换到窗体视图，效果如图 3.159 所示。

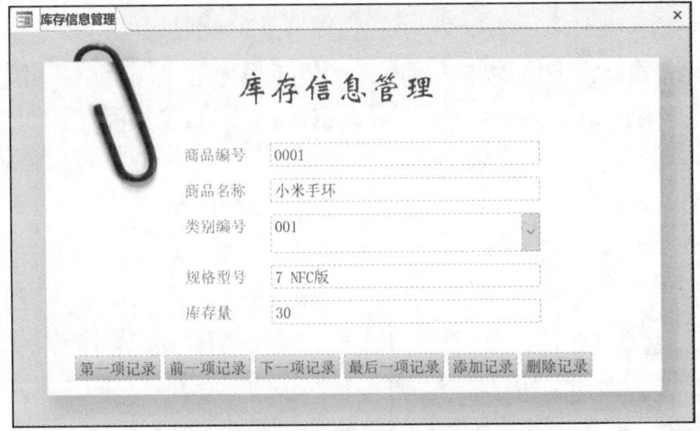

图 3.159 修改后的“库存信息管理”窗体

11.4.7 制作“进货信息管理”窗体

“进货信息管理”窗体的主要功能是完成浏览进货信息、添加记录、修改记录、保存记录和删除记录等操作。下面首先使用自动方式快速创建窗体的框架，然后利用 Access 的窗体控件添加窗体标题、按钮以实现对数据的维护操作。在此基础上，使用窗体“属性表”对话框对窗体进行修改和美化。

（1）打开“商贸管理系统”数据库。

（2）在导航窗格中选择“表”对象列表中的“进货”表作为窗体的数据源。

（3）单击【创建】→【窗体】→【窗体】按钮，快速创建图 3.160 所示的窗体。

（4）以“进货信息管理”为名保存窗体。

（5）切换到窗体的设计视图，以修改窗体。

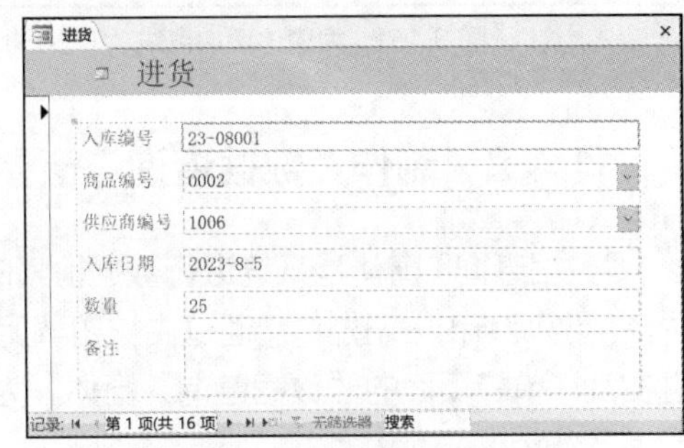

图 3.160 新建的“进货”窗体

（6）修改窗体标题。

① 将窗体页眉中的窗体标题修改为“进货信息管理”。

② 设置窗体标题的文本格式为“楷体”“26 磅”“加粗”，控件大小为“正好容纳”。

（7）添加记录浏览和数据维护按钮。

① 在窗体页脚中添加记录浏览按钮、【关闭窗体】按钮。

② 在窗体主体右侧添加数据维护按钮，分别为【添加记录】、【保存记录】和【删除记录】按钮。

③ 调整控件的大小和对齐格式。

（8）在主体中添加图像控件。

① 选择“控件”组中的“图像”控件。

② 按住鼠标左键在主体左侧拖曳出需要插入图像的区域，释放鼠标左键后，弹出“插入图片”对话框，选择需要的图片后，单击【打开】按钮。

微课 3-16 在“进货信息管理”窗体中添加图像

③ 在图像的“属性表”对话框中设置图片的缩放模式为“缩放”。

④ 利用“直线”控件为图像添加两条直线，如图 3.161 所示。

（9）设置窗体属性。

① 选中窗体，单击【窗体设计工具】→【设计】→【工具】→【属性表】按钮，打开“属性表”对话框。

② 选择“格式”选项卡，设置窗体的标题为“进货信息管理”，允许“窗体”视图，取消“滚动条”“记录选择器”“导航按钮”“分隔线”“最大最小化按钮”“关闭按钮”，并将“边框样式”设置为“对话框边框”。

（10）保存窗体后，切换到窗体视图，效果如图 3.162 所示。

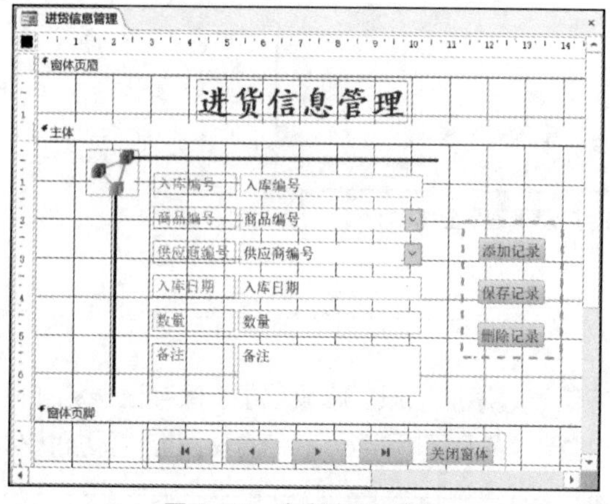

图 3.161 为窗体添加直线

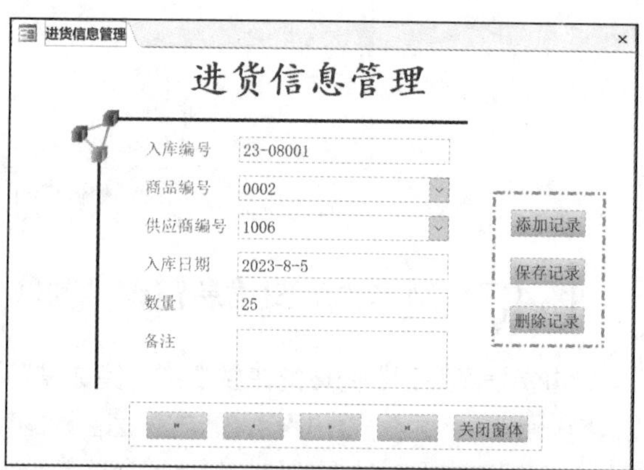

图 3.162 修改后的“进货信息管理”窗体

11.4.8 制作“数据查询”窗体

“数据查询”窗体是系统进行数据检索的工作界面。为方便用户进行数据检索，下面在设计视图中使用选项卡和按钮控件，通过由按钮调用宏命令的方式制作一个包含商品、客户、供应商、库存、进货及订单等页面的“数据查询”窗体，为前面设计好的查询提供用户操作界面。打开查询的宏操作为“QpenQuery”

（1）打开“商贸管理系统”数据库，按表 3.9 设计“数据查询”窗体需要调用的宏。

表 3.9 “数据查询”窗体中的宏

宏　组	宏　名	操　作	参　数
商品、库存和进货查询	按商品名称查询商品	OpenQuery	“按商品名称查询商品信息”查询
	按类别名称查询商品	OpenQuery	“按类别名称查询商品信息”查询
	查看商品毛利率	OpenQuery	“查看各种商品的销售毛利率”查询
	按商品名称查询库存	OpenQuery	“按商品名称查询库存信息”查询
	按商品名称查询进货	OpenQuery	“按商品名称查询进货信息”查询
客户和供应商查询	按公司名称查询客户	OpenQuery	“按公司名称查询客户信息”查询
	按地区查询客户	OpenQuery	“按地区查询客户信息”查询
	各地区客户数	OpenQuery	“统计各地区的客户数”查询
	按公司名称查询供应商	OpenQuery	“按公司名称查询供应商信息”查询
订单查询	查看订单明细	OpenQuery	“查看订单明细信息”查询
	查询销售金额最高的 5 笔订单	OpenQuery	“查询销售金额最高的 5 笔订单”查询
	查询未付款的订单	OpenQuery	“查询未付款的订单信息”查询
	按时间段查询订单	OpenQuery	“按时间段查询订单信息”查询
	按业务员姓名查询订单	OpenQuery	“按业务员姓名查询订单信息”查询
	按客户公司名称查询订单	OpenQuery	“按客户公司名称查询客户订单信息”查询
	查看各部门每季度的销售金额	OpenQuery	“汇总统计各部门每季度的销售金额”查询
	查看各部门各业务员的销售业绩	OpenQuery	“汇总统计各部门各业务员的销售业绩”查询
	查看各部门在各地区的销售业绩	OpenQuery	“统计各部门在各地区的销售业绩”查询

（2）设计有关“商品、库存和进货查询”的宏组。

① 单击【创建】→【宏与代码】→【宏】按钮，打开图 3.163 所示的宏设计器。

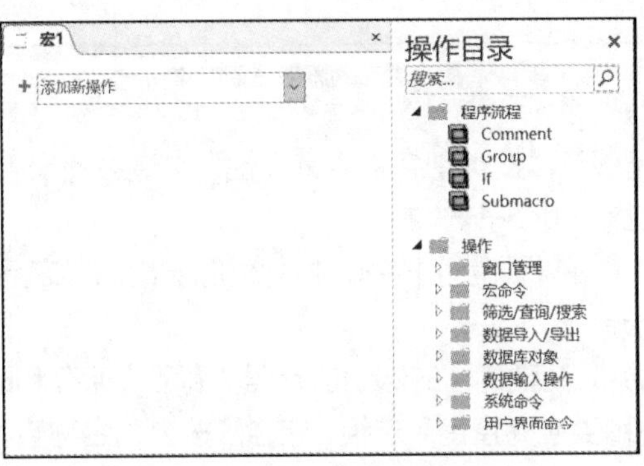

图 3.163　宏设计器

微课 3-17　设计“商品、库存和进货查询”宏组

提示　由于需要在“数据查询”窗体中实现对多种数据的查询，因此需要创建多个相应按钮对应的宏命令。为方便使用和管理宏，这里采用宏组来进行处理。

② 创建“按商品名称查询商品”子宏。

a. 双击“操作目录”窗格中“程序流程”下的“Submacro”，在宏设计器中显示“子宏 1”。

b. 将“子宏 1”的默认名称“Sub1”修改为“按商品名称查询商品”。

c. 按图 3.164 设置子宏“按商品名称查询商品”的参数。

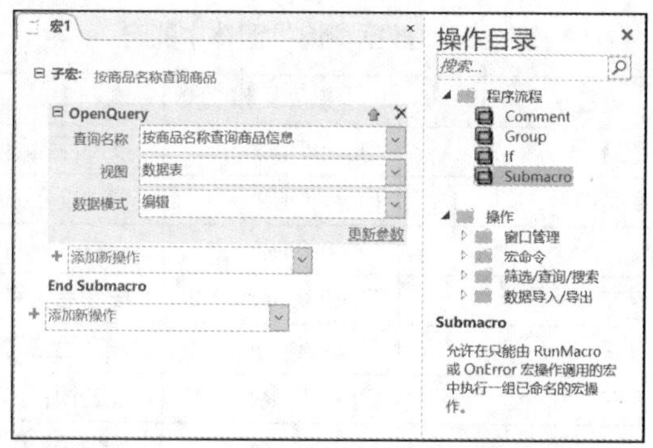

图 3.164　添加子宏“按商品名称查询商品”

提示　为了方便以后阅读和理解宏，创建宏时，可在注释中添加必要的说明文字，以增强宏的可读性，如图 3.165 所示。操作方法是双击“操作目录”窗格中“程序流程”下的“Comment”，在出现的注释文本框中输入注释“打开‘按商品名称查询商品信息’查询”。宏编辑完成后，注释文本以绿色显示。

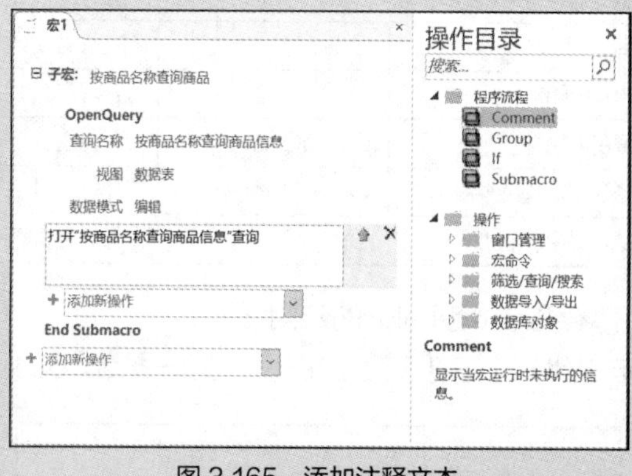

图 3.165　添加注释文本

③ 使用同样的方法分别设计“按类别名称查询商品”、“查看商品毛利率”、“按商品名称查询库存”和“按商品名称查询进货”4 个子宏。

④ 单击快速访问工具栏中的【保存】按钮，将创建的宏组以“商品、库存和进货查询”为名保存，设计结果如图 3.166 所示。

（3）设计有关“客户和供应商查询”的宏组。参照“商品、库存和进货查询”宏组的设计方法，设计图 3.167 所示的“客户和供应商查询”宏组，包含“按公司名称查询客户”、“按地区查询客户”“各地区客户数”和“按公司名称查询供应商”4 个子宏。

（4）设计有关“订单查询”的宏组。参照“商品、库存和进货查询”宏组的设计方法，设计图 3.168 所示的“订单查询”宏组。

（5）设计“数据查询”窗体。

微课 3-18　设计“数据查询”窗体

① 单击【创建】→【窗体】→【窗体设计】按钮，打开窗体设计器。

② 使用选项卡控件在窗体的主体中添加选项卡，默认的选项卡为两页，这里需要插入新的页。

③ 分别将选项卡的页标题修改为“商品、库存和进货查询”、“客户和供应商查询”及“订单查询”，如图 3.169 所示。

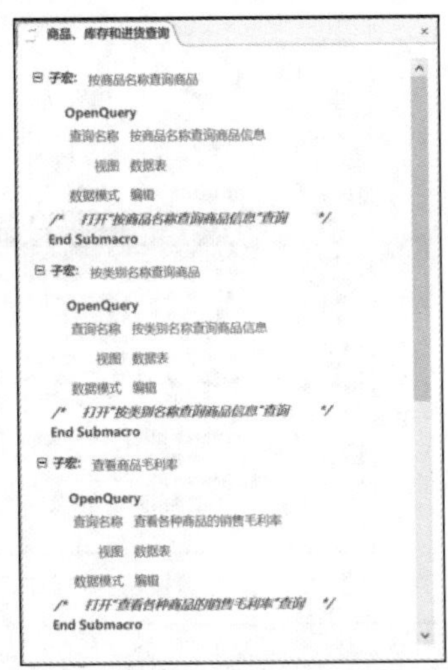

图 3.166 “商品、库存和进货查询”宏组

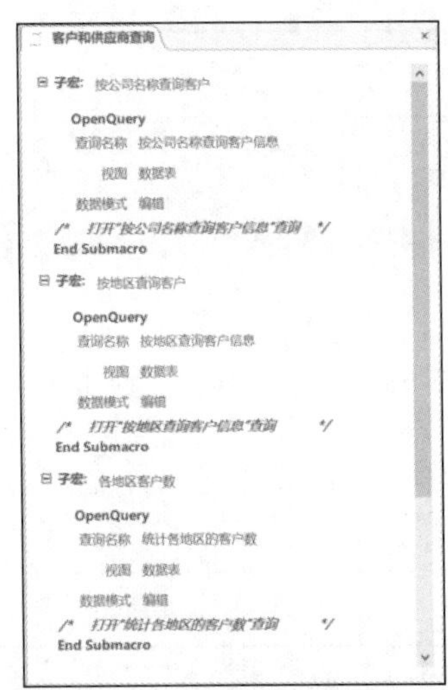

图 3.167 “客户和供应商查询”宏组

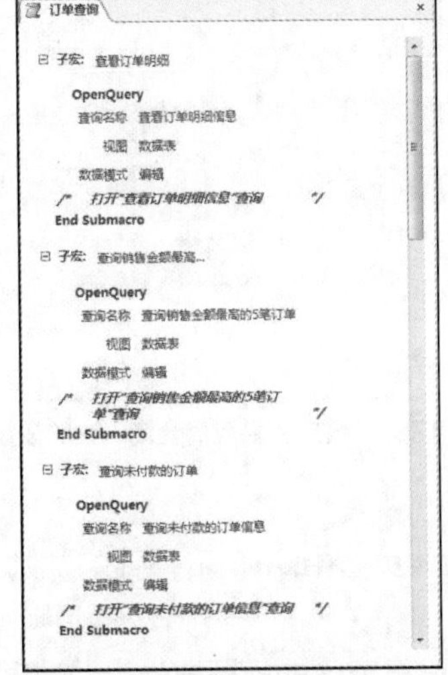

图 3.168 “订单查询”宏组

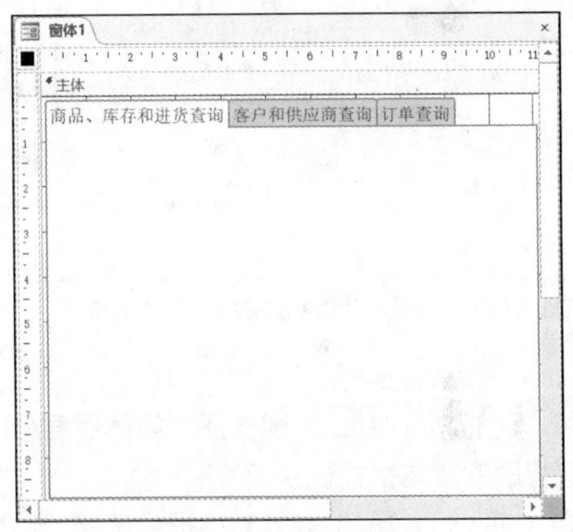

图 3.169 添加选项卡控件

④ 添加按钮并设置按钮的“事件”属性。

a. 使用按钮控件（不使用控件向导）在“商品、库存和进货查询”选项卡中添加按钮，并将按钮标题改为“按商品名称查询商品”，如图 3.170 所示。

b. 用鼠标右键单击按钮，在弹出的快捷菜单中选择【属性】命令，弹出按钮“属性表”对话框。

c. 选择“事件”选项卡，从“单击”属性的下拉列表中选择宏命令“商品、库存和进货查询.按商品名称查询商品”，如图 3.171 所示。将选定的宏命令作为按钮的“单击”事件，当在窗体中单击该按钮时，执行选定的宏命令操作，打开“按商品名称查询商品信息”查询。

d. 使用相同的方法在“商品、库存和进货查询”选项卡中添加图 3.172 所示的其他按钮，并分别使用相应的宏命令设置它们的“单击”事件。

e. 参照“商品、库存和进货查询”选项卡中的设置，在“客户和供应商查询”选项卡中添加图 3.173 所示的按钮，并分别使用相应的宏命令设置它们的“单击”事件。

f. 参照“商品、库存和进货查询”选项卡中的设置，在“订单查询”选项卡中添加图 3.174 所示的按钮，并分别使用相应的宏命令来设置它们的“单击”事件。

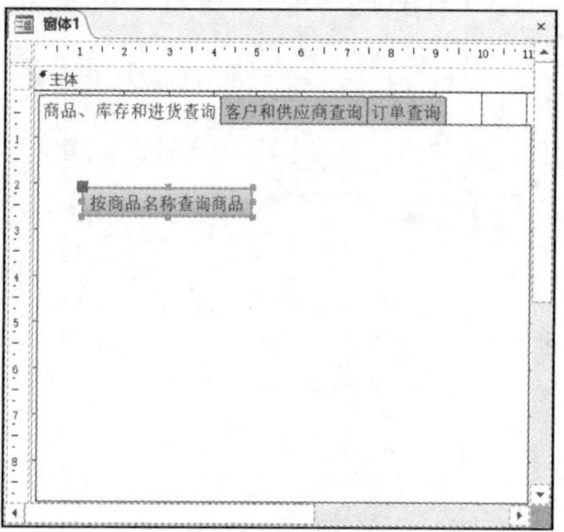

图 3.170 添加按钮

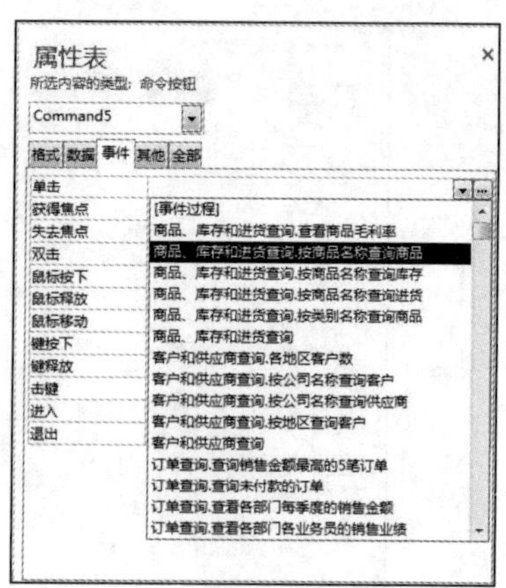

图 3.171 设置按钮的“单击”事件

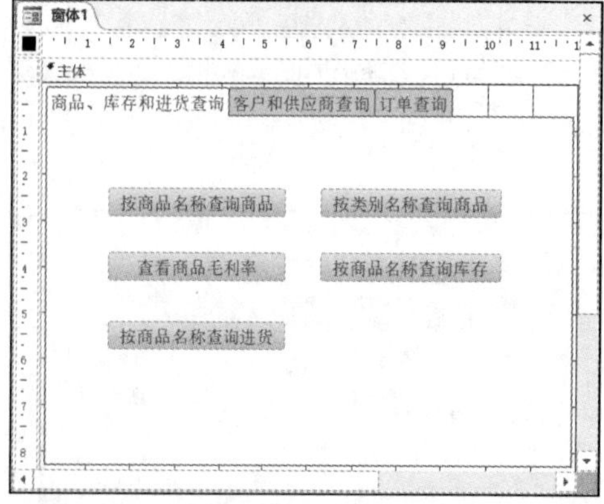

图 3.172 “商品、库存和进货查询”中的按钮

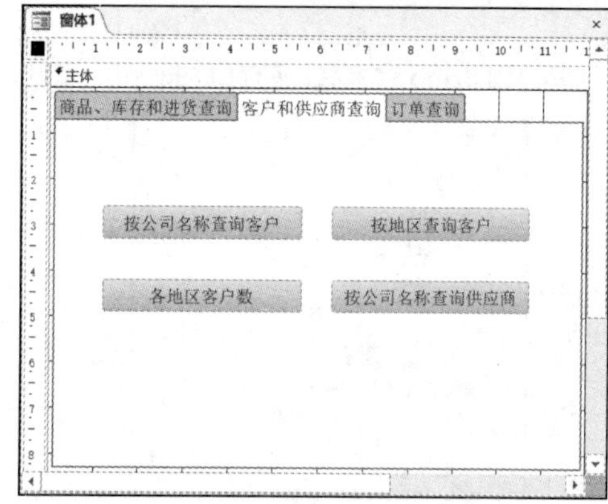

图 3.173 “客户和供应商查询”中的按钮

（6）设置窗体格式。

① 添加窗体标题。为窗体添加窗体页眉/页脚，然后在窗体页眉中添加窗体标题“数据查询”，并设置标题的文本格式。

② 在窗体的“属性表”对话框中选择“格式”选项卡，设置窗体的标题属性为“数据查询”，允许“窗体”视图，取消“滚动条”“记录选择器”“导航按钮”“分隔线”“最大最小化按钮”，并将“边框样式”设置为“对话框边框”。

（7）以“数据查询”为名保存窗体，切换到窗体视图，修改后的窗体效果如图 3.175 所示。

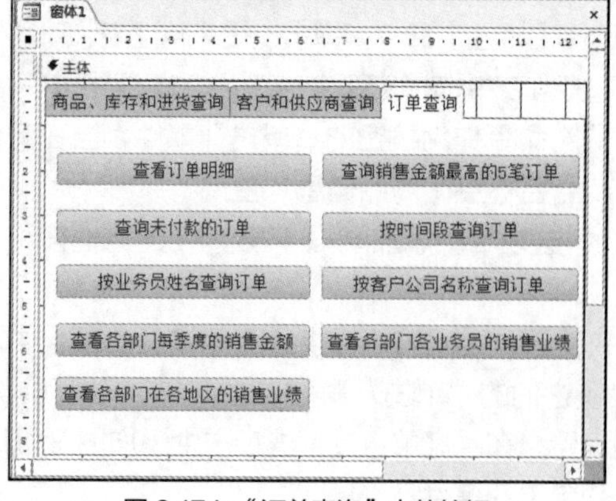

图 3.174 “订单查询”中的按钮

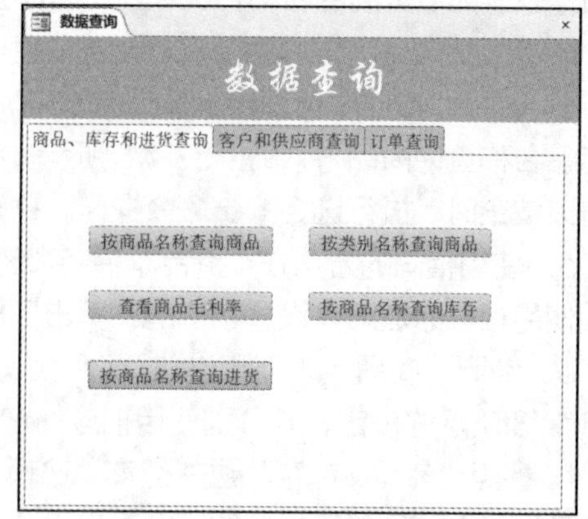

图 3.175 “数据查询”窗体

11.4.9 制作“报表输出”窗体

“报表输出”窗体是系统进行报表预览和输出的工作界面。为方便用户预览和输出报表，下面在设计视图中将使用选项组和按钮控件，通过由按钮调用宏命令的方式制作一个具有商品、客户、供应商、库存及订单等各类报表预览和输出功能的窗体，为前面设计好的报表提供用户操作界面。

（1）打开“商贸管理系统”数据库。

（2）单击【创建】→【窗体】→【窗体设计】按钮，打开窗体设计器。

（3）选择控件组中的“选项组”控件（不使用控件向导），在窗体的主体部分添加 3 个“选项组”控件，并分别将默认的选项组标签名称修改为“商品”“客户和供应商”“订单”，如图 3.176 所示。

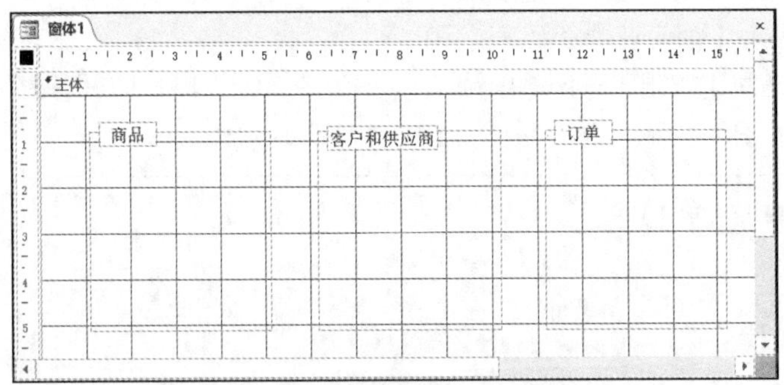

图 3.176 添加“选项组”控件

（4）在“商品”选项组中添加报表输出预览按钮。

① 选择控件组中的“使用控件向导”和“按钮”控件，在“商品”选项组中添加按钮控件，弹出“命令按钮向导”对话框。

② 设置按下按钮时产生的操作类别为“报表操作”，再选择“预览报表”操作，如图 3.177 所示。

③ 单击【下一步】按钮，进入“命令按钮向导”第 2 步对话框，如图 3.178 所示，可以看到“请确定命令按钮将预览的报表”列表。这里从列表中选择做好的报表“商品标签”。

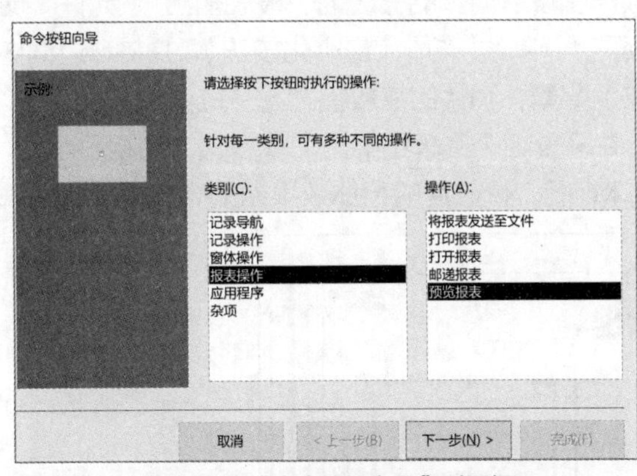

图 3.177 “命令按钮向导”对话框

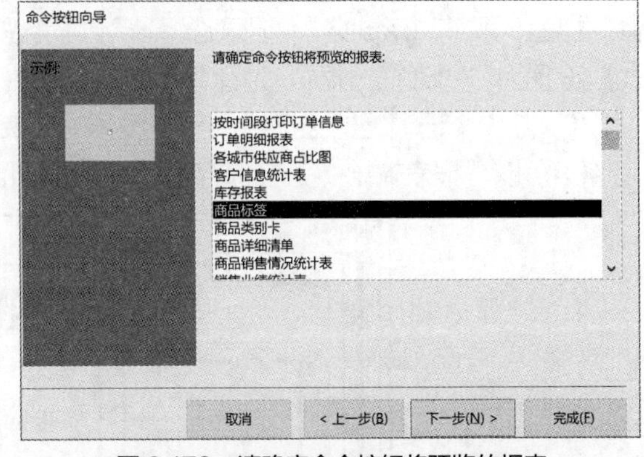

图 3.178 请确定命令按钮将预览的报表

④ 单击【下一步】按钮，进入“命令按钮向导”第 3 步对话框，如图 3.179 所示，然后确定在按钮上是显示文本还是显示图片。这里选择“文本”，文本内容为“商品标签”。

⑤ 单击【下一步】按钮，进入“命令按钮向导”第 4 步对话框，然后指定按钮名称。这里采用默认的按钮名称。

⑥ 单击【完成】按钮，完成输出预览【商品标签】按钮的添加。

⑦ 用同样的方法在“商品”选项组中添加【商品类别卡】、【库存报表】、【商品详细清单】和【商品销售情况统计表】按钮，以便输出预览相应的报表。

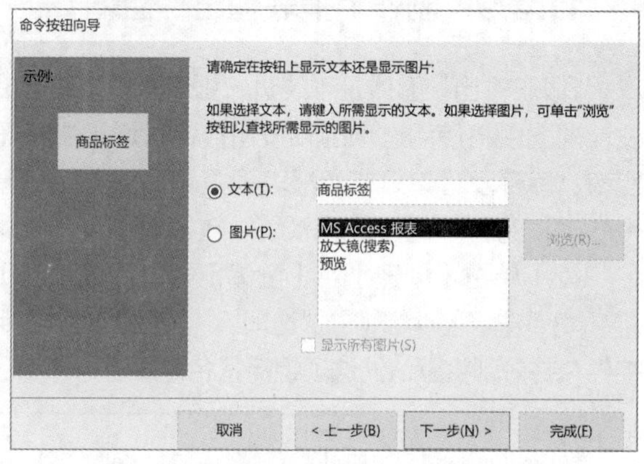

图 3.179　确定在按钮上显示文本还是显示图片

（5）参照在“商品”选项组中添加报表输出预览按钮的操作，在【客户和供应商】选项组中添加【客户信息统计表】和【各城市供应商占比图】按钮，以便输出预览相应的报表。

（6）使用相同的方法在“订单”选项组中添加【订单明细报表】、【销售业绩统计表】和【按时间段输出订单信息】按钮，以便输出预览相应的报表，如图 3.180 所示。

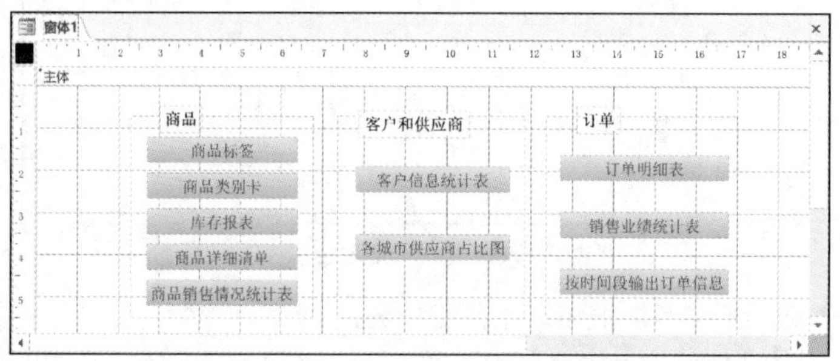

图 3.180　添加输出预览报表的按钮控件

（7）美化和修饰窗体。

① 添加窗体标题。为窗体添加窗体页眉/页脚，然后在窗体页眉中添加窗体标题“报表输出”，并适当设置标题的文本格式。

② 在“窗体”属性对话框中选择“格式”选项卡，设置窗体的标题为“报表输出”，允许“窗体”视图，取消“滚动条”“记录选择器”“导航按钮”“分隔线”“最大最小化按钮”，并将“边框样式”设置为“对话框边框”，为窗体添加一幅图片作为背景，图片的缩放模式为“拉伸”。

③ 将 3 个选项组的边框线条宽度设置为 3pt，并设置 3 个选项组的附加标签文本加粗显示。

（8）以“报表输出”为名保存窗体，切换到窗体视图，修改后的窗体效果如图 3.181 所示。

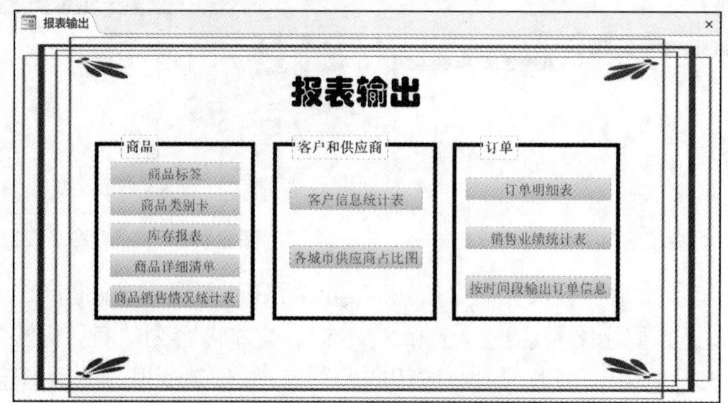

图 3.181 “报表输出”窗体

11.4.10 制作“系统主界面”窗体

至此，完成了“商贸管理系统”数据库中的表、查询、窗体和报表等所有对象的设计，接下来需要制作一个“系统主界面”窗体，将数据库对象有机结合在一起，形成最终的数据库应用系统。为此，用户可利用 Access 提供的“切换面板管理器”工具，方便地将各项已经完成的功能集成为一个完整的应用系统。

“系统主界面”窗体包括的面板如表 3.10 所示。

表 3.10 “系统主界面”窗体包括的面板

系　统	主控面板	子控面板
商贸管理系统	基本信息管理	商品信息管理
		客户信息管理
		订单信息管理
		供应商信息管理
		类别信息管理
		库存信息管理
		进货信息管理
		返回主界面
	数据查询	数据查询
		返回主界面
	报表输出	报表输出
		返回主界面
	退出系统	退出应用程序

提示 切换面板是一种特殊的窗体，它的用途主要是打开数据库中的其余窗体和报表。使用切换面板可以将一组窗体和报表组织在一起，形成一个统一的用户界面，而不需要一次又一次地打开和切换相关的窗口及报表。

创建切换面板时，应用系统的每级控制面板都对应一个窗体形式的切换面板页，每个切换面板页提供相应的切换项目。集成一个应用系统时，用户需要将所有的切换面板页及切换项目都定义和设置好。

在 Access 2019 中，“切换面板管理器”工具默认状态下没有出现在功能区中，需要用户自己将其添加到功能区中。

（1）添加“切换面板管理器”工具。

① 单击【文件】→【选项】命令，打开“Access 选项”对话框，在左侧的窗格中选择【自定义功能区】选项，如图 3.182 所示，在右侧的窗格中显示自定义功能区的相关内容。

微课 3-19 添加“切换面板管理器”工具

② 在右侧窗格中单击【新建选项卡】按钮，在“主选项卡”列表中添加“新建选项卡”和“新建组”，如图 3.183 所示。

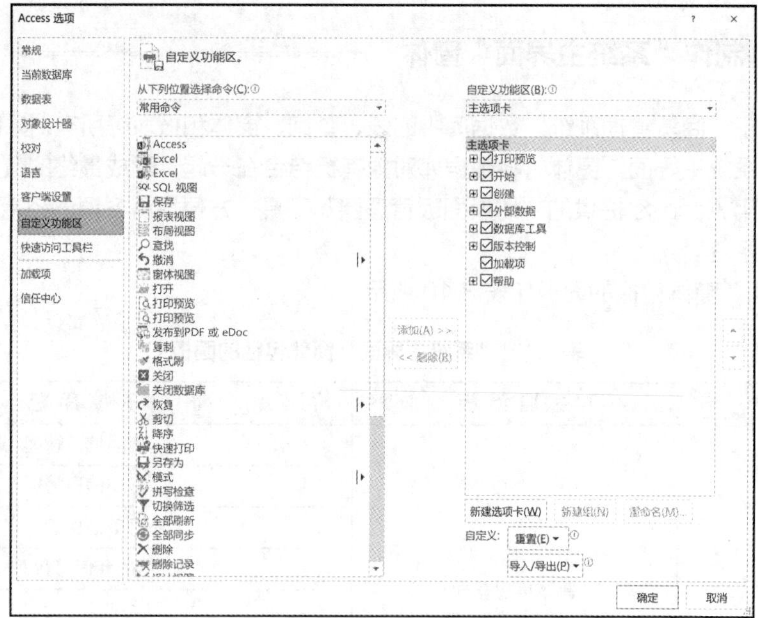

图 3.182　自定义功能区

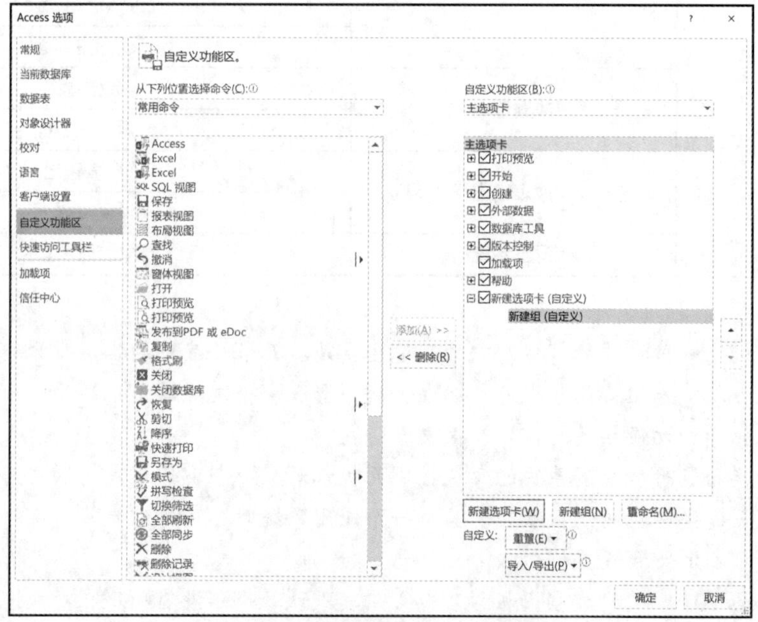

图 3.183　“新建选项卡”和“新建组”

③ 选中“新建选项卡”，单击【重命名】按钮，在打开的“重命名”对话框中，将“新建选项卡”的名称修改为“切换面板”，如图 3.184 所示，单击【确定】按钮。

④ 选中“新建组”，单击【重命名】按钮，在打开的“重命名”对话框中，将“新建组”的名称修改为“工具”，再选择一个合适的符号，如图 3.185 所示，单击【确定】按钮。

⑤ 在右侧窗格的“从下列位置选择命令”下拉列表中选择“所有命令”，从列表中选中“切换面板管理器”，如图 3.186 所示。然后单击【添加】按钮，将“切换面板管理器”工具添加到“切换面板”选项卡的“工具”组中。

重命名 ? ×
显示名称: 切换面板
确定 取消

图 3.184　重命名“新建选项卡”

图 3.185　重命名“新建组”

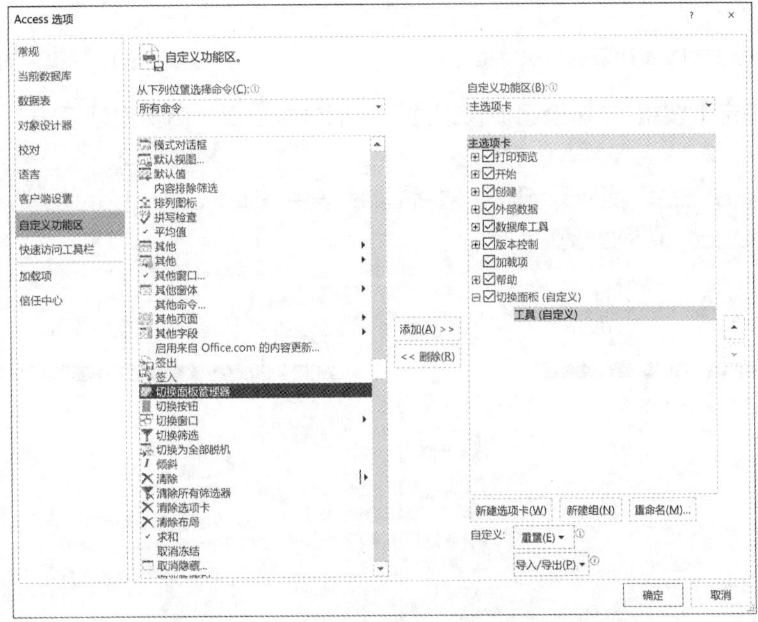

图 3.186　将“切换面板管理器”添加到“工具”组

⑥ 单击【确定】按钮，关闭“Access 选项”对话框，此时可在功能区显示“切换面板”选项卡，单击该选项卡，在“工具”组中显示“切换面板管理器”工具，如图 3.187 所示。

微课 3-20　创建“商贸管理系统”切换面板页

（2）创建切换面板页。

① 单击【切换面板】→【工具】→【切换面板管理器】按钮，出现图 3.188 所示的提示框。

图 3.187　添加“切换面板”的功能区

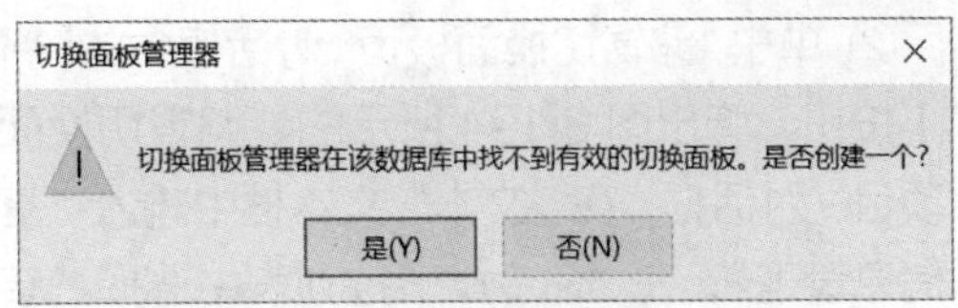

图 3.188　“切换面板管理器”提示框

② 单击【是】按钮，弹出图 3.189 所示的“切换面板管理器”对话框。

③ 单击【新建】按钮，弹出图 3.190 所示的“新建”对话框，在“切换面板页名”文本框中输入“商贸管理系统”。

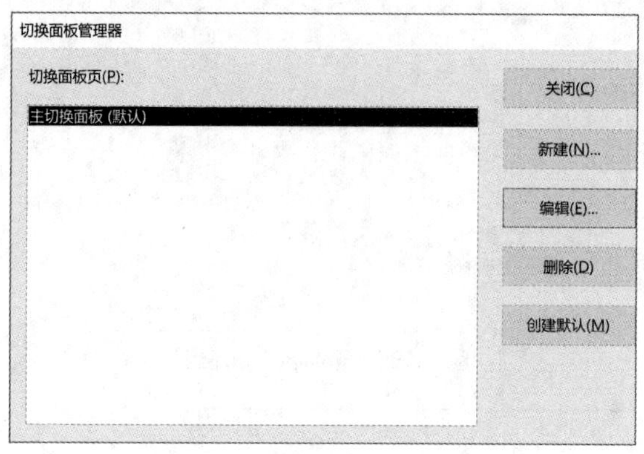

图 3.189 “切换面板管理器”对话框

图 3.190 “新建”对话框

④ 单击【确定】按钮，“切换面板管理器”对话框中出现“商贸管理系统”切换面板页，如图 3.191 所示。

⑤ 用同样的方式在“切换面板管理器”对话框的列表中添加图 3.192 所示的“基本信息管理”、“数据查询”和“报表输出”切换面板页。

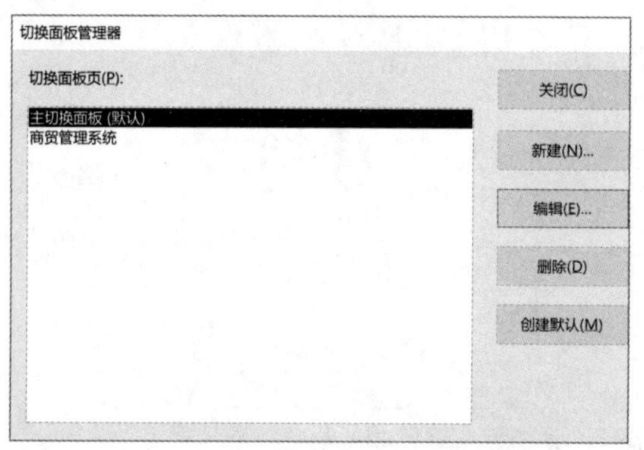

图 3.191 添加“商贸管理系统”切换面板页

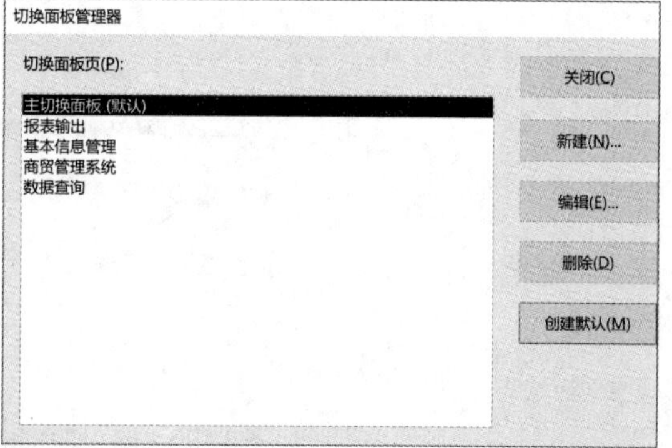

图 3.192 添加其余切换面板页

⑥ 在“切换面板管理器”对话框中选择“商贸管理系统”，单击【创建默认】按钮，将“商贸管理系统”设置为默认的切换面板页。再选择“主切换面板”，单击【删除】按钮，将其从列表中删除。

（3）编辑“商贸管理系统”切换面板页。

① 在“切换面板管理器”对话框中选择“商贸管理系统”，单击“编辑”按钮，弹出图 3.193 所示的“编辑切换面板页”对话框。

② 单击“编辑切换面板页”对话框中的【新建】按钮，弹出图 3.194 所示的“编辑切换面板项目”对话框。在“文本”文本框中输入“基本信息管理”，在“命令”下拉列表中选择“转至‘切换面板’”，在“切换面板”下拉列表中选择“基本信息管理”。

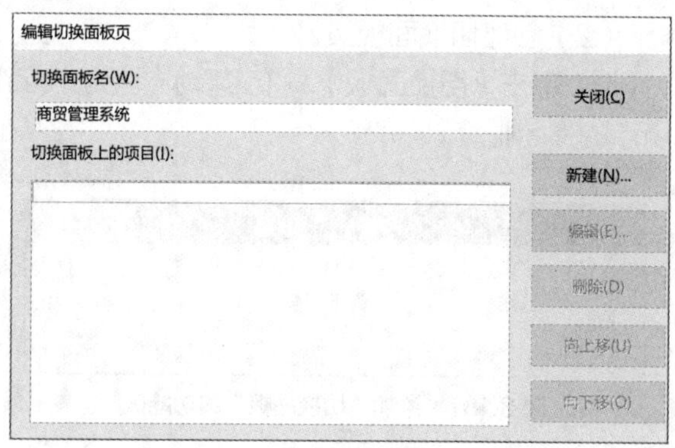

图 3.193 “编辑切换面板页”对话框

③ 单击【确定】按钮，完成“商贸管理系统”切换面板页中“基本信息管理”切换面板项目的创建，如图 3.195 所示。

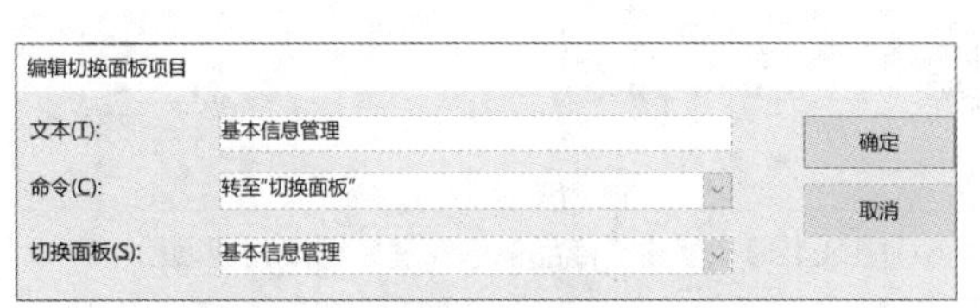

图 3.194 “编辑切换面板项目”对话框

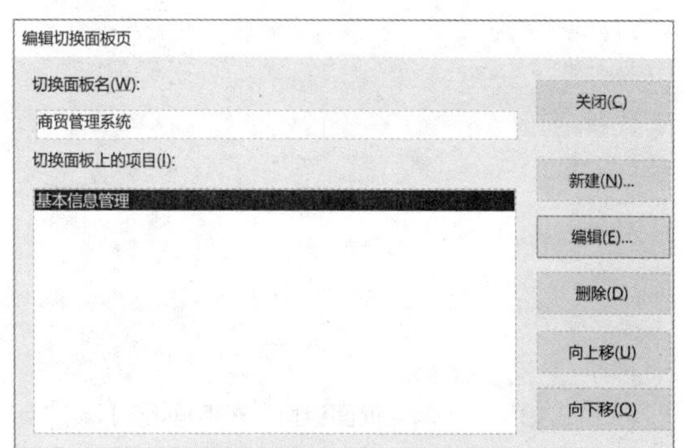

图 3.195 添加“基本信息管理”切换面板项目到切换面板页中

④ 使用同样的方法在“商贸管理系统”切换面板页中添加“数据查询”和“报表输出”项目。

⑤ 添加“退出系统”切换面板项目。在“编辑切换面板页”对话框中单击【新建】按钮，弹出“编辑切换面板项目”对话框。在“文本”文本框中输入“退出系统”，在“命令”下拉列表中选择“退出应用程序”，如图 3.196 所示，单击【确定】按钮，“编辑切换面板页”对话框如图 3.197 所示。

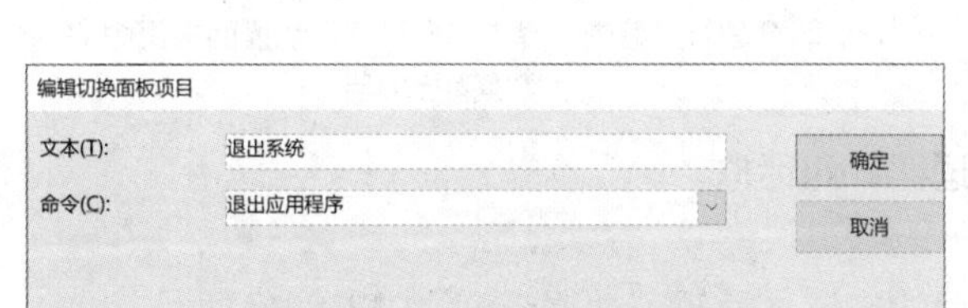

图 3.196 编辑“退出系统”项目

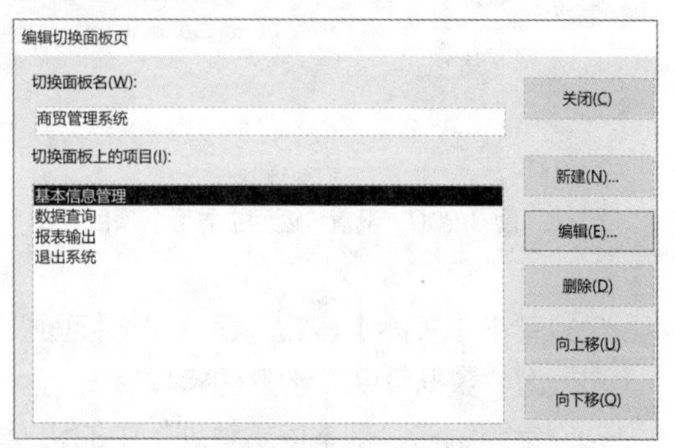

图 3.197 “编辑切换面板页”对话框（1）

⑥ 单击【关闭】按钮，返回“切换面板管理器”对话框。

（4）为每个切换面板页创建切换项目。

① 为“基本信息管理”创建切换项目。

a. 在“切换面板管理器”对话框中选择“基本信息管理”切换面板页，单击【编辑】按钮，弹出图 3.198 所示的“编辑切换面板页”对话框。

b. 在“编辑切换面板页”对话框中单击【新建】按钮，弹出“编辑切换面板项目”对话框。在“文本”文本框中输入“商品信息管理”，在“命令”下拉列表中选择“在‘编辑’模式下打开窗体”，在“窗体”下拉列表中选择“商品信息管理”，如图 3.199 所示。

c. 单击【确定】按钮，完成“商品信息管理”切换面板项目的创建，返回“编辑切换面板页”对话框。

d. 使用同样的方法在“基本信息管理”切换面板页中创建“客户信息管理”、“供应商信息管理”、“订单信息管理”、“类别信息管理”、“库存信息管理”和“进货信息管理”切换面板项目。

e. 创建一个名为“返回主界面”的切换面板项目。在“编辑切换面板页”对话框中单击【新建】按钮，弹出“编辑切换面板项目”对话框。在“文本”文本框中输入“返回主界面”，在“命令”下拉列表中选择“转至‘切换面板’”，在“切换面板”下拉列表中选择“商贸管理系统”，如图 3.200 所示。

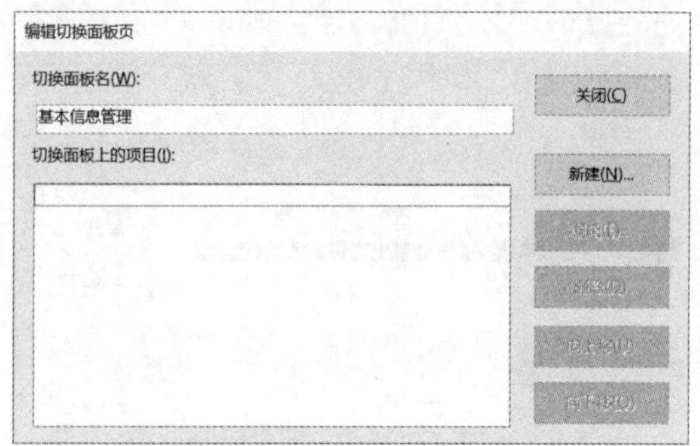

图 3.198 “编辑切换面板页”对话框（2）

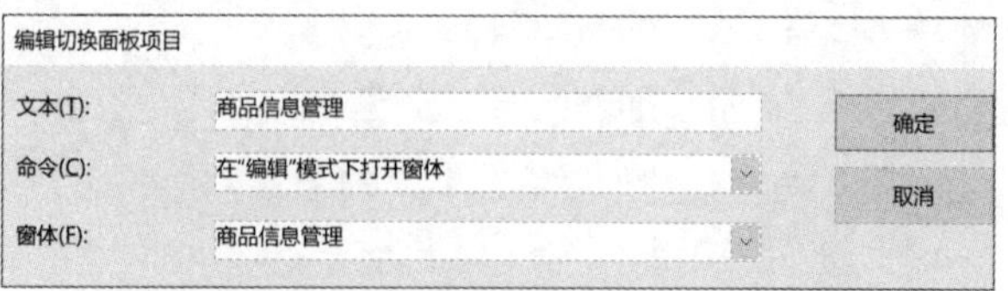

图 3.199 创建“商品信息管理”切换面板项目

f. 单击【确定】按钮，返回“编辑切换面板页”对话框，如图 3.201 所示。

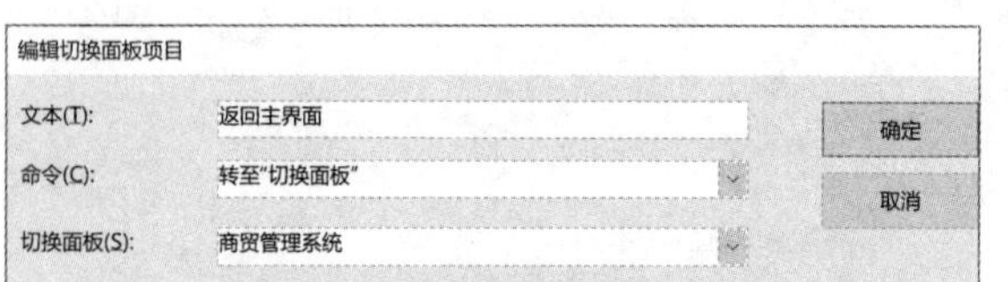

图 3.200 设置“返回主界面”项目

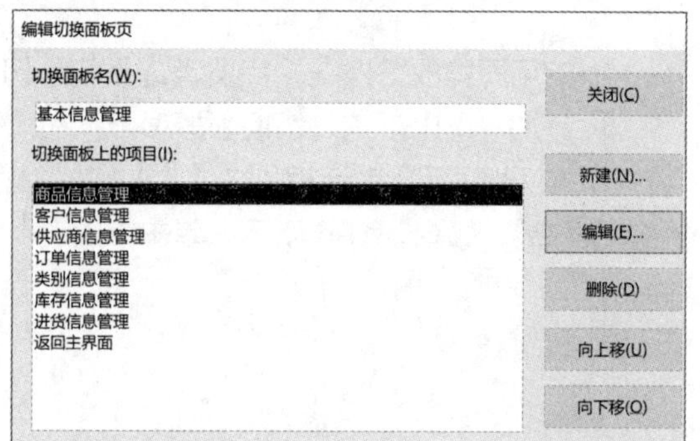

图 3.201 编辑“基本信息管理”切换面板页中的切换面板项目

g. 单击【关闭】按钮，返回“切换面板管理器”对话框。

② 为“数据查询”创建切换项目。

a. 参照编辑“基本信息管理”中的切换项目的方法，编辑“数据查询”中的切换项目。

b. 创建一个名为“返回主界面”的切换面板项目，切换面板为“商贸管理系统”，如图 3.202 所示。

c. 单击【关闭】按钮，返回“切换面板管理器”对话框。

③ 为“报表输出”创建切换项目。

a. 参照编辑“基本信息管理”中的切换项目的方法编辑“报表输出”中的切换项目。

b. 创建一个名为“返回主界面”的切换面板项目，切换面板为“商贸管理系统”，如图 3.203 所示。

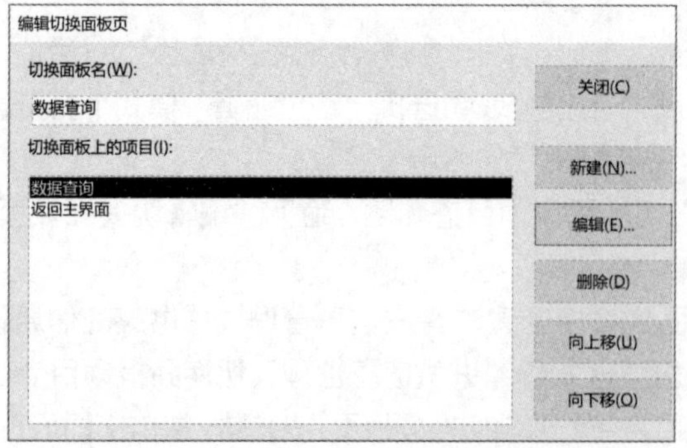

图 3.202 编辑“数据查询”切换面板页中的项目

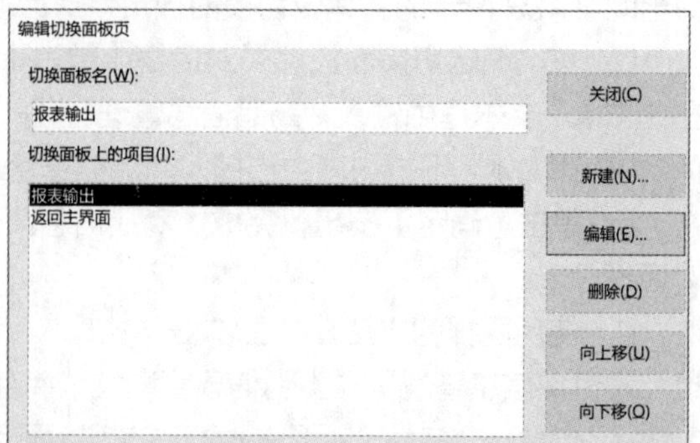

图 3.203 编辑“报表输出”切换面板页中的项目

c. 单击【关闭】按钮，返回“切换面板管理器”对话框。

（5）切换面板创建完成的同时，系统自动生成一个“Switchboard Items”表和一个“切换面板”新窗体，分别如图 3.204 和图 3.205 所示。

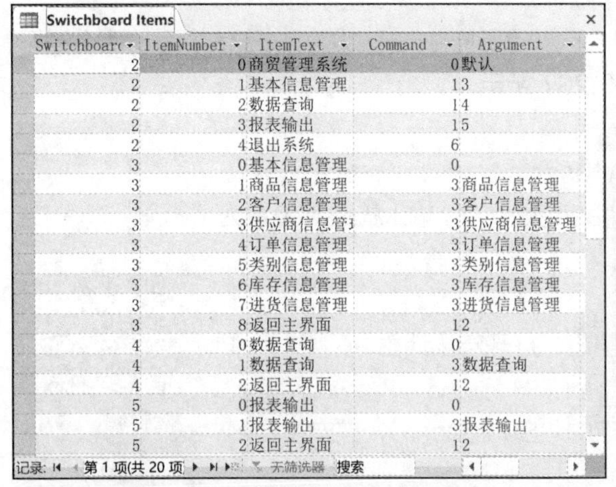
Switchboard Items

SwitchboardID	ItemNumber	ItemText	Command	Argument
2	0	商贸管理系统	0	默认
2	1	基本信息管理	1	3
2	2	数据查询	1	4
2	3	报表输出	1	5
2	4	退出系统	6	
3	0	基本信息管理	0	
3	1	商品信息管理	3	商品信息管理
3	2	客户信息管理	3	客户信息管理
3	3	供应商信息管	3	供应商信息管理
3	4	订单信息管理	3	订单信息管理
3	5	类别信息管理	3	类别信息管理
3	6	库存信息管理	3	库存信息管理
3	7	进货信息管理	3	进货信息管理
3	8	返回主界面	1	2
4	0	数据查询	0	
4	1	数据查询	3	数据查询
4	2	返回主界面	1	2
5	0	报表输出	0	
5	1	报表输出	3	报表输出
5	2	返回主界面	1	2

记录: 第 1 项(共 20 项) 无筛选器 搜索

图 3.204 “Switchboard Items”表

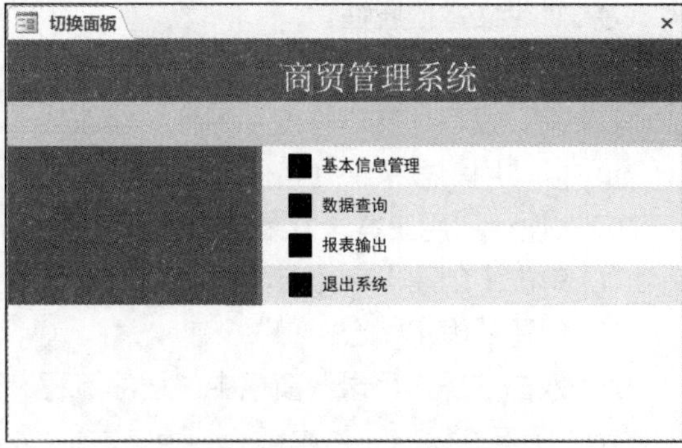

图 3.205 切换面板设计结果

（6）修饰切换面板。切换面板建成后，可根据需要切换到设计视图下对其适当美化和修饰，如添加图片、修饰切换面板的字体等，如图 3.206 所示。

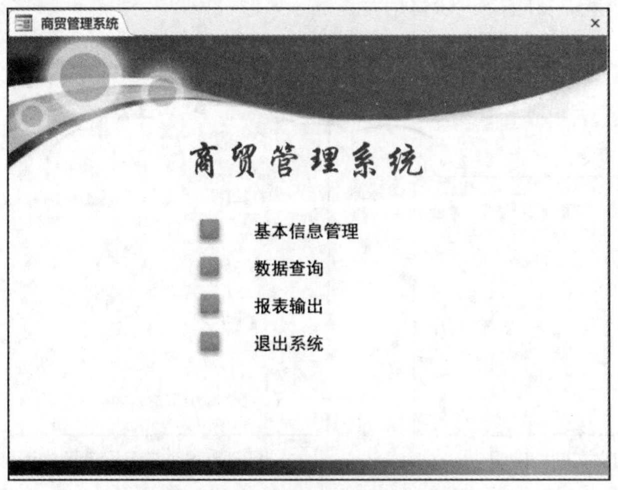

图 3.206 “商贸管理系统”窗体

（7）为了调用方便，将“商贸管理系统”窗体更名为“系统主界面”。

11.4.11 制作“用户登录”窗体

在数据库的管理过程中，用户可通过“用户登录”窗体来保证数据库的安全，拒绝非法用户操作。只有输入正确的用户名和密码，才可进入“系统主界面”。下面使用条件操作宏来控制用户的权限。在“用户登录”窗体中输入用户名和密码后，单击【确定】按钮，若用户名和密码均正确，则打开“系统主界面”窗体，否则，提示用户名或密码不正确；单击【取消】按钮，退出系统。

（1）打开“商贸管理系统”数据库。

（2）设计“用户登录”窗体。

① 单击【创建】→【窗体】→【窗体设计】按钮，打开窗体设计器。

② 创建“用户名”和“密码”文本框。使用文本框控件在窗体中添加两个文本框，并分别将文本框的标签修改为“用户名”和“密码”。

③ 创建【确定】和【取消】按钮。使用按钮（不用使用控件向导）控件在窗体中添加两个按钮，并将按钮标题修改为“确定”和“取消”，如图 3.207 所示。

④ 修改文本框属性。

a. 将“用户名”文本框的“名称”修改为“user”。

b. 将“密码”文本框的“名称”修改为“password”，“输入掩码”设置为“密码”。

⑤ 以“用户登录”为名保存窗体。

（3）设计“用户登录”条件操作宏。

微课 3-21 设计“用户登录”条件操作宏

① 单击【创建】→【宏与代码】→【宏】按钮，打开宏设计器。

② 创建“确定”宏。

a. 双击“操作目录”窗格中“程序流程”下的“Submacro”，在宏设计器中显示“子宏 1”。

b. 在“子宏 1”的名称文本框中输入“确定”。

c. 双击“操作目录”窗格中“程序流程”下的“If”，在宏设计器中添加一个“If”文本框，按同样的操作，在“确定”子宏中再添加两个“If”。最终在宏设计器中添加 3 个并列的“If”文本框，准备构造 3 个条件操作宏，如图 3.208 所示。

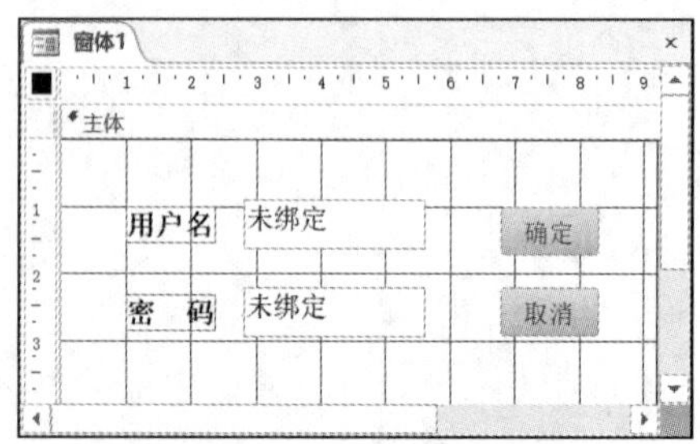

图 3.207 添加文本框和按钮

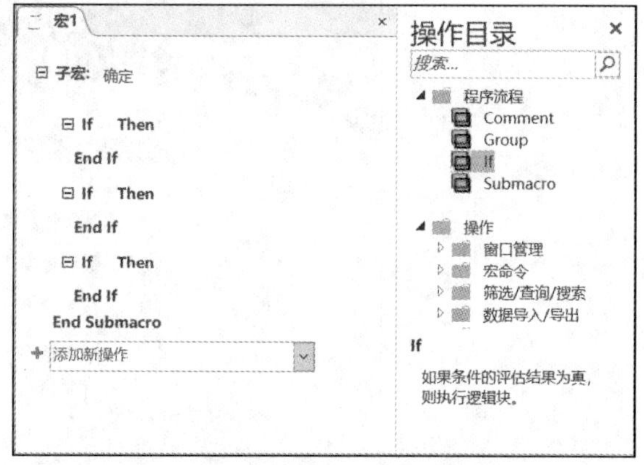

图 3.208 在宏设计器中添加 3 个条件操作宏

d. 编辑第 1 个条件操作宏。在第 1 个“If”文本框中输入条件“[Forms]![用户登录]![user]="keyuan" And [Forms]![用户登录]![password]="smglxt"”。

提示 宏的“条件”是逻辑表达式，返回值只能是“真”（True）或“假”（False），运行时将根据条件返回值是“真”或“假”决定是否执行或如何执行宏操作。用户在输入条件表达式时，可能要引用窗体或报表上的控件值，其语法格式为[Forms]![窗体名]![控件名]或者[Reports]![报表名]![控件名]。

e. 在“If”文本框下方的“添加新操作”下拉列表中选择第 1 个条件的宏操作“OpenForm”，并在下方的操作参数区中的“窗体名称”下拉列表中选择窗体“系统主界面”，如图 3.209 所示。

```
⊟ If  [Forms]![用户登录]![user]="keyuan" And [Forms]![用户登录]![password]="smglxt"  Then
    OpenForm
      窗体名称  系统主界面
          视图  窗体
      筛选名称
        当条件
      数据模式
      窗口模式  普通
End If
```

图 3.209　设置第 1 个 If 条件操作宏参数

f. 编辑第 2 个条件操作宏。在第 2 个“If”文本框中输入条件“[Forms]![用户登录]![user]<>"keyuan" Or [Forms]![用户登录]![password]<>"smglxt"”。

g. 添加第 2 个条件的宏操作“MessageBox”，并在下方的操作参数区中的“消息”文本框中输入“用户名或密码不正确，请重新输入！”，在“发嘟嘟声”下拉列表中选择“是”，在“类型”下拉列表中选择“警告!”，在“标题”文本框中输入“出错提示”，如图 3.210 所示。

```
⊟ If  [Forms]![用户登录]![user]<>"keyuan" Or [Forms]![用户登录]![password]<>"smglxt"  Then
    MessageBox
          消息  用户名或密码不正确，请重新输入！
      发嘟嘟声  是
          类型  警告!
          标题  出错提示
End If
```

图 3.210　设置第 2 个 If 条件操作宏参数

h. 编辑第 3 个条件宏。在第 3 个“If”文本框中输入条件“[Forms]![用户登录]![user]="keyuan" And [Forms]![用户登录]![password]="smglxt"”。

i. 添加第 3 个条件的宏操作“CloseWindow”，并在下方的操作参数区中的“对象类型”下拉列表中选择“窗体”，在“对象名称”下拉列表中选择“用户登录”，如图 3.211 所示。

```
⊟ If  [Forms]![用户登录]![user]="keyuan" And [Forms]![用户登录]![password]="smglxt"  Then
    CloseWindow
      对象类型  窗体
      对象名称  用户登录
          保存  提示
End If
```

图 3.211　设置第 3 个 If 条件操作宏参数

提示　这里，第一个条件[Forms]![用户登录]![user]="keyuan" And [Forms]![用户登录]![password]="smglxt"的作用是，当用户名为“keyuan”且密码为“smglxt”时，打开“系统主界面”窗体。

第二个条件[Forms]![用户登录]![user]<>"keyuan" Or [Forms]![用户登录]![password]<>"smglxt"的作用是，当用户名不为“keyuan”或密码不为“smglxt”时，弹出出错提示“用户名或密码不正确，请重新输入！”。

第三个条件[Forms]![用户登录]![user]="keyuan" And [Forms]![用户登录]![password]="smglxt"的作用是，当用户名为“keyuan”且密码为“smglxt”时，先打开“系统主界面”窗体，然后关闭“用户登录”窗体。

③ 创建“取消”宏。

a. 双击“操作目录”窗格中“程序流程”下的“Submacro”，在宏设计器中显示“子宏 2”。

b. 在“子宏 2”的名称文本框中输入“取消”。

c. 在“添加新操作”下拉列表中选择宏操作“CloseDatabase”。

④ 以“用户登录”为名保存宏组，然后关闭宏设计器。

（4）在“用户登录”窗体中运用条件操作宏。

① 在“用户登录”窗体中用鼠标右键单击【确定】按钮，从弹出的快捷菜单中选择【属性】命令，弹出按钮的“属性表”对话框。

② 选择“事件”选项卡，在“单击”下拉列表中选择宏命令“用户登录.确定”。

③ 设置【取消】按钮的“单击”事件为“用户登录.取消”条件宏。

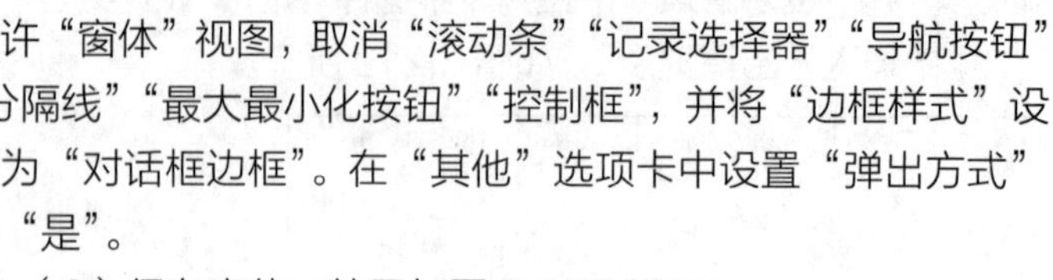

（5）设置“用户登录”窗体属性。在窗体的“属性表”对话框中选择“格式”选项卡，设置窗体的标题为“用户登录”，允许“窗体”视图，取消“滚动条”“记录选择器”“导航按钮”“分隔线”“最大最小化按钮”“控制框”，并将“边框样式”设置为“对话框边框”。在“其他”选项卡中设置“弹出方式”为“是”。

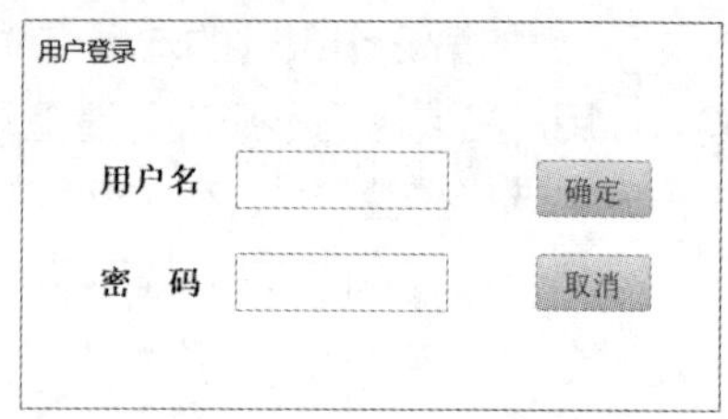

图 3.212 “用户登录”窗体

（6）保存窗体，效果如图 3.212 所示。

11.4.12 制作“启动窗体”窗体

数据库应用系统的各功能模块设计完成后，为给用户提供美观、大方、友好的用户界面，下面为系统设计一个简单的启动界面。

（1）单击【创建】→【窗体】→【窗体设计】按钮，打开窗体设计器。

（2）设计“启动窗体”窗体。

① 选择“控件”组中的“标签”控件，在窗体的主体中添加图 3.213 所示的两个标签，并适当设置标签格式。

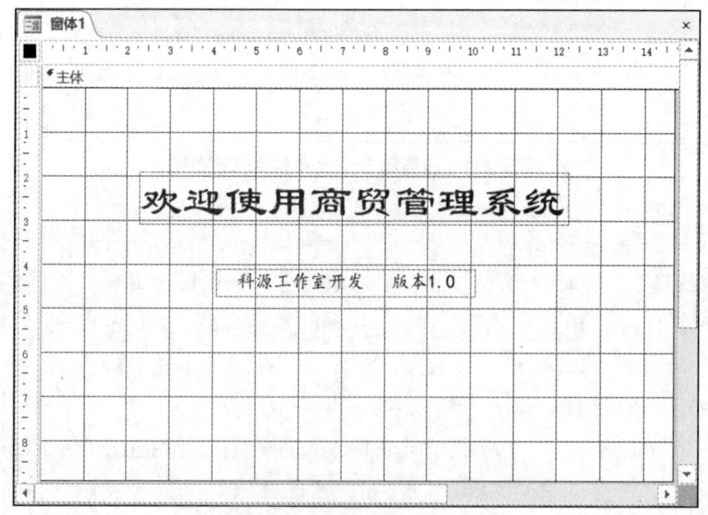

图 3.213 系统启动窗体文字

② 在窗体下方添加两个按钮，分别为“登录”和“退出”按钮（不使用控件向导）。

③ 分别将【登录】和【退出】按钮的名称修改为“login”和“quit”。

④ 以“启动窗体”为名保存窗体。

（3）设计“启动窗体”的代码。

① 设计【登录】按钮的程序代码，要求单击【登录】按钮时，能打开“用户登录”窗体，同时关闭“启动窗体”。

微课 3-22 设计“启动窗体”的代码

a. 用鼠标右键单击【登录】按钮，在弹出的快捷菜单中选择【属性】命令，打开按钮的“属性表”对话框。

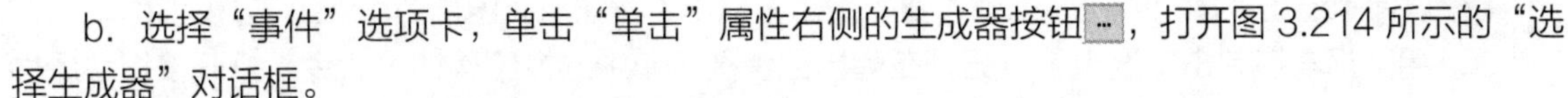
b. 选择“事件”选项卡，单击“单击”属性右侧的生成器按钮 ··· ，打开图 3.214 所示的“选择生成器”对话框。

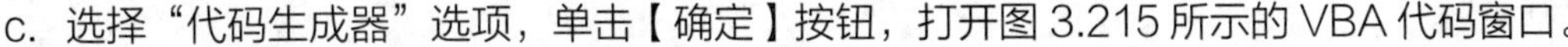
c. 选择“代码生成器”选项，单击【确定】按钮，打开图 3.215 所示的 VBA 代码窗口。

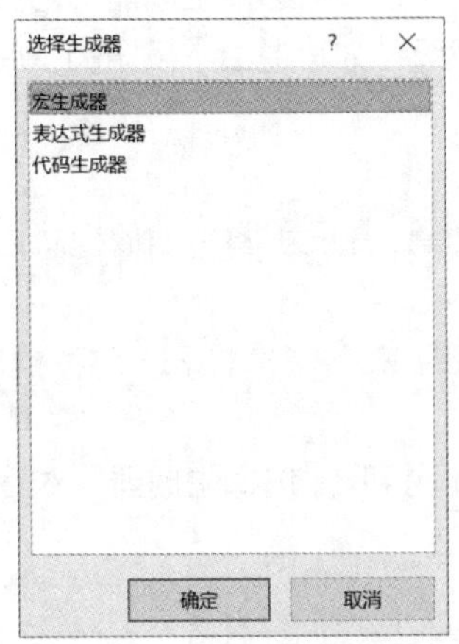

图 3.214 “选择生成器”对话框

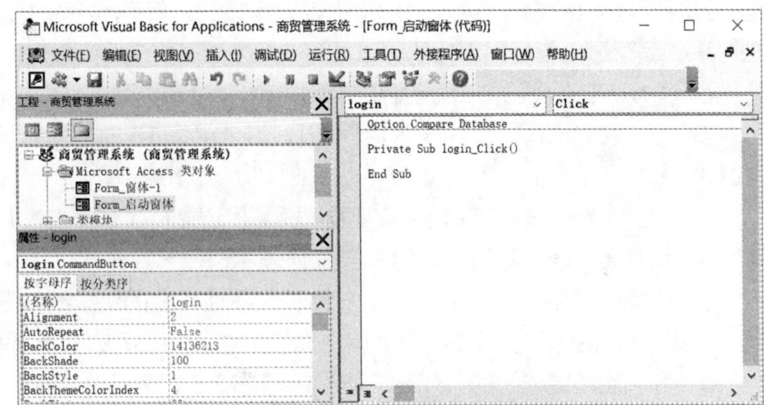

图 3.215 VBA 代码窗口

d. 为【登录】按钮的“单击”事件编写图 3.216 所示的代码。

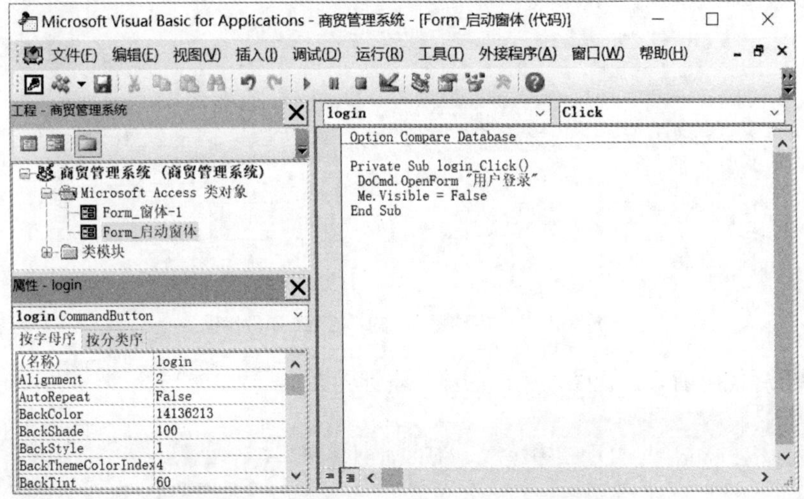

图 3.216 【登录】按钮的“单击”事件代码

e. 关闭 VBA 代码窗口，返回“启动窗体”设计界面。

提示 这里，“Private Sub login_Click()……End Sub”语句表示“登录”按钮 login 的“单击”事件过程。

语句“DoCmd.OpenForm "用户登录"”表示通过方法“Openform”执行打开窗体的操作，“用户登录”是操作的对象。

语句“Me.Visible = False”表示将当前窗体对象的“可见”属性设置为“False”，即窗体变为不可见（关闭）。

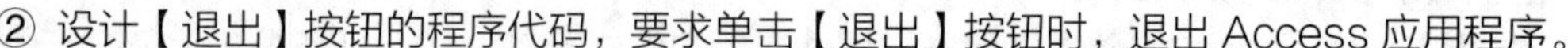

② 设计【退出】按钮的程序代码，要求单击【退出】按钮时，退出 Access 应用程序。

a. 用鼠标右键单击【退出】按钮，在弹出的快捷菜单中选择【属性】命令，打开按钮“属性表”对话框。

b. 选择“事件”选项卡，单击“单击”属性右侧的生成器按钮 ，打开“选择生成器”对话框，选择“代码生成器”选项，单击【确定】按钮，打开 VBA 代码窗口。为【退出】按钮的“单击”事件编写退出应用程序代码“quit”。

c. 关闭 VBA 代码窗口，返回“启动窗体”设计界面。

③ 为“启动窗体”添加一张背景图片，当窗体加载时，显示该图片，并设置图片缩放模式为“拉伸”。

a. 单击【窗体设计工具】→【设计】→【工具】→【属性表】按钮，打开“属性表”对话框。

b. 从“属性表”对话框的对象下拉列表中选择“窗体”。

c. 选择“事件”选项卡，单击“加载”属性右侧的生成器按钮 ，打开“选择生成器”对话框，选择“代码生成器”选项，单击【确定】按钮，打开 VBA 代码窗口。

d. 为“启动窗体”的“加载”事件编写图 3.217 所示的代码。

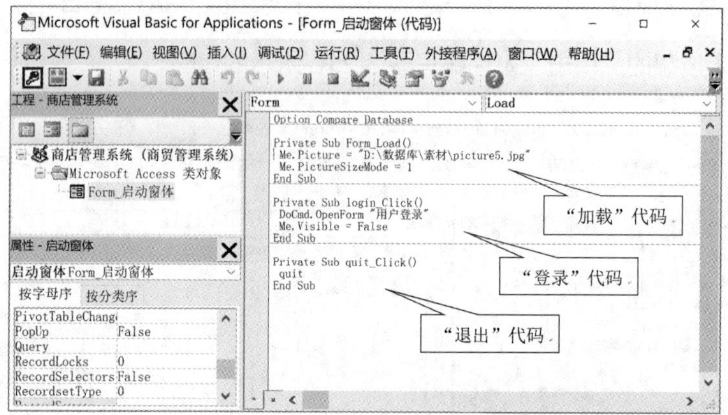

图 3.217 “启动窗体”的“加载”事件代码

e. 关闭 VBA 代码窗口，返回“启动窗体”设计界面。

提示 语句“Me.Picture = "D:\数据库\素材\picture5.jpg"”表示窗体加载时，添加“D:\数据库\素材\”文件夹中的“picture5”图片文件。

语句“Me.PictureSizeMode = 1”表示将图片的尺寸模式设置为“拉伸”。其中，PictureSizeMode 的值可以设置为 0，2，3，4，5，分别表示剪辑、拉伸、缩放、水平拉伸、垂直拉伸模式。

（4）设置“启动窗体”的属性。

① 在窗体的“属性表”对话框中选择“格式”选项卡，设置窗体的标题为“启动窗体”，允许“窗体”视图，取消“滚动条”“记录选择器”“导航按钮”“分隔线”“最大最小化按钮”“控制框”，并将“边框样式”设置为“对话框边框”。

② 设置“其他”选项卡中的“弹出方式”为“是”。

（5）保存窗体，运行窗体时的效果如图 3.218 所示。

图 3.218 “启动窗体”效果

11.5 任务拓展

11.5.1 设置系统启动项

为了防止因错误操作导致数据库和对象损坏，在数据库创建完成后，可以把数据库窗口、系统内置的菜单栏和工具栏隐藏起来。另外，可设置应用程序标题，系统启动后自动打开窗体，数据库窗口、菜单栏、工具栏是否显示等内容。

（1）打开“商贸管理系统”数据库。

（2）选择【文件】→【选项】命令，打开“Access 选项”对话框。

（3）在左侧的窗格中选择【当前数据库】选项，按图 3.219 设置“应用程序选项”的参数。

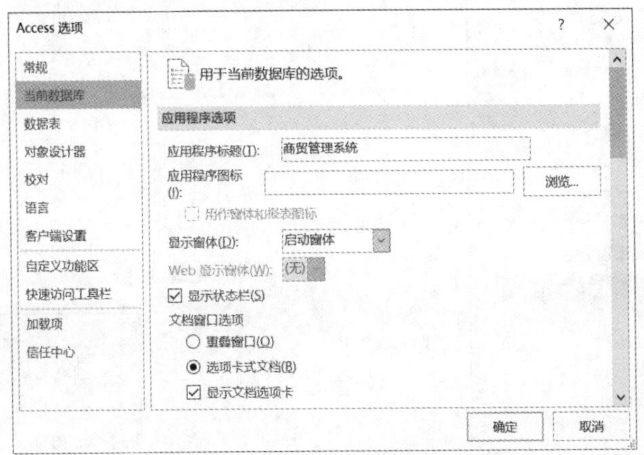

图 3.219 设置“应用程序选项”的参数

提示 若系统运行已无任何错误，那么备份数据库系统后，可取消选中“显示文档选项卡”等应用程序所带的功能。这样，运行窗体时，将不再出现功能选项卡等。

（4）单击【确定】按钮，完成系统的启动设置。

（5）退出 Access 应用程序。

11.5.2 运行数据库系统

整个数据库应用系统集成后，可运行系统对系统进行测试，即检测系统的整体性能是否达到了用户的实际要求。

（1）打开“D:\数据库”窗口。

（2）双击“商贸管理系统”文件，启动数据库，出现图 3.218 所示的启动界面。

（3）单击【登录】按钮，出现“用户登录”窗体，同时关闭“启动窗体”。

（4）输入正确的用户名和密码后，单击【确定】按钮，可进入图 3.206 所示的“系统主界面”窗体。

（5）单击【基本信息管理】按钮，打开图 3.220 所示的系统子窗体，管理数据库中的基本信息。

（6）单击窗体中的某个按钮，可执行相应的操作。单击【返回主界面】按钮，可返回“系统主界面”窗体，执行其他的数据库操作。

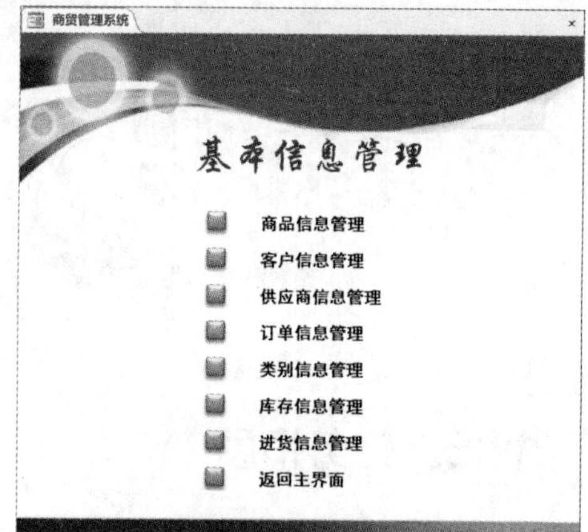

图 3.220 “商贸管理系统”子窗体

11.6 任务检测

（1）打开“商贸管理系统”数据库，选择导航窗格中的“窗体”对象，查看数据库窗口中是否包含 12 个窗体，如图 3.221 所示。

（2）选择“宏”对象，查看导航窗格中是否包含 4 个宏，如图 3.222 所示。

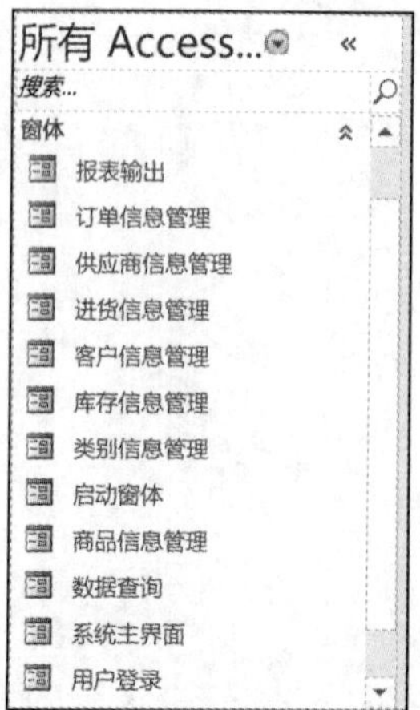

图 3.221 包含 12 个窗体的数据库窗口

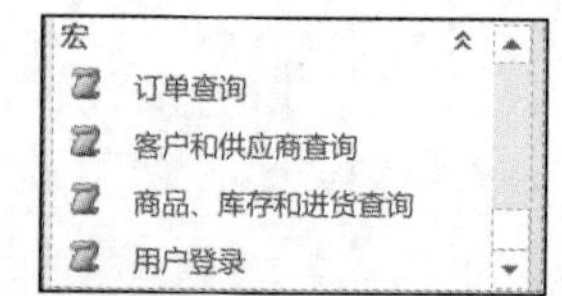

图 3.222 包含 4 个宏的导航窗格

（3）运行系统，检测系统各部分的功能是否可按设计要求正常使用。

11.7 任务总结

本任务通过制作“基本信息管理”、“数据查询”和“报表输出”等窗体，为数据库的使用提供了相应的数据操作界面。本任务通过制作“启动窗体”、“用户登录”和“系统主界面”窗体，为系统提供了系统主控界面，从而实现了系统各功能模块的集成。在此基础上，本任务通过设置系统启动项并运行数据库系统，对集成后的整个系统进行测试，圆满完成了“商贸管理系统”的设计与开发，为用户以后学习其他数据库系统开发软件奠定了基础。

11.8 巩固练习

一、填空题

1. 窗体最多由窗体页眉、窗体页脚、________、________和主体这 5 部分组成。
2. 按照应用功能的不同，Access 的窗体对象分为________窗体和________窗体两类。
3. 在宏中，条件表达式的返回值只有________和________。
4. 按照使用来源和属性的不同，控件可分为________、________和未绑定型控件 3 种。
5. 窗体属性包括________、________、事件、其他和全部。
6. 在窗体设计视图中，________和________是成对出现的。
7. 设计窗体时，用户应用________，可以快速设置窗体的字体、颜色和风格。
8. ________决定了一个控件或窗体中的数据来自何处，以及操作数据的规则是什么。
9. ________属性主要是针对控件的外观或窗体的显示格式而设置的。
10. 将字段列表中的字段拖到设计视图中时，会自动创建________控件和________控件。

二、选择题

1. 不是窗体必备组件的是（　　）。

A. 节　　B. 控件　　C. 数据来源　　D. 以上都不正确

2. 标签控件通常通过（　　）向窗体中添加。

A. 控件组　　B. 字段列表　　C. 属性表　　D. 节

3.（　　）是指没有与数据来源相连的控件。

A. 绑定控件　　B. 非绑定控件　　C. 计算控件　　D. 以上都不正确

4. 窗体的 5 个组成部分中，用于显示窗体的使用说明、命令按钮或接收输入的未绑定型控件，并且显示在窗体视图中窗体底部和输出页尾部的是（　　）。

A. 窗体页眉　　B. 窗体页脚　　C. 页面页眉　　D. 页面页脚

5. 在窗体的 5 个组成部分中，用于在窗体或报表每页的底部显示页汇总、日期或页码的是（　　）。

A. 窗体页眉　　B. 窗体页脚　　C. 页面页眉　　D. 页面页脚

6.（　　）是窗体中显示数据、执行操作或装饰窗体的对象。

A. 记录　　B. 模块　　C. 控件　　D. 表

7. 为窗体指定数据来源后，在窗体设计视图窗口中由（　　）取出数据源的字段。

A. 控件组　　B. 自动格式　　C. 属性表　　D. 字段列表

8. 若将窗体属性中的导航按钮属性设成“否”，则（　　）。

A. 不显示水平滚动条　　B. 不显示记录选定器

C. 不显示窗体底部的记录操作栏　　D. 不显示分隔线

9. 要求在文本框中输入文本时文本显示为“*”字符，应设置的属性是（　　）。

A. 默认值　　B. 标题　　C. 密码　　D. 输入掩码

10. 若想在窗体中加入一个 Logo 图标，可以使用（　　）控件。

A. 矩形　　B. 图像　　C. 组合框　　D. 列表框

三、思考题

1. 宏和宏组的区别是什么?

2. 怎样创建条件操作宏?

3. Access 中包含哪些控件? 常用的控件有哪些?

4. 窗体在数据库系统中能完成的功能包括哪些?

四、设计题

按要求为“学籍管理系统”数据库制作窗体。

1. 利用“学生情况”表制作纵栏式窗体“学生情况”，具体要求如下。

（1）在窗体页眉中插入标签“学生基本情况”，文本格式为“隶书”“18 磅”“红色”。

（2）窗体主体背景为“浅黄色”。

（3）在窗体页脚中部输入你的班级、姓名。在右下角添加【关闭窗体】按钮，使用 VBA 代码实现单击按钮时关闭窗体。

2. 利用 9.8 节创建的“所有学生的信息”查询，制作表格式窗体“所有学生的信息”。

3. 制作一个切换面板窗体，在其中放置一个文本框和 3 个按钮，分别实现“验证密码”、“打开‘学生情况’窗体”和“退出系统”的功能。窗体要求无滚动条、无记录选择器、无记录导航按钮、无分隔线，并且以任意一张图片作为窗体的背景。

要求：文本框的“输入掩码”属性设置为“密码”显示，单击【验证密码】按钮时，若密码正确，即在文本框中输入的是“ACC”或“acc”，则弹出“欢迎使用”消息框。若密码错误，则弹出“ERROR!”消息框。单击【打开“学生情况”窗体】按钮可打开“学生情况”窗体，单击【退出系统】按钮可退出 Access。

项目实训 3　人力资源管理系统

人力资源管理系统是企业最基本的人事管理系统之一，是适应现代企业制度，推动企业人力资源管理走向科学化、规范化、自动化的必要条件之一。为了加快公司的信息化步伐，提高公司的管理水平，建立和完善人力资源管理系统已经变得十分必要和迫切。

该系统能实现员工信息、部门、绩效考核、每月固定扣款项目、员工工资、员工培训信息的录入、浏览、更新、查询和输出。“人力资源管理系统”的基本流程是启动系统时，首先打开“启动界面”，单击【登录】按钮，打开“用户登录”窗体，要求输入用户名和密码，若用户名和密码正确，系统打开“主界面”窗体。“主界面”窗体包含控制整个数据库的各项功能，即数据输入、数据维护、数据浏览、数据查询及报表输出等。

一、创建数据库

创建一个名为“人力资源管理系统”的数据库文件，将其保存到“D:\数据库”文件夹中。

二、创建数据表

1. 在“人力资源管理系统”数据库中创建“部门”表，按图 3.223 定义并设计合适的数据类型和字段属性，然后输入数据。

2. 在“人力资源管理系统”数据库中创建“员工信息”表，按图 3.224 定义并设计合适的数据类型和字段属性，然后输入数据。

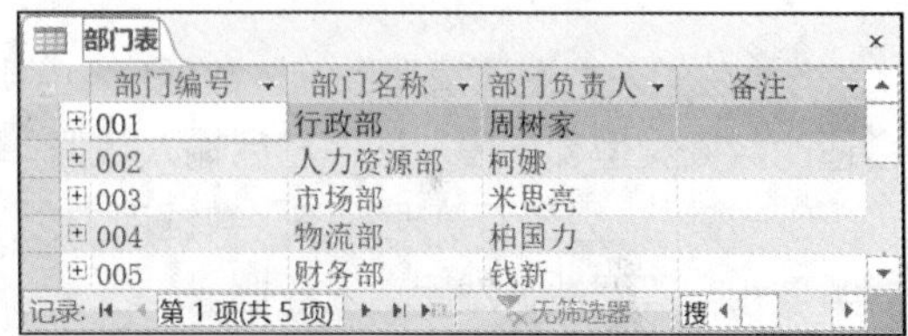

部门表

部门编号	部门名称	部门负责人	备注
001	行政部	周树家	
002	人力资源部	柯娜	
003	市场部	米思亮	
004	物流部	柏国力	
005	财务部	钱新	

记录：第 1 项(共 5 项)　无筛选器　搜

图 3.223 “部门”表

员工信息表

员工编号	姓名	性别	部门编号	出生日期	入职时间	职务	职称	学历	籍贯	婚否	联系电话	照片	备注
ky001	王春钦	男	003	1976-01-06	1998-07-06	主管	经济师	本科	重庆	✓	63661547		
ky002	文路南	男	004	1974-07-16	1998-03-17	项目主管	高级工程师	硕士	四川	✓	65257851		
ky003	钱新	男	005	1976-07-04	1999-07-20	财务总监	高级会计师	本科	甘肃	✓	66018871		
ky004	英冬	女	003	1978-06-13	2003-04-03	业务员	无	大专	北京	✓	67624956		
ky005	令狐颖	女	001	1988-02-16	2004-02-22	内勤	无	高中	北京	✓	64366059		
ky006	柏国力	男	004	1979-03-15	2003-07-31	部长	高级工程师	硕士	哈尔滨	✓	67017027		
ky007	白俊伟	男	003	1973-08-05	1995-06-30	外勤	工程师	本科	四川	✓	68794651		
ky008	夏蓝	女	003	1986-05-23	2004-12-10	业务员	无	高中	湖南		64789321		
ky009	段琦	女	004	1983-04-16	2005-05-16	项目主管	工程师	本科	北京	✓	64272883		
ky010	李莫薷	男	005	1974-12-15	1997-06-10	出纳	助理会计师	本科	北京	✓	69244765		
ky011	林帝	男	001	1973-09-13	1995-12-07	副部长	经济师	本科	山东	✓	68874344		
ky012	牛婷婷	女	003	1978-03-15	2003-07-18	主管	经济师	硕士	重庆	✓	69712546		
ky013	米思亮	男	003	1978-10-18	2000-08-01	部长	高级经济师	本科	山东	✓	67584251		
ky014	赵力	男	002	1971-10-23	1992-06-06	统计	高级经济师	本科	北京	✓	64000872		
ky015	皮维	男	003	1973-03-21	1993-12-08	业务员	助理工程师	大专	湖北	✓	63021549		
ky016	高玲珑	男	004	1987-11-30	2003-11-21	业务员	助理经理师	本科	北京		65966501		
ky017	陈可可	男	002	1970-08-25	1996-07-15	科员	经济师	硕士	四川	✓	63035376		
ky018	周树家	女	001	1981-08-30	2004-07-30	部长	工程师	本科	湖北	✓	63812307		
ky019	江庹来	男	003	1972-05-08	1994-07-15	项目主管	高级经济师	本科	天津	✓	64581924		
ky020	司马勤	女	001	1975-03-08	1998-07-17	科员	助理工程师	本科	天津	✓	62175686		
ky021	桑南	男	002	1963-04-01	1986-10-31	统计	助理统计师	大专	山东	✓	65034080		
ky022	刘光利	女	001	1973-07-13	1996-08-01	科员	无	中专	陕西	✓	64654756		
ky023	黄信念	女	003	1968-12-10	1989-12-15	内勤	无	高中	陕西	✓	68190028		
ky024	尔阿	女	004	1974-05-24	1998-09-18	业务员	工程师	本科	安徽	✓	65761446		
ky025	全泉	女	004	1985-04-18	2009-08-14	项目监察	工程师	本科	北京		63267813		
ky026	张梦	女	003	1978-05-09	2000-08-09	业务员	助理经济师	中专	四川	✓	65897823		
ky027	慕容上	女	004	1986-11-03	2010-04-10	外勤	无	中专	北京		67225427		
ky028	曾思杰	女	005	1975-09-10	1998-05-16	会计	会计师	本科	南京	✓	66032221		
ky029	费乐	男	004	1984-08-09	2009-07-13	项目监察	工程师	本科	四川		65922950		
ky030	柯娜	女	002	1976-10-12	2000-09-11	部长	高级经济师	大专	陕西	✓	65910605		

记录：第 1 项(共 30 项　无筛选器　搜

图 3.224 “员工信息”表

3. 在“人力资源管理系统”数据库中创建“员工培训”表，按图 3.225 定义并设计合适的数据类型和字段属性，然后输入数据。

4. 在“人力资源管理系统”数据库中创建“绩效考核”表，按图 3.226 定义并设计合适的数据类型和字段属性，然后输入数据。

员工培训表

员工编号	培训项目	培训时间	备注
ky001	管理内训班	2022-12-1	
ky003	税务制度新政策	2023-3-21	
ky007	计算机技能培训	2023-5-16	
ky009	物流改革会议	2022-12-9	
ky010	财务制度	2023-3-18	
ky028	工资制度改革政策学习	2021-2-13	
ky029	新型节能材料探讨会	2022-8-10	

记录：第 1 项(共 7 项) 无筛选器 搜索

图 3.225 “员工培训”表

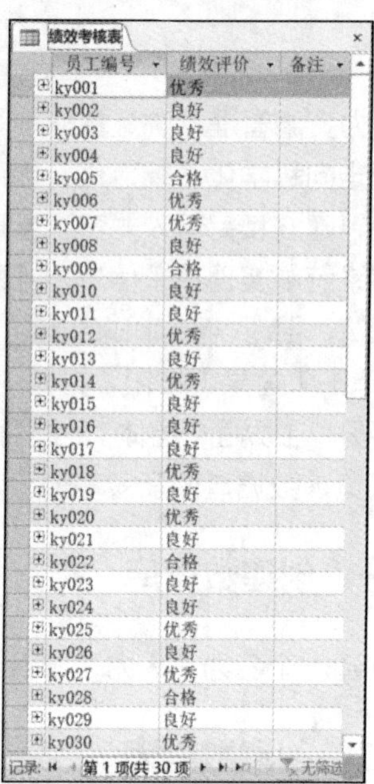

绩效考核表

员工编号	绩效评价	备注
ky001	优秀	
ky002	良好	
ky003	良好	
ky004	良好	
ky005	合格	
ky006	优秀	
ky007	优秀	
ky008	良好	
ky009	合格	
ky010	良好	
ky011	良好	
ky012	优秀	
ky013	良好	
ky014	优秀	
ky015	良好	
ky016	良好	
ky017	良好	
ky018	优秀	
ky019	良好	
ky020	优秀	
ky021	良好	
ky022	合格	
ky023	良好	
ky024	良好	
ky025	优秀	
ky026	良好	
ky027	优秀	
ky028	合格	
ky029	良好	
ky030	优秀	

记录：第 1 项(共 30 项 无筛选

图 3.226 “绩效考核”表

5. 在“人力资源管理系统”数据库中创建“每月固定扣款项目”表，按图 3.227 定义并设计合适的数据类型和字段属性，然后输入数据。

6. 在“人力资源管理系统”数据库中创建“员工工资”表，按图 3.228 定义并设计合适的数据类型和字段属性，然后输入数据。

每月固定扣款项目表

员工编号	养老保险	失业保险	医疗保险	住房公积金
ky001	412	51.5	103	412
ky002	384	48	96	384
ky003	384	48	96	384
ky004	280	35	70	280
ky005	268	33.5	67	268
ky006	368	46	92	368
ky007	336	42	84	336
ky008	264	33	66	264
ky009	328	41	82	328
ky010	272	34	68	272
ky011	328	41	82	328
ky012	416	52	104	416
ky013	544	68	136	544
ky014	424	53	106	424
ky015	294.4	36.8	73.6	294.4
ky016	288	36	72	288
ky017	328	41	82	328
ky018	368	46	92	368
ky019	400	50	100	400
ky020	288	36	72	288
ky021	312	39	78	312
ky022	312	39	78	312
ky023	268	33.5	67	268
ky024	288	36	72	288
ky025	294.4	36.8	73.6	294.4
ky026	288	36	72	288
ky027	272	34	68	272
ky028	368	46	92	368
ky029	294.4	36.8	73.6	294.4
ky030	440	55	110	440

记录：第 1 项(共 30 项 无筛选器 搜

图 3.227 “每月固定扣款项目”表

员工工资表

员工编号	基本工资	薪级工资	津贴	扣款	应发工资
ky001	5150	1360	945	978.5	7609.5
ky002	4800	1220	840	912	7004
ky003	4800	1220	840	912	7004
ky004	3500	700	450	665	4755
ky005	3350	640	405	636.5	4495.5
ky006	4600	1140	780	874	6658
ky007	4200	980	660	798	5966
ky008	3300	620	390	627	4409
ky009	4100	940	630	779	5793
ky010	3400	660	420	646	4582
ky011	4100	940	630	779	5793
ky012	5200	1380	960	988	7696
ky013	6800	2020	1440	1292	10464
ky014	5300	1420	990	1007	7869
ky015	3680	780	504	699.2	5074.4
ky016	3600	750	480	684	4938
ky017	4100	940	630	779	5793
ky018	4600	1140	780	874	6658
ky019	5000	1300	900	950	7350
ky020	3600	740	480	684	4928
ky021	3900	860	570	741	5447
ky022	3900	860	570	741	5447
ky023	3350	640	405	636.5	4495.5
ky024	3600	740	480	684	4928
ky025	3680	780	504	699.2	5074.4
ky026	3600	740	480	684	4928
ky027	3400	680	420	646	4602
ky028	4600	1140	780	874	6658
ky029	3680	780	504	699.2	5074.4
ky030	5500	1500	1050	1045	8215

记录：第 1 项(共 30 项 无筛选器 搜

图 3.228 “员工工资”表

建立表间关系

6 个表分别按合适的字段建立“实施参照完整性”的一对一或一对多关系，如图 3.229 所示。

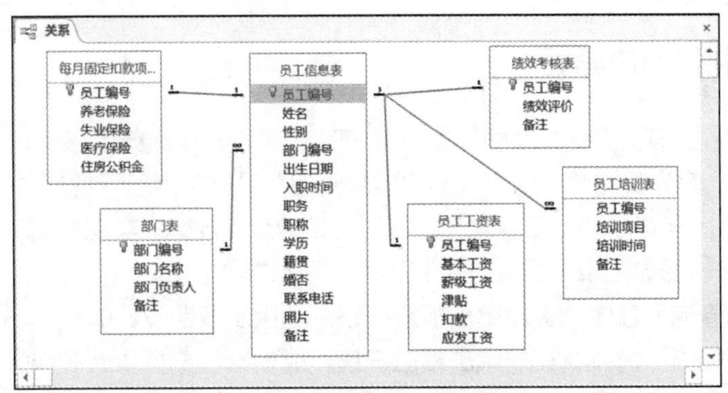

图 3.229 “人力资源管理系统”的表间关系

四、设计和创建查询

1. 创建查询“20 世纪 70 年代出生的男员工”，查看 20 世纪 70 年代出生的男员工信息。
2. 创建“按入职时间段查询员工信息”查询，根据输入的入职时间段查看员工信息。
3. 创建查询“查看员工年龄”，显示每位员工的当年年龄。
4. 创建查询“汇总统计扣款和应发工资”，通过“每月固定扣款项目”表中的各项扣款数据自动更新“员工工资表”中的“扣款”，并统计出“应发工资”数据。
5. 创建查询“员工工资明细”，显示每位员工的员工编号、姓名、性别、部门名称和各项工资详细信息。
6. 创建查询“员工信息明细”，除了显示“员工信息”表中的信息外，还显示其绩效评价。
7. 创建查询“查看需要缴纳个人所得税的员工和应税工资”，以目前个人所得税基数 5000 元为例，查看应发工资超过 5000 元的员工，以及其应该缴纳个人所得税的工资。
8. 创建“统计各部门平均工资”查询，显示各部门的平均工资。
9. 创建“按员工姓名查询工资明细”查询，根据输入的员工姓名查看工资信息。
10. 创建查询“汇总统计各部门男女员工人数”，通过查询能查看各部门男女员工的人数。
11. 创建查询“统计各部门绩效考核各等级人数”，通过查询能查看各部门绩效考核各等级的人数。
12. 创建查询“统计各部门每月过生日的员工人数”，通过查询能查看各部门每月过生日的员工人数。
13. 使用 SQL 查询，创建“SQL 查询员工培训情况”。

五、设计和制作报表

1. 以“每月固定扣款项目”表为数据源，创建“员工每月固定扣款项目”报表。
2. 以“员工信息明细”查询为数据源，创建“员工信息明细”报表，并统计各学历的人数。
3. 以“员工工资明细”查询为数据源，创建“员工工资明细”报表。

4. 将“员工工资明细”报表另存为“各部门员工工资汇总统计”报表，统计各部门
工资和应发工资合计。

5. 以“按入职时间段查询员工信息”查询为数据源，创建“某入职时间段内的员工信
表，根据输入的时间段，输出该时间段内入职员工的信息。

六、设计和制作用户界面

1. 分别以“部门”表、“员工信息”表、“员工培训”表、“绩效考核”表、“每月固定扣款项目”表、“员工工资”表为数据源，创建“部门信息管理”、“员工信息管理”、“员工培训管理”、“绩效考核管理”、“每月固定扣款项目管理”和“员工工资管理”窗体，实现浏览“人力资源管理系统”基本信息、添加记录、修改记录、保存记录和删除记录等操作。

2. 创建“数据查询”窗体，实现单击相应按钮，调用步骤四设计的查询。

3. 创建“报表输出”窗体，实现单击相应按钮，能输出预览步骤五制作的报表。

4. 使用“切换面板管理器”，创建图 3.230 所示的“系统主界面”窗体，将系统各功能集成在“系统主界面”窗体中。

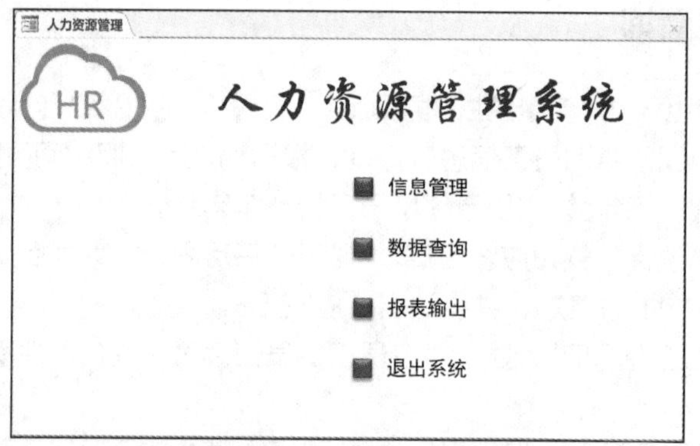

图 3.230 “系统主界面”窗体

5. 制作“用户登录”窗体，当输入正确的用户名和密码时，能打开“系统主界面”窗体。

6. 制作“启动界面”窗体，单击【登录】按钮，出现“用户登录”窗体，并将“启动界面”设置为系统启动时的显示窗体。